Jetzt helfe ich mir selbst

Start-Schwierigkeiten

Dieser Wegweiser soll Ihnen helfen, bei streikendem Motor den Fehler einzukreisen. In Frage kommen fast immer nur zwei Störungsursachen: Zünd- oder Kraftstoffanlage. Der aussichtsreichste Weg: Von beiden Gruppen die Anfangsfrage beantworten und falls diese bejaht werden können, mit dem Wegweiser für die Zündanlage beginnen. Entsprechend unserer Tabelle läßt sich der

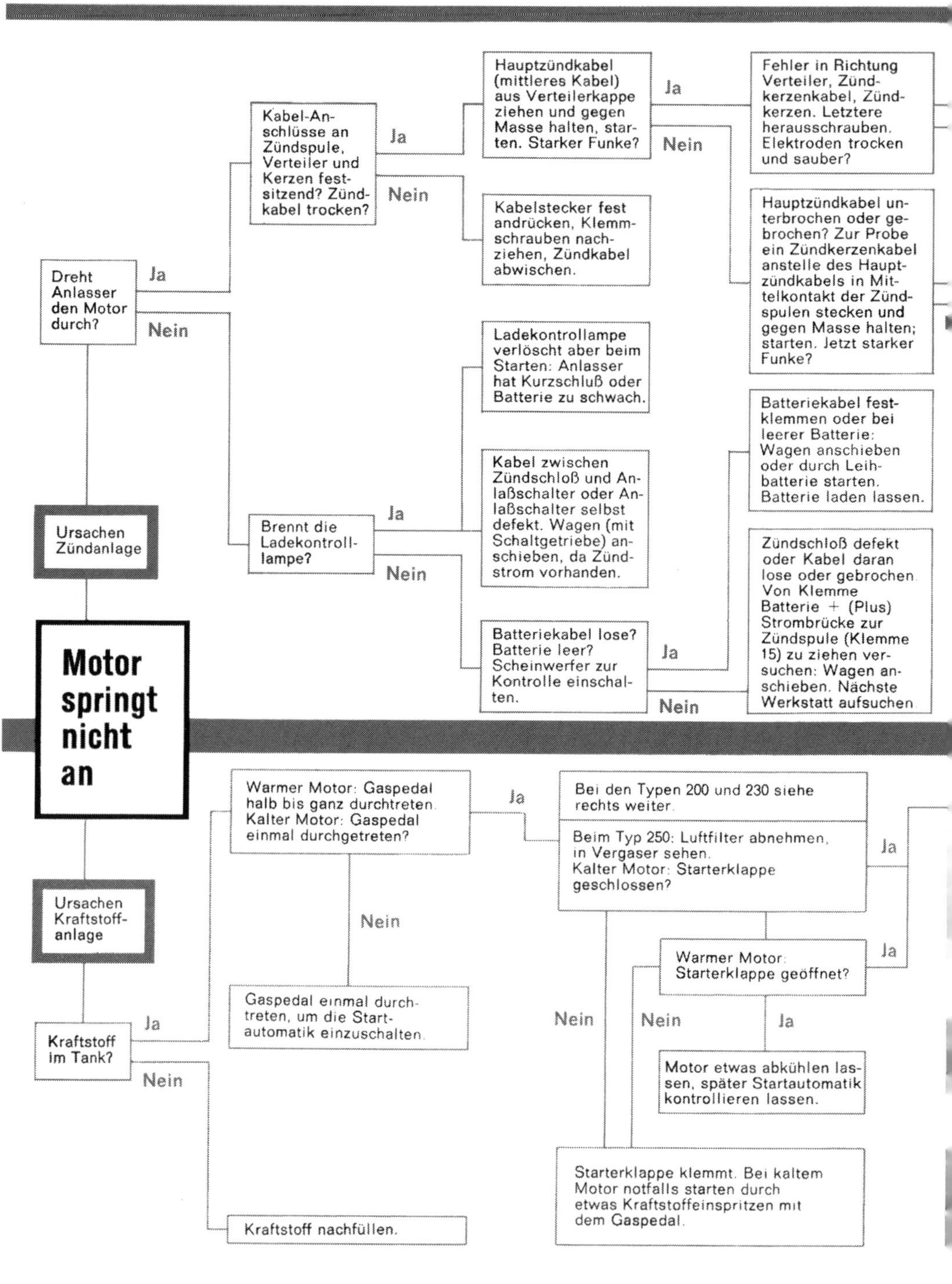

Motor auch bei Störungen, die während einer Fahrt auftreten, durchprüfen. Man beachte auch die näheren Ausführungen zu den einzelnen Punkten in den betreffenden Kapiteln und die damit verbundenen speziellen Störungshilfen, die auf den rechts unten angegebenen Seiten zu finden sind. Dieses Schema gilt auch für die meisten anderen Automobilfabrikate.

Kerzenstecker auf herausgeschraubte Zündkerze stecken: mit Anlasser starten. Starker Funke an Elektrode?

Ja

Nein

Obgleich Zündanlage wahrscheinlich in Ordnung, möglichst neue Zündkerzen einsetzen (alte Kerzen können unter Druck versagen). Springt Motor nun an?

Ja

Nein

Falls jedoch öfter Anlaßschwierigkeiten, Zündkerzenkabel auf Bruch- und Knickstellen untersuchen und Motoreinstellung überprüfen lassen.

Fehler in der Kraftstoffanlage suchen.

Motor ersoffen durch zu starkes Betätigen der Beschleunigungspumpe; Starten mit konstant durchgetretenem Gaspedal. Kerzen trocknen, besser gegen trockene austauschen. Motor bei offenen Zündkerzenlöchern ohne Gasgeben mit Anlasser innen trocknen.

Statt Zündkerze Schraubenzieher oder dicken Nagel in Zündkabelstecker drücken und gegen Masse kurzschließen; Anlasser betätigen. Funken zwischen Schraubenzieherklinge und Masse?

Ja

Nein

Zündkerzen defekt, austauschen.

Verteilerkappe innen naß (nach Motorwäsche) oder gebrochen (Kriechstrom zur Masse) oder Verteilerfinger defekt oder Zündkerzenkabel gebrochen.

Zu starker Funke: Kontakte blau angelaufen, wahrscheinlich Kondensator defekt.

Hauptzündkabel austauschen.

Guter Funke: Motor jetzt mit Anlasser durchdrehen. Funken beim Abheben der Kontakte?

Ja

Nein

Unterbrecher in Ordnung, Fehler in der Zündspule (Sekundärwicklung).

Unterbrecherhebel hebt nicht ab oder hat lahme Feder oder Halteschraube sitzt nicht fest.

Fehler in Richtung Unterbrecher (Verteilerunterteil). Kondensator, Zündspule. Verteilerdeckel abnehmen, Wagen bei eingelegtem höchstem Gang schieben, bis Unterbrecherkontakt geschlossen; Zündung einschalten. Unterbrecherhebel abheben (mit Schraubenzieher, Kugelschreiber). Funke zu sehen und zu hören?

Ja

Nein

Unterbrecherkontakt verschmort? Wenn ja, dann austauschen.

Zündspule (Primärwicklung) in Ordnung? Dünnes Kabel von Klemme 1 der Spule abziehen, statt dessen Prüflampe anklemmen und an Masse halten; Zündung einschalten: Leuchtet Prüflampe dauernd auf?

Ja

Nein

Kondensator oder dünnes Kabel von Klemme 1 der Spule zum Unterbrecher ist defekt.

Zündspule (Primärwicklung) oder Kabel zwischen Zündschloß u. Klemme 15 der Spule defekt.

rgaser mit Kraftsorgt?
Die von der
fpumpe zum Verhrende Zuleitung
aser lösen.
lasser betätigen.
nzin heraus?
tig handhaben,
unterlegen, damit
uf Auspuff tropft.)

Ja

Vergaser wird mit Kraftstoff versorgt. Störungen im Vergaser. Möglichkeit: Schwimmer oder Düsennadel klemmt. Versuch: gegen Vergaser klopfen. Prüfen lassen.

Nein

m Vergaser gestört.
om Tank an
pumpe abnehmen.
zin heraus?

Nein

Ja

m Tank bis vor
Ordnung. Pumpe
cht. Evtl. Sieb
tzt, sonst siehe
raftstoffpumpe.

Zulauf vom Tank unterbrochen. Zum Beispiel Tankentlüftung verklemmt oder verstopft. Tankauslauf verschmutzt oder Leitung gequetscht. Knickstelle beseitigen, Belüftung prüfen.

Eingehende Störungstabellen finden Sie auf den Seiten

13 Zu hoher Verbrauch

119 Vergaser

127 Kupplung

152 Bremsanlage

180 Batterie und Lichtmaschine

184 Sicherungen

Dieter Korp

Mercedes-Benz

200/230

Januar 1976 bis Mai 1980

250

ab Januar 1976

Jetzt helfe ich mir selbst

Unter Mitarbeit von
Wolfgang Schmarbeck

Motorbuch Verlag Stuttgart

Umschlagentwurf und Buchgestaltung: Peter Werner / Siegfried Horn.
Titelbild: Wolfgang Schmarbeck.

ISBN 3-87943-607-X

Auflage Nr. 104 387

Idee und Gestaltung des Störungsfahrplans in der vorderen Buchklappe: Verfasser.
Fotos: Daimler-Benz 6, Schmarbeck 103.
Zeichnungen: Daimler-Benz 19, Pierburg 5, Schmarbeck 1, Archiv Verfasser 1.
Schaltpläne: Daimler-Benz.
Satz: Staib + Mayer, Vereinigte Druckereien, 7000 Stuttgart 1.
Druck: KN Digital Printforce GmbH, Schockenriedstr. 37, 70565 Stuttgart.
Printed in Germany.

Sie finden in diesem Buch

Antrieb und Fahrwerk

Seite

Die elektrische Anlage

Dies und Jenes

Vorwort

So bleibt Ihr Auto mobil

Autofahren ist leider mit ständig steigenden Kosten verbunden. So ist es ganz natürlich, daß jeder Autofahrer überlegt, wo und wie er Geld sparen kann. Auch wer viel an Selbstbedienungs-Tankstellen fährt, muß sich mehr um sein Auto kümmern – auch im Interesse der Verkehrssicherheit –, weil damit viele Tips und Handgriffe wegfallen (z. B. Hinweis auf den Stand der Bremsflüssigkeit).
Wer aber selbst an seinem Auto arbeitet, muß auch aus einem weiteren Grund die allgemeine Sicherheit beachten: Bestimmte Arbeiten gehören in die Werkstatt mit fachlich geschultem Personal.
Dieses Buch sagt genau, was man selbst tun kann und was der Werkstatt zu überlassen ist. Wer sich also etwas mehr mit seinem Wagen beschäftigen möchte, erhält eine gute Anleitung in die Hände. Sie hilft, Geld zu sparen und »ganz nebenbei« vergrößert sie Interesse und Freude am eigenen Wagen.
Natürlich geht es bei keinem Auto ohne Pflege und Wartung. Aber die Möglichkeiten für den Eigenpfleger sind recht weit gespannt, auch dann, wenn man über wenig Zeit und über vielleicht nur geringe praktische Erfahrungen verfügt. So gehören zu den Maßnahmen, die den Wert des Wagens wie auch dessen Fahrsicherheit erhalten, vor allem Sichtprüfungen. Sie sind sozusagen die einfachste Stufe der Selbsthilfe. Darüber hinaus werden in diesem Buch praktische Handgriffe, aber auch Reparaturen beschrieben. Letztere allerdings besonders deswegen, weil bei einer Auslandsreise oder bei einem Unfall markenfremdes Personal dadurch Unterstützung erhält. Das Buch sollte also seinen Platz im Handschuhkasten finden, vor allem bei größeren Urlaubsfahrten.
Als erheblich erweiterte Betriebsanleitung dient dieses Buch ferner dazu, das Wissen um die Funktionen des Wagens zu erweitern. Das kann bei einem Werkstattbesuch von Vorteil sein. Größeres Wissen hilft auch zu einer besseren Vorbereitung auf die Prüfungen beim TÜV. Übrigens wird auch erläutert, was dabei überhaupt zu beachten ist.
Dieser Band unserer Handbuchreihe beschreibt die Mercedes-Benz-Modelle mit Vergasermotor der Anfang 1976 erschienenen Baureihe 123, nämlich die bis Mai 1980 hergestellten Typen 200, 230 und alle 250 einschließlich der C- und T-Modelle. Wie es bei Daimler-Benz Tradition ist, wurde bei den Autos nicht nur Wert auf fortschrittliche Technik, sondern auch auf größtmögliche Wartungsfreundlichkeit gelegt. Das kommt nun auch jenen Fahrern entgegen, die sich mit Geschick und Verantwortungsgefühl selbst mehr um ihr Auto kümmern möchten – auch deswegen, um ihn einmal günstiger zu verkaufen.
Viele erfahrene und fachkundige Leute vermitteln für die folgenden Seiten ihre Kenntnisse, andere bereicherten sie mit praktischen Ratschlägen. Dafür sei hier herzlich gedankt!

Die Verfasser

Ob auf großer Fahrt oder während des täglichen Weges zum Arbeitsplatz – man rechnet dabei mit der Zuverlässigkeit seines Autos.
Diese Freude am Wagen gilt es zu bewahren. Das vorliegende Handbuch enthält viele Hinweise und Ratschläge zum Umgang mit dem Mercedes. Damit lassen sich auch Kosten, Zeitaufwand und Ärger einsparen, falls der sonst so treue Freund einmal wegen einer Kleinigkeit streiken sollte. Als Reisebegleiter, der kaum Platz einnimmt, sorgt dieses Buch für gute Fahrt.

Mit sauberen Händen

Viele Arbeiten am Auto sind nicht zu erledigen, ohne daß man dabei schmutzige Hände bekommt. Aber es gibt auch etliche Handgriffe – vielleicht mag es manche Autofahrer beruhigen –, bei denen die Finger sauber bleiben. So kann es plötzlich nötig sein, eine durchgebrannte Scheinwerferlampe zu ersetzen. Ganz abgesehen davon, daß Sie diese »Arbeit« bezahlen müssen, wenn sie durch eine fremde Tankstelle oder Werkstatt gemacht wird – laufen Sie auch gleich zum Elektriker, wenn bei Ihnen daheim eine Glühbirne durchgebrannt ist?
Damit Sie nicht von Defekten überrascht werden, die womöglich noch mehr Geld als nötig kosten, sollten Sie das Auto gelegentlich etwas unter die Lupe nehmen Wie hier anschließend zu sehen ist, braucht man dazu weder Werkzeug noch das Wissen eines Fachmannes, nur eine gesunde Beobachtungsgabe. Außerdem erweisen Sie sich selbst durch die nachstehend beschriebenen Sichtkontrollen einen nicht zu unterschätzenden Dienst, denn für die Verkehrssicherheit und die ständige Bereitschaft Ihres Wagens sind Sie selbst verantwortlich.

Prüfen im Stand

Bei einer Probefahrt läßt sich der technische Zustand eines Autos am zuverlässigsten erkennen. Aber ein solches Examen beginnt schon, wenn der Wagen noch steht. Man kann es sich zur Angewohnheit machen, gelegentlich mit kritischem Blick um den Wagen herumzugehen.
Abweichungen im äußeren Zustand lassen sich bei Tageslicht am leichtesten entdecken:

- Beulen im Blech,
- Kratzer im Lack,
- Rostansatz,
- Beschädigte Gläser der Leuchten,
- Abgefahrenes Reifenprofil.

Die Beleuchtungsanlage kann man zu jeder Tageszeit prüfen. Sind alle Lichtspender sauber? Schalten Sie der Reihe nach ein:

- Standlicht,
- Abblendlicht,
- Fernlicht,
- Nebelleuchten.

Funktionieren auch Rückleuchten, Bremsleuchten, Blinkleuchten?
Öffnen Sie die Motorhaube und kontrollieren Sie den Stand dieser Flüssigkeiten:

- Wasser im Scheibenwaschbehälter,
- Ölstand im Motor,
- Stand der Kühlflüssigkeit,
- Stand der Bremsflüssigkeit,
- Stand der Batterieflüssigkeit.

Im gleichen »Arbeitsgang« kann man sich davon überzeugen, ob die Spannung

der Keilriemen stimmt und ob die Batteriepole sauber sind. Desgleichen sieht man mit einem Blick, ob der Vergaser feucht ist.
Starten Sie jetzt den Motor und nehmen Sie Ihr Gehör zu Hilfe:

- Ungleichmäßiger Leerlauf?
- Ventilgeräusche?
- Sonstige, früher nicht wahrgenommene Geräusche?

Als nächstes sehen Sie sich den Standplatz des Wagens an. Frische Ölflecken? Wenn ja, woher? Und wie verhält es sich mit der Unterseite des Autos? Nutzen Sie zu dieser Betrachtung den nächsten Ölwechsel bei Ihrer Tankstelle, wenn der Mercedes über einer Grube oder auf einer Hebebühne steht. Wenn bis dahin aber noch längere Zeit vergeht, vergewissern Sie sich besser bald: Schieben Sie Packpapier, alte Zeitungen oder praktischer noch eine öfter verwendbare Kunststoffolie unter das Auto und kriechen Sie so weit wie möglich unter Ihren seitlich angehobenen (und sicher abgestützten) Wagen. Wie man das Auto anhebt und unterbaut, lesen Sie auf Seite 63. Schauen Sie in Ruhe und der Reihe nach an, ob Sie folgende Mängel entdecken:

- Öl am Kurbelgehäuse, Getriebe?
- Bremsleitungen verrostet?
- Anschlüsse der Bremsleitungen feucht?
- Unterbodenschutz angegriffen?
- Stoßdämpfer ölverschmiert?
- Auspuff durchgerostet?
- Rostansatz am Unterbau?

Diese Kontrollen »unten herum« sollten auch von der anderen Seite des Wagens vorgenommen werden. So können Sie mehr erkennen und gleichzeitig feststellen, ob alle freihängenden Räder etwas schwergängig sind oder ob die Radlager zuviel Spiel aufweisen.
Haben sich bei der Musterung irgendwelche Mängel ergeben, können Sie selber beurteilen, wie Sie Abhilfe schaffen wollen. Suchen Sie im Stichwortverzeichnis dieses Buches den entsprechenden Abschnitt und lesen Sie diesen durch. Welche Möglichkeiten der Eigenhilfe sich bieten oder wie eventuell die Werkstatt vorgehen würde, um einen Schaden zu beheben – die Beschreibung wird Sie zu dem für Sie günstigsten Entschluß führen. Der Sinn dieses Buches ist es ja, Sie mit Ratschlägen zu unterstützen, daß Sie in möglichst vollkommener und zugleich kostengünstigster Weise den Zustand Ihres Autos bewahren können.

Probefahrt
Pflegearbeit Nr. 45

Der eben beschriebenen Durchsicht folgt die Beobachtung, wie sich das Auto während der Fahrt verhält. Probefahrten, die in den Werkstätten nach Inspektionsdiensten und nach größeren Reparaturen vorgenommen werden, führen dort nicht immer zu echten Aufschlüssen. Zeitmangel im Betrieb und Verkehrsdichte vor dem Werkstattor verhindern oder verfälschen manchmal diese wichtige Kontrolle. Dem Fachmann in der Werkstatt bietet dann ein moderner Prüfstand ebenfalls aufschlußreiche Beobachtungsergebnisse.
Die eigene, mit Umsicht unternommene Probefahrt läßt rechtzeitig eventuelle Mängel erkennen und unterstützt die Verkehrssicherheit. Jedermann kann – je nach Erfahrung – eigene Methoden entwickeln, solche Probefahrten mit wirklichen Erkenntnissen über sein Auto zu beenden, ohne irgendwelchen Täuschungen zu unterliegen. Wir schlagen vor, die Reihenfolge der Kontrollen nach folgendem Schema einzuhalten: Lenkung – Fahrwerk – Bremsen – Motor – Kupplung – Getriebe – Elektrik.

- Wagen fahren und ohne Gas rollen lassen. Hände vom Lenkrad. Der Wagen darf nicht einseitig wegziehen (die Straße darf nicht gewölbt sein, gilt auch für

Scheinwerfer, Blinker und Rückleuchten des Autos müssen immer funktionsbereit sein. Wie man sich von der Einsatzbereitschaft überzeugt, ist auf Seite 203 beschrieben. Man kann es aber auch wie diese junge Dame machen, die durch das trübe Wetter kritisch wurde und gerade das Aufleuchten des Blinkers beobachtet: Die betreffende Leuchte einschalten, aussteigen und die Funktion der Lampe überprüfen. Denn besonders bei schlechter Witterung sind die Beleuchtungseinrichtungen wichtig. Dann sollten sie auch regelmäßig gesäubert werden. Also auch unterwegs öfter einmal anhalten und die Leuchtengläser vom Straßenschmutz reinigen.

den Bremsversuch). Lenkung kurz anreißen und loslassen. Kommt der Wagen von selbst in die Geradeausstellung zurück? Stellt sich die Lenkung nach einer Kurve ohne Nachhilfe zurück? Kein zu großes Spiel in der Lenkung?

■ Rollt der Wagen leicht (Motor im Leerlauf, Schalthebel neutral) weiter? (Sonst schleifende Bremsbeläge oder zu schwergängige Räder.)

■ Bremsen: Siehe Abschnitt »Bremsen prüfen« auf Seite 142.

■ Dreht der betriebswarme Motor im Leerlauf ruhig und gleichmäßig? Auch nach strammer Fahrt? Sauberer Übergang und ruckfreies Beschleunigen beim Gasgeben? Gaswegnehmen aus höherer Geschwindigkeit: Unübliche Geräusche von Motor, Getriebe, Auspuff? Qualmt der Auspuff?

■ Trennt die Kupplung beim Schalten (kein Kratzen im Getriebe)? Rutscht sie beim scharfen Gasgeben gleich nach dem Schalten und bei entlastetem Kupplungspedal durch (Motor dreht hoch, ohne daß der Wagen schneller wird)? Bei Getriebeautomatik: Reagiert der Wagen in allen Fahrstufen in gewohnter Weise?

■ Lassen sich alle Gänge des mechanischen Getriebes im Stand und während der Fahrt ohne wesentlichen Widerstand einlegen? Schaltstufen des automatischen Getriebes gleichermaßen prüfen; funktioniert die Wählhebelanzeige?

■ Funktionieren alle Scheinwerfer, Leuchten und Kontrollampen? Arbeiten die Blinker richtig? Zeigen die Instrumente an? Funktionieren Scheibenwischer, Heizung, Belüftung und heizbare Heckscheibe?

Prüfen vor der TÜV-Kontrolle

Unsere Autos müssen alle zwei Jahre beim Technischen Überwachungsverein vorgeführt werden, damit die Verkehrssicherheit erhalten bleibt. Aus der farbigen Plakette auf dem hinteren polizeilichen Kennzeichenschild und aus dem entsprechenden Vermerk im Kraftfahrzeugschein ist der nächste Vorführtermin zu ersehen.

Der besonders bei älteren Wagen bisweilen mit Sorge erwarteten Kontrolle können Sie mit ruhigem Gewissen entgegensehen, wenn Sie Ihren Mercedes sachverständig, anhand dieses Buches, gepflegt haben. In Selbsthilfe oder durch die Werkstatt abgestellte Mängel beweisen dem Prüfer Ihr Verantwortungsgefühl. Bei einer eventuell doch noch bestehenden Beanstandung wird dann seine Beurteilung sachlicher ausfallen, als wenn er ein im ganzen verkommenes Fahrzeug vor sich hätte. Deshalb sollte man auch die Wagenunterseite direkt vor der Fahrt zum TÜV gründlich reinigen lassen. Das bekommt man in jeder Tankstelle gemacht. Die Fahrwerkteile und die Bremsleitungen müssen für den Prüfer mühelos zu erkennen sein.

Es ist nicht verkehrt, wenn Sie vorher Ihren Wagen selbst eingehend unter die Lupe nehmen. Der Auspuff ist auf Durchrostung, die Reifen sind auf Profiltiefe zu prüfen. Nicht serienmäßige Anbauteile oder solche, für die weder eine ABE (Allgemeine Betriebserlaubnis) noch eine Werksfreigabe vorliegt – darunter können z. B. fremde Auspuffanlage, Leichtmetallfelgen, »Sport«-Lenkräder fallen –, sind durch genehmigte Teile zu ersetzen. Alle Beleuchtungseinrichtungen am Auto haben zu funktionieren und die Scheinwerfer müssen richtig eingestellt sein, siehe Kapitel »Scheinwerfer und Leuchten«.

Wesentliche Beachtung wird bei der TÜV-Kontrolle den Teilen des Fahrwerks und der Wirkung der Bremsen geschenkt. Der Eigenpfleger ist nicht immer in der Lage, vorher zu objektiven Untersuchungsergebnissen zu kommen. Außerdem verlangen speziell die Lenkung und die Bremsanlage Sachverstand und Umsicht. Daher ist es ratsam, zur Klärung eventueller Fragen und zur Beseitigung von Mängeln die Werkstatt einzuschalten.

Man kann auch einer Werkstatt den Auftrag erteilen, den Wagen komplett für die TÜV-Kontrolle vorzubereiten. Aber das wird möglicherweise teuer. Solchen gerngesehenen Kunden könnte manche geschäftstüchtige Werkstatt Ersatzteil- und Reparaturkosten berechnen, die mit dem Auftrag wenig zu tun haben.

Es gibt Autobesitzer, die führen erst einmal ihren gesäuberten und weitgehend selbst kontrollierten Wagen dem TÜV vor und erklären dabei, daß sie sich über eventuelle Mängel informieren wollen. Nach der Kontrolle überreicht der Prüfer einen schriftlichen Befund. Nach dem soll sich jetzt die Werkstatt richten, wenn man die Plakette noch nicht bekommen hat. Der ausdrückliche Hinweis, nur die vermerkten Mängel zu beheben, verhilft zu einer preislich angemessenen Instandsetzung. Kleinere Mängel wird man sogar selbst abstellen können. Danach führt man den Wagen ein zweites Mal dem TÜV vor und die detaillierte Werkstatt-Rechnung nimmt man mit. Trotz einer Nachgebühr, die sich in ihrer Höhe danach richtet, ob leichte oder erhebliche Mängel zu beseitigen waren, hat man mit diesem erneuten Besuch dennoch Geld gespart.

Was es vor dem Besuch beim TÜV im besonderen zu beachten gibt, finden Sie in einzelnen, diesbezüglichen Abschnitten des vorliegenden Buches eingehend beschrieben.

Und noch einige Tips: Die Untersuchung braucht nicht bei einer TÜV-Stelle am Wohnort zu erfolgen (man kann sich also eine solche aussuchen, bei der man sich mehr Entgegenkommen verspricht). Ungünstige Prüfzeiten sind die Tage vor den Ferien und vor den Feiertagen, allgemein jedoch das Frühjahr. Eine Anmeldung ist nicht immer möglich, doch man kann mit einzelnen Prüfstellen Termine vereinbaren.

Die Motorhaube läßt sich aus der normalen Öffnungsstellung auch in eine 90°-Stellung bringen, zum Vorteil der optimalen Zugänglichkeit des Motorraums. Dazu ist an der linken Haubenstütze (1) der Sperrhebel (2) aus der Raste zu ziehen und die Motorhaube etwas nach oben zu drücken, damit der Sperrhebel nicht wieder einrastet. Dann wird an der rechten Haubenstütze der Sperrhebel ebenfalls aus der Raste gezogen und die Motorhaube nach oben gedrückt, bis der Sperrhebel der linken Haubenstütze in die 90°-Raste einklinkt (Bild rechts). Zum Schließen der Haube ist der Sperrhebel der linken Haubenstütze aus der Raste zu ziehen. Die Zugfedern (3) beider Seiten müssen in der Führung eingerastet sein.

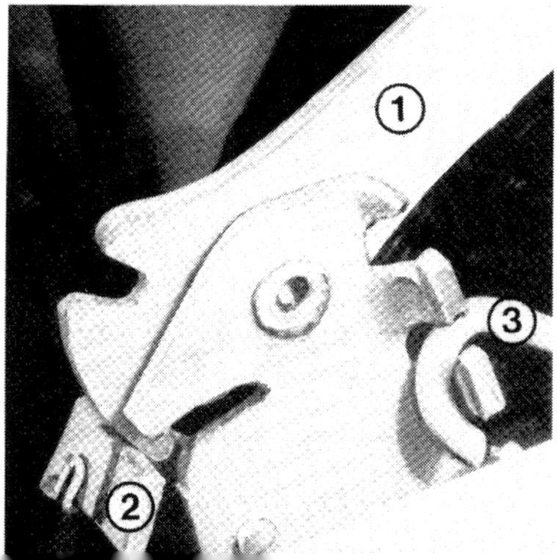

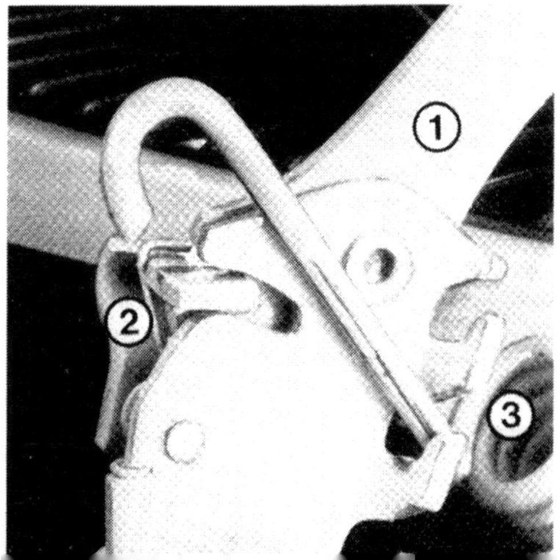

Fingerzeig: *Nicht nur der TÜV, sondern auch der DEKRA (Deutscher Kraftfahrzeug-Überwachungsverein) und andere Organisationen sind berechtigt, die »TÜV-Prüfung« an Ihrem Wagen vorzunehmen – und das sogar in der Kfz-Werkstatt. Die Plakette erhalten Sie bei dieser Prüfung ebenfalls für zwei Jahre, doch muß der Wagen schon nach einem Jahr zu einer Zwischenuntersuchung vorgeführt werden.*

Verkehrsverhältnisse, Belastung des Wagens und Witterungsverhältnisse beeinflussen den Verbrauch eines jeden Autos, ebenso die Fahrweise. Fallen diese Umstände insgesamt negativ aus, liegt der Verbrauch merklich höher als normal. Wie anschließend zu lesen ist, kann zu hoher Verbrauch natürlich auch andere Ursachen haben.

Wenn die Rede auf den Kraftstoffverbrauch kommt, fällt vielfach die Bezeichnung »Normverbrauch«. Dieser wird nach den Prüfbedingungen 70 030 des DIN (= **D**eutsches **I**nstitut für **N**ormung) ermittelt. Früher geschah dies bei konstant ⅔ der Höchstgeschwindigkeit und mit halber Nutzlast beladenem Wagen auf absolut ebener Fahrbahn bei Windstille. Heute werden die Verbrauchswerte unter drei unterschiedlichen Fahrbedingungen gemessen. Im Stadtverkehr ist ein sogenannter Fahrzyklus vorgeschrieben, der aus 25 Einzelvorgängen besteht – u. a. Leerlauf, Beschleunigen, Schalten, Bremsen und verschiedene Geschwindigkeiten von 10, 15, 32 und 50 km/h. Dann kommt eine Fahrt mit konstant 90 Stundenkilometern und eine weitere mit konstant 120 km/h.
Die bei konstanter Geschwindigkeit gemessenen Verbrauchswerte sind in die Praxis nur mit Einschränkungen zu übertragen, denn der heutige dichte Verkehr verhindert vielfach ein gleichmäßiges Fahren. Trotzdem kann man die neuen DIN-Verbrauchswerte (Seite 223) als ausreichend praxisnah bezeichnen.

Allgemein muß man mit höheren Verbrauchswerten als mit der als »Normverbrauch« bezeichneten Angabe rechnen. Mit erhöhter Geschwindigkeit steigt auch der Verbrauch. Wäre es möglich, ständig ein bestimmtes Tempo einzuhalten, so sähe die Sache noch ganz gut aus. Aber derart ideal sind die Verkehrsbedingungen selten: Abbremsen und Gasgeben erhöht den Verbrauch. Bei den drei Motortypen kann man etwa mit folgendem Durchschnittsverbrauch rechnen:
200: 9–15 Liter/100 km, 230: 9,5–15,5 Liter/100 km, 250: 10–17 Liter/100 km.

Eine Aussage über die Gesundheit des Motors und des Fahrwerks gibt nur eine Meßstrecke von ca. 2000 km über mehrere Tage oder Wochen, weil sich nur darin unterschiedliche Fahrweisen und -strecken (Autobahn-, Stadtfahrt) genügend mischen, um einen echten Durchschnitt ermitteln zu können. Dazu nehmen Sie am besten ein Fahrtenbuch (kostenlos an Ihrer Stamm-Tankstelle). Die Verbrauchsberechnung geht dann so:

- Alle Tankungen mengenmäßig eintragen.
- Bei gelegentlichem Volltanken genauen Kilometerstand dabei vermerken.
- Alle Nachfüllmengen zwischen zwei Volltankungen (in ca. 2000 km Abstand) und die letzte Volltankung addieren.
- Gesamtverbrauch durch gefahrene km teilen und mit 100 multiplizieren.

Ihr Freund, Kollege oder Nachbar behauptet vielleicht, daß sein Auto weniger als Ihr Mercedes verbraucht. Bei näherer Nachprüfung verschieben sich solche angeblichen Verbrauchswerte aber spürbar in Richtung der Tatsachen.
Die Verkehrsverhältnisse lassen es nur selten zu, bewußt sparsam zu fahren. Es ist nicht vertretbar, als rollendes Verkehrshindernis zu erscheinen.

Fahrerursachen

■ Die Gänge werden beim Beschleunigen zu weit ausgedreht. Besonders günstig ist der Verbrauch, wenn Sie zügig beschleunigen, aber früh hochschalten. Oftmals wird geraten, den Motor nicht bei niedriger Drehzahl zu »quälen«. Diese Auffassung deckt sich nicht mit neueren Untersuchungsergebnissen: Der Motor wird bei niedriger Drehzahl und hoher Last weniger beansprucht, als bei hoher Drehzahl und Teillast.
Eine bestimmte Leistung kann sowohl mit Teillast bei einer höheren als auch mit hoher Last bei einer niedrigeren Drehzahl erreicht werden. Bei Teillast ist jedoch der Verbrauch höher, denn ein Motor weist nahe der sogenannten Vollast-Kennlinie die günstigsten Verbrauchswerte auf.

■ Die Fahrgeschwindigkeit ist der wesentlichste Verbrauchsfaktor: Mit zunehmendem Tempo wächst der Rollwiderstand der Reifen durch vermehrte Walkarbeit. Noch größer ist der Einfluß des Luftwiderstands. Er ist bei 100 km/h nicht etwa doppelt so hoch wie bei 50 km/h, sondern er vervierfacht sich (er nimmt im Quadrat zu).

■ Bleifußfahren kostet unnötig Benzin. Selbst bei zügiger Autobahnfahrt braucht das Gaspedal nicht bis zum Bodenblech durchgetreten zu werden. Leichtes Anheben des Gasfußes bewirkt keine oder nur eine geringe Geschwindigkeitsverminderung, aber der Verbrauch sinkt um einiges. Probieren Sie selbst aus, ab welcher Gaspedalstellung das Tempo nachläßt. Auch an Steigungen ist nicht immer Vollgas nötig.

■ Nervosität im Gasfuß erhöht den Kraftstoffverbrauch, denn bei dem hastigen Tritt auf das Gaspedal wird eine unnötige Menge Kraftstoff von der Beschleunigungspumpe zusätzlich eingespritzt.

■ Wer viel bremsen muß, hat vorher zu viel aufs Gaspedal getreten. Und das hat Benzin gekostet.

■ Das »Warmlaufen« des Motors im Winter vor der Abfahrt kostet nicht nur unnötiges Benzin, sondern schadet auch dem Motor. Denn der im Leerlauf nicht weiter belastete Motor verlängert die motorstrapazierende Warmlaufphase. Statt dessen anfahren, sobald der Motor einigermaßen »rund dreht«, aber nur in mittleren Drehzahlen und ohne scharfe Beschleunigung.

■ Ganz beachtliche und eindeutig nachmeßbare Benzinersparnis bringt gelegentliches Fahren im Leerlauf. Dazu liegt der Schalthebel in »neutral« und das Auto rollt im Leerlauf eine flache Gefällstrecke hinab (aber nicht bei steiler Bergabfahrt!) oder auf ein schon von weitem erkennbares Verkehrshindernis zu (z. B. Autobahn-Baustelle mit Geschwindigkeitsbegrenzung oder eine weithin sichtbare Verkehrsampel, die gerade auf »Rot« schaltet). Schon bei geringer Fahrbahnneigung behält man dabei eine flotte Fahrweise und trotzdem verbraucht der Motor nur seine Ration »Leerlauf-Benzin«. Abgestellt werden darf der Motor auf keinen Fall! Der Bremskraftverstärker und Servolenkung werden nämlich sonst wirkungslos. So zu fahren wäre kriminell.

Wagenursachen

■ Ein vollbesetzter Wagen oder Urlaubsgepäck kosten mehr Verbrauch. Man merke sich: 100 kg Zuladung erfordern ca. 0,5–1 Liter mehr Kraftstoff auf 100 km.

■ Zu niedriger Reifendruck erhöht den Rollwiderstand. Vor Autobahnfahrt Luftdruck prüfen, falls nötig, erhöhen; siehe Seite 154.

■ Zu knappes Radlagerspiel oder schleifende Bremsbeläge machen die Räder schwergängig. Die Feststellbremse muß richtig eingestellt sein.

■ Radeinstellung der Vorderräder stimmt nicht. Einseitige Abnutzung der Reifen und unsaubere Lenkeigenschaften lassen dies erkennen.

■ Reifenart beeinflußt den Verbrauch. Die ohnehin vorgeschriebenen Gürtelreifen verhelfen zur Sparsamkeit. Grobstollige Winterreifen erhöhen den Rollwiderstand und damit den Verbrauch.

Motorursachen

■ Ein neuer Motor braucht bei ungünstigen Fahrbedingungen etwa 5000 km, bis er die vorteilhaftesten Leistungs- und Verbrauchswerte erreicht.
■ Verschmutztes Luftfilter behindert eine optimale Zylinderfüllung.
■ Kraftstoffpumpe ohne ausreichende Förderleistung. Siehe Kapitel »Vom Tank zur Kraftstoffpumpe«.
■ Kraftstoffleitungen gelockert. Kurz nach dem Abstellen des Wagens meist mit einem Blick festzustellen, wenn Benzin auf den Boden tropft.
■ Falsche Vergasereinstellung. Werkstatt aufsuchen.
■ Zündung nicht in Ordnung. Zündzeitpunkt verstellt, Zündkerzen verschmutzt, locker eingeschraubt oder verbraucht.
■ Stark verschlissener Motor. Schlecht schließende Ventile. Mangelhafte Kompression führt zu Leistungsverlusten und ansteigendem Benzin-Durst.

Andere Ursachen

■ Vorwiegend Stadtverkehr. Der Motor dreht häufig im Leerlauf. Notwendige Betriebstemperatur wird nicht erreicht. Starkes Beschleunigen nach Kreuzungen innerorts läßt sich meist nicht vermeiden, steigert aber den Verbrauch.
■ Niedrige Außentemperaturen lassen den Motor nicht warm werden. Schmierstoffe im Motor, Getriebe und Radlagern bleiben länger steif und leisten Widerstand.
■ Schnee und Matsch, aber auch Kurven und schlechte Straßenoberflächen erhöhen den Rollwiderstand.
■ Gebirgsstrecken zwingen zum vielen Schalten und Beschleunigen. Winterlicher Stadtverkehr kann den Verbrauch bis auf 17 Liter ansteigen lassen.

Die Kraftstoff-Qualität

Daimler-Benz schreibt für alle in diesem Buch behandelten Mercedes-Motoren Super-Kraftstoff vor.
Ginge es auch mit »Normal«? Nein, denn der Mercedes-Motor würde beim Beschleunigen erbärmlich »klingeln«. Das hört sich an wie rasendes Klopfen eines kleinen Metallhammers auf die Motor-Innenseite. Man muß dazu aber ein scharfes Ohr haben und hört das Klingeln am besten, wenn der betreffende Wagen an einem vorbeifährt.

Super für die Mercedes-Motoren

Um dieses Klingeln oder Klopfen zu vermeiden, muß der Kraftstoff entsprechend »klopffest« sein. Die Klopffestigkeitsansprüche der Benzinmotoren – und damit die Ansprüche an die Kraftstoffqualität – sind unterschiedlich und hängen vor allem von dem Verdichtungsverhältnis (siehe »Technische Daten«, Seite 222) der Motoren ab, also von dem Raumverhältnis zwischen tiefststehendem und höchststehendem Motorkolben im Zylinder. Motoren mit einer Verdichtung unter 8,0:1 kommen in der Regel mit Normal-Kraftstoff aus. Weil unsere Mercedes-Motoren ein Verdichtungsverhältnis von 8,7:1 (MB 250) und 9,0:1 (MB 200 und 230) haben, geht's nicht ohne Super-Qualität.
Die Klopffestigkeit wird mit der sogenannten »Oktanzahl« (kurz: OZ) gekennzeichnet. Dabei handelt es sich um eine Vergleichsgröße, die in einem speziellen Prüfmotor mit Meßkraftstoffen im Vergleich zur zu prüfenden Benzin-Großlieferung ermittelt wird. Reicht es mit der OZ nicht aus, kann eine sogenannte »Klopfbremse« beigemischt werden, vor allem Bleitetraäthyl. Weil das aber sehr giftig und nicht umweltfreundlich ist, darf in der Bundesrepublik der Anteil nur 0,15 Gramm pro Liter betragen. Wenn das nicht reicht, muß der Kraftstoff mit

höchstklopffesten Kohlenwasserstoffen vermischt werden. Die DIN-Norm 51 600 für Kraftstoffe fordert in der Bundesrepublik bei Super-Kraftstoff eine Klopffestigkeit von mindestens 98 ROZ und 88 MOZ und bei Normal-Kraftstoff mindestens 91 ROZ und 83 MOZ. ROZ und MOZ sind zwei auf verschiedenen Wegen ermittelte Oktanzahlen, ROZ nach der sogenannten »Research-Methode«, MOZ nach der »Motor-Methode«.

Was ist Klingeln oder Klopfen?

Das Klingeln oder Klopfen kann auch bei einem an sich ausreichend klopffesten Kraftstoff auftreten, wenn der Zündzeitpunkt »zu früh« eingestellt ist (siehe Seite 191). Bei diesem, zu Anfang des Abschnitts, beschriebenen »Beschleunigungsklopfen« genügt zuerst, den Fuß vom Gaspedal zu nehmen und nur ganz behutsam zu fahren, bis sich bei Kraftstoffwechslung richtiges Super tanken bzw. die Zündzeitpunkteinstellung korrigieren läßt (Seite 194).
Eine andere Spielart des Klingelns, die auch ordentlich mit Super betankte Mercedes-Motoren befallen kann (vor allem wenn es an der »MOZ« des Kraftstoffs etwa im Ausland fehlen sollte), ist das sogenannte »Hochdrehzahlklopfen«. Es ist gefährlicher als das leichter hörbare »Beschleunigungsklopfen«, da das Hochdrehzahlklopfen zumeist nur bei Vollgas – auch in unteren Gängen! – auftritt, wenn andere Fahrgeräusche das Klingeln übertönen. Ein Hinweis für eine sich etwa anbahnende Motorschädigung durch das Hochdrehzahlklopfen ist eigentlich nur die dann stark ansteigende Motor- und Kühlwassertemperatur. Die dabei auftretenden Spitzentemperaturen bis zu 1500° C können Löcher in die Kolbenböden brennen.
Was passiert beim »Klingeln«? Normalerweise verbrennt das Kraftstoff-Luft-Gemisch im Zylinder auf Befehl der Zündkerze. Weil der Zündfunke schon vor dem »Oberen Totpunkt«, dem höchsten Stand des Kolbens im Zylinder, an der Zündkerze überspringt, gibt diese schon »Feuer«, während der Kolben noch das Kraftstoff-Luft-Gemisch zusammenpreßt. Das kann zu einer »Gegenexplosion« durch Selbstentzündung (wie beim Diesel-Motor) in einer Ecke des Brennraumes führen, deren Druckwelle dem aufwärts strebenden Kolben entgegenschlägt und den Motor in allen Teilen erschüttert. Genügend klopffester Kraftstoff wartet, bis die Flammfront von der Zündkerze zu ihm »wandert«.

Motorschäden durch schlechten Kraftstoff vermeiden

■ An bundesdeutschen Tankstellen rundes Schild mit der Aufschrift »DIN-Norm 51600« beachten.
■ In einigen Ostblockländern wachsam sein und bei Reisen dorthin rechtzeitig Informationen über die dort angebotenen Kraftstoffe einholen. Schwierigkeiten in westlichen Ländern ergeben sich keinesfalls.
■ Beim Übergang von längerem Stadtverkehr, wenn die Verbrennungsräume des Motors durch Rückstandsbildung verkokt sind, auf scharfe Fernfahrt in der ersten Stunde maximal nur 4500/min. Der Motor braucht dann speziell auf der Autobahn diese Zeit zum Einlaufen bzw. Freibrennen der Brennräume. Im Sommer ist es wichtig, den Öldruckmesser im Auge zu behalten.
■ Der Zündzeitpunkt muß richtig eingestellt sein. Vorbeugende Rücknahme des Zündzeitpunktes ist nicht empfehlenswert, da eine solche Verstellung in Richtung Spätzündung verbrannte Auslaßventile und Kühlerkochen zur Folge haben kann. Außerdem wirkt sich diese Maßnahme negativ auf Leistung, Verbrauch und CO-Wert im Abgas aus.

Nachdieseln

Unsere Mercedes-Motoren sind von dieser Erscheinung nur selten betroffen. Beim Nachdieseln entzündet sich noch angesaugtes Gemisch nach Abstellen der Zündung an glühenden Rückständen im Verbrennungsraum oder auch –

nach strammer Fahrt – an überhitzten Auslaßventilen. Unsere Motoren besitzen jedoch elektromagnetische Abschaltventile, welche die Gemischzufuhr beim Ausschalten der Zündung »abriegeln«. Falls der Motor doch einmal nachlaufen sollte (Abschaltventil defekt oder elektrische Zuleitung schadhaft), wird der Motor so zum Stehen gebracht: 1. Gang einlegen, Fuß- oder Feststellbremse treten und langsam einkuppeln. Auf diese Weise würgt man bekanntlich den Motor ab. Beim Automatik-Mercedes muß man den Motor durch mehrmaliges Gaspedaltreten zum »Absaufen« bringen.

Die Höchstgeschwindigkeit

Die tatsächliche Höchstgeschwindigkeit eines Autos ist immer einmal von Interesse. In Autofahrergesprächen spielt die »Spitze« (gemeint ist die Spitzengeschwindigkeit) stets eine wichtige Rolle, aber kaum jemand berücksichtigt, daß sie in der Praxis nur selten erreicht wird. Nur sachliche Beobachtungen können Aufschluß über die wirklich erreichbare Höchstgeschwindigkeit vermitteln, die übrigens nicht unbedingt mit der eines anderen Wagens gleichen Typs übereinstimmen muß.
Als Mercedes-Fahrer muß man nicht fürchten, daß die Tachometeranzeige über Gebühr schwindelt. Üblicherweise ist nämlich die auch bei anderen Fabrikaten anzutreffende Voreilung vergleichsweise gering: Im Durchschnitt werden bis zu 3 Prozent zuviel angezeigt. Das liegt erheblich unter der Toleranzgrenze, denn in den oberen beiden Dritteln des Anzeigebereichs darf ein Tachometer bis zu 7 Prozent zuviel anzeigen.
Die Tachometervoreilung hängt nicht immer mit einer »Fehlfunktion« des Instruments zusammen, sie kann auch auf äußeren Umständen basieren: Vor allem die Reifengröße und mit ihr der Abrollumfang sowie der Reifendruck haben auf die Geschwindigkeitsanzeige Einfluß, in geringerem Maße auch Fertigungstoleranzen innerhalb der mechanischen Übertragung der Anzeige.
Die Voreilung läßt sich auf einer ebenen, mäßig befahrenen Autobahnstrecke nachprüfen. Voraussetzungen: Beifahrer mit Stoppuhr, notfalls Armbanduhr mit Sekundenzeiger. Bei Vollgas die Zeit für einen Kilometer messen lassen. Die Tachonadel darf dabei während der Messung nicht mehr ansteigen, was einen kilometerlangen Anlauf bedingt (Fenster schließen). Die Höchstgeschwindigkeit wird bei Gegen- und Seitenwind nicht erreicht, und sie wird durch Rückenwind oder abgefahrene Reifen gleichfalls verfälscht.
Die Geschwindigkeit in Kilometer pro Stunde (3600 Sekunden) ergibt sich, wenn man 3600 durch die gestoppte Zahl (in Sekunden) dividiert.
Übrigens läßt sich ähnlich auch der Tacho eichen: 3600 geteilt durch die zwischen zwei Kilometer-Markierungen auf der Autobahn gestoppte Zeit, während man genau nach Tachometer ein bestimmtes Tempo fuhr. Beispielsweise 3600: 38 sec = 95 km/h (Tacho zeigte 100 km/h).
Alles Mercedes-Typen erreichen mindestens die vom Werk angegebenen Geschwindigkeiten, die in diesem Buch auf Seite 225 erwähnt sind. Daimler-Benz ist bei der Angabe von Höchstgeschwindigkeiten eher zurückhaltend. Gut eingefahrene Wagen bringen es gewöhnlich auf bis zu 4 km/h mehr als angeführt. Herstellungstoleranzen bei der Fertigung, Einfahrbedingungen und Alter des Wagens sind natürlich Kriterien, die sich auf die Spitzengeschwindigkeit auswirken können. Wenn man vollbeladen fährt, ist an die Höchstgeschwindigkeit sowieso nicht zu denken, sie verringert sich sogar um 10 km/h bis maximal 25 km/h, wenn sperrige Dachlast mitgeführt wird. Wagen mit automatischem Getriebe sind in der Regel um 5 km/h in der Spitze langsamer als das gleiche Modell mit Schaltgetriebe.

Beistandspakt

Vermutlich werden Sie Ihr schönes Auto nicht schonungslos beanspruchen. Doch können Sie sich auch dazu überwinden, rechtzeitig eine Werkstatt aufzusuchen, wenn der Mercedes ein Wehwehchen hat, das Sie nicht selber heilen können? Irgendwann muß jeder einmal das Wissen und Können anderer in Anspruch nehmen. Das trifft für den Autobesitzer besonders dann zu, wenn es sich um Arbeiten an der Bremsanlage und an der Lenkung handelt.
Zu mancher Arbeit werden geeignete Werkzeuge und Meßinstrumente gebraucht, die nur die Werkstatt besitzt. Mit ihrer Hilfe sind entsprechende Reparaturen ein Kinderspiel, ohne sie eine Schinderei. Freilich kostet anderer Leute Arbeit auch Geld. Was Sie wissen sollten, bevor Sie Ihr Auto in die Werkstatt bringen, das haben wir hier für Sie zusammengestellt.

Umgang mit der Werkstatt

Der Kauf eines neuen Wagens erweist sich immer dort am zweckmäßigsten, wo man als Kunde auch später noch solide bedient wird. Es lohnt sich daher, zuvor den Ruf des Betriebes zu erkunden, dem man sich anvertrauen möchte. Doch die beste Werkstatt kann nicht immer sofort alle Wünsche eines Kunden erfüllen. Dafür mögen mancherlei Gründe vorhanden sein. Ungeschicklichkeit des Autobesitzers oder Unkenntnis im Umgang mit Werkstätten können daneben Differenzen entstehen lassen, die das Verhältnis zum Werkstattpersonal trüben. Folgende Ratschläge sollen derartige Probleme entschärfen:

■ Wartungsdienste und voraussehbare Reparaturen möglichst rechtzeitig persönlich oder telefonisch anmelden und Termin vereinbaren.

■ Kleinere Werkstätten fern der Großstadt haben oft mehr Zeit und arbeiten preiswerter, sind aber mit Ersatzteilen nicht so eingedeckt wie größere Betriebe.

■ Möglichst morgens zwischen 7 und 8 Uhr vorfahren; dann werden die Arbeiten für den Tag eingeteilt. Notfalls den Wagen am Vorabend hinbringen. Falls Sie zeitlich nicht unter Druck stehen oder Sonderwünsche haben, hat man an der Reparaturannahme aber nach 10 Uhr mehr Ruhe für eine Unterhaltung.

■ Wagen möglichst nicht kurz vor Feiertagen oder großen Schulferien in die Werkstatt bringen – man ist dann oft überlastet.

■ Ganz klaren Reparaturauftrag geben (dieses Buch soll dazu helfen). Zum Beispiel Ölwechsel: ja oder nein? Wollen Sie das teuerste Öl? Es wird oft ungefragt beim Ölwechsel aufgefüllt. Zündkerzen austauschen: ja oder nein?

■ Schriftlichen Kostenvoranschlag ausstellen lassen (er ist drei Wochen für die Werkstatt verbindlich). Wird ein schriftlich zugesagter Termin um mehr als 24 Stunden überzogen, muß die Werkstatt ein gleichwertiges Ersatzfahrzeug stellen oder 80 % der Mietwagenkosten tragen. Siehe auch Seite 20.

■ Ausgetauschte oder ersetzte Teile wandern auf den Schrotthaufen (Rückgabe-Austauschteile natürlich ausgenommen). Lassen Sie auf dem Auftrag vermerken, daß man die defekten Teile in den Kofferraum legt oder zur Hand hält. Dadurch haben Sie eine gewisse Kontrolle über die Werkstattarbeit.

■ Bei Abnahme des reparierten Wagens sollten Sie noch auf dem Werkstatthof möglichst viele Funktionen Ihres Wagens überprüfen und auch versuchen, ein kleines Stück hin und her zu fahren. Solange Sie noch im Bereich der Werkstatt sind, lassen sich Beanstandungen besser und überzeugender anbringen.

■ Wenn Sie anderer Meinung als die Leute von der Werkstatt sind, suchen Sie nicht durch Streit Ihr vermeintliches Recht zu erzwingen, sondern sprechen Sie sachlich und ruhig mit dem zuständigen Mann. Lassen Sie sich seine Gründe so erklären, daß Sie sie als Laie verstehen können.

■ Ein nettes Wort hellt auch verärgerte ölige Gesichter wieder auf; eine freundliche Stimmung der Leute, die an Ihrem Wagen arbeiten, überträgt sich auf die Qualität ihrer Arbeit.

■ Bei Uneinigkeiten mit der Werkstatt wende man sich an eine der über die BRD verteilten Schiedsstellen. Ein Anschriftenverzeichnis ist vom Zentralverband des Kraftfahrzeughandwerks, Franz-Lohe-Straße 21, 5300 Bonn 1, von der Kfz-Innung, von der Handwerkskammer, von den Automobil-Clubs oder von der DAT erhältlich. Die Schiedsstellen können aber nur bei den Betrieben etwas ausrichten, die auch der Innung angehören, erkennbar am weißen Schild »Meisterbetrieb des Kfz-Handwerks«.

■ Bei Reparaturen haben Sie Garantieansprüche, wenn die Arbeit unsachlich erledigt wurde oder sich ein Materialfehler herausstellt. Branchenüblich für die Werkstätten ist eine Reparaturgarantie von 6 Monaten. Bei der Nachreparatur haben Sie dann allenfalls das zu bezahlen, was sich als zusätzlich erforderliche Instandsetzung herausstellt, aber nicht mehr den ganzen Reparaturumfang! Bei grober Fahrlässigkeit der Werkstatt haben Sie sogar Anspruch auf Schadenersatz, falls dadurch ein Unfall passiert.

Neuwagen-Garantie

Falls Sie Ihren Mercedes neu kauften, unterschrieben Sie beim Händler eine Menge Papier. Hatten Sie das alles genau durchgelesen? Sollte dieses Auto noch kein Jahr alt sein, müssen Sie wissen, was es mit dem Begriff »Gewährleistung« auf sich hat. Für Gebrauchtfahrzeuge und Vorführwagen leistet Daimler-Benz allerdings keine Gewähr.

Als Neuwagenbesitzer haben Sie Rechte, aber auch Pflichten. Die Garantie gilt ein Jahr lang ohne Kilometerbegrenzung. Sie erstreckt sich auf Instandsetzungsarbeiten oder auf Ersatzlieferungen von Teilen, allerdings nur dann, wenn Fehler oder Schäden im Material oder in der Herstellung aufgetreten sind. Ob ein solcher Anspruch berechtigt ist, wird von der zuständigen Daimler-Benz-Niederlassung geprüft. Im Zweifelsfall oder wenn Materialuntersuchungen notwendig sind, entscheidet die Kundendienstabteilung in der Zentrale Stuttgart.

In der Bedienungsanleitung zum Mercedes findet man vieles, was man über sein Auto wissen möchte, nicht oder nur unvollständig beschrieben. Es liegt natürlich auch nicht im Sinn einer solchen Betriebsanleitung, daß der Autobesitzer darin Anleitungen für Reparaturarbeiten erhält. Aber selbst dann, wenn man nur einfache Wartungsdienste selbst ausführen oder kontrollieren möchte, hilft die Bedienungsanleitung oft nicht weiter. Diese Lücke schließt das vorliegende Buch und hilft dabei, das Auto betriebssicher zu halten.

Den Vorwurf unsachgemäßer Behandlung des Wagens, der immerhin denkbar ist, werden Sie nicht in jedem Fall widerlegen können. Dann kommt es auf Ihr Verhandlungsgeschick an und auf eine diplomatische Formulierung der (berechtigten) Forderung, die das Lieferwerk zur Schadensbeseitigung innerhalb der Garantiezeit veranlassen.
Innerhalb der Garantiezeit müssen lückenlos alle vorgeschriebenen Wartungsarbeiten durch eine – von Ihnen gewählte – Vertragswerkstatt ausgeführt und bestätigt werden. Bestätigungen von Tankstellen, die sich auf erledigte Schmierdienste beziehen, werden nicht anerkannt.

Schadenersatz

Das im April 1977 in Kraft getretene Verbraucherschutzgesetz bietet neben besseren Rechten des Käufers bei der Neuanschaffung auch eine klarere Regelung der Garantieansprüche bei Mängeln innerhalb der Garantiezeit. So sind alle Garantiearbeiten einschließlich Lohn und Teile kostenlos. Eventuell notwendige Inspektionsarbeiten nach einer Garantiereparatur erfolgen gratis. Zur Bedingung wird allerdings gemacht, daß nach einer Panne wegen eines Garantiefehlers die nächstgelegene Vertragswerkstatt des Autoherstellers anzurufen ist, um mit ihr Absprachen bezüglich der Schadensbehebung zu treffen.
Falls das wiederhergestellte Auto noch weiterhin Mängel aufweist, kann der Käufer von der Firma, bei der er den Wagen gekauft hatte, sein Geld zurückverlangen oder eine Reduzierung des Kaufpreises fordern. Freilich muß er der Werkstatt zubilligen, daß diese sich – eventuell mehrmals – um die Beseitigung des Fehlers bemüht.
Man kann aber ausgesprochenes Pech haben und in einen Unfall verwickelt werden, weil ein Teil am Wagen seinen Dienst versagte. Dieses Teil und die beschädigten Teile am eigenen Wagen werden ersetzt; für den angerichteten Schaden kommt weiterhin die Haftpflichtversicherung auf. Anderweitig entstehende Kosten (Unterbrechung der Geschäfts- oder Urlaubsreise) kann man jedoch vom Hersteller nicht zurückverlangen. Und wenn der Wagen infolge einer mangelhaften Reparatur liegenblieb: Die dann fälligen Abschleppkosten zur Vertragswerkstatt werden ersetzt.

Reparaturkosten

Man braucht sich nicht zu scheuen, die Frage nach der Höhe der Reparaturkosten zu stellen, unabhängig von Art und Umfang der Reparatur. Diese Frage und die darauf erteilte Auskunft schafft zwischen dem Kunden und der Werkstatt eine klare Atmosphäre. Außerdem ist man dadurch in der Lage, diese oder jene eifrig angebotene Arbeit ablehnen zu können. Dem Kunden steht es durchaus zu, Reparaturen in dringende, sofort zu erledigende Arbeiten und in solche aufzugliedern, die auf später verschoben werden sollen.

Schriftlicher Kostenvoranschlag

Für größere Reparaturen sollte man – möglichst von verschiedenen Werkstätten – einen Kostenvoranschlag einholen. Das kann in Form des Reparaturauftrages geschehen, auf dem zu den einzelnen Posten die Preise eingesetzt sind. Solche schon im Auftrag festgelegten Preise dürfen bei Gesamtkosten unter 500 Mark um 20 % und bei höheren Kosten um höchstens 15 % überschritten werden. Entstehen dennoch höhere Kosten, muß die Werkstatt beim Auftraggeber rückfragen, ehe die Arbeit ausgeführt und in Rechnung gestellt wird. Deshalb soll man die Telefonnummer angeben, unter der man tagsüber zu erreichen ist.
In der Reparaturbranche allgemein übliche »Geschäftsbedingungen für die Ausführung von Arbeiten an Kraftfahrzeugen« hängen meistens an der Wand der Werkstattbüros, wo sie der Kunde lesen kann, oder sie stehen auf der Rückseite des Reparaturauftrages.

Werkstattkosten

Preise, Löhne und Gehälter klettern ständig, was sich auf den Stundenlohn in Reparaturwerkstätten niederschlägt. Werkstattpreise setzen sich nur zu einem Drittel aus dem Arbeitslohn des Mechanikers und zu knapp einem Viertel aus Lohnanteilen und Gehältern für die Beschäftigten in dem Betrieb zusammen, der Rest errechnet sich aus festen Kosten (Miete, Strom, Heizung usw.), Buchhaltung, Porto, Telefon, Abschreibungen, Steuern, Versicherungen und aus genau 10 % gesetzlich vorgeschriebenen sozialen Aufwendungen.
Die so von Werkstatt zu Werkstatt differierenden Arbeitskosten kommen zu den Ersatzteil- und Materialkosten hinzu, und es besteht eine Basis für die Kalkulation der Reparaturpreise. Daimler-Benz hat für alle häufiger vorkommenden Werkstattarbeiten sogenannte »Arbeitswerte« in einem Katalog (»Arbeits-Positionsbuch«) festgelegt.
Ein solcher Arbeitswert entspricht etwa 10 Minuten Arbeitszeit, d. h. eine Reparatur, für die 6 Arbeitswerte ermittelt wurden, soll von einer ordentlichen Werkstatt in einer Stunde erledigt sein. Wenn sie länger braucht, ist es ihr Schaden und umgekehrt ihr Gewinn. Insofern ist die Reparaturberechnung (anscheinend) überall gleich.
Schon seit 1973 wird man über das Kostengefüge mit Hilfe der Preisauszeichnung orientiert. Alle Handwerksbetriebe müssen über die am häufigsten vorkommenden Arbeiten eine Preisliste in ihren Geschäftsräumen offen liegen haben. Man kann sich also ohne viel Fragerei über gewisse Kosten ein vergleichendes Bild machen, und die Entscheidung, welchen Betrieb man aufsuchen will, fällt leichter.
Wo allerdings qualitativ besser gearbeitet wird, das lassen solche Preisauszeichnungen offen.

Unterschiede bei Preisen und Reparaturen

Aus dem lokalen Sitz der Werkstätten ergeben sich erhebliche Preisunterschiede, und allein innerhalb einer Großstadt kann man Preisschwankungen um 20 % feststellen. Wesentlich billiger ist es in kleinen Städten und auf dem Land. Fallen am Auto größere Arbeiten an, so lohnt es sich immer, auf das Land zu gehen, wo wegen geringerer Unkosten weniger Geld gefordert wird.
Überhöhte Rechnungen werden sich nicht immer ausschließen lassen, aber in der Regel ist das Kraftfahrzeughandwerk um Seriosität bemüht. Die sinkende Inanspruchnahme der Werkstätten in den letzten Jahren, deren Gründe in der allgemeinen finanziellen Belastung des Autobesitzers zu suchen sind, führten dazu, daß auch Werkstätten um ihre Kundschaft werben. Unwägbarkeiten bestehen natürlich kaum bei der Werkstatt, zu der man einen guten Kontakt unterhält.
Dagegen birgt der Besuch eines fremden Reparaturbetriebes eine Reihe von Unsicherheitsfaktoren, die mit den Stichworten »Preiswürdigkeit« und »Arbeitsqualität« ganz einfach zu benennen sind.

Ersatz- und Austauschteile

Es müssen nicht in jedem Fall neue Teile sein, die Sie bei fälligen Reparaturen in Ihren Mercedes einbauen lassen. Denn Daimler-Benz hat für verschiedene Teile, die erfahrungsgemäß nicht das ganze Autoleben aushalten, aber vom Werk wieder »generalüberholt« werden können, ein besonderes Austauschteile-Programm bereit. Dazu gehören neben dem Motor z. B. Kupplung, Kupplungsscheibe und Schaltgetriebe bzw. automatisches Getriebe.
Mit dem Austauschmotor erhält man bei Daimler-Benz übrigens ein komplettes Stück, an dem auch alle Zusatzaggregate, wie Wasserpumpe, Lichtmaschine, Anlasser usw., überholt bzw. erneuert wurden. Das ist nicht bei allen Automarken üblich. Dort müssen entweder die alten Anbauteile des seitherigen Motors

»umgerüstet« werden, was entsprechendes Geld kostet, oder diese sind ebenfalls durch Austauschteile zu ersetzen, was noch mehr Geld kostet.
Die technische Entwicklung läßt auch bei Mercedes Änderungen in der Serie eintreten, die im Einzelfall bei der Ersatzteil-Beschaffung beachtet werden müssen (beim Einkauf die Fahrgestellnummer und evtl. auch das Datum der ersten Zulassung bereithalten).
Auch in den Kundendienstwerkstätten von Bosch sind Austauschaggregate erhältlich. Man spart rund 40 % des Neupreises z. B. für Lichtmaschine und Anlasser.

Verschleißteile

Ölfilter, Luftfilter, Glühlampen, Zündkerzen, Unterbrecherkontakte, Auspuffanlagen, Bremsbeläge und Stoßdämpfer können Sie – zum Teil halb so teuer wie in der Werkstatt – im Zubehörhandel, Großmarkt und Waren- oder Versandhaus finden. Wenn Sie preisgünstige Einkaufsquellen nutzen wollen, dann mit zwei Einschränkungen: Nur Bremsbeläge aus dem Mercedes-Ersatzteillager sind entsprechend getestet worden und versprechen bestmögliche Bremsverzögerung; Eigenversuche mit Billigware können lebensgefährlich werden. Preisgünstige Stoßdämpfer sollten Sie auch nur von bekannten Herstellern kaufen, wobei die großen Versand- und Warenhäuser allerdings auch unter eigenem Namen Markenfabrikate vertreiben. Billige Auspuffanlagen passen oft nicht so exakt wie Originalteile und auch mit der Lebensdauer kann es Enttäuschungen geben.
Innerhalb der Garantiezeit des Mercedes sollten Sie grundsätzlich nur original Daimler-Benz-Ersatzteile verwenden, denn auch ein unschuldiges Fremdteil kann bei einem Garantiefall zu Ihren Ungunsten entscheidend mitwirken.

Mercedes-Benz-Notdienst

Bei Daimler-Benz besteht ein Notdienst, der an Werktagen und auch an Samstagen, Sonn- und Feiertagen von 7.30 bis 22.00 Uhr in Notfällen Hilfe leistet. Über die »Zentrale Leitstelle für den Reparatur-Notdienst« in Stuttgart-Untertürkheim erfährt man unter der Rufnummer (07 11) 54 11 54, welche Werkstatt in der Nähe Bereitschaftsdienst hat.
Ein solches Notdienst-System existiert auch im Ausland. Hier folgen diese europäischen Stützpunkte:

Land	Stadt	Vorwahl	Telefon
A	Salzburg	(0 62 22)	3 15 31
B	Bruxelles	(02)	2 51 29 86
CH	Zürich	(01)	7 30 08 71
DK	Hillerod	(03)	26 33 50
E	Madrid		4 01 60 00
F	Paris	(16-1-)	2 57 33 44
GB	London	(01)	5 60 21 51
I	Roma	(06)	8 12 01 24
		(06)	48 25 01
L	Luxembourg		7 27 63
N	Oslo	(02)	60 60 90
NL	Utrecht	(0 30)	45 12 12
		(030)	45 13 88
SF	Helsinki	(90)	55 86 45
YU	Ljubljana	(0 61)	34 38 96

Die Kunst der Spezialisten

Mercedes-Benz-Werkstätten sind selbstverständlich für alle an Ihrem Wagen einmal anfallenden Arbeiten zuständig. Aber es gibt Spezialbetriebe, die können bisweilen gezielter helfen.
Das trifft besonders auf Elektrowerkstätten zu, wobei den Bosch-Diensten eine besondere Bedeutung zukommt. Diese im ganzen Bundesgebiet anzutreffenden Vertretungen können nicht nur Ersatzteile wie Zündkerzen und Glühlampen lie-

fern, sondern sie verfügen über Motor-Testgeräte und über Fachkräfte, die mit Einstellarbeiten an Zündanlage und Vergaser vertraut sind. Ein Adressenverzeichnis dieser Betriebe erhält man bei Robert Bosch GmbH, Robert-Bosch-Platz 1, 7016 Gerlingen-Schillerhöhe.
Vergaser-Spezialwerkstätten sind hierzulande zumeist mit der Pierburg GmbH & Co. KG (früher Deutsche Vergaser-Gesellschaft) vertraglich verbunden, die die Solex- und Stromberg-Vergaser für unsere Mercedes-Modelle liefert. Solche Vergaserdienste sind vorwiegend in größeren Städten zu finden; die Anschriften erhalten Sie von der Kundendienstabteilung der Pierburg GmbH & Co. KG, Postfach 838, 4040 Neuß 13.
Auf die Instrumente und verschiedene sonstige Geräte des Autos haben sich die VDO-Tachometerdienste spezialisiert. Ein Anschriftenverzeichnis können Sie von der Kundendienstabteilung der VDO Adolf Schindling AG, Postfach 6140, 6231 Schwalbach, bekommen. Bei diesen VDO-Tachometerdiensten kann man beispielsweise das Tachometer reparieren lassen, wenn es nicht mehr funktionieren will; dort weiß man auch von der Scheibenwascherpumpe bis zur Zeituhr Rat.

Auch Tankstellen können helfen

Suchen Sie sich eine gut geführte Stamm-Tankstelle, wo man noch Zeit für den Kunden hat. Das ist im Zeitalter der Selbstbedienungs-Zapfstationen nicht mehr ganz so einfach, aber für den Ölwechsel, die Batterie- und Reifenpflege wichtig. Denn die technische Ausstattung einer modernen Tankstelle bietet mehr als nur Benzin und Öl für den Motor. Einige Aral- und Esso-Stationen haben auch Motor-Prüfstände, mit denen zumindest die Zündung und eventuell auch der Vergaser von geschulten Fachkräften geprüft und eingestellt werden können. Auch Unterbrecherkontakte kann man dort beispielsweise austauschen lassen. Regelrechte Reparaturen werden aber nicht angenommen.
Andere Tankstellen, die sich für Instandsetzungsarbeiten an Ihrem Mercedes anbieten, sind mit Vorsicht zu genießen. Wenn dort kein Kraftfahrzeugmeister arbeitet, decken die Haftpflicht- und Betriebsversicherung keine Reparaturen an Motor, Bremsen, Lenkung, Fahrwerk usw. Auch liegen dort nicht die neuesten Wartungs- und Reparaturhinweise des Mercedes-Kundendienstes vor. Das kann teurer Pfusch werden, und ein vernünftiger Tankstellenhalter wird daher von sich aus solche Reparaturen ablehnen.

Eigene Geschicklichkeit wird belohnt

Handwerkliche Fähigkeiten, die man sich durch eigene Erfahrungen beigebracht hat, kann einem niemand streitig machen. Keiner hindert Sie daran, Reparaturen am Auto selbst auszuführen.

Auf der Traverse vor dem Kühler ist das gezeigte Schild mit der Karosserie-Nummer und der Lackierungs-Nummer befestigt. Links davon befindet sich das Typschild. Die Fahrgestell-Nummer ist auf einem Schild an der hinteren Motorraumwand zu finden, und die Motor-Nummer sitzt am Motor links. Fahrgestell- und Motor-Nummer sind wichtig bei der Bestellung von Ersatzteilen.

Diesen Standpunkt muß man auch manchmal Versicherungen gegenüber vertreten. Wurde etwa das Auto durch einen unverschuldeten Unfall beschädigt, muß der Schädiger bzw. dessen Versicherung dem Eigentümer die Kosten für die von ihm selbst durchgeführte Reparatur in voller Höhe ersetzen. Maßgeblich für die Erstattung ist der Kostensatz, der in einer gewerblichen Werkstatt angefallen wäre. Der Anspruch umfaßt auch die Mehrwertsteuer. Einen derartigen Grundsatz stellte der Bundesgerichtshof im Urteil VI ZR 46/72 auf.
Erfahrene Autopraktiker – von denen es viele auch in anderen Berufen außerhalb des Kraftfahrzeughandwerks gibt – können sich natürlich noch mehr selbst helfen. Dazu muß allerdings der Werkzeugschrank schon recht gut ausgestattet sein. Unser Buch ist auch auf diese »Hohe Schule« der Eigenhilfe abgestimmt, wobei nicht vergessen wird, was Sache der Werkstatt bleiben muß. In erster Linie denken wir dabei an Bremsanlage und Lenkung, also an die für die Verkehrssicherheit des Fahrzeugs verantwortlichen Teile.

Selbsthilfe in der Mietwerkstatt

Vor allem in Großstädten haben sich etliche Autohobby-Mietwerkstätten angesiedelt, in welchen man gegen entsprechende Arbeitsplatz-Standmiete (oft einschließlich Werkzeugbenutzung) selbst an seinem Mercedes bauen und basteln kann. Dort gibt es Hebebühnen, Montagegruben, Schweißgeräte, Schließwinkeltester und Stroboskoplampen, und einige Betriebe haben sogar Lackierkammer und einen hauptberuflichen Lackierer. Allerdings muß man diese Werkstätten oft mühsam im Branchenverzeichnis des Telefonbuchs oder im Anzeigenteil von Tageszeitungen suchen, da es immer wieder Wechsel gibt, bekannte Werkstätten aufgeben und neue hinzukommen. Hier einige Adressen, die sich bisher als beständig erwiesen haben:

Anschrift	Name	Telefon	Arbeitsplätze
Ruhrstraße 48–56 2000 Hamburg 50 (Altona)	Auto-Selbsthilfe Fibier & Co.	8 50 11 51	25
Bornkampweg 6 2000 Hamburg 50 (Altona)	Mach-es-selbst-Station Shell-Station F. Hofer	89 43 42	5
Fössestraße 105 a 3000 Hannover	SB-Autohobby-Center Siegfried Jetzkewitz	4 58 87 86	30
Halterner Straße 42 a 4370 Marl-Sinsen	Autoverwertung Fr. Schmidt	8 14 60	4
Genter Straße 13–15 5000 Köln	Autohobby-Mietwerkstatt	52 48 74	70
Färberstraße 7 5600 Wuppertal 2 (Barmen)	Autohobby-Mietwerkstatt	66 67 58	10
Niederer Kirchweg 113 6000 Frankfurt-Nied	Autohobby-Mietwerkstatt	39 92 92	65
Industriestraße 5 6500 Mainz-Mombach	Autohobby-Mietwerkstatt	68 20 66	35
Waldstraße 172 6800 Mannheim-Waldhof	Shell-Station Albrecht	75 31 28	2
Knorrstraße 135 8000 München 45	Shell-Hobby-Station Adolf Höhl	3 51 43 90	8

Das Instrumentarium

Wenn man diese oder jene Wartungsarbeit selber machen möchte, muß man im Besitz von entsprechendem Werkzeug sein. In jedem Haushalt wird zwar irgendwo irgendwelches Werkzeug aufbewahrt, doch für gezieltes Arbeiten am Auto eignet es sich im allgemeinen nicht. Für eine wirkungsvolle Selbsthilfe am Auto ist also einiges vonnöten, das erst angeschafft werden muß.
Ein solches Instrumentarium ist gewiß dann nützlich, wenn unterwegs einmal ein kleiner Defekt zu beheben ist. Ohne den passenden Schraubenschlüssel muß man vielleicht das Zehnfache der Kosten bezahlen, die dieser Schlüssel wert ist.

Bedeutung der Größenangaben

In Deutschland werden Maschinenteile und Werkzeuge wie in den meisten europäischen Ländern nach dem metrischen Maßsystem gemessen. Wahrscheinlich wissen Sie, daß es Wagen gibt (vor allem englische und amerikanische), bei denen man mit unserem Werkzeug nicht viel ausrichten kann, weil in jenen Ländern bislang ein Maßsystem in Zoll üblich war. Die Bedeutung dieses im ersten Augenblick vielleicht unerheblich erscheinenden Unterschiedes liegt für Sie als Mercedes-Besitzer einfach darin, daß Sie keine »englischen« Schraubenschlüssel verwenden dürfen, die nicht genau auf die Schrauben passen. Man beschädigt mit ihnen nur die Flanken von Schraubenköpfen und Muttern, und richtig passende Schraubenschlüssel lassen sich danach nicht mehr effektvoll ansetzen.
Bei Schrauben mit Sechskantkopf und bei deren Muttern mißt man den Abstand der sich gegenüberliegenden Flanken in Millimeter oder Zoll und schreibt auf den passenden Schraubenschlüssel die entsprechende Schlüsselweite (Kurzbezeichnung SW). Ein Doppelgabelschlüssel – man nennt ihn auch vielfach Maulschlüssel – mit der Bezeichnung 13 × 14 hat also eine Gabel für eine 13 mm und am anderen Ende für eine 14 mm breite Schraube oder Mutter.

Welches Werkzeug zu welchem Zweck?

Schrauben und Muttern am Mercedes sind wie bei anderen Fabrikaten in verschiedenen Größen vorhanden, und die vier in der Bordwerkzeugtasche mitgelieferten Doppelgabelschlüssel helfen nur zu Handgriffen an einigen Teilen des Wagens. Viele der Schrauben sind ohne Umstände zu erreichen, andere weniger bequem, weil sie an schlecht zugänglicher Stelle sitzen. Davon hängt es ab, ob Maul- oder Ringschlüssel vernünftiger sind oder ob etwa Rohrsteckschlüssel verlangt werden. Ringschlüssel sind den Maul-(Gabel-)schlüsseln vorzuziehen, weil sie auf alle sechs Kanten einer Schraube gleichmäßigen Druck ausüben und dadurch wirkungsvoller und öfter umgesetzt werden können. Rohrschlüssel erfüllen diesen Zweck auch, und man setzt sie auf tief oder schwer zugänglich sitzenden Schrauben an.
Ringschlüssel sollen hochgekröpft und nicht zu lang sein, um auch bei engem Raum mit ihnen hantieren zu können. Bei Bedarf verlängert man sie (und ver-

Das erfreulich reichhaltige Bordwerkzeug, das der Mercedes vom Werk mit auf den Weg bekommt, ist nur für Notfälle bestimmt. Es ist auch nicht beabsichtigt, daß man mit diesem Besitz auf Werkstätten verzichtet. Wer aber an seinem Mercedes selbst Hand anlegen möchte, sollte auf diesen Seiten einmal überprüfen, welche Werkzeuge und Hilfsmittel ihm bei seinen Bemühungen von Nutzen sein können.

größert dadurch die Hebelwirkung), indem man ein zweites Werkzeug durch die Ringöffnung des anderen Schlüsselendes hindurchsteckt. Auch Gabelschlüssel kann man verlängern, indem man in die hintere, nicht benutzte Gabel des zu bedienenden Schlüssels einen zweiten Gabelschlüssel nahezu gleicher Größe einhakt und dann dieses Verlängerungswerkzeug in der zu drehenden Ebene bewegt. Bei dem Notbehelf muß man allerdings aufpassen, daß man mit dem zweiten Schlüssel nicht abrutscht und sich verletzt.

Schließlich gibt es noch Inbusschlüssel. Das sind gewöhnlich Stahlstäbe mit Außensechskant, auf ungleichmäßiger Länge im rechten Winkel gebogen. Beide Enden lassen sich in einen Schraubenkopf mit Innensechskant ansetzen.

Lassen wir einige Beispiele der unterschiedlichen Schraubengrößen am Mercedes der Größe nach folgen:

Einen Inbusschlüssel SW 5 braucht man zum Drehen der Einstellschraube am Lenkgetriebe (zuvor muß die Gegenmutter SW 19 gelöst sein). Gabel- oder Ringschlüssel mit der Weite 8 mm werden für einige Befestigungen von Karosserieteilen wie Kühlermaske, Lehne der hinteren Sitzbank und Verglasung der Rückleuten (nicht bei deren Lampenwechsel) benötigt. Weitere Karosserieteile sind mit Sechskantschrauben SW 10 befestigt, so etwa die vorderen Kotflügel, die Scharniere von Motorraum- und Kofferraumhaube, die Kofferraumschließe und die Sitzschienen eines Vordersitzes vorn. Mit einem Gabelschlüssel der Größe SW 11 bedient man die Einstellschrauben zur Höhen- und Seiteneinstellung der Scheinwerfer.

13 Millimeter ist das Maß einer ganzen Reihe von Schrauben, etwa an den Batterieklemmen und Türscharnieren, an der Zylinderkopfhaube und an den Spurstangen, auch die Entlüftungsschraube für den Kühlkreislauf und die Ölablaßschraube der Ölwanne haben diese Größe. Für die Ölfüllung im Hinterachsgetriebe ist freilich ein Inbusschlüssel SW 14 nötig. Die Einstellmuttern der Ventile verlangen nach einem Gabelschlüssel SW 14. Der Bremslichtschalter läßt sich mittels Gabelschlüssel SW 17 herausdrehen, aber für die Befestigungen der Stoßfänger eignet sich besser ein Ringschlüssel dieser Abmessung (seitliche Gummiabdeckungen: SW 10). Bei der Riemenscheibe der Lenkhilfe kommt man ohne 22-mm-Schlüssel nicht zum Zuge, und der Ölkühler besitzt Anschlüsse mit der respektablen Abmessung von 27 mm.

In Ergänzung der beiden Schraubendreher-Einsteckklingen mit Griff im Bordwerkzeug sollte man sich noch einen kräftigen Schraubenzieher für Querschlitzschrauben zulegen. Den sogenannten Vergaser-Schraubenzieher, kurz und mit dickem Handgriff, braucht man oft für beengt sitzende oder für wider-

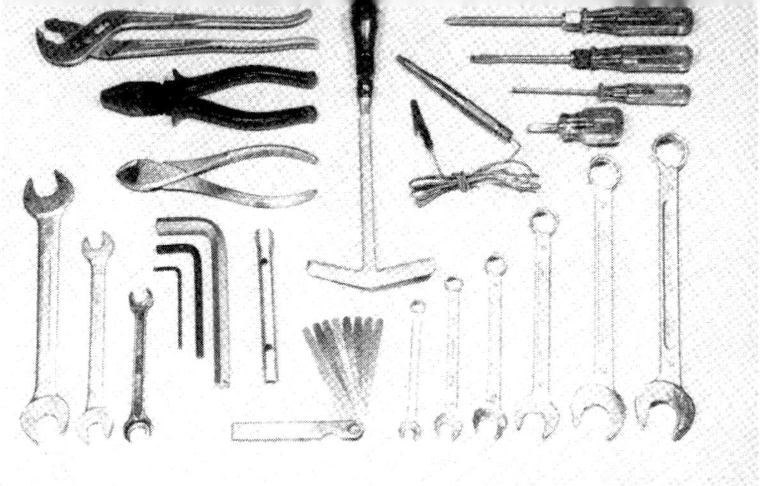

Auf den Seiten dieses Kapitels ist aufgezählt, welches Werkzeug man beim Umgang mit seinem Mercedes gebrauchen kann. Das Bild zeigt als Beispiel eine Zusammenstellung empfehlenswerter Werkzeuge und enthält Doppelgabelschlüssel, Ringgabelschlüssel, Rohrschlüssel, Inbusschlüssel (für Innensechskantschrauben) sowie Schraubendreher verschiedener Größen. Ferner können Rohrzange, Kombizange (mit isoliertem Griff) und Seitenschneider nützlich sein. Die Fühlblattlehre wird bei der Kontrolle des Ventilspiels und die Prüflampe zu Kontrollen der elektrischen Anlage benötigt. In Bildmitte ein Kerzenschlüssel mit Kreuzgelenk.

spenstige Schrauben, da er kräftig zu greifen ist. In gleicher Form gibt es ihn auch für Kreuzschlitzschrauben. Rohrzange, Kombizange (mit isoliertem Griff) und der Seitenschneider zum Abschneiden von Kabeln dienen als allgemeine Hilfswerkzeuge, ebenso Hammer, Meißel, Körner, Durchschläger. Die Fühlerblattlehre wird zum Messen des Ventilspiels, des Unterbrecher-Kontaktabstandes und des Elektrodenabstandes der Zündkerzen gebraucht.

Empfehlenswerte Grundausrüstung

Nach diesen Überlegungen ist es einfach, eine Liste der notwendigen und richtigen Werkzeuge aufzustellen. Qualität sollte bei der Anschaffung vordringlich berücksichtigt werden, obwohl gutes Werkzeug nicht billig ist. Als Heimwerker ist man schnell am Ende seiner Kunst, wenn nur schlechte Schraubenschlüssel und verbogene Schraubenzieher zur Verfügung stehen.

Die Werkzeug-Empfehlung lautet somit:

3 Doppel-Gabelschlüssel SW 10 × 11, 13 × 14, 17 × 19
6 Gabel-Ringschlüssel SW 8, 10, 13, 17, 21, 22
1 Rohrsteckschlüssel SW 8 × 10
2 Innensechskantschlüssel SW 5, 14
1 Zündkerzenschlüssel, kurz, SW 21
2 Schraubenzieher Größe 2 und 8, für Querschlitzschrauben
2 Schraubenzieher für Kreuzschlitzschrauben, verschiedene Größen
1 Schraubenzieher, kurze Form, für Querschlitzschrauben
1 Rohrzange, 240 mm lang
1 Kombizange, isolierter Griff
1 Seitenschneider
1 Schlosserhammer, 300 Gramm
1 Fühlerblattlehre
1 Flachmeißel
1 Körner
1 Durchschläger, 3 mm
1 Radschraubenschlüssel SW 19.

Ergänzung nach Wunsch

Natürlich kann man die Werkzeugausrüstung noch vervollständigen, wenn sich der Umgang mit dem Auto intensiver gestaltet. So führt die Ergänzung des Ringschlüssel-Sortiments zu mehr Freude bei der Arbeit. Noch universeller lassen sich Steckschlüssel mit Sechskant-Einsätzen (sogenannte »Nüsse«) handhaben. Sie sind den ebenfalls handelsüblichen Zwölfkantnüssen vorzuziehen, da sie sich selbst auf stark eingerosteten Schrauben ansetzen lassen, ohne durchzurutschen. Zu solch einem Schlüsselsortiment gehören Gelenkgriff mit verschiebbarem Querhebel, Verlängerungsstücke und eine Knarre (Hebel mit Drehsperre, den man nicht abzusetzen braucht); alle Teile besitzen Vierkant-Steckverbindungen.

Zugleich sollen die praktischen Vorsatzgeräte erwähnt sein, die sich mit wenigen Handgriffen an eine dazu vorgesehene Bohrmaschine koppeln lassen. Mit solchen Geräten – etwa von Bosch – kann man schleifen, polieren, Karosserieblech sägen, aber auch – mit zusätzlicher Hilfe eines kleinen Kompressors – Luft in die Reifen pumpen.

Pflegen Sie Ihr Werkzeug und benutzen Sie es richtig. Ein jedes Werkzeug ist für einen bestimmten Zweck geschaffen. Wenn man mit der Zange einer Schraube oder Mutter zu Leibe rückt, hat man vielleicht die Mutter gelöst, aber die Kanten der Zange haben die Ecken und Flanken der Befestigung derart beschädigt, daß später jeder Schraubenschlüssel abgleiten muß. Eine Zange ist zum Halten da; nur mit der Rohrzange darf, ihrem Namen gemäß, an Rohren und Wellen gedreht werden.

Schraubenzieher sollen eine gerade, aber nicht scharf geschliffene Klingenspitze haben, damit sie im Schraubenschlitz festen Halt findet, sich nicht herausdreht und den Schraubenkopf beschädigt. Ein Schraubenzieher ist kein Meißel. Mit einem Schleifstein kann man manches Werkzeug einsatzbereit halten, z. B. stumpfe Meißel schärfen, und er eignet sich auch zum Bearbeiten mancher Werkstücke.

Verschmutztes Werkzeug ist nach Gebrauch bald zu reinigen und leicht einzuölen, damit es durch Rost nicht unansehnlich wird. Man weiß ja nie, ob man es gleich in den nächsten Tagen wieder braucht. Zusätzliches Werkzeug, das man unterwegs im Wagen dabei haben will, wird in alte Leinentücher gewickelt, und der Gummiring eines Einmachglases hält dieses Bündel zusammen.

Hilfsmittel für die Wagenpflege

Verschiedene Hilfsgeräte, die in der Werkzeug-Grundausrüstung nicht fehlen dürfen, müssen Sie sich noch zusätzlich anschaffen. Immer wieder dienliche Hilfen sind folgende:

- Ölspritzkännchen,
- Reifendruckprüfer,
- Prüflampe,
- Schlüsselfeile, flach
- Fensterleder 1. Qualität,
- Autoschwamm oder Waschhandschuh,
- Waschbürste mit Stiel,
- Waschpinsel ohne Metallfassung.

In den diesbezüglichen Kapiteln dieses Buches ist erwähnt, wann man diese Hilfsmittel einsetzt.

Flüssige Hilfen

Rostlöser und Isolierspray

Als Rostlöser für festgerostete Schrauben haben sich beispielsweise »Caramba Rasant«, »LM Liqui Multi« von Liqui Moly, »Multigliss« von Molykote oder »mo-Schnellrostlöser« von Teroson sehr bewährt. Man muß nur ein wenig Geduld haben und die Flüssigkeiten lange genug einwirken lassen.

Mit diesen Rostlösern verwandt durch ihre außerordentliche Kriechfähigkeit sind die »Isoliersprays«. Vielfach sind die Rostlöser (z. B. alle oben genannten) zugleich solche Isoliersprays, die bei Feuchtigkeit in der Autoelektrik den feinen Wasserfilm unterwandern und dadurch verhindern, daß Batteriestrom über den leitenden Wasserfilm als Kurzschluß oder »Kriechstrom« abgeleitet wird. Zu den bereits genannten Rostlösern wären als Spezial-Isoliersprays beispielsweise zu nennen »Aral Intact« oder »4xSilikon-Spray« von Molykote.

Die Vielseitigkeit dieser Sprays erweist sich auch an den Türschlössern des Autos: Sie halten das Schloß als Schmiermittel leichtgängig und verhindern im Winter durch ihre Feuchtigkeitsverdrängung das Einfrieren.

Kaltreiniger und Motorschutzlack

Der Motorraum des Mercedes ist im Lauf der Zeit vom Straßendreck gezeichnet. Auch können die Motorteile ölverschmiert sein. Dagegen helfen sogenannte Kaltreiniger (etwa der »Spezialreiniger« von Aral). Damit werden die Teile eingestrichen oder eingesprüht; nach einigen Minuten kann man mit einem Pinsel den Schmutz abwaschen und anschließend mit Wasser abspritzen.
Damit es im Triebwerksabteil nach der Wäsche nicht zu Korrosionserscheinungen kommt, sollten sowohl der Motorraum als auch die Aggregate mit einem Motorschutzlack (z. B. »Plastglanz« von Teroson) eingesprüht werden. Damit ein wirklich ausreichender Schutz erreicht wird, verwenden Sie hierzu mindestens 600 g Sprühmaterial (gewöhnlich 2 Sprühdosen). Solcher Motorschutzlack übersteht auch mehrere Motorwäschen.

Spezial-Schmierstoffe

■ Haushaltsöl in kleinen Spritzkännchen ist dünnflüssiges Universalöl, das man überall verwenden kann, wo keine besonderen Schmieransprüche gestellt werden. Aber es hält Motorwärme aus, ist also beispielsweise zur Schmierung des Motorhaubenschlosses geeignet.
■ Graphitöl enthält den »Festschmierstoff« Graphit, der die Schmierkraft des Öls erhöht. Besonders gut ist die Graphitöl-Sprühdose von BP, die einen meterweiten nadelfeinen Ölstrahl versprüht und dadurch vor allem für schwer erreichbare Schmierstellen sehr geeignet ist.
■ Schmierstoff-Suspensionen liegen an der Grenze zwischen Öl und Fett und sind für seltener beanspruchte Gleitflächen (z. B. Sitzschienen, Heizungshebel) sehr vorteilhaft. Nach dem Auftragen bilden sie auf der behandelten Gleitfläche einen wachsähnlichen Schmierfilm, der auch gegen Rost schützt und erst bei Druckbeanspruchung flüssig wird (z. B. »MO-Gleitspray« von Teroson, »Paste U-n« von Molykote oder »LM Schmierfix« von Liqui Moly).
■ Heiß-Schrauben-Compound möchten wir nicht mehr missen, denn eine einmal damit eingeriebene Verschraubung rostet nie mehr und läßt sich auch nach Jahren wieder ohne weiteres lösen. Das gilt vor allem für Auspuffrohr-Verschraubungen und Federbeinhalterungen. Diese Spezialpaste gibt es in kleinen Tuben als »HSC-Paste« von Molykote, »Molykote 1000« und als »ASC-Paste« von Liqui Moly. Die Paste ist hitzefest bis über 1000° C!
■ Säureschutzfett, auch Polfett genannt, ist ein gegen elektrische Ströme, Säure und Feuchtigkeit isolierender Spezialschmierstoff, der vor allem die Batteriepole sauber hält. Konkurrenzlos ist hierbei das Säureschutzfett »Ft 40 v 1« von Bosch.

Hilfsmittel für unterwegs

Manch einer hat in seinem Auto weder einen Reservekanister noch ein brauchbares Ersatzrad. Andere dagegen schleppen in ihrem Wagen dauernd ein ganzes Arsenal von Werkzeugen mit sich herum. Der goldene Mittelweg ist auch hier richtig. Was man mitnehmen sollte, sei hier genannt; vielleicht dient es mit dazu, anderen hilflosen Autofahrern unterwegs zu helfen:

- Reservekanister,
- Abschleppseil,
- Ersatzglühlampen,
- Sicherungen,
- Rolle Draht,
- Klebeband, Tesa-Film,
- 1 Kraftstoffpumpe,
- 1 Reserveschlauch für Reifen,
- 2 Reifenmontierhebel,
- Flickzeug für Autoschläuche,

Es gibt Glühbirnen und Sicherungen als Reservevorrat, untergebracht in einem handlichen Kästchen. Da man nie weiß, wann eine Lampe oder eine Sicherung durchbrennt, sollte man auf eine solche Eventualität stets vorbereitet sein. Der im Wagen mitgeführte Ersatz muß natürlich rechtzeitig ergänzt werden, wenn man ihn einmal hatte in Anspruch nehmen müssen.
Sehr praktisch ist auch die handliche Lampe, die man bei einem Defekt irgendwo am Auto anklemmen kann und die bei Dunkelheit die Arbeit erleichtert.

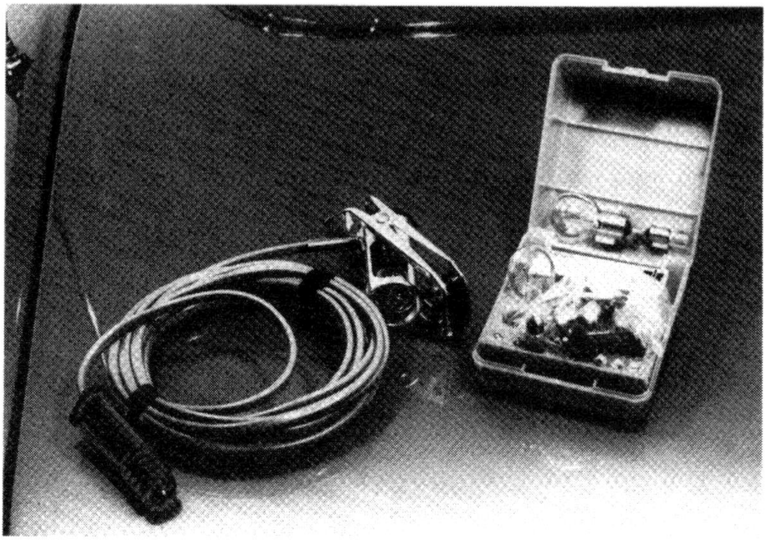

- 2 m Elektrokabel,
- 1 – 2 m benzinfesten Schlauch,
- Alleskleber (UHU-Plus),
- Brettchen zum Unterlegen für Wagenheber.

Dazu sollte man wissen, daß man auch auf der Autobahn (am äußersten rechten Fahrbahnrand) anhalten darf, um einen in Not geratenen anderen Autofahrer hilfreich zu unterstützen.

Ersatzteile bei Auslandsreisen

Selbstverständlich ist der Mercedes-Service auch im Ausland vertreten, sogar in den Ostblockstaaten. Aber es beruhigt trotzdem, wenn man fern der Heimat einige Dinge bei sich hat, die man vielleicht gebrauchen kann. Neben sinnvoll ausgewähltem Werkzeug und den schon genannten Hilfen wird man noch folgende Teile in Lappen wickeln und im Kofferraum unterbringen:

- Zündkerzen,
- je 1 Keilriemen,
- Kühlwasserschlauchstücke, Schlauchbinder,
- kräftige Fußluftpumpe,
- einige Muttern, Schrauben und Sicherungsringe gängiger Größen.

Außerdem kann man in Verlegenheit kommen und zusätzlich gebrauchen:

- Motoröl, Menge je nach geplanter Fahrstrecke (nicht in EG-Ländern),
- Flasche mit destilliertem Wasser (Ostblockstaaten) für Batterie,
- Handwaschpaste,
- Handlampe.

Alle Ersatzteile besitzen genaue Bezeichnungen mit Nummern, die zumeist auf den Originalteilen am Mercedes vermerkt sind. Allerdings ist beim Neukauf zu überprüfen, ob dieses oder jenes Ersatzteil eine Veränderung erfahren hat, was durch technische Weiterentwicklung möglich ist.

Enge Verbundenheit

Es kann jedem passieren: Auf einmal ist die Reise wegen irgendeines Defektes am Wagen unterbrochen. Das geschieht gerade dann, wenn Sie es am wenigsten vermuten und wenn das Ziel noch ein ganzes Stück entfernt ist. Haben Sie ein Abschleppseil dabei?
Abschleppdienste arbeiten nämlich nach Gebührensätzen, die der schlechten Laune bei einer Panne auf den absoluten Nullpunkt verhelfen. Ein Abschleppseil schützt vor erheblichen Geldausgaben und vor der Sorge des Fortkommens in dem Fall, wenn Ihr sonst so treues Gefährt plötzlich nicht mehr weiter will.

Das eigene Seil

Mit ihrem Leergewicht von rund 1340 kg bis 1375 kg bieten die in diesem Buch beschriebenen Autos einigen Widerstand, wenn es einmal ans Abschleppen gehen soll. Man braucht dann immerhin ein Seil strapazierfähiger Qualität. Die vom Handel angebotenen Abschleppseile sind nicht in jedem Fall für Ihr Auto zu empfehlen. Sollten Sie daneben einmal als Kavalier auftreten und einen Straßenkreuzer aus dem Graben ziehen wollen, so steht das durchaus in der Kraft eines jeden Mercedes, hängt aber von der Stärke des dabei verwendeten Seils ab.
Die vorhandenen Ösen vorn und hinten sind auch für relativ dicke Seile geeignet. Man muß also beim Kauf der hier nachfolgend genannten Arten von Seilen deren Durchmesser nicht unbedingt berücksichtigen.
Perlon, Hanf und Stahl sind die Materialien von Abschleppseilen; jede Sorte hat ihre Vor- und Nachteile. Perlonseile dehnen sich beim Schleppen und verhüten dadurch das beim Losfahren so lästige Anrucken. Aber Perlon ist hitze- und scheuerempfindlich: Karosseriekanten, Stoßstangen und ein heißer Auspuff machen ein solches Seil rasch wertlos, sofern es keine verschiebbaren Ledermanschetten hat. Haltbarer, preiswerter, aber auch dicker, sind Hanfseile. Ein Seil aus Stahl ist spröde zu handhaben, und weil es überhaupt nicht nachgiebig ist, muß es unbedingt einen Ruckdämpfer besitzen. Das ist eine Schraubenfeder oder ein Gummistück, das aus der Seilmitte eine dehnbare Schlaufe bildet. Stahlseile lassen sich naturgemäß am stärksten strapazieren.
Die für Neulinge meist verwirrende Eigenschaft aller Seile, bei verlangsamender Fahrt des Zugwagens den Abstand zwischen dem Gespann geringer werden zu lassen, kann eigentlich nur durch eine Schleppstange beseitigt werden. Diese starre Verbindung zwischen beiden Fahrzeugen hat noch einen weiteren Vorzug: Wenn der Mercedes abgeschleppt werden muß, brauchen Sie ein Vielfaches an Fußkraft am Bremspedal, denn ohne laufenden Motor wird auch kein Unterdruck für den Bremskraftverstärker aufgebaut (siehe Seite 146). Während normalerweise der Geschleppte den Schleppenden mit abbremsen muß, kann mit einer Schleppstange auch der Abschlepper sein Anhängsel mitbremsen.
Ab Baujahr Juli 1976 ist in den vorhandenen Abschleppösen eine Schleppstange gut anzubringen, vorher war die vordere Öse durch ihre Anbringung gewissermaßen stangenuntauglich.

Im Schlepptau

Zum Schleppen des Mercedes darf das Seil nur an dem Zughaken angebracht werden, der sich am Vorbau rechts unterhalb des Stoßfängers befindet. Die Befestigung eines handelsüblichen Seils bereitet keinerlei Schwierigkeiten. Bei einem Seil mit großdimensioniertem Verschluß muß man eine Schlaufe des Seils durch die Öse am Wagen zwängen und das andere Seilende durch diese Schlaufe ziehen.

Eventuelle Versuche, Teile der Radaufhängung als Anknüpfungspunkt für ein Schleppseil zu verwenden, führen unweigerlich zu kostspieligen Schäden. Es ist eindringlich davor zu warnen, das Auto an anderen Stellen als an der vorgesehenen zu schleppen.

Es ist Vorschrift, das Seil zwischen beiden Wagen mit einer roten Fahne zu markieren. Die Warnblinkanlage muß seit Sommer 1980 während der Schleppfahrt an beiden Fahrzeugen des Schleppzugs eingeschaltet sein.

Sich abschleppen lassen ist kein Kinderspiel. Vorsichtige Fahrweise des Ziehenden ist die Grundbedingung der Rücksichtnahme auf sein Anhängsel. Im geschleppten Wagen muß man die Verkehrssituation vor dem Zugwagen beobachten und beinahe vorausahnen: Sie müssen eher bremsen als Ihr Helfer vorn, damit das Seil immer straff bleibt, ihn also praktisch mitbremsen. Jedes Anfahren mit lockerem, über die Straße schleifendem Seil beansprucht die Haltepunkte des Seils an beiden Wagen, denn der Vordermann kann es meist nicht sehen, wenn die Verbindung zu seinem Anhänger nicht stramm spannt. Zieht er dann wieder los, gibt es einen gewaltigen Ruck durch beide Autos.

Um an dem fremden Schleppwagen vorbei gute Sicht voraus zu haben, wird das Seil bei diesem möglichst links angeknüpft. So kann die Zugmaschine scharf rechts fahren und der Geschleppte lenkt leicht versetzt zur Fahrbahnmitte hin. Die hinter diesem Geleitzug fahrenden Verkehrsteilnehmer müssen sehen können, wann Sie bremsen. Die Bremsleuchten können aber nur bei eingeschalteter Zündung brennen, deshalb muß das Lenkschloß in Stellung »1« geöffnet sein. In dieser Stellung lassen sich auch die Lichthupe (für Signale an den ziehenden Wagen) sowie Scheibenwischer und -wascher betätigen.

Abschleppen des Mercedes mit Getriebeautomatik

Bei Getriebeautomatik darf nur in der Wählhebelstellung »N« abgeschleppt werden. Dabei soll die Geschwindigkeit von 50 km/h nicht überschritten werden, sonst ist im Getriebe der »Leerlauf« zu hoch. Die Schleppstrecke sollte auch nicht mehr als 120 Kilometer betragen. Früher war bei Mercedes diese Wegstrecke – wie heute auch noch bei anderen Autos – enger begrenzt; die Daimler-Benz-Automatik bietet hier jedoch einen größeren Spielraum. Sollte das Ziel weiter entfernt sein oder ist durch einen Schaden aus der Getriebeautomatik Öl ausgelaufen, dann muß das Auto bei angehobener Hinterachse und mit in Geradeausstellung fixierten Vorderrädern rückwärts abgeschleppt oder auf einen Tieflader aufgeladen werden. Das ist nur einem Abschleppdienst möglich und bei Fahruntüchtigkeit des Wagens durch Unfall ohnehin nicht zu umgehen. Es sei denn, man trennt die Verbindung zwischen der Kardanwelle und Hinterachse und zieht dann das Auto in normaler Fahrtrichtung.

Einen anderen abschleppen

Hinten verfügt der Mercedes über eine ähnliche Öse wie vorn. Falls sich am Wagen eine Anhängerkupplung befindet, so kann dort auch eine Schleppstange befestigt werden.

Hoffentlich beherrscht jener, dem Sie helfen wollen, die einfachsten Regeln der Abschleppkunst. Verabreden Sie mit ihm Handzeichen und Lichtsignale und denken Sie daran: Er muß bremsen. Bei einer Notbremsung müssen Sie versuchen, aus der alten Fahrspur herauszukommen. Dann reicht vielleicht noch der

Bremsweg des Hintermanns, daß er nicht auf Sie auffährt, sondern noch etwas an Ihrem Wagen vorbeilenken kann.
Wenn möglich, läßt man die Beifahrer des abzuschleppenden Fahrzeugs in den Zugwagen umsteigen, weil dann das Anhängegewicht niedriger ist.

Anschleppen bei Getriebeautomatik

Allgemeine Hinweise zum Notstart des Mercedes, wenn etwa die Batterie zu schwach zum Durchdrehen des Anlassers ist, sind auf Seite 170 enthalten. Hier seien zusätzliche Hinweise gegeben, falls es sich um einen Wagen mit automatischem Getriebe handelt, der in Gang gesetzt werden soll. Das ist nämlich beim Mercedes im Gegensatz zu anderen Fabrikaten mit Getriebeautomatik möglich. Selbstverständlich trifft das Nachstehende sinngemäß auch für Wagen mit mechanischem Getriebe zu.
Zunächst braucht man ein längeres Seil als nur zum Abschleppen, damit der anspringende Motor den Wagen nicht auf den Vordermann treibt, denn es muß eine Geschwindigkeit bis zu 50 km/h gefahren werden. Praktischerweise sollte man deshalb zwei handelsübliche Seile zusammenknüpfen. Wenn die Seilenden an beiden Wagen befestigt sind, läuft dann das Anschleppen wie folgt ab: Wählhebel in Stellung »N« bringen und Zündung einschalten. Falls der Motor kalt ist: Wie üblich das Gaspedal einmal durchtreten zum Einschalten der Startautomatik. Nun kann dem Schleppfahrer das Zeichen zum Anfahren gegeben werden. Wenn das Getriebe sehr kalt ist, etwa im Winter, soll mit 30 km/h gezogen werden, und bei warmem Getriebe soll die Geschwindigkeit 50 km/h betragen. Das betreffende Tempo muß etwa 2 Minuten eingehalten werden. Das ist nötig, damit sich der erforderliche Öldruck in der Automatik aufbaut.
Glaubt man, der Augenblick des Motoranwerfens sei gekommen, ist der Wählhebel in Stellung »L« zu bringen. Sofort, wenn der Motor anspringt, muß der Wählhebel wieder in die Leergangstellung »N« gerückt werden. Der Motor muß nach einigen Sekunden angesprungen sein, sonst besteht das Risiko eines Getriebeschadens, also auch in diesem Fall den Wählhebel nach »N« schieben. Wenn der Motor läuft, gibt man dem Schleppfahrer ein vorher vereinbartes Zeichen und bremst den Wagen sanft ab.

Anhängerbetrieb

Haben Sie vor, an Ihrem Mercedes einen Anhänger mitzuziehen? Zunächst muß der Wagen eine vom TÜV zugelassene und in die Fahrzeugpapiere eingetragene Anhängerkupplung haben. Eine solche ist bereits ab Werk verfügbar oder kann nachträglich angebaut werden. Dann ist zu beachten, daß die Anhängelast normalerweise 1200 kg für einen gebremsten Anhänger nicht überschreiten darf. Unter bestimmten Bedingungen kann auf Antrag bei Daimler-Benz in Stuttgart, Abteilung ZKD (Zentralkundendienst), eine schriftliche Genehmigung zum nachträglichen Anbau einer Anhängevorrichtung für eine Anhängelast bis maximal 1900 kg eingeholt werden. Solche nachträglich zu montierenden Kupplungen sind mit starrem und abnehmbarem Kugelhals erhältlich.
Auch die Firma Peka Fahrzeugbau, 7500 Karlsruhe 21, hat zum nachträglichen Einbau eine Kupplungskugel mit Halterung sowie die notwendigen elektrischen Zubehörteile für die Anhängevorrichtung im Lieferprogramm.
Es ist nicht ratsam, die erlaubte Anhängelast vollständig auszunutzen. Der Wagen dankt es Ihnen, weil er auf der Urlaubstour über Pässe und bei Sommerhitze sowieso schon ungewöhnlichen Beanspruchungen ausgesetzt ist. Wenn ein größerer Wohnwagen zu ziehen ist und Sie besitzen nicht gerade einen Kombiwagen mit serienmäßiger Niveauregulierung, lohnt sich der Einbau dieser auf Seite 140 erwähnten Sonderausstattung, die das Wagenheck durch die Deichsellast nicht absinken läßt.

Gediegener Aufbau

Die Anfang 1976 erschienene Typenreihe 123 erhielt einen völlig neuen Aufbau. Bei der Entwicklung standen die Forderungen nach Sicherheit und Reparaturfreundlichkeit im Vordergrund. Da Daimler-Benz über reiche Erfahrungen in der Sicherheitsforschung verfügt, die im Mercedes realisiert und mit der bekannten Verarbeitungsqualität vereint sind, wird die Karosserie, wenn man nicht gerade einen Unfall hatte, kaum Sorgen machen.

Passive Sicherheit

Heutige Personenwagen besitzen kein eigentliches Fahrgestell oder »Chassis« mehr, vielmehr muß die nötige Stabilität in den Aufbau »hineinkonstruiert« werden. Die also selbsttragende Karosserie muß außerdem zum Schutz der Insassen eine unterschiedlich verformbare Struktur aufweisen, damit Überlebensraum im Fall eines Zusammenstoßes erhalten bleibt. Eine wichtige Bedeutung hat die »Knautschzone« vorn und hinten am Auto, die sich bei einem Unfall in exakt berechneter Weise zusammendrücken läßt, während die Fahrgastzelle weitgehend unverformt bleiben soll.

Der Mercedes der Baureihe 123 besitzt eine Vorderachse ohne Fahrschemel (Vorderachsrahmen, an dem Motor und Radaufhängung montiert waren), wodurch gerade Längsträger für den Vorbau (mit eingeprägten Sicken als vorgesehene Knickstellen) möglich wurden. Für die Profile des Dachrahmens sowie der Vorderwand-, Mittel- und Hecksäulen wurden geschlossene Querschnitte zur Einsparung besonderer Überrollbügel gewählt. Desgleichen wurden Seitensteifigkeit und Verformbarkeit der Heckzone verbessert.

Was ist demontierbar?

Die einzelnen Teile der Karosserie sind durch verschiedenartige Schweißtechniken miteinander verbunden. Eine solche, der Festigkeit dienende Bauweise fordert allerdings ihren Tribut, denn bei Blechschäden muß man auf kostspielige Schweißarbeiten gefaßt sein.

Ohne übermäßigen Aufwand lassen sich die Türen, die beiden Hauben, die Fenster, das Kühlerschutzgitter, die Scheinwerfer und die Stoßstangen ausbauen. Um fachmännisches Wissen kommt man aber oft nicht herum: Allein der Abbau einer Tür konfrontiert bisweilen mit der Pneumatik der Zentralverriegelung (Sonderausstattung) und je nach Ausführung auch mit der Elektrik für die Fensterheber. Ähnlich verhält es sich mit den vorderen Kotflügeln, die – obwohl geschraubt – keine Studienobjekte für Feierabendbasteleien sind. Auch nach leichteren Kollisionen wird man eine Werkstatt in Anspruch nehmen müssen. Bei größeren Schäden sind ohnehin Spezialwerkzeuge und besondere Meßgeräte nötig.

Klappergeräusche

Manchmal klappert oder rasselt es im Auto ohne erkennbare Ursache. Das kommt sogar bei neuen Autos vor, wenn eine bei der Montage vergessene Schraube oder Scheibe hinter der Verkleidung herumrollt oder weil ein unbefe-

stigtes Kabel ans Blech schlägt. Mit Sicherheit weiß man dann selten, wo es überhaupt klappert, weil die Karosserie als Resonanzkörper die Akustik fortpflanzt. Dann sind in der Geräuschgegend eventuell freihängende Kabel in ihre Halterung zu drücken oder mit Klebeband zu befestigen. Rasselt etwas herum, ist es vermutlich eine Schraube oder Mutter.
Versuchsweise kann man gegen Quietschgeräusche angehen, indem man die in der Störgegend erreichbaren gegeneinander scheuernden Teile mit Glyzerin einreibt oder beträufelt. Öl ist in diesem Fall nicht immer ratsam, denn oft sind Gummiteile an der Quietscherei mitbeteiligt, die gegen Fett allergisch sind. Ältere Wagen leiden vielleicht an klappernden Hauben oder Türen – das liegt dann an falscher Einstellung dieser Bauteile oder an einem unsachlich beseitigten Unfallschaden.

Die Motorhaube

Beim Mercedes läßt sich die Motorhaube von vorn nach rückwärts aufstellen. Als Sicherheit gegen unbeabsichtigtes Öffnen während der Fahrt ist eine Verriegelung mit einem zusätzlichen Sicherungshaken vorhanden. Für bequemeres Hantieren im Motorraum ist eine Möglichkeit geschaffen, die Haube aus der bis zum ersten Anschlag geöffneten Stellung völlig senkrecht aufzustellen (dazu zunächst an der linken Haubenstütze die Sperre ausrasten, Haube etwas anheben und dann die Sperre der rechten Stütze ausklinken).
Die Motorhaube kann zur Beseitigung eines Schadens ausgebaut werden. In diesem Fall stellt man sie, wie beschrieben, senkrecht und deckt das Mittelstück vor der Windschutzscheibe mit Tüchern ab. An der linken Haubenstütze wird der Schlauch der Scheibenwaschanlage von der Klammer befreit, außerdem muß der Schlauch am T-Verteiler an der Haube abgezogen werden. Mittels passender Stange stützt man die Haube im Motorraum ab. An beiden Scharnierhebeln werden je zwei Sechskant-Befestigungsschrauben herausgedreht. Zum Ausbau der Haubenstütze muß man die Zugfeder aushängen und an der Seitenwand das Sicherungsblech von dem Gelenkbolzen abziehen. Der Niet am »Knie« der Haubenstütze muß mit einem 11-mm-Bohrer von außen ausgebohrt werden. Dieser Niet wird beim Einbau durch eine Schraube mit Mutter unter Verwendung der vorhandenen Scheibe (zwischen Scharnierbügel und Haubenstütze einsetzen) ersetzt.
Die Befestigungsschrauben am Scharnier sind erst nach Ausrichten der Motorhaube festzuziehen: Die Langlöcher erlauben eine Einstellung in Längsrichtung. Die beiden Anschlagpuffer vorn an der Haube lassen sich so einstellen, daß die Haubenunterkante zur Unterkante der Kotflügel (direkt oberhalb der Scheinwerfer) stufenlos fluchtet – dabei ergibt sich die »Peilkante« zwischen der Oberfläche der Haube und der Kotflügel. Zum Einstellen muß man die Kontermutter SW 10 lockern und den Puffer entsprechend drehen und danach die Mutter wieder festziehen. Diese Puffer sollen so eingestellt sein, daß zum Schließen der Haube eine Kraft von ca. 50 kp nötig ist, andernfalls kann die Haube bei höherer Geschwindigkeit flattern.

Die Kofferraumhaube

Bevor der Heckdeckel ausgebaut werden soll, sind die beiden Kennzeichenleuchten herauszunehmen und von ihren Kabelverbindungen zu trennen. Außerdem ist die Kofferraumleuchte mit Schalter auszubauen, das zugehörige Kabel clipst man aus und zieht es aus dem Hohlraum des Deckels hervor. Zum Vermeiden von Beschädigungen bei der Demontage sind unter beiden vorderen Ecken des Heckdeckels Lappen unterzulegen. Dann können die beiden Schrauben SW 10 an jedem Scharnier herausgedreht werden und der Heckdeckel läßt sich abnehmen.

Die gezeigte Feder hält die geöffnete Kofferhaube in ihrer Stellung fest. Wenn die Feder ermüdet ist, muß ihr Ende in der Rastenleiste entsprechend versetzt eingehängt werden. Es stehen jedoch nur zwei Ösen zur Verfügung, und wenn bereits die zweite in Anspruch genommen werden mußte (weißer Pfeil), ist eine neue Feder einzubauen.
Bei einer Störung am elektrisch betriebenen Schiebedach kann dieses per Hand bewegt werden. Mittels Rohrschlüssel ist dann die Mitnehmerscheibe (1) am Antriebsmotor zu drehen, nachdem das bei (2) sitzende Verbindungsstück auf die Mitnehmerscheibe gesteckt wurde.

Wie bei der Motorhaube, sind auch hier Einstellmöglichkeiten gegeben. Bei nur locker eingedrehten Schrauben am Scharnier kann man den Heckdeckel seitlich verschieben, nach gleichmäßiger Seitenausrichtung werden die Schrauben festgezogen. Das Schloßunterteil (auf der Rückwand des Kofferraums) ist nach Lockern der beiden Befestigungsschrauben ebenfalls verschiebbar. Am Schloßoberteil, das an der Unterkante des Heckdeckels befestigt ist, muß man eventuell durch Unterlegen von Distanzscheiben eine Übereinstimmung zum Unterteil herstellen.
Am Scharnierbügel sitzt eine Schraubenfeder zum Hochhalten der geöffneten Kofferraumhaube. Im Lauf der Zeit kann ihre Federkraft ermüden; durch Einhängen des hinteren Federendes in das nächste Loch der Halterung wird die Federspannung wieder vergrößert.

Die Stoßfänger

Die Stoßfänger, auch als Stoßstangen bezeichnet, sind aus einem Stück gefertigt und besitzen in ihrer gesamten Länge eine Gummiauflage. Zum Lösen der Befestigungsschrauben braucht man nur einen Schraubenschlüssel. Der vordere Stoßfänger ist lediglich an zwei Haltern mit je einem Bolzen mit Mutter SW 17 befestigt. Nach Abschrauben dieser Muttern läßt sich der Stoßfänger nach vorn herausziehen. Die seitlich um den Kotflügel herumgeführten Abdekkungen sind am Karosserieblech an drei Stellen mit Schrauben SW 10 angebracht, und man braucht sie beim Stoßstangentausch nicht abzubauen. Diese Gummiteile müssen in ihren Führungen beim Einbau eines neuen Stoßfängers mit Seifenwasser oder Glyzerin benetzt werden, damit sie den Kanten des Stoßfängers keinen Widerstand entgegensetzen.
Der hintere Stoßfänger besitzt zwei gegabelte Halterungen mit je zwei Muttern SW 17. Aus- und Einbau erfolgen wie beim vorderen Stoßfänger. Um die äußeren seitlichen Gummiabdeckungen zu entfernen, muß man die Trennwand hinter dem Tank (4 Schrauben) und die Verkleidung im Kofferraum lösen, und danach gelangt man an jeweils zwei Schrauben SW 10, mit denen eine Abdeckung befestigt ist.

Die Türen

Muß eine beschädigte Tür zur Reparatur ausgebaut werden, so kann das wegen der Anlage für die Zentralverriegelung eine Sache der Werkstatt sein. Dort entfernt man die Innenverkleidung der Tür, wie nachstehend beschrieben, um die in der Tür noch verwertbaren Teile zu prüfen und gegebenenfalls auszubauen. Der Türhalter – ein Öffnungsbegrenzer – wird demontiert, indem man die Sicherung an seinem Bolzen entfernt und dann die beiden Schrauben außen an der Tür und

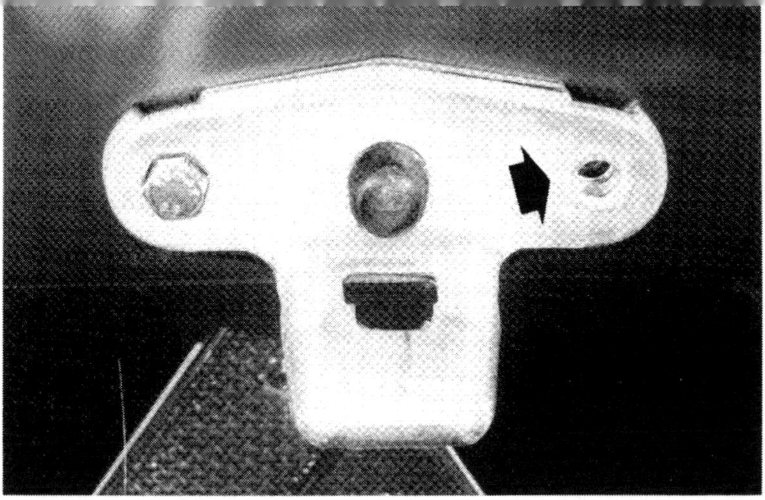

Die Schloßfalle am Heckdeckel ist mit zwei Schrauben SW 10 befestigt. Sollte der Kofferraumdeckel nicht richtig schließen, dann sind die beiden Schrauben etwas zu lockern und die Falle ist entsprechend zu verschieben. Dann werden die Schrauben wieder festgezogen.

eine Mutter am Innenblech herausdreht. Nach Lösen der Scharnierschrauben kann die Tür abgehoben werden.

Türen justieren

Die an der Mittelsäule (auch »B-Säule« genannt) sitzende Schließöse kann man bei schlecht schließender oder klappernder Tür versetzen. Dazu muß man die vier Schrauben mit einem Innensechskantschlüssel SW 5 lockern, sodann ist die Schließöse seitlich und in der Höhe verstellbar. Eventuell kann es auch nötig sein, den Abstand von der Säule durch Hinzufügen oder Entfernen dafür vorgesehener Platten zu korrigieren.
Wenn eine frisch eingebaute Tür nicht mit der Seitenwand der Karosserie fluchtet, müssen die Scharnierschrauben etwas gelockert und in ihren Bohrungen so weit verschoben werden, bis die geschlossene Tür fluchtet. Dieses Heimwerker-Justieren wird allerdings nicht ausreichen, wenn beispielsweise die Tür beim Öffnen auf den Bürgersteig gerammt oder durch Anprall gestaucht wurde und verkantet im Türausschnitt sitzt. In dem Fall sind spezielle Richtwerkzeuge einer Werkstatt notwendig. Anschließend muß die Türschloßeinstellung überprüft werden.

Türabdichtungen reinigen

Gummiabrieb und Verschmutzungen der Türabdichtungen sind im Lauf der Zeit unvermeidlich. Etwa einmal im Jahr muß man daher etwas einfache Pflege walten lassen, die zudem das lästige Anfrieren der Dichtgummis im Winter verhindert.
Nach der Wagenwäsche reibt man die getrockneten Abdichtungen der Türen und auch des Heckdeckels mit einem in Glyzerin getränkten Lappen sorgfältig ab (Glyzerin erhält man in der Drogerie). In keinem Fall darf irgendein Plastikreiniger verwendet werden, und natürlich ist Benzin oder Öl ebenso Gift für Gummi. Talkum, wie man es manchmal für Türabdichtungen empfiehlt, behält nicht lange seine Wirkung, da es bei Nässe rasch abgewaschen wird.

Türverkleidung ausbauen

Vor Arbeiten an der eingebauten Tür muß gewöhnlich die Innenverkleidung abgenommen werden. Das ist natürlich auch nötig, bevor die Tür mit Zentralverriegelung und elektrischen Fensterhebern ausgebaut werden muß.
Zunächst dreht man den Knopf der Innenverriegelung ab. Zum Abnehmen der Fensterkurbel ist die Verkleidung auf dem Kurbelarm auf der Seite des Kurbelkopfes etwas abzuheben, dann läßt er sich in Richtung Knopf aus dem Ende der Achse des Kurbelapparates abziehen: Die Fensterkurbel kann zusammen mit der Distanzscheibe entnommen werden. An der verchromten Einfassung des

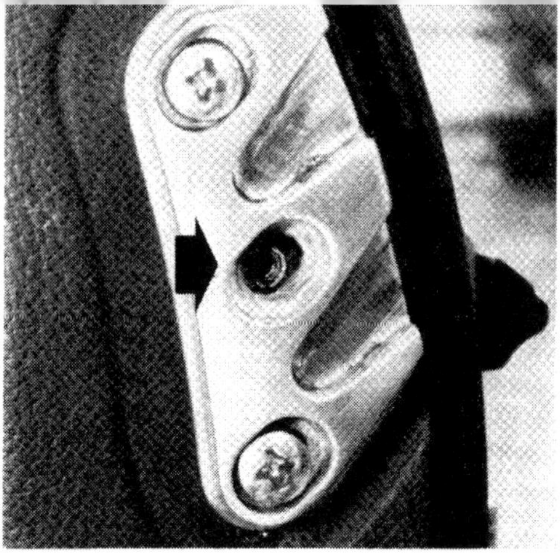

Links: Bei klappernder oder nicht flächenglatt sitzender Tür sind die vier Schrauben der Türschloßöse zu lösen und die Falle wird so verschoben, daß nach Wiederfestdrehen der Schrauben des Türschloß »satt« einrastet.
Rechts: Gleiches gilt für die seitlichen Fallen der Hecktür bei den T-Modellen.

Türschlosses werden zwei Kreuzschlitzschrauben herausgedreht. Die Armlehne ist an ihrer Unterseite ebenfalls mit zwei Kreuzschlitzschrauben befestigt. Am inneren Türöffnergriff wird die schwarze Kunststoffeinlage mit einem Schraubenzieher seitlich herausgehebelt und die darunter befindliche Kreuzschlitzschraube zum Halt der Metallmulde abgeschraubt. Den Griff braucht man nicht abzuschrauben. An den Fondtüren muß zusätzlich der Aschenbecher entnommen werden: Mit einem Schraubenzieher wird der untere Haltenocken am Gehäuse aus der Türverkleidung gedrückt, dann das Gehäuse von unten nach oben herausheben.

Danach ist es möglich, die mittels Klammern an den Seiten und unten auf dem Türinnenblech festgedrückte Verkleidung abzudrücken. Dazu bedient man sich eines breiten Schraubenziehers, den man zwischen Verkleidung und Türblech schiebt und in der Nähe der Klammern als Hebel benutzt. Um den Lack der Tür nicht zu zerkratzen, hält man gegen das Türblech noch ein Stückchen Karton. Die gesamte Verkleidung wird sodann zusammen mit der inneren Gummileiste zur Abdichtung des Fensters nach oben gedrückt. Man kann dabei auch – bei heruntergekurbeltem Fenster – von außen mit einem Holzkeil den Türbelag aus den oberen Halteklammern herausdrücken. Die somit auch oben gelöste Türverkleidung muß bei den Vordertüren noch nach vorn verschoben werden, bis man den Haken in Höhe des Ablagefaches von oben aus dem Türblech ausgehängt hat. Bei der Fondtür befindet sich stattdessen im Bereich des Aschenbechers noch eine Klammer.

Zum Schutz gegen eventuell eindringende Nässe ist über dem Türinnenblech noch eine Regenabweisfolie mit Klebmasse befestigt. Sie läßt sich abziehen und

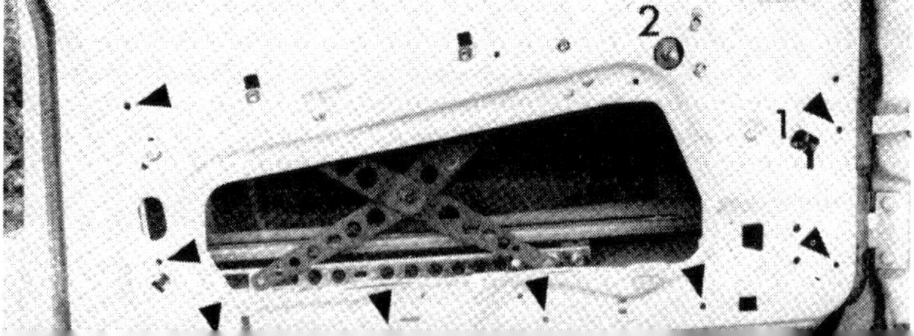

Die linke Vordertür mit abgenommener Innenverkleidung. Hierzu wurde die Armlehne abgeschraubt, der Griff von der Fensterkurbelwelle abgenommen, die Kunststoffschale aus der Türgriffumrandung abgehebelt und die Umrandung abgeschraubt. Bei -2- ist die Welle der Fensterkurbel zu erkennen und bei -4- der innere Türgriff mit der Bedienungsstange zum Schloß, die bei -3- zu sehen ist. Mit den kleinen Pfeilen werden die Löcher für die Klammern der Verkleidung angezeigt.
Bei -1- befindet sich die Öffnung für den Haken der Verkleidung, die für zusätzlichen Halt sorgt. Beim Einbau der Verkleidung läßt sich der Haken dort nur mit einiger Mühe einhängen, da zugleich auch die obere Kante der Verkleidung ihren Platz finden muß.
Bei -5-: Unterdruckschalter der Zentralverriegelung.

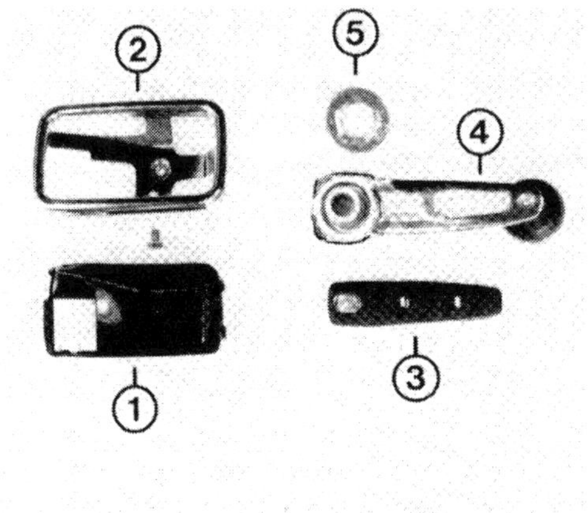

Vor dem Ausbau der Türinnenverkleidung ist beim Fensterheber mit Handkurbel die Fensterkurbel abzubauen. Dazu die Platte (3) auf dem Kurbelarm (4) verschieben und abheben, dann läßt sich die Kurbel und die Scheibe (5) entnehmen.
Die Griffschale (1) des Türöffners ist in dem Metallrahmen (2) seitlich eingehakt und läßt sich, da etwas biegsam, ohne Schwierigkeit entnehmen. Der Rahmen (2) ist mit einer Schraube befestigt.

später mit der weiterhin vorhandenen Klebemasse wieder befestigen; man kann die Folie auch am gesamten Umfang mit selbstklebendem Band befestigen. Wenn sie zerrissen ist, muß man eine Folie zurechtschneiden und anbringen. Der Einbau der Türverkleidung geschieht in umgekehrter Reihenfolge wie der Ausbau. Beim Einhängen des Hakens an den Vordertüren, was von oben nach unten geschieht, muß man zugleich die Klammern der oberen Abschlußleiste am Fensterrand einhängen und die Gummileiste nach unten drücken.
Weitere Arbeiten sind nur sinnvoll, wenn man die möglicherweise nötigen Ersatzteile zur Hand hat. Aber man kann sich über eventuelle Störungen durch Augenschein informieren und der Werkstatt einen gezielten Auftrag erteilen.
Immerhin ist es möglich, z. B. den Fensterheber selbst auszubauen.
Vordertür: Sicherungsklammern vorn und hinten an den Hebelarmen abdrücken, Fenster hochkurbeln, mittels Keil festklemmen, Fensterhebelarm aus der Hebeschiene herausziehen, sechs Schrauben zur Befestigung des Fensterhebers am Innenblech herausdrehen und Fensterheber durch die Montageöffnung herausnehmen.
Fondtür: Zwei Schrauben an der Fensterhebeschiene herausdrehen, Fenster nach oben drücken und mit Keil arretieren, vier Schrauben des Fensterhebers herausdrehen und diesen aus dem Montageloch entnehmen. Diese neuen Zweiarm-Fensterheber gewährleisten eine einwandfreie Führung der Seitenscheiben, deshalb sind keine Störungen zu erwarten; allerdings sollte die Werkstatt nach einer Demontage eine sorgfältige Einstellung vornehmen.
Wenn das Kurbelfenster an der Fahrertür – etwa nach einem Diebstahlversuch – ersetzt werden muß, ist zunächst der Fensterheber auszubauen. Die Schrauben

Die Unterdruckschalter an Türen, Heckdeckel und Tankdeckel sind mit drei Unterdruckleitungen verbunden.
Links an der Coupé-Tür: Am Unterdruckschalter (schwarzer Pfeil) in der Mitte angeschlossen ist die Saugleitung, oben und unten angeschlossen die Leitungen zur Ver- und Entriegelung.
Rechts: Tankdeckel-Verriegelung bei den T-Modellen.

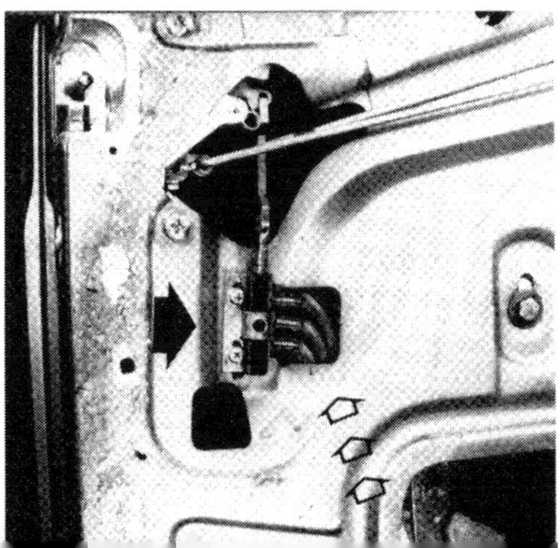

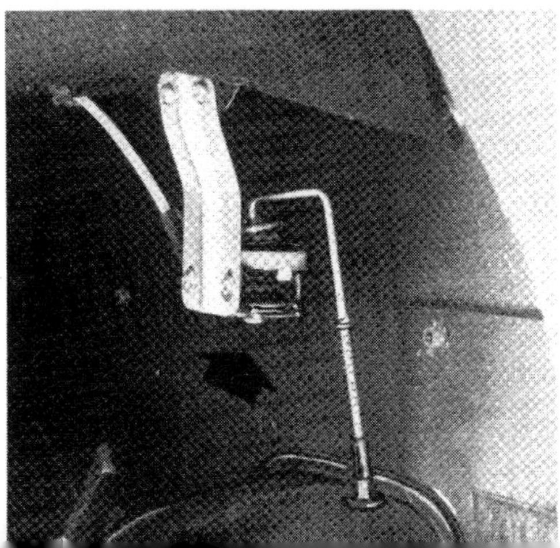

an beiden Enden der Fensterschiene werden herausgedreht. Beide Abdichtschienen – innen und außen – sind auszubauen, dazu die Klammern nach oben herausdrücken. Das Kurbelfenster wird hinten angehoben, nach vorn gekippt und aus dem Türschacht herausgezogen. Beim Einbau wird das neue Fenster in die Laufschiene eingesetzt und die Fensterhebeschiene wird mit ihren Gleitbakken von unten in die Halteschiene eingeführt und festgeschraubt.
Elektrische Fensterheber siehe Kapitel »Instrumente und Geräte«.

Die Zentralverriegelung

Für den Betrieb von Unterdruckanlagen kann beim Mercedes mit Vergaser-Motor der Unterdruck am Saugrohr abgenommen werden. Die Weiterführung des Unterdrucks geschieht über Leitungen aus Polyamid, ein formstabiles Material, das sich nur geringfügig biegen läßt. Für enge Biegungen benutzt man Gummielemente, für Abzweigungen dienen T- oder Y-Stücke. Rückschlagventile halten den Unterdruck in dem System für eine Weile aufrecht; nachdem der Motor abgestellt wurde, läßt sich die Zentralverriegelung noch einige Male betätigen, bis der Vorratsbehälter geleert ist. Arbeitselemente setzen den Differenzdruck zwischen Druck- und Unterdruckseite in Bewegung um.
An der Tür wirkt sich dieses System wie folgt aus: Wenn Türsicherungsknopf von innen oder Türschloß von außen betätigt wurden, bewegt sich zugleich im Unterdruckschalter ein Steuerschieber entsprechend mit. Das löst in der betreffenden Kammer des Arbeitselementes die Unterdruckbeeinflussung aus, während die andere Kammer belüftet wird. Durch den entstehenden Differenzdruck erfolgt eine Umkehrung der Arbeitsrichtung, wobei sich dieser Druck über Leitungen zu den Verriegelungseinrichtungen der anderen Türen, des Kofferraumdekkels und der Klappe des Tankeinfüllstutzens fortpflanzt: Die Schaltstangen werden pneumatisch mitbetätigt.
Damit aber bei Nichtfunktionieren der Anlage die sonst übliche Bedienungsmöglichkeit erhalten bleibt, ist die mechanische Betätigung der Unterdruckbetätigung sozusagen übergeordnet. Das wird an der Schaltstange des Türsicherungsknopfes dadurch erreicht, daß dort ein Schnappfedermechanismus eingebaut ist, der die mechanische Entriegelung trotz eingeschalteter Zentralverriegelung zuläßt. Beim nächsten zentralen Entriegeln (durch Unterdruck) rastet der Mechanismus durch die Schnappfeder selbsttätig zurück.
Undichtigkeit der Anlage, die sich durch raschen Unterdruckverlust bemerkbar macht, kann in der Werkstatt mit einem besonderen Prüfgerät ermittelt werden. Ohne Unterdruck-Vorratsbehälter ist eine Undichtigkeit der Anlage von 6 mbar/min bei 400 mbar Unterdruck zulässig. Die Verbindungsstücke müssen auf den Leitungen auf eine Länge von ca. 12 mm aufgesteckt sein. Wie bei elektrischen Leitungen bieten unterschiedliche Farben einen Hinweis auf den Charakter der Unterdruckleitungen: Saugleitungen zum Verteiler sind grau-gelb, Verriegelungsleitungen gelb-rot und Entriegelungsleitungen gelb-grün.
Funktionsunwillig gewordene Unterdruckschalter und -elemente müssen in der Mercedes-Werkstatt ausgewechselt werden.

Front- und Heckscheibe

Das Einsetzen einer neuen Windschutz- oder Heckscheibe erfordert viel Geschicklichkeit und eine zweite Hilfskraft. Lassen Sie die Hände davon, denn ohne entsprechende Übung gelingt diese Arbeit schwerlich. Die Scheiben sind teurer als die Montage in der Werkstatt, und wenn sie dem Mann in der Werkstatt zerbrechen, muß er dafür aufkommen. Nach dem Einbau einer Windschutz- oder Heckscheibe muß Dichtungsmasse (auch: »MB-Scheibendichtmittel«) mit einer besonderen Druckpresse zwischen Gummifassung und Karosserierand gedrückt werden.

Das Schiebedach

Das auf Wunsch vorhandene Schiebedach hat entweder eine manuelle oder eine elektrische Bedienung. Beide Arten brauchen nicht besonders gewartet zu werden, aber es kann immerhin vorkommen, daß der elektrische Antrieb gestört ist. In dem Fall öffnet man den Heckdeckel, unter dessen Spannfeder an der linken Innenwand ein Verbindungsstück zum Betätigen mittels Kerzenschlüssel eingehängt ist. Man setzt das Verbindungsstück auf die ebenfalls unter der Spannfeder herausragende Mitnehmerscheibe, die eine direkte Verbindung zum Antriebsmotor für das Schiebedach darstellt. Das aufgesetzte Verbindungsstück wird mittels passendem Steckschlüssel gedreht, wobei Drehen im Uhrzeigersinn Schließen des Daches bedeutet.

Das mechanische Dach

Zunächst aber einiges zum mechanischen Schiebedach. Wenn es ausgebaut werden soll, muß man es entriegeln und den Verschlußhebel sowie die Griffmulde ausbauen. Dach dreiviertel öffnen und den Schiebedachhimmel vorn aushängen und nach oben herausziehen. Wenn man dann das Dach völlig zurückschiebt und beide Gleitschienen abgeschraubt hat, läßt es sich nach oben herausnehmen. Vor dem Einbau müssen die Gleitbacken und die Gleitschienen (bis zum hinteren Ende, Pinsel mit Verlängerung benutzen) gereinigt und dann eingefettet werden.

Damit keine Windgeräusche oder Undichtigkeiten auftreten, muß dafür gesorgt sein, daß die Vorderkante des Schiebedachs bis zu 1 mm tiefer und die hintere Kante bis zu 1 mm höher als die Oberfläche des festen Daches liegt. Das läßt sich durch Einstellen der Gleitbacken erreichen. Bei ausgebautem Dachhimmel werden die Befestigungsschrauben an den Gleitwinkeln gelockert und die Winkel bis zum seitlichen Anliegen der Gleitbacken nach innen gedrückt. Das Schiebedach muß danach genau in Ausschnittmitte sitzen, aber sich auch leicht schieben lassen. Durch Lösen der Mutter am Halter der Bremsstange läßt sich das Schiebedach zum Anliegen an der Vorderkante bringen. Bei halb geöffnetem Dach kann man durch Einstellung der Schrauben an den Bremsstangen erreichen, daß sich das Dach in jeder Stellung arretieren läßt.

Hinter der ersten Befestigungsschraube der Gleitschiene befindet sich die Schraube zur Höheneinstellung vorn. Vor der Einstellung muß man alle Befestigungsschrauben beider Schienen lockerdrehen. Für die hintere Einstellung sind zu beiden Seiten die Schrauben vorgesehen, die bei zurückgeschobenem Dach – ebenfalls von oben – am Ende des seitlichen Dachausschnittes erreichbar sind.

Das elektrische Dach

Bei dem elektrisch betätigten Dach ist nur die Einstellung vorn mit der des mechanischen Daches identisch. Zur Einstellung hinten muß bei geschlossenem Dach die Unterlage unter dem Hubwinkel entsprechend gedreht werden, nachdem man die Befestigungsmutter der Platte gelockert hat, anschließend ist sie wieder anzuziehen.

Zwischen Antriebsmotor (im Kofferraum links hinter der Verkleidung) und dem Dach dient ein sogenannter Teleflexzug als Mittler, das ist eine Drahtspirale in einem Führungsrohr. Bei ausgebautem Schiebedach und Schalterstellung in Richtung »schließen« muß der Motor den Zug ganz nach vorn herauslaufen lassen. Tut er das nicht und läßt er sich auch mit der Notkurbel nicht bewegen, kann die Werkstatt versuchen, durch Drehen im Uhrzeigersinn des Zuges an der Führungsöffnung am Dach und durch gleichzeitiges Ziehen den Zug aus dem Rohr herauszubekommen. Es darf nicht weitergedreht werden, wenn der Kraftaufwand zu groß wird, da dies ein Anzeichen dafür ist, daß sich der Zug verspannt. Dann muß entweder das Getriebe des elektrischen Antriebs zerlegt oder das gesamte Teleflexrohr ausgebaut werden.

Bei Störungen ist grundsätzlich bei laufendem Fahrzeugmotor der elektrische Teil der Anlage zu prüfen: Schiebedachschalter in beiden Richtungen betätigen und an der Gummikupplung zwischen Antriebsmotor und Getriebe (im Kofferraum links hinter der Verkleidung) feststellen, ob sich der Motor nach links oder rechts drehen will. (Ein Überlastungsschutz – Thermoschalter – unterbricht bei Überlastung die Stromzufuhr. Daher sollte man auch nach mehrmaliger Betätigung des intakten Schiebedachs den Motor abkühlen lassen.) Wenn eine Verwindung zu spüren ist, liegt der Fehler im mechanischen Bereich.
Sollte sich die Gummikupplung nicht bewegen und die zuständige Sicherung ist in Ordnung, kann der Betätigungsschalter defekt sein (austauschen). Ob der Motor defekt ist, muß eine Werkstatt feststellen. Es kann auch vorkommen, daß die Gummikupplung schnell durchdreht, dann ist die Rutschkupplung am Getriebe neu einzustellen. Führungsmutter an der Notkurbelbetätigung lösen, mittels Schraubenzieher die Achse anhalten und Kontermutter weiter anziehen.

Die Sitze

Alle Sitze lassen sich ausbauen. Das kann zu Reparaturen am Sitzbezug nötig werden, aber auch bei Grenzkontrollen ist es manchmal wichtig, zu wissen, wie man etwa hintere Sitzbank und Rücklehne aus dem Wagen nimmt.
Beim Vordersitz mit Sitzhöhenverstellung wird der Sitz in die obere Stellung gebracht und nach vorn geschoben. Zugfeder aushängen, dazu ein hakenförmiges Werkzeug benutzen. Seitliche Schraube an der Gleitschiene herausdrehen und Gleitschiene aus dem Sitzbeschlag ziehen. An beiden Sitzführungsschienen die beiden hinteren Schrauben herausdrehen. Bei Wagen ohne Höhenverstellung muß noch eine Schraube seitlich im Träger der Sitzschiene herausgeschraubt werden (Rohrschlüssel). Nach Absenken der Höhenverstellung den Sitz nach hinten schieben und die Schrauben vorn an der Sitzschiene herausdrehen. Danach kann man den Sitz herausheben. Zum Einbau muß man die Führungsschiene nach vorn schieben und die Zugfeder mit einem Gummiring provisorisch einhängen.
Die hintere Sitzbank läßt sich hochheben, wenn man die beiden roten Sicherungshaken an der unteren Sitzbankkante nach hinten drückt. Die Mittelarmlehne darf dabei nicht ausgeklappt sein. Beim Einsetzen wird die Bank einfach in die ihr bestimmte Position gedrückt.
Bei ausgebauter Sitzbank kann man auch die Rückenlehne demontieren. An beiden Seiten unterhalb der Lehne sowie unter der herausgezogenen Mittelarmlehne ist je eine Schraube SW 8 herauszudrehen. Danach wird die Fondlehne nach oben aus den Blechschlaufen an der hinteren Ablage gedrückt. Beim Einbau muß die Lehne in diesen drei Laschen wieder gut eingehängt werden.

Links: Die Sitzschiene des Vordersitzes ist vorne mit einer Mutter SW 10 befestigt, die sich mittels Rohrschlüssel abschrauben läßt.
Rechts: Hinten ist die Sitzschiene des Vordersitzes mit einer Kreuzschlitzschraube befestigt. Unterhalb dieser befindet sich die Sitzbefestigung am Längsträger durch eine Mutter SW 10.

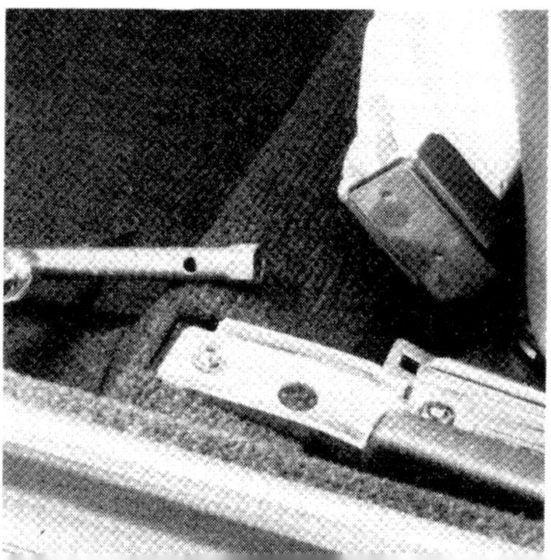

Sauberkeit im Innenraum

Die Wohnlichkeit des fahrbaren Raumes wird durch Unachtsamkeit schnell verdorben. Verschmutzungen aber lassen sich oft nicht vermeiden, besonders wenn die Witterung entsprechend schlecht ist. Wenn dann wieder die Sonne lacht, sollte man ein wenig »Hausputz« halten.

Zuerst werden alle Polster und dann die Teppichböden abgebürstet und, wenn möglich, abgesaugt. Für die Stoffbezüge der Sitze gibt es geeignete Schaumreiniger, womit man den grau gewordenen Farben oder auch vorhandenen Flecken zu Leibe rückt. Scharfe Reinigungsmittel sind zu vermeiden, es sei denn, sehr grobe Verschmutzungen sind zu entfernen. Sollte man bei dieser Gelegenheit die Sitze ausgebaut haben, kann man jetzt kontrollieren, ob die Nähte der Polsterung nicht beginnen aufzureißen. Eine helfende Frauenhand ist sicher zugegen, die sich derart ankündigenden Schäden annimmt und mit einigen Nadelstichen wieder Halt dorthin bringt.

Nach längerer Benutzung von Velourpolstern können bei feuchter Wärme Druckstellen auftreten. Man reibt diese Polster mit einer angefeuchteten Bürste vorsichtig auf oder behandelt sie mit Trockenschaum. Die feuchten Polster müssen vor der nächsten Benutzung völlig ausgetrocknet sein und sollten mit einer weichen Bürste nochmals leicht aufgerauht werden. Für die Behandlung der Velourpolster ist speziell eine Dampfbürste geeignet, z. B. »Dressfit« von Rowenta. Für Lederpolster gibt es geeignete Lederpflegemittel.

Im Innenraum verwendet man auf keinen Fall Benzin oder Fleckenwasser, denn damit lösen sich viele Kunststoffarten auf, so daß es nicht mehr reparierbare Flecken und Schäden gibt. Stattdessen versucht man es erst einmal mit einem feuchten Schwamm und etwas Seifenschaum oder mit einer erwärmten, schwachen Geschirrspülmittel-Lösung. Damit kann man auch das Lenkrad und den Schalthebel säubern. Sicherheitsgurte sind ebenfalls nur mit Wasser und Seife von Flecken zu befreien, starke Reinigungsmittel sind für das Gurtmaterial schädlich.

Fingerzeig: *Bei neuen Wagen kann sich an den Fenster-Innenseiten ein trüber Beschlag bilden, der besonders an der Frontscheibe die Sicht beim Fahren in der Dunkelheit behindert. Es handelt sich um den aus den Kunststoffteilen stammenden Weichmacher. Der Beschlag läßt sich mit einem weichen Lappen und einem der üblichen Fensterputzmittel entfernen.*

Die Sicherheitsgurte

Die ab Werk gelieferten Automatikgurte entsprechen der Europanorm. Derartige Gurte bieten etwa 10 Jahre lang Sicherheit. Ob ein Gurt nach einem Unfall ausgetauscht werden muß, richtet sich nach der Wucht des Aufpralls, wie stark er also gedehnt wurde, und man sollte sich dann von einer Werkstatt beraten lassen. Wenn danach der Fahrersitz klemmt und sich nicht mehr vor- oder zurückstellen läßt, muß der Gurt ersetzt werden. Die Gurte sind unten am Sitz befestigt, dadurch ergibt sich eine gleiche Gurtlage auch bei verstelltem Sitz. Sitz und Gurt sind sozusagen eine Einheit, die nach Aufprall ab einer gewissen Stärke nicht mehr funktionsfähig ist.

Wenn ein Automatikgurt sich nur schlecht oder überhaupt nicht aufrollt, ist folgendes zu prüfen: Gurtband verdreht? Umlenkbeschlag am Türholm verklemmt? Scheuert Gurtband an einer Führung oder an der Aufrollautomatik? Automat locker? Achswelle schwergängig? In keinem Fall darf der Automat geöffnet werden und natürlich soll man auch die Lagerstellen des Gurtbandes nicht ölen. Bei irgendwelchen Mängeln an der Automatik muß der Gurt ausgetauscht werden.

Wasserkur

Das Äußere des Wagens wird von den unterschiedlichsten Witterungseinflüssen strapaziert. Außerdem kann der Lack noch von Industrieabgasen, Auftausalzen oder Teerspritzern angegriffen werden – um nur einige solcher schädlichen Einflüsse zu nennen.
Wie man sein Auto vor derartigen Angriffen behütet, das ist im Kapitel »Lackpflege« sowie in einigen Abschnitten des Kapitels »Winterschutz« beschrieben. Vorbereitende Maßnahme dazu ist die Wagenwäsche, die aber auch der Werterhaltung ganz allgemein dient. Sie ist wohl die häufigste Beschäftigung beim Umgang mit dem eigenen Fahrzeug. Doch bei dieser scheinbar einfachen Tätigkeit unterlaufen auch viele Fehler.

Waschen zur rechten Zeit

Als schlimmster Fehler ist das Wagenwaschen im strahlenden Sonnenschein zu verurteilen. So schnell, wie das Wasser durch die Sonnenstrahlen verdunstet, könnte man es gar nicht trockenwischen. Zurück bleiben Kalk- und Wasserflekken. Gleichzeitig kommt es zu Verfärbungen des Lackes, denn Wassertropfen wirken in der Sonne wie ein Brennglas. Solche Flecken im Lack lassen sich manchmal durch Polieren entfernen, aber dem Lack bekommt das auch nicht gut (siehe nächstes Kapitel).
Ähnlich verkehrt ist es, den Wagen draußen bei Temperaturen um Null Grad zu waschen, ohne ihn anschließend einstellen zu können. Das Wasser verkriecht sich hinter Zierleisten und Karosseriespalten, wo es nicht trocknet. Ist plötzlich der Gefrierpunkt unterschritten, gebärdet sich das zu Eis gewordene Wasser unheilvoll, denn Eis braucht mehr Platz als Wasser. Den so unterwanderten Karosserieteilen bekommt jene zerstörerische Kraft nicht gut. Das beginnt schon mit dem Angriff auf sonst harmlose Lackschäden, die sich unter der frostigen Einwirkung in ärgerliche Reparaturfälle verwandeln.
Niemand soll aber deshalb während der Winterzeit dauernd mit einem schmutzigen Auto durch die Lande ziehen. Gerade dann, wenn die Zeit der Auftausalze eingetreten ist, muß man dem Auto regelmäßig einen gründlichen Badetag gönnen. Jene Salze, die dem Verkehrsfluß bei Schnee und Eis dienen sollen, haben die Eigenschaft, an den Fahrzeugen anzutrocknen und Feuchtigkeit anzuziehen. Dabei greifen sie das Metall an und fördern die Rostbildung. Wenn man nach der Reinigung im Winter für einen geschützten Ort sorgt, wo der Wagen gut trocknen kann, so wird er kaum Schaden nehmen.

Viel Wasser

Zum Waschen braucht man sehr viel Wasser. Hat man nicht genügend Wasser zur Verfügung, unterläßt man besser die Prozedur.
Das Wasser muß Zeit haben, den Schmutz aufzuweichen. Je mehr Wasser nachfließt, desto besser können Straßenstaub, Schmutz und anhaftende Chemikalien aufgeweicht werden. Nur mit genügend Wasser ist man in der Lage, die gröbsten Verunreinigungen wegzuschwemmen, sonst entstehen durch die Schmutzpar-

tikel Kratzer im Lack. Zum Waschen genügt durchaus klares Wasser ohne jegliche Zusätze.
Reibt man dagegen den Schmutz mit wenig Wasser weg, werden zugleich Staub- und Sandkörnchen über den Lack geschmirgelt, die seine Oberfläche aufreißen und ihn schließlich zerstören. Anfangs wird noch kaum sichtbar, was sich nach einer Reihe solcher Torturen offenbart: Bei schräg auffallendem Licht erkennt man in Streifen und Kreisen verlaufende Schleifspuren, Beweis für eine angegriffene Lackoberfläche.

Mit Schlauch oder Eimer

Aus dem eben Gesagten geht hervor, daß es eigentlich am vorteilhaftesten (und zugleich bequemsten) ist, die Wagenwäsche mittels Schlauch auszuführen. Nur so kann man die nötige Menge Wasser herbeischaffen. Aber Vorsicht, daß der Wasserstrahl nicht zu hart aus dem Schlauch geschossen kommt. Sonst würde der Lack ebenfalls strapaziert und von dem gleichzeitig angepreßten Schmutz zerkratzt werden.
Sollte kein Wasseranschluß vorhanden sein, der die Benutzung eines Schlauches gestattet, muß das Naß in Eimern herangeschafft werden. Zwei Eimer sind besser als einer, weil das Wasser sehr schnell verschmutzt und stets rechtzeitig gewechselt werden muß, wenn es trübe wird. Wasser läßt sich sparen, wenn man Schwamm und Leder nur in dem einen Eimer auswäscht und das Wasser des anderen Eimers lediglich für den Wagen gebraucht. Der Schwamm muß sich stets vollsaugen können und man darf damit nicht zu energisch auf der Karosserie herumwischen. Festsitzenden Dreck an Stoßfängern, Felgen und Radkästen kann man mit einer kräftigen Bürste entfernen.
Nicht allen Autofahrern steht ein Grundstück zur Wagenwäsche zur Verfügung. Wo es nicht generell verboten ist, darf man sein Auto auf der Straße sogar am Sonntag waschen, wenn das ohne besonderen Lärm geschieht. So urteilte das Oberlandesgericht Stuttgart (3 Ss 645/76).

Automatische Waschanlagen

Neuer Lack ist noch weich und gering widerstandsfähig. Er sollte am besten nur mit klarem Wasser, ohne irgendwelche Reinigungsmittel, behandelt werden. Automatische Waschanlagen sind möglichst vom jungen Lack fernzuhalten, auch wenn sie noch so bequem sind.
Während der Wäsche in einer automatischen Waschanlage ergießen sich etwa 250 Liter Wasser über das Auto. Die rotierenden Waschbürsten sind zwar ziemlich elastisch, doch der Automat behandelt das verschmutzte Kraftfahrzeug ohne Gefühl. Die Zeit ist zu kurz, um den Schmutz weichen zu lassen, besonders wenn am Wochenende viele Wagen auf Abfertigung warten. Das beigemischte

Die Vorderseite des Kühlers ist nicht bei allen Autos so bequem zugänglich. Daher fällt es hier auch nicht schwer, Verschmutzungen – vor allem durch tote Insekten – zu beseitigen. Bei einer Wagenwäsche mit Schlauch kann man den Wasserstrahl zusätzlich von hinten nach vorn durch die Kühlerlamellen schicken.

»konservierende« Wachs verhilft dann eher zum schnelleren Trocknen nach der Wäsche. Deshalb sollte ein frisch lackierter Wagen von solchen Prozeduren verschont bleiben. Wenn der Lack nach zwei bis drei Monaten ausgehärtet ist, sind die genannten Bedenken bei einer modern eingerichteten Waschanlage nicht mehr am Platze.
Manchmal werden billige und scharfe Auto-Shampoos benutzt, da es schnell gehen soll und nicht viel kosten darf. Das bekommt dem Lack auf die Dauer nicht gut. Bei häufiger Benutzung von Schnellwaschstraßen empfiehlt sich regelmäßig eine konservierende Lackpflege.
Nach der Wäsche kontrolliere man die Antenne, wenn sie nicht eingezogen war. Möglicherweise angebrachte Zusatzscheinwerfer haben bisweilen ebenfalls ihre ursprüngliche Einstellung verloren. Die Vertiefungen in den Heckleuchten des Mercedes sind meistens nachzureinigen.

Motorwäsche mit Vorsicht

Der Motor ist nicht total von der Außenwelt abgeschlossen und somit bleibt auch er nicht von Staub und Straßenmatsch verschont. Mit Öl und Fett vermischt bilden sich mit der Zeit fest anhaftende Krusten. Die ölige Schicht läßt sich mit klarem Wasser nicht entfernen. Bedenken Sie: Unterwegs kann einmal ein kleiner Handgriff nötig werden und Sie müssen im weißen Hemd in der Schmiere hantieren.
Motorreiniger erhält man an Tankstellen und in Zubehörgeschäften sowie in Kaufhäusern. Diese »Kaltreiniger« gibt es in größeren Gebinden zum Auftragen mit dem Waschpinsel und auch in Sprühdosen. Nach einiger Zeit läßt sich der gelöste Schmutz mit einem schwachen Wasserstrahl abspülen.
Mit einer Kunststoffolie unter dem Wagen vermeidet man unschöne Flecken durch abgetropften öligen Dreck, die beim Behandeln der Ölschmiere den Standort des Autos verunzieren. Sie lassen sich allerdings, wie auch alte Ölflekken auf dem Garagenboden mit dem Ölbinder K 2 der Firma TA-KE Ölschadendienst GmbH, Trumppstraße 2, 8000 München 50, entfernen.
Wasser schadet natürlich der Funktion elektrischer Anlagen, im Auto besonders der Zündanlage. Feuchtigkeit kann in den Zündverteilerdeckel dringen, wo sich dann der Zündfunke nicht so verhält wie vorgesehen. Wenn allerdings die Schutzkappe über dem Zündverteiler angebracht ist, braucht man Störungen wegen Nässe nicht zu befürchten. Hat sich dennoch Feuchtigkeit einen unerlaubten Weg gebahnt, helfen Kontakt-Sprühmittel, die für den notwendigen Kontakt und Funken trotz Nässe sorgen.

Reifen waschen

Wenn beim Wechseln der Jahreszeiten auch die Sommer- gegen die Winterreifen ausgetauscht werden, sollte man die zu lagernden Reifen säubern. Dabei ist zu beachten, daß zur Reinigung keine Lösungsmittel verwendet werden dürfen. Bei der Reifenherstellung wird der Gummimischung der Reifenflanken eine wachsähnliche Substanz beigemischt, die während des gesamten Reifenlebens an die Oberfläche dringt und dort eine Schutzschicht gegen das früher bei Gummi häufige Verwittern (durch Ozon und Licht) bildet. Nach Entfernen dieser Wachsschicht altert der Gummi vorzeitig. Daher ist auch zum Säubern der Reifen ausschließlich viel Wasser zu gebrauchen, wobei eine Bürste hilft.
Auf Seite 159 ist außerdem noch einiges gesagt, was man bezüglich der Reinigung der Räder wissen sollte.

Jungmühle

Dem Autolack kann man mit unsachgemäßer Behandlung und durch falsche Pflegemittel allerlei Unheil zufügen. Das fängt schon damit an, daß mancher frischgebackene Autobesitzer seine neue Errungenschaft regelmäßig am Wochenende mit einem dafür völlig ungeeigneten, nämlich zu aggressiven Waschmittel aus dem Haushalt einschäumt.
Solange das Auto noch jung und der Lack weich und widerstandslos ist, muß man erhöhte Vorsicht walten lassen. Alle Pflegemittel wirken dann aggressiv und schädigend. Wenn es aber im Lauf der Zeit nötig wird, dem auf natürliche Weise gealterten Lack neue Frische zu geben, dann muß man an die Mittel, die man anwendet, strenge Maßstäbe anlegen. Bevor man sich nicht der Eigenschaften solcher Mittel völlig sicher ist, soll man ihren Gebrauch unterlassen.

Den Lack behüten

Der Lack muß gewaltige Ansprüche aushalten. Temperaturwechsel, Schmutz und Hagelkörner, »gesalzener« Schneematsch und Sonnenglut sollen nicht die geringsten Spuren hinterlassen. Kein Lack macht solche Strapazen auf die Dauer mit.
Im Lauf des Autolebens verliert der Lack seine Elastizität, seine Poren erweitern sich, Feuchtigkeit und chemische Ablagerungen dringen in die Farbschicht und zermürben sie von innen. Auf diese Weise altert der Lack. Der in den heute üblichen Lacksorten enthaltene Weichmacher, der für die Elastizität zuständig ist, verflüchtigt sich allmählich und die einzelnen Farbkörnchen liegen nicht mehr eingebettet im Lack, sondern stehen – mikroskopisch sichtbar – spröde ab. Der Lack hat seinen Glanz verloren.
Erst dann, wenn die Lackoberfläche nach der Wäsche mit klarem Wasser stumpf bleibt, sollte die eigentliche Lackpflege einsetzen. Die Pflegemittel, die man jetzt braucht, müssen mit Überlegung ausgesucht und angewendet werden. Die dauernde Benutzung eines Poliermittels bedeutet, daß eines Tages die Lackschicht unweigerlich verschwunden ist.
Je sparsamer man mit Pflegemitteln umgeht, um so länger hat man an dem Lack seines Autos Freude. Nur das Mittel, das gerade noch die erstrebte Wirkung zeigt, bedeutet Schonung des Lacks und echten Erhalt seines Glanzes.

Lackpflege stufenweise

Mit welchem Lackpflegemittel man das Auto behandeln soll, hat sich nach dem Zustand und dem Alter des Lacks zu richten. Die Güte eines solchen Mittels ist allein nicht von Ausschlag.
■ **Auto-Shampoo.** Nicht zu jeder Wagenwäsche benutzen, da fettlösend und Auslaugen des Lackes möglich.
■ **Waschkonservierer und Waschpolitur.** Zuerst mit klarem Wasser waschen, danach Konservierer anwenden und mit Watte nachpolieren. Häufige Anwendung führt zu einer schmierigen Wachsschicht, die mit mildem Lackreiniger entfernt werden kann.

■ **Spezialwaschmittel.** Dient zur Beseitigung von Flugrost und Zementstaub. Soll nur verwendet werden, wenn sehr viel fließendes Wasser zur Verfügung steht. Nie in der Sonne benutzen! Anschließend den Lack konservieren.

■ **Lackkonservierungsmittel.** Schutz für gesunden Lack über geraume Zeit. Probe machen: Wenn beim Blankreiben an der Watte Farbe zurückbleibt, handelt es sich um Poliermittel mit lacklösenden Bestandteilen.

■ **Lackpolitur.** Soll bei mattem Lack mit noch gesunder Grundsubstanz neuen Glanz schaffen und die Farbe auffrischen. Der in der Politur enthaltene Konservierer bietet zugleich für eine gewisse Zeit Wetterschutz.

■ **Schleifpolitur.** Politur nur bei stark verwittertem Lack und sehr sparsam gebrauchen. Greift die Lackschicht an. Praktisch zum Wegpolieren von Schrammen nach Streifberührung mit fremdem Fahrzeug. Anschließend unbedingt mit Konservierer nachbehandeln.

■ **Poliermaschine.** Erlaubt keine »gefühlsmäßige« Behandlung des Lacks und kann Kratzer hinterlassen. Manuelle Bearbeitung ist vorzuziehen.

Haushaltspülmittel sind Gift für den Lack

Keinesfalls darf die Außenhaut des Wagens mit den bekannten (und im Haus sicher bewährten) Spülmitteln in Berührung kommen – auch nicht in verdünnter Form und wenn die Werbung Wunderwirkung verspricht. Den Lack des Autos laugen sie aus und zermürben ihn bis auf den Grund. Bei Gegenständen mit strukturell undurchlässigen Oberflächen, wie Gläser und Kacheln, können die alles reinigenden Flüssigkeiten keinen Schaden anrichten – der stets poröse Autolack wird von ihnen erbarmungslos angegriffen.

Lackfarbe ermitteln

Zum Lackieren wie auch zum Ausbessern kleinerer Lackschäden muß man den richtigen Lacktyp besorgen. Das ist nicht so einfach, denn nur durch Farbvergleich kann man den passenden Ton kaum herausfinden.
In der Serie werden die Wagen mit Kunstharz-Einbrennlack lackiert und in der Reparatur mit 2-K-Acryllack (Zweikomponentenlack). Grundsätzlich ist am Mercedes der Farbton auf einem Schild durch eine Lackierungsnummer bezeichnet. Dieses Schild ist auf der Traverse vor dem Kühler befestigt, und es trägt zugleich die Karosserienummer. Das Werk bezieht die Lacke von Glasurit (G) und Herberts (H). Von diesen und anderen Herstellern gibt es Lacke mit der jeweils gleichen Kennummer. Diese Nummern sind auf den Etiketten der Farbtöpfe und auch auf Farbsprühdosen und auf den Lackstiften von Daimler-Benz vermerkt und sie stimmen sogar bei Lacken unterschiedlicher Basis (Kunstharz, Nitro) überein. Dabei muß man wissen, daß eine Nitrolackierung mit Kunstharzlack ausgebessert werden kann, nicht aber umgekehrt.

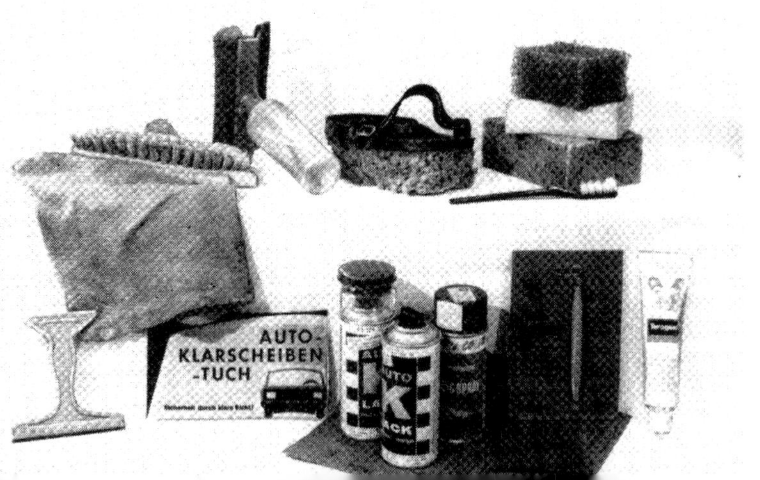

In der oberen Reihe dieses Bildes wird noch einmal gezeigt, welche Utensilien man zum Waschen des Autos braucht: Fensterleder, Wurzelbürste (für die Räder), Scheibenreiniger mit Wasserbehälter für unterwegs, Handschwamm, drei Viskoseschwämme, verschiedenartiger Struktur (gibt es bisweilen als Werbegeschenke beim Kauf anderer Waren im Autoladen), alte Zahnbürste zum Reinigen schlecht zugänglicher Stellen am Wagen. In der unteren Reihe steht links ein Scheibenkratzer für vereiste Scheiben, das Klarsichttuch nimmt man bei beschlagenen Innenscheiben. Zur Ausbesserung kleinerer Lackschäden dienen Schleifpapier, Rostradierer und der Inhalt von Lacksprühdosen. Handwaschpaste entfernt schließlich die Spuren der Arbeit von der Haut.

Unter Angabe der Fahrgestellnummer kann man bei Daimler-Benz den Farbton erfragen, falls sich kein Hinweis dazu findet. Läßt sich die rechte Farbe überhaupt nicht ermitteln – etwa bei einem gebrauchten, nachlackierten Wagen –, muß man die Hilfe eines Fachmanns im Farbengeschäft in Anspruch nehmen. Am sichersten ist ein Sprühversuch oder Probeanstrich auf der Innenseite des Motorraums, um den Farbton zu vergleichen. Doch ist dabei zu berücksichtigen, daß frischer Lack im Laufe der Zeit nachdunkelt oder auch ausbleicht.

Sprühdosen mit Original-Farbton

Ausbesserungen der beschädigten Autolackierungen dienen dem Werterhalt des Wagens. Das hat in unserer Zeit der sachlicheren Einstellung den Dingen gegenüber nichts mit der Pflege eines Statussymbols zu tun. Deshalb ist es nicht verkehrt, wenn man Lackschäden fachmännisch ausbessert. Für die Endlackierung kleinerer Schäden eignen sich die bekannten Farbsprühdosen.
Als Heimwerker wird man gewöhnlich im Freien arbeiten müssen. Die Verarbeitung der Lacke hängt aber sehr von der Lufttemperatur ab. Nach unseren Erfahrungen empfiehlt sich bei Außentemperaturen zwischen 20° und 35° C der Lack von Ducolux, für Übergangstemperaturen von 15° bis 30° C der Belton- und Auto-K-Lack. Bei tieferen Temperaturen trocknen die Lacke zu langsam oder gar nicht, während der Trockenprozeß bei großer Wärme zu schnell vor sich geht und den Lack blind werden läßt, weil er keine Zeit hat zu verlaufen.
Bevor man mit einer Sprühdose auf die Außenseite des Wagens zielt, sollte man auf einem Stück Blech ein wenig üben, wie man Fließtropfen vermeidet. Zugleich stellt man fest, ob es sich um den richtigen Farbton handelt.

Teerspritzer und Insekten

Bei einer Fahrt über frisch asphaltierte Straßen hinterläßt der hochgeschleuderte Splitt auf dem Lack schwarze Teerflecken. Der Versuch, die Flecken mit einem harten Gegenstand abzuschaben, hinterläßt unzweifelhaft Kratzer. Teerflecken lassen sich schon mit Petroleum auflösen. Die Teerentferner sind zumeist auch nur ordinäres Petroleum, doch dafür reichlich teuer. Aber es ist eine umständliche Nachbehandlung mit Auto-Shampoo und Lack-Konservierer notwendig, denn die Petroleumrückstände sind lackschädlich (vor allem bei nachfolgender starker Sonneneinstrahlung). Besser sind deshalb moderne spezielle Teerentferner wie z. B. jene von Caramba, Polifac oder Rex, wodurch sich nach der Behandlung die herunterlaufenden braunen Teertropfen mit klarem Wasser abspülen lassen und keine Nachbehandlung notwendig ist.
Insektenleichen können den Lack verätzen, wenn man sie nicht rechtzeitig entfernt. Lackpolitur ist dazu nicht das rechte Mittel, weil das hartgetrocknete Insekten-Eiweiß zuvor aufgeweicht werden muß. Das schafft man mit speziellem Insektenlöser-Spray (z. B. von Caramba oder »Holts Summer Screen«), der das Aufweichen chemisch beschleunigt. Mit warmem Wasser und Geduld oder über Nacht mit auf die Fläche aufgelegten nassen Zeitungsbogen geht es auch. Das Zeitungspapier ist patschnaß zu halten, sonst hat man am nächsten Morgen die Druckerschwärze auf dem Lack. Die aufgeweichten Insektenleichen werden mit viel Wasser und am besten mit einem grobporigen Viskoseschwamm (»Fliegenschwamm«) abgewaschen.

Fingerzeig: *Mehr über alle mit der Lackierung zusammenhängenden Fragen im Band 45 dieser Buchreihe (»Die Auto-Karosserie«).*

Vorbeugung

Mit sicherer Regelmäßigkeit beginnt nach den ersten kalten Nächten der Kummer mit müden Batterien, mit zugefrorenen Türschlössern, mit rostförderndem, salzigem Tauwasser oder mit glatten Straßen. Es bedarf nur ein wenig gezielter Umsicht, um manchem Wintertag seinen Schrecken zu nehmen. Ihr Mercedes ist – wie auch die meisten anderen Autos heutzutage – von Haus aus dafür geeignet, bei frostklirrenden Nächten ebenso seinen Dienst zu verrichten wie unter strahlender Frühlingssonne. Allerdings müssen Sie etwas dazu tun, damit jene positiven Eigenschaften Ihres Autos auch zur Geltung kommen.

Frostbeständige Kühlflüssigkeit

Eine Werkstatt haftet für den Schaden, der dadurch entstand, daß vor der Wintersaison die Kühlflüssigkeit nicht auf ihren Anteil an Gefrierschutz untersucht wurde. Garantiert keinen Ärger gibt es, wenn man sich um den frostsicheren Zustand des Kühlwassers selbst kümmert, und zwar rechtzeitig vor dem ersten Nachtfrost. Bei Temperaturen unter dem Nullpunkt sprengt unvermischtes Wasser Kühler und Motorblock, denn Eis benötigt mehr Raum als das Wasser, aus dem es sich bildet. Um das Freiwerden solcher Kräfte zu verhindern, braucht das Kühlwasser ein Gefrierschutzmittel.

Die Kühlwassersysteme der drei hier beschriebenen Motoren haben ein nahezu gleich großes Fassungsvermögen, nämlich rund 10 Liter. Wenn von dieser Menge 3,5 Liter aus Gefrierschutzmittel bestehen, so ist die Anlage bis –20° C geschützt. Um bis –30° C überstehen zu können, müssen 4,5 Liter Frostschutzmittel eingefüllt sein, und für –40° C müssen es 5,25 Liter sein.

Ab Werk ist ein bis –30° C wirksames Mischungsverhältnis bereits vorhanden, doch durch Kühlmittelverluste und durch Nachfüllen von Wasser verändert sich diese Zusammensetzung mit der Zeit. Das Kühlmittel kann etwa zwei Jahre im Kühlsystem verbleiben, dann ist es zu wechseln (siehe Seite 91).

Wie bei anderen Betriebsstoffen, hat Daimler-Benz für die Gefrierschutzmittel eine Freigabeliste aufgestellt. Die meisten der im Handel bekannten Mittel sind in dieser Liste enthalten, doch man sollte sich im Zweifelsfalle beim Mercedes-Service davon unterrichten. Im wesentlichen soll nämlich erreicht werden, daß man Frostschutzmittel auch untereinander mischen kann, und das ist mit den freigegebenen Marken gesichert. Außerdem verhindert die Schutzfüllung eine schädliche Bildung von Rückständen und Oxydation. Deshalb ist normales Wasser allein im Kühlsystem möglichst nicht zu verwenden.

Zur Aufbereitung des Frostschutzes genügt es aber nicht, etwa die entsprechende Menge Wasser unten aus dem Kühler zu lassen und oben das Gefriermittel einzufüllen. Damit ist es nicht getan.

Das kostbare Frostschutzmittel muß sich nämlich im Kühlsystem gleichmäßig verteilt haben, sonst friert das unvermischte restliche Wasser doch. Man muß den Motor also eine Weile laufen lassen – am besten ist es, das Mittel vor einer Fahrt einzufüllen, wonach dann sofort die Wasserpumpe mischt.

Die frostsichere Eigenschaft ist dem Kühlmittel nicht ohne weiteres anzusehen. Um sich darüber zu informieren, kann man den Kühlerinhalt an einer Tankstelle »ausspindeln« lassen. Ähnlich wie ein Säureheber zum Batterieprüfen (siehe Bild Seite 166) gestaltet, zeigt hier die Spindel an, bei welcher Temperatur das Kühlmittel gefrieren wird. Eventuell muß man Frostschutzmittel nachfüllen.
An einigen Tankstellen ist Frostschutzmittel literweise aus dem Faß zu bekommen. Das ist etwa halb so teuer wie andere, in Dosen erhältliche Markenfrostschutzmittel. Zur Not mischt man selbst aus einem Teil Glyzerin, einem Teil Spiritus und zwei Teilen Wasser eine bis zu –20° C frostsichere Kühlflüssigkeit, die allerdings den Nachteil hat, daß der Spiritus darin schneller verdunstet.

Frostschutz für den Scheibenwascher

Pflegearbeit Nr. 5

Der Behälter für das Scheibenwaschwasser im Motorraum des Mercedes ist vorn links untergebracht. Wenn der Wagen über Nacht in der Kälte stand, dann ist darin das Wasser garantiert zu Eis gefroren. Auch während der Fahrt kann die Motorwärme den Wasserbehälter nicht auftauen.
Frostschutzmittel verhindern solche unliebsamen Überraschungen. An Tankstellen gibt es eine Fülle von Spezialmitteln, die man dem Scheibenwaschwasser auch an warmen Tagen beimischen kann. Einige von denen lösen sogar den Öldunst vorausgefahrener Qualmer auf der Windschutzscheibe auf.
Billiger, jedoch von seinem typischen Geruch begleitet, ist Brennspiritus. Er wird im Verhältnis 1 : 2 dem Wasser im Scheibenwaschbehälter durch Schütteln desselben beigemischt und hält noch bei klirrendem Frost (bis –25° C) die Windschutzscheibe sauber. Spiritus greift die Scheibendichtung nicht an.

Dünneres Motoröl bei Frost

Im Kapitel »Schmieren – was und wie?« werden die Motoröle ausführlich besprochen. Von diesem Thema sei hier herausgezogen, daß allgemein für normalen Winterbetrieb ein Mehrbereichsöl SAE 10 W – 30 und bei länger anhaltenden Temperaturen unter –10° C ein Öl SAE 5 W – 20 oder SAE 5 W – 30 empfohlen wird. Dünneres Öl – also solches mit einem niedrigen Zahlenwert in der Bezeichnung – erleichtert das Anlassen und hat bei Kälte eine sofort einsetzende, bessere Schmierwirkung. Im Winter wird das Motoröl stark beansprucht, vor allem bei vielen Stadtfahrten. Im Frühjahr: rechtzeitig Öl wechseln.

Start bei strenger Kälte

Normalerweise springen die Mercedes-Motoren auch bei Kälte recht zuverlässig an. Wenn sich aber die Teile der Zündanlage in einem vernachlässigten Zustand befinden, kann es bei feuchter Kälte zu Schwierigkeiten kommen. Dann hilft im Augenblick sorgfältiges Trockenwischen der Zündleitungen und der Innenseite des Zündverteilerdeckels sowie Einsprühen der offen liegenden Teile der Zündanlage mit Kontakt-Spray.
Allgemein sind bei Kälte folgende Ratschläge zu befolgen:

- Falls Schaltgetriebe, bei kaltem Motor während des Anlassens das Kupplungspedal treten (steifes Getriebeöl bremst).
- Sprühflaschen (z. B. Startpilot) aus dem Zubehörhandel mit besonders leicht vergasbarem Anlaßstoff besorgen. Dieser wird – möglichst von zweiter Person – beim Anlassen in den Vergaserstutzen gespritzt (Luftfilterdeckel abnehmen). Auch Feuerzeugbenzin vergast sehr gut.
- Zündkerzen-Elektrodenabstand muß stimmen. Es kann helfen, die Kerzen herauszuschrauben und an Flamme oder Ofen zu erwärmen.
- Zündleitungen, Zündspule und Verteiler peinlich sauber halten. Weißliche Schicht von Streusalz ist elektrisch leitend. Abwaschen und gut trocknen.
- Batterie bei besonders tiefem Frost in beheiztem Raum aufbewahren und erst zum Start einsetzen.

Reifen im Winter

Winterliche Straßenverhältnisse verlangen Aufmerksamkeit und eine zurückhaltende Fahrweise. Die Verzögerung, die beim Bremsen auf verschneiter Fahrbahn erreicht werden kann, ist um rund das Doppelte geringer als auf nasser Fahrbahn, und auf einer mit Eis bedeckten Straße bietet sich so gut wie keine Haftung. Im Gefälle leidet die Verzögerung unter einer zusätzlichen Verzugsdauer, hervorgerufen von dem kräftiger als in der Ebene schiebenden Wagengewicht. Den Sicherheitsabstand muß man noch ausreichender als sonst üblich einhalten. Bestimmt ist irgendwo ein großer freier Parkplatz, leer und ohne Verkehr, auf dem man die Eigenschaften des Autos auf Schnee erkunden kann.
Alle Mercedes haben Hinterradantrieb. Bei dieser Antriebsart werden die Seitenführungskräfte, die zum Schleudern führen können, nicht wie beim Frontantrieb abgebaut. Die allgemein sicheren Fahreigenschaften des Mercedes und die notwendige Richtungsstabilität lassen sich nicht nur bei Glätte durch folgende Faktoren fördern:

- Gleichartige Bereifung auf allen Rädern,
- richtiger Luftdruck,
- gutgängige Bremsen, richtige Qualität der Bremsbeläge,
- nicht scharf kuppeln oder voll beschleunigen,
- beim Bremsen auskuppeln.

Gürtelreifen besitzen beschränkte Wintereigenschaften

Schon seit einigen Jahren werden die Mercedes nicht mehr mit den völlig winteruntauglichen Diagonalreifen ausgerüstet. Gürtelreifen kommen den Anforderungen im Winter um einiges näher. Diese Radialreifen warten auf Schnee mit einer relativ günstigen Griffigkeit auf, die sich durch ihren stabilen Laufgürtel, der die Auflagefläche nicht auf der Fahrbahn walken läßt, erhalten. Freilich ist eine Mindestprofiltiefe von 4 mm für die Wintertauglichkeit wie auch bei den anschließend besprochenen Haftreifen erforderlich.
Schwierigkeiten an Steigungen lassen sich mildern, wenn man Unterlagmatten oder Sand zu Hilfe nimmt.
Fahrten vorwiegend im Stadtverkehr lassen im Winter den Wert einer speziellen Bereifung fraglich erscheinen. Meist sind verschneite Straßen nach kurzer Zeit wieder geräumt.
Hoher lockerer Schnee und überhaupt ein Wohnsitz in schneereicher, gebirgiger Gegend stellen natürlich erhöhte Anforderungen. Dann kommt es oft nur auf die eigene Fahrkunst an, mit den Gegebenheiten fertig zu werden. Für extreme Fälle, zu denen auch das Bewältigen häufig auftretender »Schneepisten« zählen mag, hält die Reifenindustrie Alternativen bereit. Man muß sich jedoch darüber im klaren sein: Winterreifen können auch nicht alles.

M + S-Haftreifen

Früher besaßen die M + S-Reifen ein grobstolliges Profil wie für den Geländesport. Sie sind von der Entwicklung überholt worden. Mit jenen »Matsch- und Schnee-Reifen« konnte sich das Auto zwar in noch nicht hartgefahrenem Schnee vorarbeiten, aber auf nasser und vereister Straße war man mit ihnen noch schlechter bedient als mit normalen Reifen.
Eine merkliche Verbesserung bieten die sogenannten Haftreifen, die zugleich als Ersatz für die verbotenen Spikereifen – über die noch anschließend geschrieben wird – dienen müssen. Sie sind aber kein gleichwertiger Ersatz und verantwortungsvolle Reifenhersteller weisen darauf hin, daß diese M + S-Haftreifen auf Eisglätte nicht die Wirkung zeigen können wie die seit April 1975 in Deutschland verbotenen Nagelreifen.
Trotzdem ist es gelungen, durch hydrophile (wasserfreundliche) Laufflächenmischungen den Fahrbahnkontakt bei Glätte zu verbessern. In dem Temperatur-

bereich um 0° C allerdings befindet sich auf Eis ein dünner Wasserfilm, der ohne mechanische Hilfen (Sand, Spikes) die an sich schon unfreundliche Eigenart von Eis noch weitaus gefährlicher macht.
Hier können auch die neuen Gummimischungen nur wenig ausrichten, sie zeigen aber auf Eis bei Temperaturen unterhalb –5° C Spurtreue und Haftvermögen. Allerdings verschlechtern manche Winterreifen auf trockener Straße und bei hoher Geschwindigkeit das Geradeauslaufverhalten.
Besseres Können als Sommerreifen beweisen diese Reifen im lockeren und auf festgefahrenem Schnee. Das verdanken sie ihrer Profilgestaltung, bei der eine grobe Verzahnung der Profilstollen mit relativ breiten Zwischenräumen ihre Eignung für hohen Schnee heraufsetzt und bei Regen die Wasserverdrängung fördert. Zahlreiche lamellenartige Einschnitte dienen auf glattgefahrenem Schnee der Griffigkeit.
Es ist festgestellt worden, daß Reifen gleicher Hersteller und gleicher Bauart bei verschiedenen Automodellen unterschiedliche Eigenschaften haben. Das trifft sogar dann zu, wenn man mehrere Reifengrößen des gleichen Fabrikats gegenüberstellt.
Somit ist es ohne ausführliche Versuche kaum möglich, Empfehlungen für Haftreifen, die sich bei einem Auto bewährt haben, auf ein anderes Auto auszudehnen.
Es wird nicht empfohlen, die für mittlere Geschwindigkeit bei den Mercedes-Modellen vorgeschriebenen Reifendrücke in Winterreifen zu erhöhen. Auch hier liegen entsprechende Untersuchungen zugrunde. Einige andere Hersteller dagegen raten bei ihren Autos zu einer Luftdruckerhöhung um 0,2–0,3 bar, wobei die besonderen Fahrwerkseigenschaften jener Wagen berücksichtigt werden. Schließlich verhalten sich Haftreifen auf trockener Bahn kaum schlechter als übliche Reifen. Das konnte man den Reifen mit Spikes nicht bescheinigen. Aber man darf die Winterreifen nicht überfordern und die zulässige Höchstgeschwindigkeit für sie soll auf Autobahnen nicht über größere Strecken hinweg ausgenutzt werden. Längerer Schnellauf erschöpft ihre Sicherheitsreserven.

Spikereifen im Ausland

Wo die Benutzung von Spikereifen zulässig ist, etwa in Österreich und in der Schweiz, muß man sich vor deren Anschaffung einige Für und Wider überlegen. Mit ihren spitzen Stacheln krallen sich diese Reifen in eine eis- oder schneeglatte Oberfläche, verkürzen den Bremsweg und verbessern die Seitenführung in Kurven. Auch auf frischem Schnee und in Matsch sind sie brauchbar. Auf trokkener und durch Salz aufgetauter Straße verlängern die Spikes den Bremsweg. Die durch ihre Einwirkung hervorgerufenen Straßenschäden und deren Folgen sind bekannt: Pfützenbildung und Aquaplaning (Wasserglätte).
Wenn schon, dann muß man vier gleichwertige Spikereifen montieren. Ihre Fahreigenschaften weichen beträchtlich von jenen der anderen Reifen ab. Bei nur zwei Reifen mit Spikes ergeben sich auf der Vorder- und Hinterachse völlig verschiedene, kaum beherrschbare Brems- und Führungseigenschaften.

Besondere Felgen im Winter

Wenn man die Anschaffung besonderer Winterreifen beabsichtigt, so ist auch gleich an den Kauf zusätzlicher Felgen zu denken. Damit erspart man sich das lästige Ummontieren der Reifen. Ohne Schwierigkeiten lassen sich während des Winters die vier Räder komplett austauschen, wenn es milde Witterungsperioden ohne Schnee und Eis gibt.
Dieses Auswechseln hat nicht nur bei den teuren Reifen mit Spikes seine Berechtigung, denn auf Straßen ohne typisch winterlicher Bedeckung verschleißen sie nur sinnlos. Wegen der weniger abriebfesten Gummimischung nutzen

Gleitschutzketten sollen stets nur auf den angetriebenen Rädern montiert werden. Hier handelt es sich um eine Spurkreuzkette.
Zu Gleitschutzketten gehört als unvermeidbares Hilfsmittel eine Kombizange und eine Rolle besonders zäher Draht. Denn unterwegs passiert es leicht, daß etwa losgerissene Kettenglieder wieder eingehängt oder ersetzt werden müssen. Allerdings gibt es beispielsweise von Erlau Kettenglieder, -haken und -ringe als Ersatzstücke.

sich auch die Haftreifen auf trockener oder nur nasser Fahrbahn schneller als Sommerreifen ab.
Drei zusätzliche Felgen genügen, denn als vierte Winterreifen-Felge kann ohne weiteres die des Ersatzrades benutzt werden. Reifenpannen sind heutzutage sehr selten und als Ersatzreifen kann sich auch ein Winterreifen nützlich machen. Diesen läßt man bei Bedarf bis zur nächsten Tankstelle laufen, wo die ohnehin zu erledigende Reparatur dann allerdings ausgeführt werden sollte.

Gleitschutzketten

Am sichersten werden alle winterlichen Erscheinungen auf der Straße von »Schneeketten« gemeistert. Fachlich richtig heißen diese: »Gleitschutzketten«. Nicht nur im verschneiten Hochgebirge beweisen sie ihren größten Effekt, unübertroffen sind sie auch auf verharschtem Schnee und auf Glatteis.
Allerdings sind Gleitschutzketten nicht sehr beliebt, weil sie je nach Straßenzustand auf- und abmontiert werden müssen. Man sollte das im Sommer ruhig einmal üben! Auf trockener oder nur nasser Straße nutzen sich die Glieder normaler Ketten sehr schnell ab, und wenn man längere Strecken auf geräumter Straße fährt, fliegen bei einfachen Ketten rasch die Fetzen. Ohnehin gelten hierzulande 50 km/h Höchstgeschwindigkeit bei aufgelegten Ketten. Die Ketten müssen so montiert werden, daß sie während der Fahrt nicht im Radkasten anschlagen. Andererseits sollten sie auf Reifen wandern können, weil sie sonst das Reifenprofil beschädigen – also auch nicht zu fest spannen.
Es dürfen nur die Antriebsräder mit Ketten bewehrt sein. Wer ältere, schwer zu montierende Ketten besitzt, kann die komplizierte Montage mit frostklammen Fingern umgehen, indem er zwei komplett »bekettete« Räder im Kofferraum mitführt und diese bei Bedarf montiert. Neuere Kettenkonstruktionen lassen

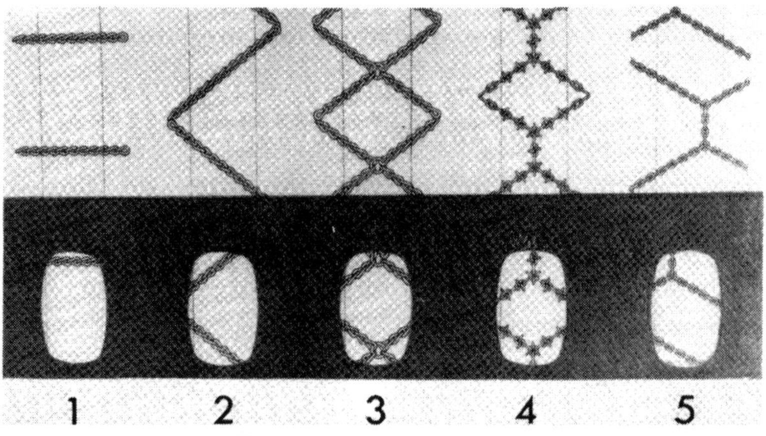

Die ovalen Ausschnitte geben die Aufstandsfläche eines Reifens an. Von diesen Ketten sind die Leiter- und Zickzack-Ketten (1 und 2) nicht zu empfehlen, dagegen sind die Kreuz-Kette (3) und die Spurkreuz-Ketten (4 und 5) wirkungsvoll genug, um im Schnee besonders gut zu greifen. Diese bieten auch bei Glatteis echte Sicherheit, während die beiden erstgenannten Ketten wegen ihrer unvollkommenen Auflage keine Sicherheit bieten.

sich jedoch so leicht auflegen, daß man sich diesen Umstand ersparen kann. Ähnlich wie die in unserer Abbildung gezeigten Spurkreuzketten sind die Kantenspurketten beschaffen. Solche Kettenarten, die auch die erforderliche Seitenführung bieten, sind verschleißfester. Bekannte Hersteller solcher feingliedrigen Kantenspurketten sind Erlau, Rieger & Dietz (RUD) und Thiele; RUD-Ketten werden auch von Daimler-Benz empfohlen.
Wenn man von einem früheren Wagen noch Gleitschutzketten besitzt, die nicht auf die Reifen des gegenwärtigen Autos passen, so kann man sie kürzen oder verlängern lassen. Ebenso nehmen die Hersteller Reparaturen an gebrauchten Ketten vor. Die Lebensdauer der Ketten kann dadurch erhöht werden, daß man sie abwechselnd beidseitig benutzt.

Praktische Hilfen unterwegs

Im Winter braucht man unterwegs manchmal einige der hier genannten Utensilien, die kaum Geld kosten, aber gute Dienste leisten können.

- Eis-Schaber, um vereiste Scheiben zu reinigen. Er muß aus Kunststoff sein, damit die Scheiben nicht zerkratzt werden. Man kann so ein Ding auch als »Teigschaber« – für die Kuchenteigschüssel – im Haushaltswarengeschäft kaufen.
- Sandsäckchen, um an vereister Steigung eine Fahrbahn zum Anfahren streuen zu können. Am besten sind dichte Leinen- oder Kunststoffsäckchen mit möglichst scharfem Sand oder feinem Kies.
- Schneeschaufel, um sich bei starkem Schneefall einen Weg bahnen zu können. Damit es ein auch wirklich brauchbares Gerät ist, möglichst eine breite Kohlenschaufel mit kurzem, abnehmbaren Stiel nehmen. Zur Not kann man Schnee auch mit einer Radkappe wegschaufeln.
- Anti-Beschlagtuch, mit dem die von innen beschlagene Windschutzscheibe und Heckscheibe abgerieben werden können. Die Imprägnierung, die das Beschlagen etwa für eine Woche verhindert, reicht in dem Tuch für eine Saison. Dann wird es ausgewaschen und normal verwendet.
- Zwei Streifen, jeweils einen halben Meter breit und mindestens 1,5 m lang, aus einem alten Teppich oder Kokosläufer. Diese Stücke kann man zum Anfahren unter die Hinterräder legen, wenn es auf Glatteis nicht mehr weitergeht. Wichtig ist, daß an beiden Stücken jeweils eine starke Schnur befestigt ist. Damit wird der Teppichstreifen an die hintere Stoßstange angehängt, bevor man ihn vor den antreibenden Hinterrädern ausbreitet.
- Sprühdose mit Auftaumittel gegen vereiste Windschutz- und Seitenscheiben. Man braucht es nur auf die obere Hälfte der Scheibe zu sprühen, weil es abläuft und dann auch den unteren Teil der Scheibe vom Eis befreit. Noch billiger ist Brennspiritus, in kleiner Plastikflasche mitführen.
- Warme Decken für die Wageninsassen für den Fall, daß bei einem längeren Stau der Wagen auskühlt.

Schutz für die Wagenunterseite

Streusalz auf den Straßen mindert die Gefahren durch Eis und Schnee. Diese vorteilhafte Wirkung der Auftaumittel erweist sich für den Bau des Autos auf die Dauer recht unfreundlich: Natriumsalze, bei tieferen Temperaturen auch nötige Magnesiumflocken oder Kalzium, greifen ungeschütztes Blech an und beginnen ein höchst vernichtendes Werk. Auch angetrocknet schlummern ihre Kräfte nur, denn das nächste Spritzwasser mobilisiert die begonnene Korrosion erneut. Die Folge sind Durchrostungen, leider auch an den für die Verkehrssicherheit wichtigen Teilen.
Deshalb sollten Sie beim Mercedes so oft als möglich (beispielsweise bei frostfreiem Wetter) die Streusalzrückstände mit einem scharfen Wasserstrahl vom Bauch spülen. Noch besser und gründlicher: Dampfstrahlen lassen an der Tank-

stelle. Ferner ist die Unterbringung in einer kalten, gut belüfteten Garage besser als in einer geheizten. Feuchte Wärme fördert Rost und Korrosion eher.

Gefährlich ist der Rost, der unentdeckt frißt, nämlich an unzugänglichen Stellen oder an Hohlräumen. Beim Mercedes sind auch sonst sehr unzugängliche Stellen beschichtet, und wenn man den neuen Wagen baldmöglichst noch so behandelt, wie nachstehend beschrieben, kann man die Furcht vor einer späteren »Rostmumie« vergessen.

Der Korrosionsschutz

Seit Anfang 1980 wird als neues Lackierverfahren die kathodische Elektrotauchlackierung angewendet, auch Kataphorese genannt. Vor dem Grundiervorgang werden die Rohkarosserien gereinigt und spritzphosphatiert. Diese Vorbehandlung ist Grundlage für gute Lackhaftung und bietet optimalen Korrosionsschutz an der Außenhaut sowie in Hohlkörpern. Der gegenüber früher bessere Langzeitkorrosionsschutz der anschließenden kathodischen Elektrotauchlackgrundierung wird besonders durch neue Kunstharze erzielt, die eine höhere Beständigkeit – z. B. gegenüber Streusalz – aufweisen. Die früher für das erste Betriebsjahr empfohlene Wiederholungskonservierung kann nun entfallen.

Der Neuwagen wird mit einer PVC-Schutzschicht ausgeliefert, ein sogenannter Dauerunterbodenschutz, der aber nicht das ganze Autoleben über wirksam sein kann. Der schützende Auftrag kann durch mechanische Einflüsse (z. B. Steinschlag) reißen.

Desgleichen hat eine Erstkonservierung der Hohlräume stattgefunden. Sie ist – weil nicht so häufigen Angriffen ausgesetzt – anfangs weniger gefährdet, dennoch soll die Hohlraumversiegelung so bald wie möglich, wenn es geht, noch beim neuen Wagen, aufgefrischt werden. Nach einem Jahr hat die Arbeit kaum noch einen Sinn, wurde sie aber rechtzeitig richtig ausgeführt, braucht man sich später nicht mehr darum zu kümmern.

Nacharbeiten am Unterboden- und Hohlraumschutz werden erfahrungsgemäß in allgemeinen Werkstätten nicht gerade von erstklassigem Personal ausgeführt, denn es ist zweifellos eine unangenehme Aufgabe. Besser bedient ist man in einem Spezialbetrieb (Lackier- oder Karosserie-Werkstätte), wo man sich mit Rostschutz befaßt. Vor allem in Lackierereien ist man grundsätzlich sauberes und genaues Arbeiten gewohnt, denn Lackieren verzeiht keine Nachlässigkeit. Es lohnt sich, unter Werkstattleuten und Bekannten herumzuhören, welcher Betrieb für gute Arbeit bekannt ist. Dabei kommt es weniger darauf an, welche Rostschutzmittelmarken dort verarbeitet werden, sondern auf die Qualität der Arbeit.

In den Hohlräumen läßt sich nicht so ohne weiteres nachprüfen, ob »gepfuscht« wurde, aber es eignet sich dazu z. B. eine Zylinderausleuchtlampe, wie sie für Motorreparaturen verwendet wird. Gute Arbeit mit einem von der Stiftung Warentest weniger gut bepunkteten Produkt ist besser als schlampige Arbeit mit dem theoretisch allerbesten Unterbodenschutz und Hohlraumkonservierer.

Wenn übrigens eine Mercedes-Werkstatt gelegentlich mit einer Sonderpreis-Aktion für Unterbodenschutz und Hohlraumbehandlung wirbt, handelt es sich meist um Karosserie-Spezialisten »auf Tournee«, denen Sie Ihren Wagen unbesorgt auch anvertrauen können.

Unterbodenschutz ausbessern

Nacharbeiten sollen nur mit Konservierungsmitteln auf Wachsbasis (nicht Bitumen) vorgenommen werden. Daimler-Benz nennt u. a. folgende Produkte: Anorustol 276 (von Veedol), BP Unterbodenschutz, Caramba W 35/D, Esso-Rust-Ban-Unterschutz, Mobilarma 637 (von Mobil Oil) und speziell Tectyl S 280 (von Valvoline).

Wenn man für seine Auto-Heimwerkerei einen hellen und günstigen Arbeitsplatz hat, auf dem sich der Mercedes gut aufbocken läßt, kann man den Saison-Unterbodenschutz (Wachs) auch selbst nacharbeiten – zumindest bei den alljährlichen Nachkontrollen. Sie brauchen dazu eine helle Handlampe und ein Spachtelwerkzeug oder abgebrochenes Messer, mit dem Sie verdächtige Stellen ankratzen und damit prüfen können, ob der alte Dauerunterbodenschutz (PVC) nicht locker sitzt oder unterrostet ist. Um alle Ecken beobachten zu können, ist weiterhin ein Spiegel nützlich.
Nach einer gründlichen Unterwagenwäsche – am besten an einer Tankstelle mit einem Dampfstrahlgerät – werden alle schadhaften Stellen sorgsam mit Spachtelwerkzeug, Schaber und Drahtbürste ausgekratzt. Alle Rostansätze soweit wie möglich bis aufs blanke Metall abschleifen und den letzten Rost mit einem Roststopper behandeln. Bewährt hat sich dazu »Terotex Rostprimer« von Teroson, der zugleich die Haftfestigkeit des nachfolgenden Unterbodenschutzmaterials verbessert. Sogenannte »Rostumwandler« haben am Unterboden keinen Sinn, sie versprechen viel und halten wenig.
Zum Saison-Unterbodenschutz auf Wachsbasis ist zu sagen, daß sich für zugängliche Fugen und Ecken eine Sprühdose mit schräg nach oben strahlendem Sprühkopf eignet, was für diese Arbeit sehr praktisch ist.
Nach dem Einsprühen ist sofort die Wirkung der Bremsen zu überprüfen und festzustellen, ob Sprühdunst auf die Bremsscheiben geraten ist. Bei mangelhafter Bremswirkung kann man versuchen, die normale Bremskraft wieder zu erreichen, indem man mit betätigten Bremsen und wenig Gas eine Weile »schleicht«, andernfalls müssen die Bremsbeläge erneuert werden.
Zur Bearbeitung mit Konservierungswachs darf das Auto nicht eiskalt durchgefroren sein. Man bringt es am besten am Abend vor dem Auftragen in die geheizte Werkhalle, +15° C Raumtemperatur sind zur Arbeit zumindest nötig.
Zum eigentlichen Ausbessern des Dauerunterbodenschutzes benötigt man geeignetes Material einmal für größere Flächen und zum anderen für dort, wo man nur mit dem Pinsel hinkommt. Zweifellos ist es ratsam, das Material in einer – vielleicht befreundeten – Werkstatt spritzen zu lassen. Beim Auftragen jeglichen Dauerunterbodenschutzes müssen sämtliche Aggregate wie Bremsanlage (Leitungen, Radbremsen), Lenkungsteile, Motor, Getriebe, Hinterachse usw. abgedeckt werden.
Bei Daimler-Benz konserviert man nach jeder Motorwäsche auch den Motorraum und sprüht ihn mit Caramba V 66 I oder Pfinders VA 40 K aus. Vorher wird das Belüftungsloch in der Verschraubung des Bremsflüssigkeitsbehälters mit Klebeband verschlossen. Nach der Konservierung ist das Band wieder zu entfernen, außerdem muß man die Lagerstellen des Reguliergestänges schmieren.

Nachkur der Hohlraumversiegelung

Sicherheitshalber sollen die werksseitig versiegelten Hohlräume innerhalb eines Jahres erneut konserviert werden. Der beste Unterbodenschutz kann den von innen auftretenden Rostfraß nicht verhindern. Kondenswasser und in die Hohlräume der Karosserie eingedrungenes Spritzwasser sammeln sich mit Vorliebe in bereits vorhandenen Schmutzdeponien. Solche »Rostnester« zeigen sich als Durchrostungen, wenn sie genügend lange »tätig« waren.
Die Hohlraumkonservierung kann man als Heimwerker auf gar keinen Fall selber machen – derartige Behauptungen der Spraydosenanbieter treffen nicht zu. Nur die Fachwerkstatt verfügt über entsprechend lange Sprühsonden und den erforderlichen Arbeitsdruck. Dazu haben gut ausgestattete Fachbetriebe auch noch eine besondere Leucht- und Beobachtungssonde, mit der man in den

Hohlräumen des Autos Roststellen auffinden kann. Außerdem muß nach einem für die Typen 123 gültigen, ebenfalls in Fachbetrieben vorliegenden Konservierungsplan vorgegangen werden.
Bei einem Mercedes mit Zentralverriegelung sind bei der Behandlung der Türen die Unterdruckelemente zu beachten. Beim Bohren der Löcher an der Schloßseite dürfen sie nicht beschädigt werden. Außerdem ist das Wachs nur in den unteren Türbereich zu sprühen, sonst könnte die Funktion des Schlosses beeinträchtigt werden.

Pflege der Blankteile

Glänzende Chrom- und Eloxalteile leiden Schaden, wenn man sie nicht pflegt. Das übliche Anlaufen von Chrom ist durch Polieren zu entfernen. Dazu bietet Mercedes-Benz die »MB Chrompflege« und die »MB Chromreinigungspaste« an. Als preiswürdig und ergiebig hat sich der Universal-Metallputz »Pol blau« – z. B. auf Jahrmärkten erhältlich – erwiesen. Gegen das angriffswütige Streusalz schützt im Winter am einfachsten reine, säurefreie Vaseline. Allerdings bleibt der Schmutz gern daran kleben und hart anprallendes Spritzwasser verdrängt mit der Zeit die fette Schicht. Besser ist dann ein wachsartiges Unterbodenschutzmittel, doch möchte man es lieber glänzen lassen, nimmt man Sprühdosen mit glasklarem Chromschutzspray von Polifac oder von BP, Aral, Shell und Teroson.

Fingerzeig: *Das eingefrorene Türschloß öffnet man mit dem erhitzten Schlüssel, dessen Spitze über die Flamme des Feuerzeuges gehalten wurde. Bei der winterlichen Wagenwäsche überdeckt man das Schloß mit einem Streifen Tesa-Film.*

Maßnahmen bei der Stillegung

Auf nachstehende Weise bewahrt man die Betriebsbereitschaft und den Zustand des Wagens, wenn er für längere Zeit stillgelegt werden soll (ausführlichere Hinweise erteilt der Mercedes-Service):

- Öl wechseln, Tank und Kühler ganz füllen, Heizung öffnen.
- Motor warmlaufen lassen.
- Zündkerzen herausschrauben und in die Kerzenlöcher Korrosionsschutz oder Petroleum sprühen, Zündkerzen wieder eindrehen.
- Feststellbremse nicht betätigen.
- Kappe des Bremsflüssigkeitsbehälters mit Klebeband abdichten, da Bremsflüssigkeit wasseranziehend ist.
- Batterie ausbauen. Möglichst alle 4 Wochen aufladen lassen oder dorthin verleihen, wo sie benutzt wird.
- Scheibenwischerblätter aushängen.
- Blanke Teile mit Vaseline oder anderem säurefreien Fett einreiben.
- Reifendruck regelmäßig kontrollieren (lassen).
- Alle 2 Monate Wagen bei eingelegtem großen Gang wenigstens 50 cm vom alten Platz wegschieben, um einseitige Reifenbelastung und Dauerbelastung einzelner Ventilfedern zu vermeiden.
- Bei Stillstand über 6 Monate Wagen hochbocken. Frei hängende Antriebsräder bei eingelegtem Gang gelegentlich gleichzeitig etwas drehen, damit einzelne Ventilfedern regelmäßig entlastet werden.
- Abstellplatz soll trocken sein und muß gelegentlich gelüftet werden. Heizung ist nicht erforderlich. Wagenfenster handbreit geöffnet lassen.

Sollte der Wagen im Freien abgestellt werden müssen, ist er von oben und von unten gründlichst zu reinigen, der Chrom ist zu behandeln, und dann sprüht man die gesamte Außenhaut einschließlich der Blankteile mit Konservierungswachs ein, vorher sind die Scheiben abzudecken.

Terminpflege

Obwohl heutige Autos einen hohen Reifegrad erreicht haben, muß man sie dennoch pflegen, warten und ihre Funktionen kontrollieren. Solche Überprüfungen und Arbeiten sind Beiträge zur Fahrsicherheit, außerdem dienen sie dem Werterhalt des Wagens. Folgt man den einzelnen Anweisungen mit Sorgfalt, braucht man sich um den verkehrssicheren Zustand seines Autos keine weiteren Sorgen zu machen. Niemand ist aber gezwungen, deswegen festgelegte Termine einzuhalten. Das Einhalten der vom Werk festgelegten Intervalle sichert andererseits eventuelle Garantieansprüche gegen den Hersteller.

Der Wartungsplan

Der technische Fortschritt bringt es mit sich, daß einzelne Wartungsarbeiten weniger häufig als früher ausgeführt werden müssen oder daß manche, die einmal zur regelmäßigen Inspektion gehörten – etwa das Abschmieren der Fahrwerksgelenke –, ganz fortgefallen sind. Doch die Erfordernisse wachsen, und es werden neue Geräte entwickelt, die nun ihrerseits nach Pflege verlangen. So hat sich die Anzahl der Wartungspunkte bei den hier beschriebenen Typen gegenüber vorangegangenen Mercedes-Modellen nur unwesentlich verringert.
Daimler-Benz hat einen Wartungsplan aufgestellt, der zunächst einmal in »Schmierdienst« und »Wartungsdienst« unterteilt ist. Dazu gibt es im Wartungsheft zu dem Auto besondere Hinweismarken, die in ihrer Folge jeweils im linken Türrahmen befestigt werden sollen, um an den nächstfälligen Inspektionstermin zu erinnern. Dieser wird mit dem entsprechenden km-Stand angezeigt. Motoröl- und Filterwechsel sind alle 7 500 km vorzunehmen, die Wartungsdienste fallen mit den Schmierdiensten immer wieder zusammen und das Programm ist dann entsprechend umfangreicher. Daneben fallen noch einige Wartungsarbeiten nach 45 000 km oder in Jahresabständen an.

Die Garantie-Durchsicht

Bei neuen Mercedes-Modellen ist nach 500–1000 km die »1. Durchsicht« fällig. Hierbei handelt es sich um Kontrollen, Einstellungen und Pflegearbeiten, die für das weitere Wohlergehen des noch jungen Autos von besonderer Wichtigkeit sind. Hinzu kommen einige Arbeiten, die nur einmal – zu diesem Termin – vorgesehen sind. Es ist selbstverständlich, daß man diese Inspektion wie auch die »2. Durchsicht« komplett der Werkstatt überläßt, und zwar am besten jener, die den Wagen ausgeliefert hat. Zugleich erhält man sich dadurch alle Garantieansprüche.
In unserem noch folgenden Wartungsplan sind diese ersten beiden Inspektionen nicht aufgeführt. Für den interessierten Autobesitzer sollen die Arbeiten aber an dieser Stelle aufgezählt werden:

- Flüssigkeitsstand in der Batterie kontrollieren,
- Keilriemen nachspannen,
- Kühl- und Heizungsanlage auf Dichtheit prüfen,
- Kühlmittelstand kontrollieren,

- Motoranschlag entspannen und Schrauben nachziehen (1. Durchsicht),
- Motoröl- und Filterwechsel,
- Schlauchschellen auf festen Sitz prüfen,
- Ventilspiel einstellen,
- Steckverbindungen der Auspuffanlage nachziehen,
- Befestigungsschrauben von Saugrohr, Auspuffkrümmer und -flansch nachziehen,
- Motoranschlag entspannen (2. Durchsicht),
- Befestigung des Vergaser-Flansches prüfen,
- Kraftstoffanlage auf Dichtheit und Zustand prüfen,
- Motor-Reguliergestänge schmieren und auf Leichtgängigkeit prüfen,
- Flüssigkeitsstand im Stromberg-Vergaser kontrollieren,
- Schließwinkel prüfen und einstellen,
- Zündzeitpunkt prüfen und einstellen,
- Leerlauf in Verbindung mit CO-Meßgerät prüfen und einstellen,
- Flüssigkeitsstand der Kupplungsbetätigung prüfen,
- Kupplungsbetätigung auf Dichtheit und Zustand prüfen,
- Öl des mechanischen Getriebes wechseln,
- Ölstand im automatischen Getriebe kontrollieren,
- Niveau-Regulierung auf Dichtheit und Zustand prüfen,
- Ölstand im Lenkgehäuse kontrollieren,
- Befestigungsschrauben des Lenkgehäuses nachziehen,
- Flüssigkeitsstand in der Servo-Lenkung kontrollieren,
- Axialspiel der Radlager einstellen,
- Öl des Hinterachsgetriebes wechseln,
- Stand der Bremsflüssigkeit kontrollieren,
- Radschrauben nachziehen,
- Reifendruck korrigieren,
- Flüssigkeitsstand der Scheibenwaschanlage kontrollieren,
- Befestigungsschrauben des Kältekompressors nachziehen,

So kann man sich ein Bild davon machen, welche Sorgfalt in der Werkstatt aufgewendet wird, um die Zuverlässigkeit des Wagens zu sichern. Weil die meisten der genannten Wartungspunkte bei späteren Inspektionen wieder auftauchen, sind sie in diesem Buch auch beschrieben. Die einmal auszuführenden Maßnahmen sind ebenfalls in den entsprechenden Kapiteln erwähnt.

Regelmäßige Pflegearbeiten

Wir haben hier einen Pflegeplan entworfen, der sich eng an die von Daimler-Benz aufgestellten Richtlinien hält. Wiederkehrende Arbeiten sind zum Zweck besserer Übersicht im Arbeitsplan »Alle 15000 km« zusammengefaßt. Es sind darin die Schmier- und Wartungsdienste und zugleich die anläßlich der 2. Durchsicht bei km-Stand 7500 vorgeschriebenen Inspektionen enthalten.
Daran schließen sich immer wiederkehrende Pflegedienste an. Aus dem bisher Gesagten geht hervor, daß man sich als Mercedes-Besitzer mit ihnen erstmals auseinanderzusetzen hat, wenn sich der Kilometerzähler des Autos der Zahl 15 000 nähert. Die Entscheidung, welche Arbeiten man selbst auszuführen gedenkt, sollte man rechtzeitig treffen.
Ohne das Auto zu vernachlässigen, läßt sich so manche Mark sparen. Viele gewissenhafte Autobesitzer haben Wartungsarbeiten, die sie sich selbst zutrauen, zu ihrem Hobby gewählt. Sie suchen die Werkstatt nur auf, um wichtige Arbeiten in Auftrag zu geben, für die entsprechendes Wissen und besondere Hilfsmittel gefordert werden und darüber hinaus, wenn wirklich einmal Störungen oder Schäden nach fachmännischer Hilfe verlangen.

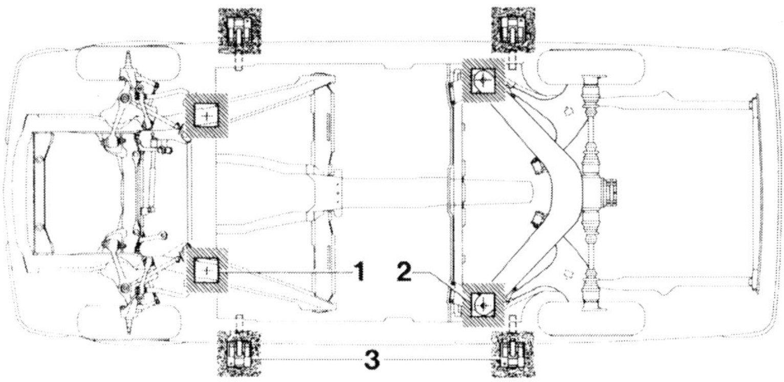

Es sind mehrere Möglichkeiten gegeben, ein Auto anzuheben, und entsprechend sind auch am Mercedes genau bestimmte Stellen vorgesehen, an denen er angehoben werden darf. Für die Aufnahme des Bordwagenhebers sind an den äußeren Rahmenlängsträgern zu beiden Seiten vorn und hinten Einsteckrohre (3) vorhanden. Soll der Wagen auf Böcke gestellt werden, so sind diese vorn an den inneren Rahmenlängsträgern (1) und hinten an den vorderen Lagerungen des Hinterachsträgers (2) anzusetzen.

Bei näherem Blick auf die nachstehende Pflegeliste werden Sie feststellen, daß viele Dinge mit wenigen Handgriffen zu erledigen sind. Bei etwas routinierter Beziehung zwischen Ihnen und dem Wagen können manche Punkte sogar während des Fahrens ausgeführt werden. In den einzelnen Kapiteln wird daneben noch verständlich erklärt, was über die Pflegearbeiten hinaus an dem Mercedes getan werden soll. Besondere Anforderungen ergeben sich dabei im Winter, unter dem die Autos am meisten leiden. Bei allen Wartungen gilt es den Zweck der Vorsorge zu erfüllen.

Eine derartige Vorsorge wird auch mit den an den Beginn der Pflegeliste gestellten sieben Wartungen ausgedrückt. Wir haben sie hier zum »ABC« des Umgangs mit dem Wagen erhoben, weil ihre Einhaltung ganz erhebliche Sicherheitsreserven bietet. Als richtige »Arbeit« kann man diese Punkte überhaupt nicht bezeichnen, denn den Ölpeilstab herausziehen, einen Blick auf die Batterie werfen oder beim Tanken einmal mit dem Druckluftprüfer um den Wagen herumgehen – das ist kinderleicht, beruhigt aber das Gewissen.

Was muß wann und wo gemacht werden?

Pflegearbeiten

Alle 500 km oder wöchentlich

				Seite
1.	S		Motorölstand kontrollieren	64
2.	S		Kühlmittelstand kontrollieren	91
3.	S		Säurestand in der Batterie kontrollieren	167
4. A.	S		Stand der Bremsflüssigkeit kontrollieren	143
4. B.	S		Flüssigkeitsstand der Kupplungsbetätigung kontrollieren	124
5.	S		Flüssigkeitsstand der Scheibenwaschanlage kontrollieren	51
6.	S		Reifendruck messen	154
7.	S		Ölstand im automatischen Getriebe kontrollieren	72

Alle 7500 km (seit September 1982: alle 10 000 km)

8.	S	T	W	Motoröl wechseln	68
9.	S	T	W	Ölfilter erneuern	70

Alle 15 000 km (seit September 1982: alle 20 000 km)

10.	S		Keilriemenspannung prüfen	177
11.		W	Ventilspiel einstellen	83
12.	S		Luftfiltereinsatz reinigen	112
13.	S		Zündkerzen erneuern	199
14.		W	Kompressionsdruck prüfen	87
15.	S	W	Unterbrecherkontakte erneuern	192
16.		W	Schließwinkel einstellen	194
17.	S	W	Zündzeitpunkt prüfen, einstellen	194
18.	S	W	Zündanlage auf Zustand prüfen	198
19.	S	W	Leerlauf prüfen, nachregulieren	115
20.	S		Ölstand im Stromberg-Vergaser kontrollieren (Modelle 200, 230)	113
21.	S		Motor-Reguliergestänge schmieren und auf Leichtgängigkeit prüfen	71
22.	S		Kühl- und Heizungsanlage auf Dichtheit prüfen	92
23.	S		Kraftstoffanlage auf Dichtheit prüfen	101
24.	S	W	Niveau-Regulierung auf Dichtheit prüfen	141
25.	S	W	Flüssigkeitsstand der Niveau-Regulierung kontrollieren	74

26.	S		W	Flüssigkeitsstand im Lenkgehäuse kontrollieren	73
27.	S		W	Flüssigkeitsstand der Servo-Lenkung kontrollieren	73
28.	S			Flüssigkeitsstand der Klimaanlage kontrollieren	98
29.	S			Kupplungsbetätigung auf Dichtheit prüfen	124
30.		T	W	Ölstand im mechanischen Getriebe kontrollieren	71
31.	S		W	Gummimanschetten der Radaufhängungsgelenke prüfen	134
32.	S		W	Gummimanschetten und Kunststoffabdeckungen des Lenkgestänges prüfen	134
33.	S		W	Befestigung des Lenkgehäuses prüfen	135
34.	S		W	Spiel in der Lenkung prüfen	135
35.		T	W	Ölstand in der Hinterachse kontrollieren	74
36.			W	Belagstärke der Bremsklötze prüfen	148
37.			W	Bremsscheiben reinigen und prüfen	150
38.			W	Zustand der Bremskolben und Staubkappen prüfen	150
39.			W	Bremsseile auf Gängigkeit prüfen	152
40.			W	Feststellbremse nachstellen	152
41.	S	T		Scheibenräder abmontieren und prüfen	157, 158, 159
42.	S			Zustand der Reifen prüfen	157
43.	S			Elektrische Anlage prüfen	203, 216, 217
44.	S		W	Heizklappen einsprühen, auf Funktion und Leichtgängigkeit prüfen	114
45.	S			Klappbaren Außenspiegel schmieren	75
46.	S			Motorhaube, Türscharniere und Türschlösser schmieren	75
47.	S		W	Probefahrt; dabei besonders Kupplung, Getriebe, Bremsen, Klimaanlage, Heizung und Lüftung prüfen	10

Alle 45000 km

48.			W	Öl des automatischen Getriebes wechseln und Filter erneuern	72
49.	S		W	Kraftstoffilter reinigen (Modell 250)	114
50.	S			Luftfiltereinsatz erneuern	113
51.	S		W	Befestigung von Saugrohr, Auspuffkrümmer und -flansch prüfen	88
52.	S		W	Befestigung des Vergaserflansches prüfen (Modelle 200, 230)	115
53.			W	Belagstärke der Kupplung prüfen	126
54.			W	Vorspur der Vorderräder messen	137
55.			W	Fettfüllung der Nabenkappen erneuern	75
56.	S		W	Gelenkscheiben der Gelenkwelle prüfen	131

Einmal jährlich

57.			W	Bremsflüssigkeit erneuern	144

Alle drei Jahre

58.	S	T		Kühlmittel mit Gefrierschutz erneuern	91

Was kann man selber machen?

Jeder einzelnen Wartungsarbeit der Liste haben wir einen oder mehrere Kennbuchstaben (S, T oder W) vorausgestellt, durch die angedeutet ist, was man selbst machen kann, was besser die Tankstelle erledigt oder was der Werkstatt überlassen bleiben soll. Dazu einige Erläuterungen:

S = Selbstmachen. Das sind Arbeiten, die man ohne Fachkenntnisse und besonderes Werkzeug selbst ausführen kann, nachdem man den entsprechenden Abschnitt dieses Buches gelesen hat.

S/T = Selbstmachen oder Tankstelle. Auch hier sind keine besonderen Fachkenntnisse notwendig, aber vielleicht fehlt Ihnen das entsprechende Gerät für diese Arbeit. Die Tankstelle besitzt es.

S/W = Selbstmachen oder Werkstatt. In diesen Fällen sind neben einfachen Fachkenntnissen etwas Geschick, Einfühlungsvermögen und zusätzliches, aber kein aufwendiges Werkzeug Voraussetzung.

T/W = Tankstelle oder Werkstatt. Der sparsame Mann überläßt diese Arbeiten am besten der Tankstelle bzw. der Werkstatt, obgleich er sie auch selbst ausführen könnte. Er spart dabei Zeit und Mühe, denn der Warenpreis, der bei dieser Arbeit entsteht, ist gleich, einerlei ob man die Ware – in der Regel das Öl – selbst verarbeitet oder von der Tankstelle bzw. Werkstatt verarbeiten läßt.

W = Werkstatt. Diese Arbeit erfordert spezielle Fachkenntnisse sowie teure Meß- und Arbeitsgeräte, die nur die qualifizierte Werkstatt besitzt.

Selbstverständlich ist jeder Mercedes-Service mit allen aufgeführten Arbeiten vertraut. Einzelne Arbeiten, die man nicht selber machen will, werden jedoch an einer guten Tankstelle oft schneller (auch samstags) ausgeführt, als dies in Werkstätten manchmal möglich ist. Es gibt allerdings auch einige Pflege- und Inspektionsdienste, die nur mit »W« gekennzeichnet sind. Sie bleiben »übrig«, wenn man selber pflegt oder die Tankstelle einige Wartungen übernehmen läßt, und man braucht sich keineswegs zu scheuen, seiner Werkstatt nur solche Arbeiten gesondert in Auftrag zu geben. Das ist immer noch billiger als ein kompletter Inspektionsdienst.

Zu solchen Wartungsarbeiten, die in der Mercedes-Werkstatt rasch und präzise vorgenommen werden können, gehören z. B. die Überprüfungen der Einstellung von Schließwinkel und Zündzeitpunkt. Eigens zur Erstellung dieser Diagnose besitzen die Wagen der Modellreihe 123 mit Ottomotor eine Prüfsteckdose (untergebracht im Motorraum links). Auf den Seiten 194 bis 197 sind die diesbezüglichen Pflegearbeiten trotzdem ausführlich beschrieben, um Hilfestellung zu geben, wenn einmal Daimler-Benz-Personal nicht in erreichbarer Nähe sein sollte.

Der Pflegeplatz

Wenn man den Entschluß faßt, die Pflege soweit wie möglich selbst in die Hand zu nehmen, setzt dieses Vorhaben einen entsprechenden Stellplatz voraus. Die Einzelgarage bietet sich wegen der darin meist ungenügenden Raumverhältnisse nicht oder nur bei ungünstiger Witterung als Arbeitsplatz an. In einer Sammelgarage sind selten Wartungsarbeiten erlaubt. Wegen des besseren Lichts ist der Arbeitsplatz im Freien vorzuziehen, doch nicht jeder Fleck unter dem blauen Himmel erweist sich als brauchbar.

Auf dem Rasen hat man wenig Freude: Die versehentlich herabgefallene Schraube bleibt verschwunden. Gekiester Boden auf festem Untergrund ist schon eher in die Wahl zu ziehen, wenn vorher der Kies mit einem Drahtbesen geglättet wurde. Am geeignetsten ist natürlich ein ebener Zement- oder Asphaltboden. Alte Teppiche als Unterlage schützen vor Erkältung an kühlen Tagen und überhaupt die Kleidung vor Schmutz, wenn man einmal unter das Auto kriechen muß.

Absolut festen Boden unter den Füßen zu haben ist besonders dann wichtig, wenn Sie an die Unterseite Ihres Mercedes heranwollen. Dann müssen Sie das Auto hochwinden und möglicherweise unterbauen. Hüten Sie sich davor, unter ein Auto zu kriechen, das nur vom Wagenheber hochgehalten wird! Der Wagenheber kann abgleiten oder umknicken. Das ist lebensgefährlich für den, der unter dem Auto liegt. Es ist also erforderlich, Böcke als Fangstützen unter den Wagen zu stellen. Es ist auch vertretbar, wenn man statt solcher Stützen Hohlblocksteine verwendet, auf die man aber unbedingt noch ein Holzbrett legen muß. Auf einen solchen Unterbau kann man das angehobene Auto ablassen.

Sollten Sie sogar einen hydraulischen Garagenwagenheber zur Verfügung haben, so ist das Auto vorne am Rahmen-Querträger zwischen den Vorderrädern und hinten nur unter dem Differentialgehäuse anzuheben. Zum Schutz gegen Beschädigungen muß man noch ein Holzbrett zwischen Stütze und Querträger bzw. Hinterachse unterlegen. Da auch ein solcher Wagenheber keine absolute Sicherheit gewährt, muß das angehobene Vorder- oder Hinterteil ebenfalls unterbaut werden. Solche Unterbauten sind in Höhe der Einsteckrohre an den äußeren Rahmen-Längsträgern anzubringen, wo man auch die Arme von Kreuz-Hebebühnen ansetzt.

Aalglattes

Öl ist nicht gleich Öl und Fett ist nicht gleich Fett. Mit Salatöl, Butter oder Margarine läßt sich am Auto oder sonst irgendwo nicht schmieren – es sind pflanzliche oder tierische Fette, die bei Hitze oder Druck sofort davonlaufen. Wo sich Metall gegen Metall bewegt, entsteht Reibung, Wärme und Widerstand. Um das alles zu verringern, braucht man einen mineralischen Schmierstoff, nämlich besonders verarbeitete Produkte aus Erdöl. Neuerdings gibt es auch synthetische Öle, die künstlich chemisch geschaffen wurden.
Öl und Fett – letzteres ist in feste Form gebrachtes Öl – haben am Auto noch andere Aufgaben zu erfüllen. Sie müssen gegen Staub, Feuchtigkeit oder Gas abdichten, Reibungswärme abführen oder Ablagerungen auflösen. Je nach den erforderlichen Eigenschaften werden ganz bestimmte Öle und Fette nötig und empfohlen. Dieses Kapitel soll dazu beitragen, Licht in ein vielfach noch vorhandenes Dunkel zu bringen.

Motorölstand kontrollieren

Pflegearbeit Nr. 1

In Abständen von 500 km sollte man kontrollieren, ob noch genügend Öl im Motor ist. Das mag manchen Leuten unnötig erscheinen, zumal wenn sie noch vom letzten Mal zu wissen glauben, daß am Ölpeilstab »voll« abzulesen war.
Tun Sie es trotzdem. Irgendwo kann inzwischen eine undichte Stelle am Motor entstanden sein (z. B. durch nachlässig eingedrehte Ölablaßschraube), die den lebenswichtigen Saft langsam entweichen läßt. Ein ernster Motordefekt wäre das Resultat. Natürlich ist ein solcher Fall die Ausnahme, aber der Spruch »Vertrauen ist gut – Kontrolle ist besser« hat hier seine besondere Berechtigung. Das Vorhandensein der Öldruckanzeige ist dann nämlich auch keine Versicherung, weil der Öldruck in kurzer Zeit sinken kann, noch bevor man das Fallen des Zeigers registriert.
Der Ölstand läßt sich nicht wie bei anderen Autos messen, wenn der Motor noch kalt ist, also vor dem Anlassen. Dann erscheint es eigentlich am praktischsten, weil in diesem Fall der Peilstab nicht abgeputzt werden müßte. Vielmehr soll man messen, wenn der Motor betriebswarm ist. Das hat den Zweck, um unterwegs bei einer Ölkontrolle nicht das Ablaufen des Öls in die Ölwanne abwarten zu müssen. Und auch der fremde Tankwart, der vielleicht voreilig den Ölpeilstab zieht, liest bei warmem Mercedes-Motor die tatsächlich vorhandene Ölmenge ab, weil die Markierungen am Ölpeilstab für diesen beschriebenen Zustand angebracht sind.
Zwei Minuten nach Abstellen des warmen Motors bietet sich am vorher herausgezogenen und gereinigten Ölmeßstab das genaueste Bild über die effektive Ölmenge. Daher ist es sinnvoll, unterwegs an einer Tankstelle zuerst zu tanken und dann die Ölstandskontrolle vorzunehmen.
Für die Kontrolle unterwegs braucht man ein sauberes Stück Tuch. Das klemmt man am besten unter die Zündspule oder in der Nähe des Bremsflüssigkeitsbehälters fest. Dort ist es dann bei Bedarf zur Hand. Mit ihm wischt man das vom Öl

benetzte Ende des Ölpeilstabes ab, drückt den Stab wieder bis zum Anschlag in den Motor und zieht ihn erneut heraus. Bei warmem Motor ist dann zu erkennen, wie hoch das Öl im Kurbelgehäuse steht.
Am unteren Ende besitzt der Ölstab zwei Einschnürungen: Die untere Kerbe bedeutet »Nachfüllen« und die obere zeigt »Voll« an. Wenn das Öl den Stab dazwischen benetzt, stimmt der Ölstand. Erst dann, wenn der Ölpegel bis zur unteren Marke abgesunken ist, muß man Öl nachfüllen. Es darf auch nicht über die obere Markierung hinaus nachgefüllt werden.
Die Ölkontrolle ist bei waagerecht stehendem Fahrzeug vorzunehmen. Nur wenig abschüssiger Untergrund genügt (auch an manchen Tankstellen anzutreffen!), das Meßergebnis zu verfälschen.
Wer auch bei kaltem Motor Gewißheit über die vorhandene Ölmenge haben möchte, muß am Peilstab zusätzliche Markierungen anbringen (Kerben mittels Feile, Feilspäne sorgfältig abwischen!). Dazu bei warmem Motor Öl bis zur oberen originalen Markierung am Peilstab einfüllen, Motor abkühlen lassen, erneut messen, jetzigen Ölstand mit Kerbe markieren. Ebenso den Minimalstand ermitteln, wozu man so lange fahren muß, bis bei warmem Motor der Ölstand gerade an die untere originale Markierung reicht, und bei kaltem Motor entsprechende Kerbe anbringen.

Verwendbare Ölsorten

Daimler-Benz unterhält eine qualifizierte Schmierstoff-Versuchsabteilung, die laufend die jeweils geeignetsten Öle und Fette ermittelt. Solche Untersuchungen beziehen sich besonders auf die Motoröle. Mittlerweile liegen die Freigabelisten nur noch den Werkstätten vor, die auch laufend durch entsprechend neue Nachträge auf dem aktuellen Stand gehalten werden. Sollte also einmal ein Zweifel über die Verwendbarkeit eines Motoröls in Ihrem Wagen aufkommen, so können Sie sich vertrauensvoll an Ihre Werkstatt wenden, die Ihnen dann freundlicherweise Einblick in die Liste gewähren kann.
Im übrigen können Sie sich beim Ölkauf an die auf der Öldose oder -kanister aufgedruckten Spezifikationen halten. Da muß folgendes daraufstehen, wenn das Öl für den Mercedes genügen soll:

- MIL-L-46152,
- MIL-L-2104 C,

oder die hauseigene Daimler-Spezifikation

- OM 616-Kombitest nach CEC L-17-A-78.

Diese MIL-Spezifikationen sind die einzigen fremden Prüfnormen, die Daimler-Benz anerkennt. Sie wurden nach den Normen des US-Militärs erstellt. Spezifikationen mit anderen Zahlen oder Buchstabenkombinationen und

Wenn der Ölstand bis zur Minimum-Marke abgesunken ist, soll Motoröl nachgefüllt werden. Die Füllmenge zwischen Minimum- und Maximum-Markierung beträgt 1,5 Liter. Über die Markierung hinaus zugefülltes Öl ist unnütz: Im Kurbelgehäuse kommt es zu Schaumbildung, das Öl wird sinnlos verbraucht. Ebenso erhöht ständiges Nachfüllen bis zur Maximalmarke den Ölverbrauch, hat also keinen Sinn und schadet nur dem Geldbeutel. Weil sich altes Öl schneller verbraucht, kann erhöhter Ölkonsum auch daran liegen, daß man schon häufig neues Öl zum alten hinzugeschüttet hat. Ein Ölwechsel kann den Verbrauch wieder sinken lassen, wenn der Motor sonst in Ordnung ist.
1 – Markierung »Voll«,
2 – Markierung »Nachfüllen«.

auch die »API«-Spezifikationen reichen für den Mercedes-Motor nicht aus. Das Öl, das Sie für Ihren Mercedes kaufen, sollte nicht nur mit »HD« gekennzeichnet sein. Denn diese veraltete, international nicht mehr anerkannte Klassifikation »HD« (Heavy Duty = schwere Beanspruchung) bietet heute keine echte Garantie mehr dafür, daß das Öl auch wirklich den Bedürfnissen des Motors und der Fahrweise des Besitzers gerecht wird.
Auch Hinweise wie »Erfüllt alle Anforderungen der Motorenhersteller« oder »Von allen großen Autofirmen anerkannt« sind für sich allein kein Qualitätsbeweis.

Temperaturbereiche

Die in der Ölbezeichnung angegebenen Zahlen deuten auf ihre Eignung bei bestimmten Außentemperaturen hin. Mit den Zahlenwerten wird die Viskosität – die Zähflüssigkeit des Öls – benannt. Sie resultiert aus der Fähigkeit des Öls, schneller oder langsamer aus einem Röhrchen gleichen Durchmessers zu fließen und wurde von der amerikanischen **S**ociety of **A**utomotive **E**ngineers genormt. Die Bezeichnung der Zähflüssigkeitsklassen erfolgt deswegen mit »SAE« und einer vereinbarten Zahl. Je kleiner diese Zahl, desto dünnflüssiger ist das Öl.
Das »W« bedeutet zusätzlich »Winter«. Es ist gleichfalls dünnflüssiges Öl, das für die kalte Jahreszeit vorgesehen ist SAE 30 und SAE 40 (ohne »W«) sind Sommeröle. Ihre Dickflüssigkeit macht sie für Winteröle ungeeignet, da u. a. dickes Öl im kalten Motor den Anlaßvorgang erschwert. Natürlich können solche Einbereichsöle in den Temperaturbereichen, die für sie vorgesehen sind, die entsprechenden Bedingungen erfüllen, für den strengen Winter eignen sie sich aber nur bedingt.
Sollte kein Ganzjahresöl (siehe nächster Abschnitt) eingefüllt sein, muß man natürlich auch nicht bei jedem Witterungswechsel zugleich einen Ölwechsel vornehmen. Es genügt, wenn man sich grob nach den Jahreszeiten richtet und es schadet keinesfalls, wenn man bei der ersten Frühlingssonne noch das Winteröl im Motor hat. Welche SAE-Klassen den Mercedes-Motoren bei bestimmten Außentemperaturen am zuträglichsten sind, zeigt diese Aufstellung:

Viskosität	Eignungsbereich
SAE 5 W — 20 SAE 5 W — 30	Winter unter — 10° C
SAE 10 W — 30	Winter zwischen — 20° C und + 10° C
SAE 10 W — 40 SAE 10 W — 50	Ganzes Jahr zwischen — 20° C und hochsommerlichen Temperaturen
SAE 15 W — 40 SAE 15 W — 50	Sommer und Übergangszeit über — 15° C
SAE 20 W — 40 SAE 20 W — 50 SAE 30	Sommer und Übergangszeit über 0° C
SAE 40	Hochsommer dauernd über + 30° C

In unseren Breiten treten anhaltende, extreme Temperaturen, wie sie in der Tabelle zuerst und an letzter Stelle erwähnt sind, praktisch nicht auf. Die an diesen Stellen genannten Öle sind daher nur bei Fahrten in nordische oder südliche Länder von Interesse.
Aus der Liste ist weiter ersichtlich, daß man ein preiswerteres Einbereichsöl getrost in der wärmeren Jahreszeit anstelle von Mehrbereichsöl verwenden kann.

Dagegen bieten Motoröle mit Bezeichnungen wie z. B. SAE 15 W–40, also mit der Angabe von zwei Zahlen, den Vorteil, eine Temperaturspanne von über 30 Grad zu umfassen. Ihre guten Eigenschaften bleiben auch am oberen oder unteren Rand der sie betreffenden Temperaturskala voll erhalten.

Mehrbereichsöle

Genaugenommen handelt es sich bei Mehrbereichsölen um dünnflüssige Öle, denen spezielle chemische Zusätze beigegeben sind. Diese »quellen« bei höheren Temperaturen, verhindern also, daß das Öl bei höheren Temperaturen zu dünnflüssig wird, wodurch es seine Schmierfähigkeit verlieren könnte. Man sollte es sich gut überlegen, ob das Mehrbereichsöl in jedem Fall rentabel ist. Man darf auch nicht immer auf den Mann an der Tankstelle hören, der natürlich lieber das Öl verkauft, bei dem die Verdienstspanne höher ist.
Eine bindende Preisangabe kann hier nicht gemacht werden. Innerhalb der Vielzahl von Motorölen, die von Daimler-Benz freigegeben wurden, gibt es unbekannte und sehr preiswerte Marken als auch solche der allerorts wohlbekannten Mineralölfirmen, die aber auch zumeist an der oberen Preisgrenze liegen. Für ein Einbereichsöl müssen Sie zwischen 3 DM und 6,50 DM je Liter rechnen, während Mehrbereichsöle einiges teurer sind – der Liter von 4 Mark aufwärts bis 10 Mark. Am allerteuersten sind synthetische Öle für bis zu 16 Mark.

Unterwegs Öl nachfüllen

Zu diesem Abschnitt ist der auf Seite 64 beschriebene Handgriff »Motorölstand kontrollieren« zu vergleichen. Was dort geschrieben steht, müßte hier eigentlich wiederholt werden, denn den Ölstand sollten Sie unbedingt gewissenhaft prüfen.
Muß man wegen Ölverbrauch Motoröl nachfüllen, ist es im Grund egal, welche Öl-Marke gewählt wird, wenn es sich nur um eines der freigegebenen Öle handelt. Alle qualifizierten Ölsorten und -marken lassen sich (bis auf einige sehr teure Spezial- und Rennöle) untereinander mischen. Diese Mischbarkeit ohne schädliche chemische oder sonstige Folgen enthalten die internationalen Öl-Normen als Grundforderung. An Tankstellen erzählt man es manchmal anders. Skeptiker beruhigen ihr Gefühl, wenn sie zum Nachfüllen die gleiche Marke nehmen, die zum Ölwechsel gewählt wurde. Unter Vorlage der Quittungen kann man dann bei einem überraschenden Motorschaden bei der treu beanspruchten Ölfirma reklamieren und feststellen lassen, ob vielleicht mit dem Öl etwas nicht stimmte. Das ist zwar äußerst selten der Fall, aber bei solchen Ausnahmen zeigen die Mineralölfirmen auch zweifellos Kulanz.
Nachfüllen von Öl ist tatsächlich erst dann notwendig, wenn der Ölstand bis zur Minimum-Marke abgesunken ist. Zu hoher Ölstand ist unnütz. Im Kurbelgehäuse kommt es zu Schaumbildung, die Leistung fällt ab, das Öl wird sinnlos verbraucht. Zuviel eingefülltes Öl wird außerdem über die Entlüftungsleitung vom Motor angesaugt und verklebt dabei die Bohrungen im Vergaser.

Fingerzeige: *Ein Ölverbrauch von 1 Liter auf 1000 km ist als völlig normal anzusehen. Nähert sich der Öldurst des Motors jedoch 2,5 Litern bei 1000 km Laufstrecke, müssen Sie mit einer baldigen Motorüberholung rechnen.*
Hochwertiges Öl wird schon nach kurzer Laufzeit dunkel. Das beweist, daß es richtig »arbeitet« und allen anfallenden Schmutz in der Schwebe hält. Es ist jedoch noch kein Zeichen zum Ölwechsel und soll Sie nicht besorgt machen.
Zusatzmittel zum Motoröl kosten Geld und bringen nichts. Die heutigen Öle namhafter Mineralölhersteller sind so »konstruiert«, daß sie die Ansprüche der Motorenhersteller erfüllen. Behauptungen, daß Zusatzmittel zu diesen Ölen die Spitzengeschwindigkeiten erhöhen, den Kraftstoffverbrauch herabsetzen oder Reparaturkosten sparen, hat uns noch niemand beweisen können.

Motoröl- und Filterwechsel

Gemäß dem Mercedes-Pflegeplan sollen Motoröl und Ölfilter alle 7500 km gewechselt werden. Wenn der Wagen wenig gefahren wird, ist in jedem Fall für einen Wechsel von Öl und Filter im Frühjahr und im Herbst zu sorgen.
Daimler-Benz empfiehlt darüber hinaus, diesen Wechsel bei »schweren« Betriebsbedingungen, also bei überwiegenden Fahrten in der Stadt oder in staubigen Gegenden, in kürzeren Abständen vorzunehmen. Allerdings zwingen nur sehr krasse Bedingungen zu solchem Verhalten, etwa dann, wenn der Mercedes vorwiegend auf Baustellen benutzt wird. An warmen Sommertagen mag das noch angehen, aber winterliche Temperaturen verschlechtern solche Bedingungen für den Motor erheblich.
Heutige Qualitätsöle besitzen andererseits derartige Eigenschaften, daß ihre volle Schmierkraft auch über die gestellte 7500-km-Grenze erhalten bleiben kann. Das setzt voraus, daß der Wagen nicht mit zu kaltem Motor gequält wird. Aus Sicherheitsgründen steht man bei Daimler-Benz aber auf dem Standpunkt, daß nach 7500 km das Öl doch strapaziert ist und seine Funktion nur noch unvollkommen erfüllt. Häufige Kurzstreckenfahrten fördern Verunreinigungen, versetzt mit Kraftstoffkondensaten, die der schmierenden Eigenschaft des Öls abträglich sind. Altes Öl verbraucht sich außerdem schneller.
Jeden Öl- und Filterwechsel soll man im Wartungsheft bestätigen lassen. Damit erhält man sich eventuelle Ansprüche. Motorschäden, die trotz der fristgerecht vorgenommenen Wechsel möglicherweise eintreten, können dann vom Werk dem Autobesitzer nicht als Folge eines Verstoßes gegen die Wartungsvorschriften ausgelegt werden.
Beide Arbeiten, Ölwechsel und Filterwechsel, gehören zusammen. In den beiden folgenden Abschnitten haben wir diese Pflegepunkte auseinandergezogen, weil es unter ganz besonderen Umständen einmal vorkommen kann, daß ein Ölwechsel vorgenommen werden muß, ohne daß gleich ein passender Filtereinsatz zur Hand ist.

Motoröl wechseln

Pflegearbeit Nr. 8

Der erste Ölwechsel im neuen Motor muß nach den ersten 500–1000 km vorgenommen werden. Auch wenn dieses Öl noch sehr klar erscheint, hat es doch seine Aufgabe erfüllt, die bei neuen Motoren zwangsläufig vorkommenden Abriebteilchen wegzuschwemmen. Diesen Ölwechsel, wie auch den bei km-Stand 7500, nimmt jeder Mercedes-Service bei jenen unbedingt einzuhaltenden ersten Inspektionen vor.
Ölwechsel kann beim Mercedes auf zweierlei Weise erfolgen: Entweder man läßt das Öl aus der Ölwanne ablaufen, oder es wird abgesaugt. Beim Mercedes-Service wählt man zumeist die letztere Methode, zumal das Führungsrohr für den

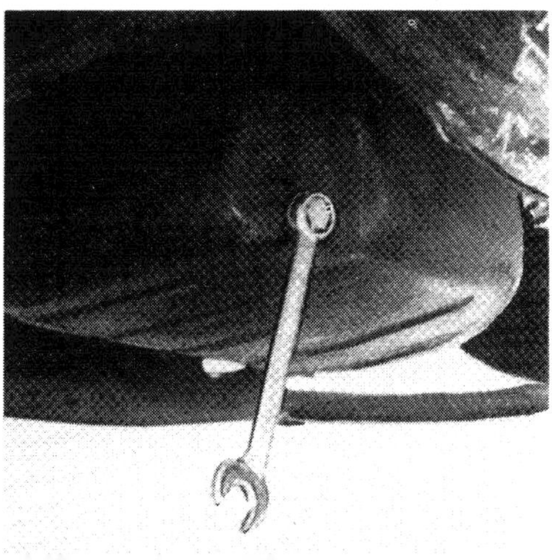

Hat man keine Grube zur Verfügung, sollte der Wagen zum Ablassen des Motoröls möglichst allseitig gleichmäßig hochgebockt sein. Wagen zur Sicherung abstützen! Die Ölablaßschraube befindet sich an der Unterseite der Ölwanne, sie kann nur mit einem Ring- (oder Gabel-)schlüssel SW 13 herausgedreht werden. Beim Hineindrehen der Schraube darf keine Gewalt angewendet werden, damit man das Gewinde nicht beschädigt.

Ölmeßstab bei den Modellen ab 1976 eigens dafür gestaltet wurde. Zu diesem Zweck wird bei betriebswarmem Motor der Stutzen des Sauggerätes auf dem Ölmeßstab-Führungsrohr angesetzt, nachdem der Meßstab herausgezogen ist. Das Mundstück des Sauggerätes paßt abdichtend in das Führungsrohr, so daß keine Nebenluft mitgesaugt werden kann. Wenn das ganze Öl im Motor abgesaugt ist, wird über das vorher geöffnete Ölfiltergehäuse nur noch Luft angesaugt, und das Gerät schaltet sich automatisch ab.
Zum Absaugen sollte möglichst nur das in der Mercedes-Werkstatt vorhandene Absauggerät eingesetzt werden, weil es die Gewähr bietet, daß die gesamte Ölmenge entfernt wird. Andere, an Tankstellen übliche Absauggeräte besitzen Sonden, die durch das Meßstab-Führungsrohr bis in die Ölwanne eingeführt werden. Nicht bei allen diesen Geräten ist die Gewißheit gegeben, daß auch der letzte Ölrest aufgenommen wurde.
Die althergebrachte Methode, das alte Öl auslaufen zu lassen, kann man an einer Tankstelle vornehmen lassen oder daheim machen. Im allgemeinen ist die Tankstelle aus einigen besonderen Gründen vorzuziehen:
1. Das Motoröl muß warm gewechselt werden, damit es restlos mit allem Schmutz gut abläuft. In Werkstätten muß der Wagen oft lange warten, und inzwischen wird der Motor wieder kalt. An Tankstellen hat man für diese Arbeit schon nach wenigen Minuten Zeit.
2. Beim Ölwechsel fällt Altöl an, das Sie nicht in der Wiese versickern lassen oder in die Kanalisation schütten dürfen; das Grundwasser würde zu Tausenden von Litern verseucht. Bei einer Tankstelle ist das Altöl besser aufgehoben, doch sie ist nicht zur Annahme von fremdem Öl verpflichtet. Dann können Sie das verbrauchte Öl aber auch noch kostenlos bei einer Altölsammelstelle abgeben. Deren Adresse erfahren Sie von der Gemeindeverwaltung, der örtlichen Polizei oder von der nächsten ADAC-Geschäftsstelle. Hat man jedoch den Ehrgeiz und die Möglichkeit, es selber zu machen, dann werden benötigt:

- Ein neuer Ölfiltereinsatz (siehe nächsten Abschnitt).
- Bei den Vierzylindermotoren 5,5 Liter, beim Sechszylindermotor 6,5 Liter Motoröl. Die verwendbaren Ölsorten sind in der Tabelle auf Seite 66 zu finden.
- Ringschlüssel SW 13 zum Öffnen und Schließen der Ablaßschraube sowie des Filterdeckels.
- Gefäß zum Auffangen des Altöls.

Die Arbeit verläuft folgendermaßen: Hat man keine Grube, muß der Wagen allseitig gleich hoch aufgebockt werden, damit der Motor sich in waagerechter Stellung befindet und das Öl vollkommen auslaufen kann. Wanne oder sonstiges Gefäß zum Auffangen des Altöls unterschieben. Ablaßschraube öffnen (Vorsicht

Anordnung des Ölfilters, links am Vierzylindermotor, rechts am Sechszylindermotor. Außer der unterschiedlichen Einbaulage – bei den Typen 200 und 230 vor der Motoraufhängung und beim 250 dahinter – sind in beiden Ausführungen auch voneinander abweichende Flansche zu erkennen. Im Aufbau unterscheiden sich diese Filter nicht voneinander. Allerdings wird beim 250 mit Klimaanlage ein anderer Filter verwendet, wie aus der Zeichnung der nächsten Seite hervorgeht.

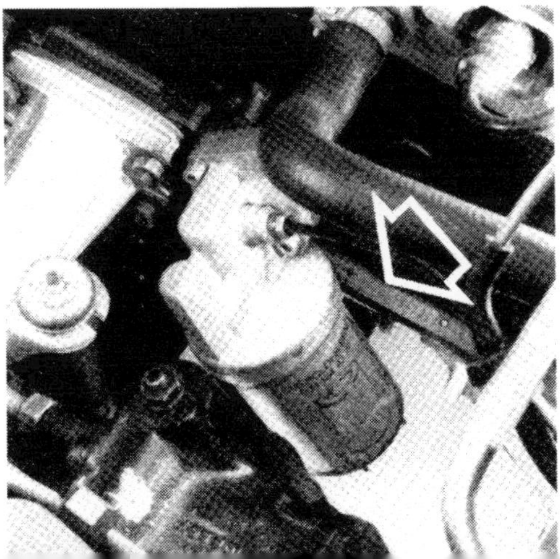

Einzelteile der Ölfilter. Links Standardausführung, rechts Ausführung für Typ 250 mit Klimaanlage, wie sie ähnlich auch bei den Dieselmotoren anzutreffen ist. 1 – Befestigungsschraube, 2 – Dichtring, 3 – Ölfilterunterteil, 4 – Gummidichtring, 5 – Gummidichtring, 6 – Druckfeder mit Federteller, 7 – Papierfiltereinsatz, 8 – Flansch (hier für Typen 200 und 230).

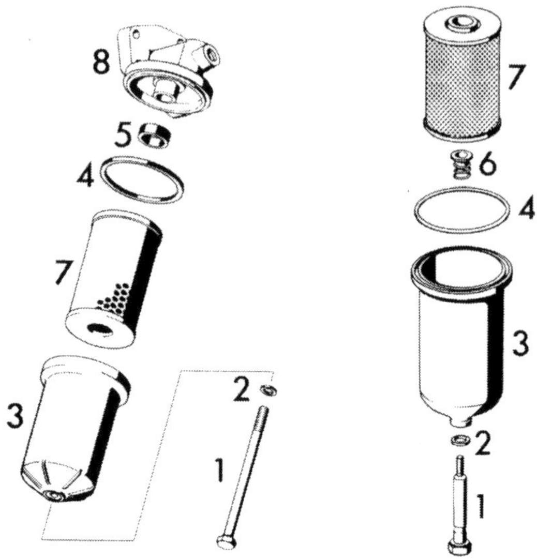

bei heißem Öl) und Öl auslaufen lassen. Danach Ablaßschraube mit neuem Dichtring wieder festdrehen, aber nicht »anknallen«. Im gleichen Arbeitsgang wird der Ölfiltersatz erneuert, wie nachfolgend beschrieben.
Nun wird das frische Motoröl oben in den Einfüllstutzen auf dem Zylinderkopfdeckel eingefüllt. Ganz zum Schluß wird nach einigen Minuten noch einmal der Ölmeßstab gezogen, denn sicher ist sicher. Es soll nämlich schon vorgekommen sein, daß oben das Öl eingefüllt wurde und unten die Ablaßschraube noch gar nicht drin war. In diesem Zusammenhang ist es interessant zu wissen, wieviel Einfüllmenge die Differenz zwischen oberer und unterer Meßmarke am Ölpeilstab ausmacht: Es sind bei allen Motoren 1,5 Liter.

Ölfilter erneuern

Pflegearbeit Nr. 9

Das Ölfiltergehäuse ist am Kurbelgehäuse des Motors links – in Fahrtrichtung gesehen – angebracht. Während es sich bei den Vierzylindermotoren vor der Motoraufhängung befindet, sitzt es beim Sechszylindermotor dahinter.
Das Erneuern des Ölfilters geht mit einiger Gelenkigkeit auch von oben im Motorraum. Wurde der Mercedes zum Ölablassen jedoch aufgebockt, findet der Filterwechsel bequemer von der Wagenunterseite her statt. Ölwechsel und Filterwechsel gehen Hand in Hand. Nachdem das alte Motoröl aus der Ölwanne abgelaufen ist, dreht man die Befestigungsschraube für das Ölfilterunterteil heraus. Dieses Unterteil hält man mit der anderen Hand fest (es ist mit Öl gefüllt) und zieht es zusammen mit dem darin eingesetzten Papierfilter und dem Dichtring zwischen Unterteil und Flansch nach unten weg, sobald die Befestigungsschraube entnommen wurde. Zwischen Schraube und Unterteil ist noch ein kleinerer Dichtring vorhanden, außerdem ein breiter kleiner Dichtring zwischen Filtereinsatz und Flansch.
Der Filtereinsatz kann nicht gereinigt werden, er wird weggeworfen. Das Filterunterteil auswaschen (Kraftstoff) und anschließend mit einem sauberen, faserfreien Tuch trockenwischen.
Einen neuen Filtereinsatz zusammen mit neuem Dichtring (letzterer gehört zwischen Unterteil und Flansch) erhält man beim Mercedes-Service oder im Zubehörhandel. Der Dichtring muß in jedem Fall erneuert werden, weil er beim Anziehen der Befestigungsschraube zusammengedrückt wurde und erneut nicht mehr die Elastizität aufweist, um gegen Ölverlust mit Sicherheit abdichten zu

können. Dagegen lassen sich die beiden anderen Dichtringe wiederverwenden, sofern sie nicht verhärtet oder eingerissen sind, man soll sie also vor dem Einbau auf ihren Zustand hin untersuchen.
Der Einbau des neuen Filtereinsatzes geschieht in umgekehrter Reihenfolge der beim Ausbau vorgenommenen Handgriffe. Die Befestigungsschraube für das Ölfilterunterteil darf nur mit mittlerer Kraft angezogen werden, um den Gummidichtring nicht zu zerquetschen. Das genaue Anzugsdrehmoment lautet: 40–45 Nm (4–4,5 kpm). Nachdem das Motoröl eingefüllt wurde, läßt man den Motor laufen und prüft, ob am Ölfilterflansch kein Öl austritt. Andernfalls ist die Befestigungsschraube noch um ein weniges anzuziehen. Schließlich wird bei abgestelltem Motor der Ölstand kontrolliert.
Beim Modell 250 mit Klimaanlage befindet sich zwischen Ölfilterunterteil und Filtereinsatz eine Druckfeder. Beim Herausdrehen der Befestigungsschraube muß man sich unbedingt die Einbaulage dieser Feder merken, sie darf anschließend nicht verkehrt herum eingesetzt oder gar vergessen werden.

Motor-Reguliergestänge prüfen und schmieren

Pflegearbeit Nr. 21

Zwischen Gaspedal (Daimler-Benz spricht vom »Fahrpedal«) und Vergaser sorgt das beim Niedertreten und Zurücklassen des Pedals bewegte Reguliergestänge für die entsprechende Übertragung. Alle Lagerstellen und Gelenke müssen ohne Hemmung beweglich sein. Damit diese Beweglichkeit dauernd erhalten bleibt, muß für regelmäßige Schmierung gesorgt werden.
Gut geeignet sind handelsübliche Ölkännchen, deren Inhalt auch zum Schmieren von Türscharnieren usw. bestimmt ist. Das Ölen der miteinander verbundenen Teile bereitet keine Schwierigkeiten. Die Kugelgelenke lassen sich durch hebelnde Bewegung mit einem breiten Schraubenzieher trennen, denn sie sind nur aufeinandergedrückt: Eine Feder in der Kugelpfanne hält die Kugel fest. Mit kräftigem Fingerdruck kann man die gelöste Kugel wieder in ihren Sitz bringen.

Getriebeölstand kontrollieren

Mechanisches Getriebe

Pflegearbeit Nr. 30

Oben an der rechten Seite des Getriebegehäuses sitzt eine Schraube mit Innensechskant, die nach Herausschrauben eine Kontrollöffnung für den Getriebeölstand bietet. Natürlich darf der Wagen bei dieser Kontrolle nicht schräg stehen. Reicht bei waagerecht aufgebocktem Auto der Ölstand bis zur Unterkante der Einfüllöffnung – man kann das mit einem Finger fühlen –, ist alles in Ordnung. Damit das Gewinde nicht leidet, darf man danach die Kontrollschraube nicht zu fest eindrehen.
Wenn man Ölmangel vermutet, ist von eigenhändigem Nachfüllen abzuraten. In der Regel fehlt nur eine geringe Menge oder gar nichts. Fehlt eine größere Menge, dann dürfte irgendwo das Gehäuse undicht sein, was schon äußerlich an Öl-

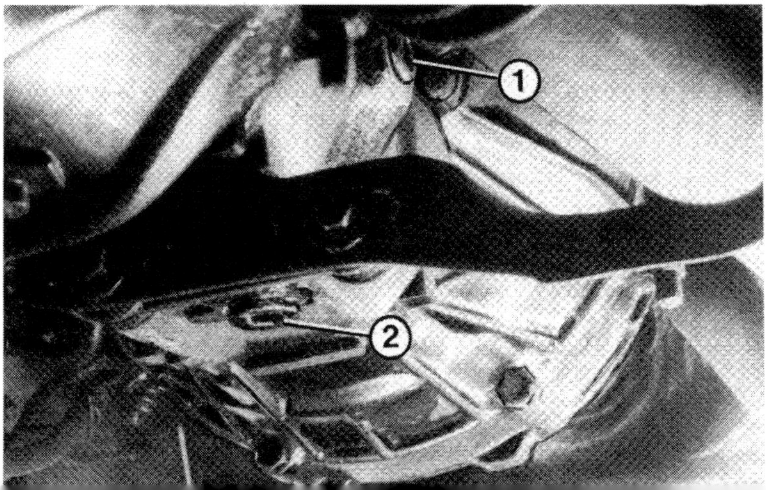

An der rechten Seite des Getriebegehäuses befindet sich die Einfüll- bzw. Kontrollschraube (1) und unten die Ablaßschraube (2). Beide sind nur mit Inbusschlüssel SW 13 zu bedienen. Ölstandskontrolle und Ölwechsel sind Arbeiten, die am schnellsten in einer Tankstelle verrichtet werden können.

schmutzkrusten erkennbar ist. Zum Abdichten ist aber die Werkstatt zuständig, und Nachfüllen besorgt man auch besser dort. Diese Sicherheitskontrolle sollte alle 15 000 km stattfinden. Die erforderliche Ölsorte ist dem übernächsten Abschnitt zu entnehmen.

Automatisches Getriebe

Pflegearbeit Nr. 7

Wenn Sie einen Mercedes mit dieser Bedienungserleichterung besitzen, dann ist zugleich der Abschnitt auf Seite 129 von Interesse, wo die Getriebeautomatik aufführlicher beschrieben ist.

Hier sei darauf hingewiesen, daß der richtige Ölstand am Peilstab bei warmem Motor zwischen den beiden Markierungen abzulesen sein muß, was aber nur zutreffend ist, wenn man unterwegs mißt. Wenn das Getriebe nicht betriebswarm ist, soll der Motor etwa 1–2 Minuten laufen, damit das Öl eine Temperatur von etwa 20–30° C erhält. Dann muß der maximale Ölstand rund 30 mm unterhalb der unteren Marke am Ölpeilstab abgezeichnet sein.

Bei gleicher Füllmenge ergeben sich also in Abhängigkeit von der Temperatur unterschiedliche Anzeigen am Ölmeßstab. Das liegt einfach daran, daß sich diese Flüssigkeit bei Wärme ausdehnt.

Die Kontrolle erfolgt in beiden Fällen bei laufendem Motor in der Wahlhebelstellung »P« (Feststellbremse treten). Man sollte sie aus Sicherheitsgründen immer nach der Kontrolle des Motorölstandes vornehmen, auch wenn die Bedienungsanleitung zu dem Wagen größere Intervalle – bis zu 5000 km – offen läßt. Zum Abwischen des Ölmeßstabes ein völlig fusselfreies Tuch benutzen.

Vorgeschriebene Ölsorten

Ob Schalt- oder Automatikgetriebe – im Bedarfsfall muß das genau richtige Getriebeöl eingefüllt werden.

Zum Nachfüllen im mechanischen Getriebe dient beim Mercedes eine besondere Flüssigkeit, die bei anderen Kraftfahrzeugherstellern zumeist nur für automatische Getriebe verwendet wird. Sie trägt die Bezeichnung ATF (»Automatic Transmission Fluid« = Automatik-Getriebe-Flüssigkeit). Diese Besonderheit ist streng zu beachten, denn der Vorteil dieser Flüssigkeit – nahezu gleichbleibende Viskosität bei allen Temperaturen – darf durch Hinzufügen eines gewöhnlichen oder sonst auch üblichen Hypoidgetriebeöls nicht geschmälert werden. Die von Daimler-Benz freigegebenen Flüssigkeitsgetriebeöle sind in einer Liste, über die jeder Mercedes-Service verfügt, enthalten.

Für das automatische Getriebe ist ein Flüssigkeitsgetriebeöl (ATF) für Mercedes-Benz-Getriebe mit 3 Planeten-Radsätzen und Wandler-Getriebe zu benutzen. So ist es in den Betriebsstoff-Vorschriften von Daimler-Benz festgelegt. Auch diese Liste enthält eine ganze Reihe von Ölarten, zu erfragen beim Werkstatt-Service, wobei die Öltypen-Bezeichnungen in aller Regel noch das Wort »Dexron« enthalten.

Ölwechsel im mechanischen Getriebe

Diese Arbeit gehört zur Arbeit der 1. Durchsicht bei km-Stand 500–1000 und der 2. Durchsicht bei km-Stand 7500, und sie soll dann nur in der Werkstatt vorgenommen werden. Das Viergang-Getriebe ist mit 1,6 Liter befüllt. Ein sonst von früher bei Mercedes bekannter regelmäßiger Ölwechsel ist anschließend nicht mehr vorgesehen.

Ölwechsel im automatischen Getriebe

Pflegearbeit Nr. 48

Zum Ölwechsel im automatischen Getriebe, den die Betriebsanleitung alle 45 000 km vorschreibt, sind 4,8 Liter des schon erwähnten Spezialöls erforderlich. Wenn das Auto unter erschwerten Bedingungen läuft, etwa als Taxi oder als Zugwagen mit Anhänger, so sollte die vorgegebene Wegstrecke zum Ölwechsel nur zur Hälfte ausgenutzt werden.

Dieser Wartungsdienst muß der Werkstatt vorbehalten bleiben, weil dabei bestimmte Arbeitsabläufe einzuhalten sind. Der Wagen muß fahrbereit auf ebenem Boden stehen, das Getriebe soll betriebswarm sein, der Motor ist abgestellt. Das an der Getriebeölwanne befindliche Öleinfüllrohr wird abgeschraubt, wonach das Öl abläuft. Die Kurbelwelle ist so zu drehen, daß die Ölablaßschraube des Drehmomentwandlers in der runden Öffnung der gerippten Abdeckung sichtbar wird. Auch diese Schraube wird herausgedreht und nach Ablaufen des Öls mit neuem Dichtring wieder eingeschraubt, ebenso das Öleinfüllrohr angeschraubt. Mittels Trichter füllt man bei stehendem Motor zunächst ca. 4 Liter Getriebeflüssigkeit ein, dann läßt man den Motor in Wählhebelstellung »P« laufen. Die restliche Ölmenge wird eingefüllt. Nachdem der Wählhebel jeweils für einige Sekunden in die Stellungen »R – N – D – N – R« und schließlich wieder in »P« gerückt wurde, ist nochmals der Ölstand zu kontrollieren.

Ölstand im Lenkgehäuse kontrollieren

Pflegearbeit nr. 26

Alle 15 000 km soll im Getriebegehäuse (es sitzt im Motorraum hinten links unten) der Lenkung der Ölstand überprüft werden. Dazu ist die oben auf dem Gehäusedeckel sitzende Kontroll- und Einfüllschraube herauszudrehen. In Mittelstellung der Lenkung soll der Ölstand bis zur Unterkante des Gewindes in der Öffnung reichen. Gewöhnlich ist das der Fall.

Eine geringfügig fehlende Menge kann man selbst nachfüllen. Sollte ungewöhnlich viel Öl fehlen, muß die Werkstatt konsultiert werden, da dann das Getriebegehäuse irgendwo undicht sein dürfte. Als Schmiermittel dient Hypoid-Öl SAE 90 oder SAE 85 W/90 – die gleiche Sorte wie für die Hinterachse.

Ölstand in der Servo-Lenkung kontrollieren

Pflegearbeit Nr. 27

Der Flüssigkeitsstand im Ölbehälter zur Servo-Lenkung, der neben dem Motor vorn links sitzt, ist nach jeweils 15 000 km zu überprüfen. Eine richtige Kontrolle ist nur bei warmem Motor möglich. Zu diesem Zweck ist die Flügelmutter auf dem Deckel loszudrehen und der Deckel wird abgehoben. Das Niveau der Ölfüllung muß bis zur Markierung im Vorratsbehälter reichen.

Sollte es an Öl fehlen, kann man den Bedarf in der nächsten Mercedes-Werkstatt ergänzen lassen. Dort wird Flüssigkeitsgetriebeöl, wie es auch im mechanischen Getriebe vorhanden ist, nachgefüllt. Ist die Fehlmenge jedoch erheblich, muß die Werkstatt die Ursache des Ölverlustes ergründen.

Bei eingebauter Servo-Lenkung muß der Flüssigkeitsstand im Ölbehälter regelmäßig überprüft werden. Dazu ist die Flügelmutter (1) abzuschrauben und der Deckel (2) kann abgehoben werden. Das Antriebsrad (3) der Pumpe wird von der Kurbelwelle über einen besonderen Keilriemen angetrieben.

Hinterachsölstand kontrollieren
Pflegearbeit Nr. 35

Jeweils nach 15 000 km Laufstrecke soll der Ölstand in der Hinterachse geprüft werden. Dazu steht der Wagen am besten über einer Grube. Für Tankstelle oder Werkstatt ist die Kontrolle eine kurze Arbeit. Wer es selbst machen will, braucht dazu einen Inbusschlüssel SW 14 für die Kontrollschraube. Diese befindet sich, wie das Bild unten zeigt, am hinteren Gehäusedeckel des Differentials. Wie beim Schaltgetriebe ist alles in Ordnung, wenn das Öl bis zur Einfüllöffnung steht. Bei größerem Ölverlust muß die Werkstatt die Ursache beseitigen.

Wenn der Wagen auf seinem Standplatz Öltropfen hinterläßt, sollte man der Ursache nachgehen. Aber z. B. nach scharfer Fahrt kann sich Öldunst oben am Achsgehäuse in der Nähe des Belüftungsventils niederschlagen, was ohne Bedeutung ist.

Das Hinterachsgehäuse wird mit Hypoid-Getriebeöl SAE 90 oder SAE 85 W/90 befüllt. »Normales« Getriebeöl darf ebenso wie sogenanntes Mehrzweck-Getriebeöl nicht verwendet werden. In dem schrägverzahnten Hinterachsgetriebe des Mercedes wird das Schmieröl außergewöhnlich hohen Drücken ausgesetzt. Dieses Bedürfnis kommt jedoch bei den Bezeichnungen der dafür geeigneten Hypoid-Getriebeöle nicht immer klar zum Ausdruck. Im Zweifelsfall in den Betriebsstoff-Vorschriften auf Freigabe eines Öls achten.

Hinterachsöl wechseln

Ein regelmäßiger Ölwechsel, wie es früher bei Mercedes-Modellen üblich gewesen ist, braucht nicht mehr vorgenommen werden. Allerdings findet ein einmaliger Ölwechsel anläßlich der 2. Durchsicht bei km-Stand 7500 statt, doch darum kümmert sich ohnehin die Werkstatt. Selbstverständlich wird das Öl gewechselt, wenn die Hinterachse repariert werden muß. Die Einfüllmenge beträgt dann 1 Liter des eben näher bezeichneten Öls.

Ölstand der Niveau-Regulierung kontrollieren
Pflegearbeit Nr. 25

Der Vorratsbehälter aus Kunststoff der Anlage – sofern sie vorhanden ist – befindet sich im Motorraum (siehe Seite 141). Er soll höchstens mit 1,8 l und mindestens mit 1,2 l befüllt sein. Insgesamt befinden sich in der Anlage rund 3,5 l Hydrauliköl, z. B. der gebräuchlichen Marke Aral 1010 (Freigabe beachten!).

Der Behälter verfügt über einen Verschluß mit Meßstab, an dem sich nach Herausziehen die Menge des Inhalts ablesen läßt. Auch außen am Behälter sind entsprechende Markierungen angebracht. Die Kontrolle des Flüssigkeitsstands

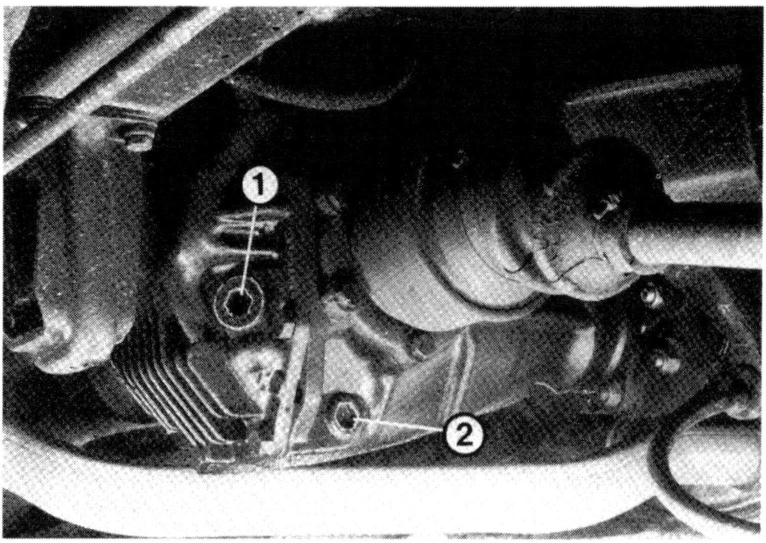

Das Gehäuse des Hinterachsgetriebes, von rechts gesehen. 1 – Kontroll- und Einfüllschraube, 2 – Ablaßschraube. Auf beide paßt ein Inbusschlüssel für Innensechskantschrauben SW 13. Das Öl soll bis zur Unterkante der Öffnung für die Einfüllschraube stehen.

muß bei stehendem Motor und in fahrfertigem Zustand des Wagens vorgenommen werden. Das Hydrauliköl wird über einen Trichter eingefüllt. Um Verunreinigungen fernzuhalten, benutzt die Werkstatt einen Trichter mit Filter.
Als maximal zulässiger Ölverbrauch auf 7500 km werden 0,3 l angesehen, das sind am Ölmeßstab 20 mm unter der oberen Marke.

Fettfüllung der Nabenkappen erneuern
Pflegearbeit Nr. 55

Im Abschnitt über die Radlager auf Seite 133 sind nähere Einzelheiten zum Ablauf dieser Arbeit aufgeführt. Da sie zu dem 45 000-km-Turnus gehört, fällt sie mit jeder dritten Überprüfung der Bremsanlage zusammen, die man ohnehin der Werkstatt überlassen soll. Bei dieser Gelegenheit kann auch die Fettfüllung in den Nabenkappen erneuert werden, womit man die Schmierung der Vorderradlager sicherstellt. Es lohnt sich nicht, deswegen ein vorgeschriebenes Mehrzweckfett zu kaufen.

Klappbaren Außenspiegel schmieren
Pflegearbeit Nr. 45

Der Außenspiegel ist vom Innenraum aus verstellbar, ohne daß man zu seiner Einstellung das Fenster öffnen muß. Der dazu notwendige Mechanismus muß natürlich beweglich bleiben. Obwohl er gegen Witterungseinflüsse weitgehend geschützt ist, soll man alle 15 000 km für eine neue Schmierung sorgen.
Um an die Innereien des Spiegels zu gelangen, gibt man ihm mit dem Handballen einen leichten Stoß von hinten nach vorn. Dabei werden an seiner zum Fenster gerichteten Seite von oben und unten die Rastbügel aus den Rastbolzen gedrückt: Das Spiegelgehäuse klappt nach außen auf. Zu schmieren sind die Lagerstellen der eben erwähnten Bügel und Bolzen sowie die Lager der beiden Rastbolzen, wobei man den Spiegel mehrmals hin- und herbewegt. Als Schmiermittel kann jedes übliche Mehrzweckfett verwendet werden. Abschließend wird der Spiegel wieder in seine Lagerung eingerastet.

Motorhaube, Türscharniere und Türschlösser schmieren
Pflegearbeit Nr. 46

Scharniere und Schlösser sollen nicht quietschen oder klemmen, deshalb brauchen sie nach 15 000 km oder etwa nach einem Jahr ein wenig Fett. Bei den Lagerstellen der beweglichen Haubenteile muß es Öl sein, nur sollte man beachten, daß man später nicht die Kleidung beschmutzt, wenn man einmal an dieser Schmierstelle streift.
Die acht Türscharniere müssen mit Fett (Mehrzweckfett) versorgt werden, und dazu verfügen sie über besondere Hohlnippel. Man kann das Fett also nicht einfach an das Scharnier bringen, sondern man benötigt dazu eine Fettpresse mit Spitzmundstück. Eine solche besitzt der Heimwerker gewöhnlich nicht, daher überläßt man diese Arbeit der Tankstelle oder der Werkstatt.
Anders ist es bei den Türschlössern. Hier wird einfach an den Schließzapfen und Schließösen etwas Abschmierfett aufgetragen, ebenso an der Falle unterhalb des Schließzapfens. Es sollte aber nicht irgendein Fett sein, sondern Retinax G von Shell, das zäh genug ist, für lange Zeit an der aufgebrachten Stelle auch zu bleiben und zu schmieren. Alte Fettreste werden zuvor entfernt, und nach der Versorgung mit neuem Fett wischt man die eventuell überschüssigen Anteile wieder ab, weil diese beim Schließen der Tür ohnehin dorthin gequetscht werden, wo das Fett nichts nützt. In die Schlüssellöcher darf keinerlei Schmiermittel eingeführt werden.
Für die Lagerstellen der Stützen und Scharniere der Motorhaube nimmt man Öl. Bei dieser Schmierung mit Öl darf man auch nicht den Sicherungshaken hinter der Kühlerverkleidung vergessen, der nach Entriegeln der Motorhaube als Sicherungsanschlag dient und den Griff zur vollständigen Entriegelung durch das Kühlergitter schiebt. Für das Schloß der Motorhaube eignet sich wieder das schon erwähnte Fett Shell Retinax G.

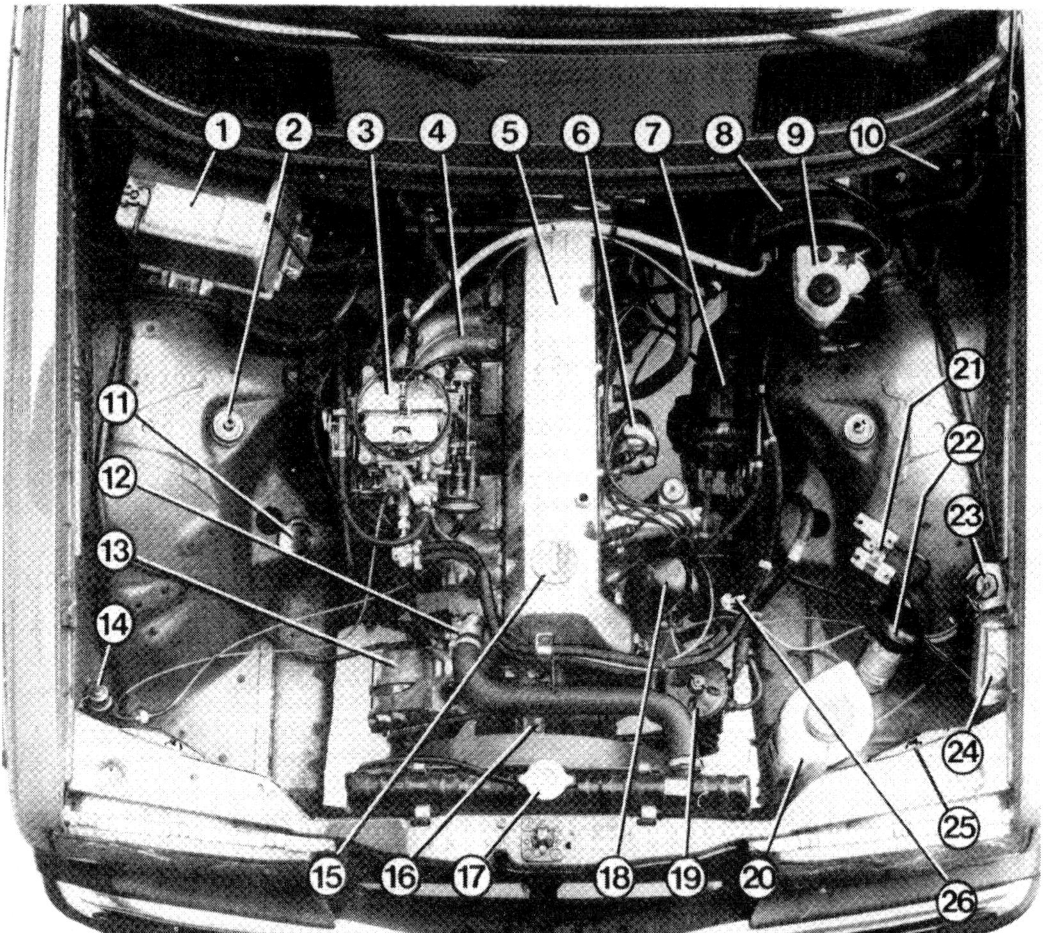

Unter die Haube geblickt

Bei vollkommen zurückgestellter Motorhaube gewinnt man diesen Einblick in den Motorraum des Mercedes-Benz 250.

Im einzelnen sind folgende Teile bezeichnet: 1 – Batterie, 2 – obere Stoßdampferbefestigung, 3 – Vergaser (Luftfiltergehäuse ist abgebaut), 4 – Ansaugkrümmer, 5 – Zylinderkopfhaube, 6 – Ölfilter, 7 – Lenkgetriebegehäuse, 8 – Bremskraftverstärker mit im Bild nach links zum Ansaugrohr geführtem Unterdruckschlauch, 9 – Bremsflüssigkeitsbehälter, 10 – Sicherungskasten, 11 – Schlauch für erwärmte Ansaugluft (zum Luftfilter), 12 – Thermostatgehäuse, 13 – Drehstrom-Lichtmaschine, 14 – Umschaltventil für Schwimmerkammeraußenbelüftung, 15 – Öleinfüllstutzen, 16 – Ventilator (Lüfter), 17 – Kühlereinfüllstutzen, 18 – Zündverteiler, 19 – Lenkhelfpumpe, 20 – Behälter für Scheibenwaschwasser, 21 – Vorwiderstände, 22 – Zündspule, 23 – Prüfsteckdose, 24 – Schaltgerät der kontaktlosen Zündanlage, 25 – Verstellhebel für die Leuchtweitenregulierung der linken Scheinwerfereinheit, 26 – Ölpeilstab.

Energiegewinnung

Bei den hier behandelten Motoren handelt es sich um schon seit sehr langer Zeit hergestellte, ausgereifte Konstruktionen. Ihre Zuverlässigkeit braucht also nicht besonders hervorgehoben zu werden. Abgesehen von der Ölstandskontrolle und den Wartungsarbeiten an den mit dem Motor verbundenen Aggregaten muß zur Sicherstellung seiner Funktion nur wenig getan werden.

Typen und Baureihen

Nach den bewährten »kleinen« Mercedes-Typen mit 1,7-Liter- bis 2-Liter-Motoren erschienen 1968 völlig geänderte Modelle, nämlich die sogenannte »neue Generation« mit der internen Bezeichnung W 115. Innerhalb dieser Baureihe übernahm der Typ 200 den bisherigen Motor, der neue 220-Motor hingegen entstand aus Vergrößerung des Kolbenhubs, womit eine höhere Kolbengeschwindigkeit verbunden war. (Man kann einen Motor auch durch Aufbohren der Zylinder vergrößern, aber beim Motorblock war nicht genügend »Fleisch« vorhanden.) Mit der Kolbengeschwindigkeit steigt natürlich der Zylinderverschleiß. Aber um diesen zu reduzieren, hätte man Drehzahl und damit Leistung und Spitzengeschwindigkeit verringern müssen, was einem Rückschritt gleichgekommen wäre.
Diese Vierzylindermotoren der intern als 200/8 und 220/8 bezeichneten Modelle haben die Typenbezeichnung M 115; die »8« hinter dem Schrägstrich in der Modellbezeichnung weist dabei auf die Jahreszahl 1968 hin. Nach üblichen, der Serie zugute kommenden Verbesserungen erschien 1973 der 230, der den 220 ablöste. Aufgrund verfeinerter technischer Verfahren konnte jetzt der vergrößerte Hubraum über eine Vergrößerung der Zylinderbohrung erreicht werden, womit für diesen Motor die Kurbelwelle des weitergebauten 2-Liter-Motors verwendet werden konnte.
In der ab 1976 gefertigten neuen Baureihe 123 sind jene in Hubraum und Leistung gleichen zwei Motoren anzutreffen: 200 mit 69 kW (94 PS) und 230 mit 80 kW (109 PS) Hinzu kam der völlig neu entwickelte Sechszylindermotor des Modells 250 mit einer Leistung von 95 kW (129 PS), seit 1979 mit 103 kW (140 PS). Das vergleichbare Vorgängermodell war der 230.6 (zum Unterschied zu dem parallel laufenden Modell 230.4 mit Vierzylindermotor).
Zu dieser Baureihe 123 gehören aber auch die Personenwagen 280 und 280 E, deren Sechszylindermotoren zwei obenliegende Nockenwellen aufweisen. Außerdem sind noch die Modelle mit Dieselmotor Bestandteil dieser Baureihe, nämlich die Typen 200 D, 220 D, 240 D und 300 D. Letztere werden in einem anderen Band dieser Buchreihe besprochen.

Steckbrief der Motoren

Die aus dem vorangegangenen Programm übernommenen Motoren wurden weiterentwickelt, die Verbesserungen drücken sich auch in einer Wartungsvereinfachung aus. Dazu gehören die Möglichkeit des Ölwechsels von oben mittels Absauggerät und der Ölfilterwechsel von oben, aber auch die bessere Zugäng-

In dieser wie in der untenstehenden Zeichnung sind die Innereien des Motors 115 im Mercedes-Benz 200 zu erkennen. Die Ansicht der linken Seite zeigt: 1 – Steuerkette, 2 – Ventil, 3 – Ventilfeder, 4 – Öleinfüllstutzen, 5 – Nockenwelle, 6 – Kurbelgehäuse-Entlüftung, 7 – Zylinderkopfhaube, 8 – Zündkerze, 9 – Kolben, 10 – Wassermantel (beim Typ 230 bestehen wegen der größeren Zylinderbohrung keine Durchbrüche für den Wassermantel zwischen den Zylinderwänden), 11 – Ölpumpenantrieb, 12 – Riemenscheibe, 13 – Scheibe mit Gradmarkierung, 14 – Ölpumpe, 15 – Ölwanne mit Ablaßschraube, 16 – Pleuellager, 17 – Kurbelwellenlager, 18 – Zylinder, 19 – Kurbelgehäuse, 20 – Schwungrad.

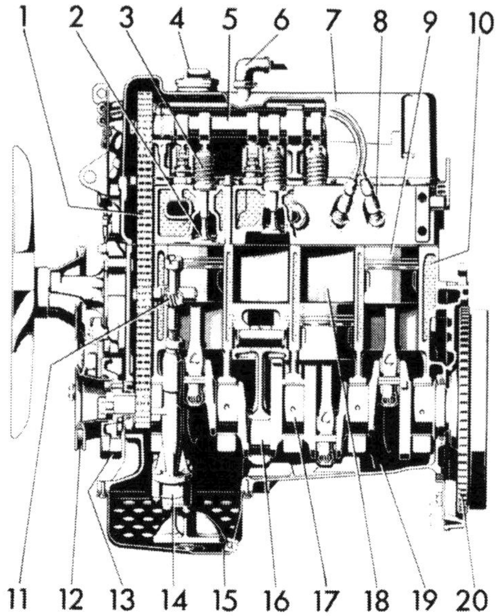

lichkeit zum Motorraum durch weites Öffnen der Motorhaube. Eine neue Zylinderkopfdichtung, die schon der 450 SEL 6.9 besaß, ließ ursprünglich das Nachziehen der Zylinderkopfschrauben entfallen. Um ganz sicher zu gehen, zieht man in der Werkstatt die Zylinderkopfschrauben bei der 1. Durchsicht jedoch wieder nach. Die neue Auspuffanlage hat durch korrosionsbeständigeres Material höhere Lebensdauer.

Einige Worte der Erläuterung zu den Hubraumdaten, die bei jedem Auto von Interesse sind. Die Größe des Hubraums eines Zylinders errechnet sich aus der Bohrung (dem Durchmesser) des Zylinders und aus dem Hub (dem Weg der Auf- bzw. Abbewegung) des Kolbens. Der ermittelte Wert wird mit der Anzahl der Zylinder multipliziert und ergibt den Gesamthubraum eines Motors.

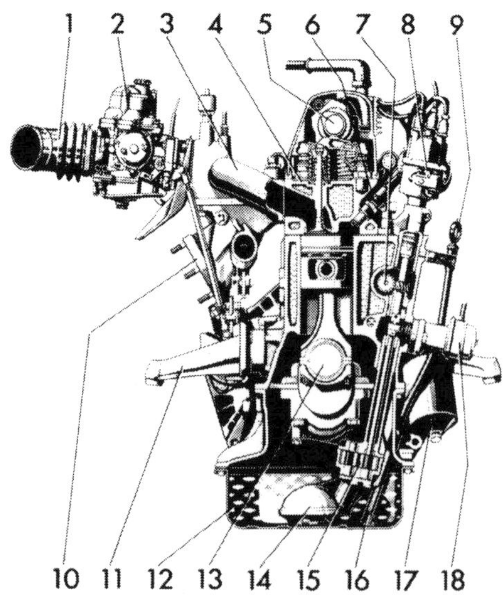

Beim Blick von vorn auf den Motor 115 sind bezeichnet: 1 – Faltenbalg zwischen Luftfilter und Vergaser, 2 – Vergaser, 3 – Ansaugrohr, 4 – Zylinderkopf, 5 – Nockenwelle, 6 – Zündkerze, 7 – Nebenwelle, 8 – Zündverteiler, 9 – Ölpeilstab, 10 – Flansch für Auspuffkrümmer, 11 – Motoraufhängung, 12 – Ölwanne, 13 – Kurbelwelle, 14 – Ölpumpensieb, 15 – Ölpumpe, 16 – Führungsrohr für Ölpeilstab, 17 – Ölfilter, 18 – Kraftstoffpumpe.

Die Vierzylindermotoren der Typen 200 und 230 haben die schon erwähnten unterschiedlichen Zylinderbohrungen, nämlich einmal 87 mm und zum anderen 93,75 mm, aber gemeinsam einen Kolbenhub von 83,6 mm. Bei dem Sechszylindermotor im Typ 250 lauten die Werte für Bohrung und Hub 86 mm und 72,4 mm.
Wegen der Verhältnisse von Bohrung zu Hub spricht man bei diesen drei Motoren jeweils von einem »Kurzhub«-Motor. Prinzipiell ermöglicht diese Eigenschaft höhere Drehzahlen, praktisch ist damit ein geringerer Grad von Abnutzung verbunden.
Der Motorblock besteht aus Grauguß und an ihn ist das Gehäuse von Kupplung und Getriebe angeflanscht. Die bei Mercedes-Benz grundsätzlich geschmiedete Kurbelwelle (im Gegensatz zur gegossenen) ist bei den Vierzylindermotoren fünffach und bei dem Sechszylindermotor vierfach gelagert. Eigentlich sollte man bei letzterem eine größere Anzahl von Kurbelwellenlagern vermuten, doch ihr Schwingungsverhalten wird durch die Verwendung von neun Gegengewichten derart günstig beeinflußt, daß man sich den konstruktiven Aufwand, den eine Lagerung zwischen jedem Zylinder mit sich bringt, sparen konnte. Die Kurbelwellen besitzen Mehrstoffgleitlager, dagegen bestehen die Pleuellager aus Leichtmetall. Auch die Pleuel sind geschmiedet.
Die Kolben bestehen aus Leichtmetall und enthalten im Interesse höherer Lebensdauer eine eingegossene Stahleinlage (Ringträger) für den obersten Kolbenring. Dadurch wird das Ausschlagen dieses wichtigsten Kolbenrings vermieden und sein Verschleiß herabgesetzt. Zur guten Abdichtung zwischen Kolben und Zylinder ist der erste Kolbenring mit Rechteckprofil ausgebildet. Die Kolben im 2,3-Liter-Motor wurden in der Höhe und am Kolbenboden im Vergleich zum Motor des Vorgängermodells 230.4 geändert, um gleichzeitig vorgenommene Änderungen an den Brennräumen im Zylinderkopf auszugleichen, die sonst zu einer Verdichtungserhöhung geführt hätten. Seit 1979 ist die Stufe in den Kolbenböden im 250er Motor nicht mehr vorhanden.

Der Ventiltrieb

Wie bei modernen Ottomotoren üblich, werden die Ventile durch eine im Zylinderkopf gelagerte Nockenwelle betätigt (gesteuert). Es handelt sich also um eine »ohc«-Steuerung (englisch »overhead camshaft«).
Die Ventile werden von Schraubenfedern in ihren Sitzen gehalten bzw. in ihre Sitze zurückgeholt. Damit an ihren Schäften entlang kein (überschüssiges) Öl in den Brennraum sickert, befindet sich unmittelbar auf der Ventilführung als Schaftabdeckung eine Gummikappe.
Die im Leichtmetall-Zylinderkopf dreifach gelagerte Nockenwelle (250: vierfache Lagerung) betätigt die Ventile nicht direkt. Vielmehr stehen neben den Ventilen besondere Lagerböcke für die Schwinghebel, auf die von oben die Nocken der Nockenwelle wirken und die ihrerseits diesen Druck über ein im Ventilteller eingelegtes Druckstück auf das Ventil weitergeben. Durch diesen mechanischen Umweg über die Schwinghebel erreicht man eine sehr gleichmäßige, vor allem geradlinige Belastung der Ventile in ihren Führungen. Die Schwinghebel sind auf Einstellschrauben gelagert, mit diesen reguliert man das Ventilspiel.
Bei den Vierzylindermotoren wurde der Zylinderkopf im Bereich des Einlaßventilsitzringes verstärkt. Das Gewicht der Einlaßventile verringerte man durch Anbringung einer kegelförmigen Mulde im Ventiltellerboden. Bei allen Motoren sind die Einlaßventile am Schaft und am Ventilsitz gehärtet (nitriert). Die Auslaßventile sind am Schaft verchromt, hohl und mit Natrium gefüllt, einem Salz, das bei Erwärmung flüssig wird und die Wärme besser aufnimmt und ableitet. Die Auslaßventilsitze sind gepanzert. Außerdem sind die Auslaßventile mit soge-

Ansicht der linken Seite des Sechszylindermotors 123.920 im Mercedes-Benz 250. Beim Vergleich mit den vorangegangenen Abbildungen des Vierzylindermotors wird deutlich, daß es sich – unabhängig von der Zylinderzahl – um eine neue Konstruktion handelt, allerdings mit vergleichbarem Aufbau.
1 – Lüfter mit Magnet-Kupplung (bei Wagen mit Klimaanlage: mit temperaturgeregelter Visco-Kupplung, 2 – Riemenscheibe, 3 – einfache Rollenkette, 4 – Brennraum, 5 – eines der vier Kurbelwellenlager.

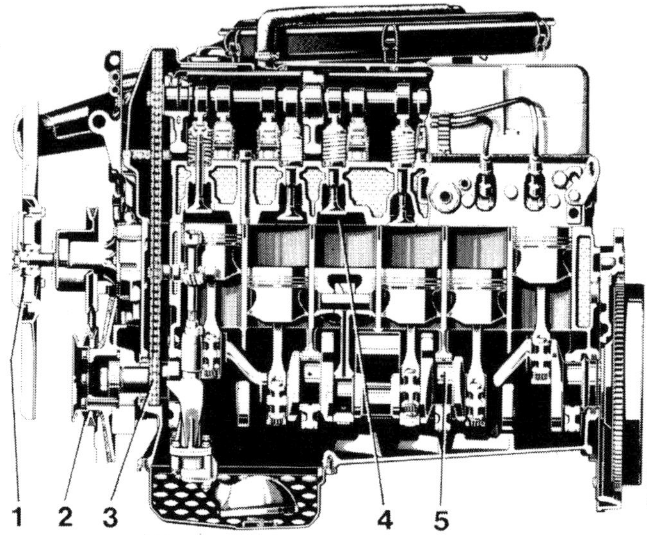

nannten Rotocap-Drehvorrichtungen ausgestattet. Durch diesen Mechanismus werden sie bei jeder Ventilbewegung ein wenig in ihrem Sitz gedreht, wobei auf ca. 20 Betätigungen eine volle Umdrehung zustande kommt. Dadurch wird der Bildung von Rückständen in dem durch die heißen Auspuffgase hoch beanspruchten Ventilsitz vorgebeugt; die Ventile schleifen sich sozusagen dauernd automatisch ein, was für die Abdichtung und Wärmeableitung besser ist.
Nur wenn das Zusammenspiel von auf- und abgehenden Kolben und sich öffnenden bzw. schließenden Ventilen einwandfrei funktioniert, ist es dem Motor möglich, seine volle Leistung zu entfalten. Das Öffnen der Ventile geschieht durch die Nockenwelle, das Schließen durch die Ventilfedern, gegen deren Druck vorher die Ventile geöffnet wurden. Wichtig für die richtige Füllung der Zylinder mit frischem Gemisch ist nicht nur die Größe der Ventile, sondern auch die Zeit ihrer Öffnung, die von der Form der Nocken abhängt.
In den Vierzylindermotoren wird die Nockenwelle von einer Doppelrollenkette durch die Kurbelwelle angetrieben, im Sechszylindermotor besorgt das ein Einfachrollenketten-Antrieb. Für einen straffen, spielfreien Sitz der Kette sorgt eine Spannschiene. Sie wird von einem federbelasteten, hydraulischen Kettenspanner straff gehalten, der an den Ölkreislauf des Motors angeschlossen ist. Er unterdrückt zugleich sonst übliche Laufgeräusche der Kette. Aus- und Einbau einer neuen Spannschiene sind ohne Demontage des Zylinderkopfes möglich.
Das Antriebsrad von Nockenwellen weist die doppelte Zahl von Zähnen auf wie das auf der Kurbelwelle sitzende Antriebsrad. Somit bewegt die Kette die Nockenwelle mit der halben Drehzahl.

Etwas über Drehzahlen

Zu jedem Motor gehört eine bestimmte Drehzahl, die Nenndrehzahl, bei der er seine höchste Leistung erreicht. Auf ebener Straße kann der Motor im vierten Gang nicht überdreht werden. Das ist aber in den kleineren Gängen (beim Beschleunigen) und im Gefälle ohne weiteres möglich.
Das Drehmoment eines Motors (sein Durchzugsvermögen) ist über den gesamten Drehzahlbereich unterschiedlich groß. Es hängt ab vom Füllungsgrad im Zylinder und von der Güte der Verbrennung. Die hier beschriebenen Vierzylindermotoren entwickeln ihr bestes Drehmoment schon bei 3000/min, der Sechszylindermotor bei 3500/min. Das bedeutet, daß die wirtschaftlichste Fahrweise im

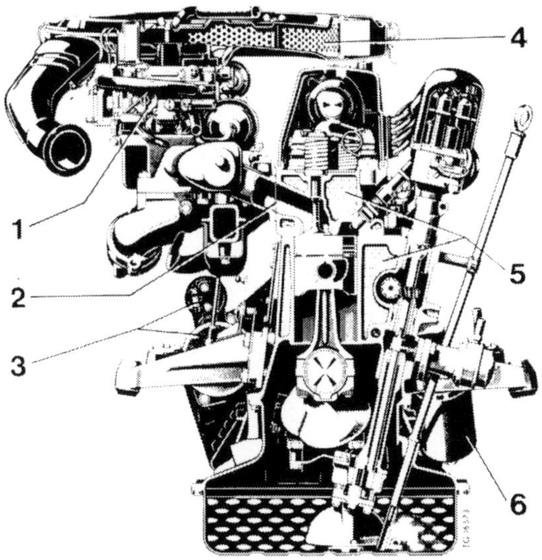

Auch in der Sicht von vorn bestehen bei dem Sechszylindermotor einige Abweichungen im Vergleich zu den kleineren Triebwerken der Baureihe 123: 1 – Vergaser, 2 – Ansaugkanal, 3 – Anlasser, 4 – Trockenluftfilter, 5 – Wassermantel, 6 – Ölfilter.

4., also im direkten Gang etwa bei 100 km/h liegt. Mit höherer Geschwindigkeit steigt der Verbrauch, nicht zuletzt wegen des größer werdenden Luftwiderstands. Die Nenndrehzahl – das ist die zur höchsten Motorleistung gehörende Drehzahl – der Motoren der Modelle 200 und 230 beträgt 4800/min, die der 250er-Version 5500/min.
Die Höchstgeschwindigkeit der Modelle 200 und 230 wird bei einer Drehzahl von 5400/min erreicht, und der Version 250 bei 5700/min. Das sind jedoch noch keine Überdrehzahlen. Das Werk hat die zulässige Höchstdrehzahl für alle diese Modelle auf 6000/min festgelegt. Als Warnanzeige dafür gibt es nur den Drehzahlmesser (Sonderausstattung). Überdrehzahlen machen sich mit einem unüberhörbaren Brummen des Motors bemerkbar. Solche Geräusche stammen von den in Schwingungen geratenen Teilen der Ventilsteuerung, vor allem von den Ventilfedern. Diese sind es auch, denen in der Praxis eine Drehzahlgrenze gesetzt ist, weil Überdrehen zu Federbrüchen führen kann. Aber auch der Ölfilm zwischen Kolben und Zylinderlaufbahn kann abreißen und die Folgen wären Kolbenklemmer, Pleuelbruch und damit verbundene weitere Schäden im Motor.

Lagerschäden

Schon immer sind Lagerschäden ein Schreckgespenst für den Autofahrer, bedeuten sie doch eine sehr kostspielige Reparatur oder gar einen Tauschmotor. Sie treten auf, wenn der Ölhaushalt nicht stimmt. Der kluge Mann beobachtet daher den Öldruckmesser mit Sorgfalt. Eine Warnlampe, wie mancher andere Wagen, oder gar eine akustische Warnung, wie man sie in modernen Omnibussen kennt, hat der Mercedes nicht. Das Werk erwartet vom Fahrer einigen Motorverstand, zumindest einige Aufmerksamkeit. Das Anzeigegerät für den von der Ölpumpe erzeugten Öldruck reicht von 0 bis 3 kp/cm² und beginnt anzuzeigen, sobald der Motor angesprungen ist.
Besorgte Gemüter werden mißtrauisch, wenn der Öldruck einmal unter 3 kp/cm² (nach dem neuen Maßsystem 3 bar) fällt. Das ist jedoch kein Grund zur Aufregung: Wichtig ist es, daß bei laufendem Motor ständig überhaupt Öldruck vorhanden ist; im Leerlauf kann der Druck durchaus um 1 bar pendeln, sollte aber bei normalen Fahrdrehzahlen bis zu »3« wandern und dort stehen bleiben.
Um einem gelegentlichen Irrtum vorzubeugen: das Ölmanometer zeigt ggf. den korrekten Druck auch noch an, wenn die Ölmenge bedenklich knapp geworden

ist: Eine Mengenkontrolle hat man also nicht damit. Hierfür ist allein der gute, alte Meßstab zuständig.
Wegen des Kurzhubcharakters ist die Kolbengeschwindigkeit – bei gleicher Drehzahl der Kurbelwelle – gegenüber langhubigen Motoren geringer. Obwohl dadurch der schützende Ölfilm zwischen Kolben und Zylinderwand weniger beansprucht und der Verschleiß reduziert wird, können trotzdem Lagerschäden durch Ölmangel und Überbeanspruchung auftreten. Dies sind Beschädigungen der Gleitflächen zwischen Pleuel und Kurbelwelle, in fortgeschrittenem Stadium sogar zwischen Kurbelwelle und Motorgehäuse, also der Hauptlager. Schaltfaules Fahren, lang anhaltende Vollgasfahrten oder ständiges scharfes Ausfahren der Gänge führt zu allmählich eintretenden Lagerschäden. Nicht beachteter Ölmangel dagegen läßt Lagerschäden plötzlich entstehen.
Lagerschäden künden sich mit wärmer werdendem Motor (Öl wird flüssiger) durch Klopfen an, das allmählich zum lauten Hämmern wird. Ob überhaupt ein Lager (meistens Pleuellager) schadhaft ist und um welches es sich handelt, ist folgendermaßen festzustellen: Bei Leerlauf nacheinander die Kabel von den Zündkerzen abziehen und wieder aufstecken. Läßt das Klopfen bei einem der abgezogenen Kabel nach, liegt der Lagerschaden an diesem Zylinder vor. Ein anderer Test besteht darin, mit langem Schraubenzieher oder Metallstab gegen den Zylinderkopf nahe der Zündkerzen zu drücken und ein Ohr auf das Ende des Werkzeugs legen. Das Resonanzgeräusch zeigt das defekte Lager an.
Mit einer sehr verhaltenen Fahrweise kann man trotz »ausgelaufenen« Lagers noch die rettende Werkstatt, ja sogar den Heimatort über Hunderte von Kilometern anlaufen. Dazu die Zündkerze des betreffenden Zylinders ausschrauben, damit Arbeit und weitere Beanspruchung durch Kompression bei diesem Zylinder fortfallen. Falls sich Wasser im Motoröl befindet (milchiges Aussehen): Öl wechseln. Denn der Lagerschaden kann auch durch Ölverdünnung eingetreten sein, wenn bei undichter Zylinderkopfdichtung das Kühlmittel in den Ölkreislauf gelangte. Die Leistung der drei oder fünf noch arbeitenden Zylinder darf nicht ausgeschöpft werden, deshalb auch nur langsam beschleunigen. Im 4. Gang kann das Tempo etwa 60 km/h betragen. Aus dem offenen Kerzenloch entweicht dabei ein pfeifendes Knallen, das von den Kompressionsbemühungen des mitlaufenden Kolbens herrührt. Diese Geräusche sind unerheblich. Stand und Temperatur von Kühlwasser und Motoröl müssen allerdings laufend überwacht werden.

Bedeutung des Ventilspiels

Der Begriff »Ventilspiel« taucht bei allen technischen Daten und Anweisungen auf. Wie wichtig ist es eigentlich? Es ist von lebenswichtiger Bedeutung für die Lebensdauer der Ventile und damit für die gleichbleibende Motorleistung. Zwischen den Teilen der Ventilbetätigung – also Nocken, Schwinghebel und Ventilschaftende – muß etwas Luft oder »Spiel« vorhanden sein, damit die unterschiedlichen Wärmedehnungen ausgeglichen werden können.
Man sollte sich bei der Kontrolle des Ventilspiels nicht auf sein Ohr verlassen, um etwa das Klappern bei zu großem Ventilspiel zu erkennen. Was man nicht hört und was wesentlich kritischer ist: zu kleines Ventilspiel. Es bedeuten:
Zu kleines Ventilspiel: Gefahr, daß Ventile und Ventilsitze verbrennen (Ventile liegen nicht satt auf Ventil-Sitzring auf, wodurch Kühlung ungenügend), Verziehen der Ventile, schlechte Leistung durch verringerte Kompression, veränderte Steuerzeiten.
Zu großes Ventilspiel: Schlechtere Zylinderfüllung, also geringere Leistung, Veränderung der Steuerzeiten, ungleichmäßiger Lauf, höherer Verschleiß, größeres Geräusch.

Ventilspiel einstellen

Pflegearbeit Nr. 11

Dieses Bild wird durch die untenstehende Zeichnung ergänzt. Das Ventilspiel muß zwischen der Gleitfläche des Schwinghebels (2) und dem Nockengrundkreis der Nockenwelle (1) gemessen werden, wie durch den Pfeil gezeigt ist. Dabei muß die Spitze des Nockens senkrecht zum Schwinghebel stehen. Man kann den Motor mittels Schraubenschlüssel oder Stecknuß mit Ratsche an der Sechskantschraube zur Befestigung der Auswuchtscheibe vorn auf der Kurbelwelle drehen. Niemals an der Befestigungsschraube des Nockenwellenrades und niemals die Kurbelwelle rückwärts drehen. Zum Korrigieren des Spiels wird das Kugelbolzenoberteil (4) mit einem Schlüssel SW 17 entsprechend gedreht (Hineinschrauben vergrößert das Spiel, Herausschrauben verringert es). Liegt das Drehmoment der Einstellschraube (4) unter 20 Nm (2,0 kpm), muß sie zusammen mit der Gewindebuchse (5) – SW 24 – erneuert werden. Falls das erforderliche Ventilspiel nicht erreicht werden kann, ist auch das Druckstück (3) zu erneuern.

Das Ventilspiel muß für Einlaß und Auslaß verschieden sein, weil das Einlaßventil ständig von frischem Gemisch gekühlt wird, das an ihm vorüber in den Zylinder gesaugt wird, während das Auslaßventil dauernd der Verbrennungshitze ausgesetzt ist und sich deswegen mehr ausdehnt. Das Ventilspiel ist daher für die Einlaßventile 0,10 mm und für die Auslaßventile 0,20 mm. Diese Angaben beziehen sich auf einen kalten Motor (ca. 20° C). Wird bei warmem Motor eingestellt (ca. 60° C ± 15° C), muß jeweils eine Zugabe von 0,05 mm gemacht werden.

Die Kontrolle bzw. das Einstellen des Ventilspiels ist alle 15 000 km vorgeschrieben. Wegen der dazu empfehlenswerten Spezialschlüssel (gekröpfte 14-mm-Maulschlüssel) sollte man diese Arbeit der Werkstatt überlassen. Trotzdem in Stichworten die Reihenfolge der Handlungen: Zündkabel seitlich an der Halterung der Zylinderkopfhaube abdrücken, Schlauchbinder von Schlauch zur Kurbelgehäuseentlüftung am Stutzen der Haube lösen (dazu Kreuzschlitzschraube lockern), Unterdruckschlauch am Zündverteiler abziehen und zusammen mit dem Entlüftungsschlauch abbiegen. Vier Muttern SW 13 zur Befestigung der Zylinderkopfhaube abschrauben (die in der Nähe des Zündverteilers

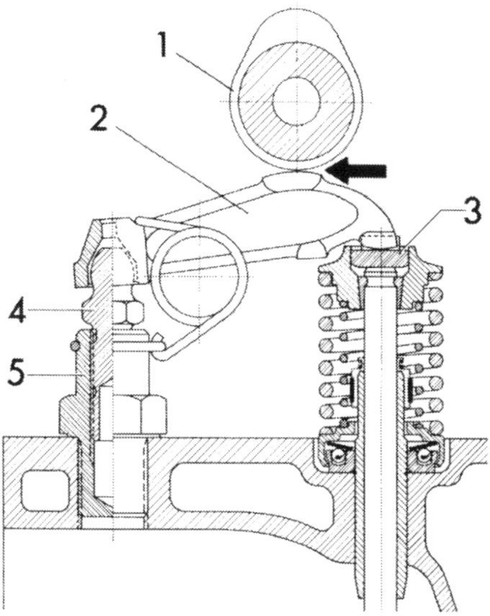

So wird das Blatt der Fühllehre zwischen dem Grundkreis des senkrecht nach oben gerichteten Nockens und dem Schwinghebel angesetzt. Zur Kontrolle schiebt man es hin und her, wobei es sich nur stramm bewegen lassen darf.

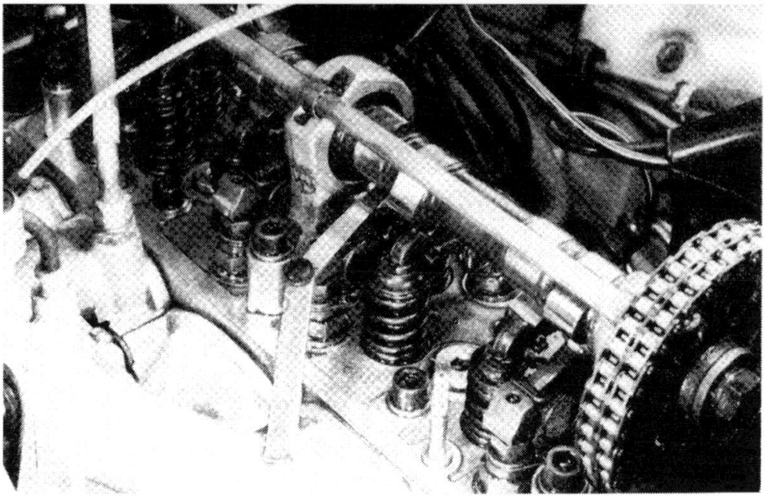

läßt sich nur mit einem Rohrschlüssel oder mittels Stecknuß lösen). Beim ab August 1979 gebauten 2,5-Liter-Motor auch den seitlich an der Zylinderkopfhaube befestigten Lagerbock für die Regulierwelle abschrauben. Der Unterdruckschlauch zur Servobremse, der über die Zylinderkopfhaube hinweggeführt ist, braucht nicht entfernt zu werden, man kann die Haube durch geschickte Führung anheben und unter dem Schlauch hervorziehen. Beim Sechszylindermotor ist das Luftfiltergehäuse vom Vergaser abzubauen.

Das Ventilspiel kann nur kontrolliert werden, wenn das betreffende Ventil entlastet, also geschlossen ist. Dabei muß der Nocken der Nockenwelle vom Schwinghebel weg senkrecht nach oben zeigen. Um das zu erreichen, ist die Kurbelwelle mit einem Steckschlüssel (Stecknuß SW 27 und Ratsche) an der Befestigung der Riemenscheibe zu drehen, wobei der Kolben des betreffenden Zylinders etwa im oberen (Zünd-)Totpunkt steht. Die Kurbelwelle darf nicht rückwärts gedreht werden, auch darf man niemals an der Befestigungsschraube des Nockenwellenrades drehen.

Nun wird mit einer Fühlerblattlehre das Spiel zwischen Nocken-Grundkreis und Schwinghebel kontrolliert. Das Blatt der Lehre muß sich stramm gleitend einführen und »saugend« wieder herausziehen lassen. Wenn das Spiel nicht stimmt, ist folgendes zu tun: Drehmomentschlüssel und ein Zwischenstück (Spezialwerkzeuge von Daimler-Benz) auf der Einstellschraube des Schwinghebels ansetzen und die Schraube entsprechend drehen. Hineinschrauben vergrößert das Spiel, Herausschrauben verringert es. Das Einstelldrehmoment soll 20 bis 40 Nm (2,4 bis 4,0 kpm) betragen.

Reihenfolge der Ventile, hier beim Vierzylindermotor: A = Auslaßventil, E = Einlaßventil. Diese Reihenfolge muß bei der Kontrolle des Ventilspiels beachtet werden, da die Einstellwerte beider Ventilarten unterschiedlich groß sind. Beim Sechszylindermotor sind die Ventile in zwei getrennten Reihen angeordnet: rechts Einlaßventile und links Auslaßventile.

Rechts im Motorraum der Typen 200 und 230 befindet sich dieser Anschluß für einen Kontaktgriff, mit Hilfe dessen der Anlasser betätigt werden kann. Dadurch wird die Kurbelwelle gedreht und man kann auf diese Weise die Ventile in die zur Ventilspielkontrolle günstigste Stellung bringen. Der Kontaktgriff wird an die Klemmen 30 und 50 angeschlossen (statt an Klemme 30 kann auch an der Plus-Klemme der Batterie angeschlossen werden). Damit der Motor nicht zündet, muß das Kabel der Klemme 1 von der Zündspule gelöst werden.

Liegt das Drehmoment der Einstellschraube unter dem Minimalwert, muß die Einstellschraube allein oder zusammen mit der darunter befindlichen Gewindebuchse in der Werkstatt erneuert werden. Es kann auch sein, daß die geforderte Einstellung des Ventilspiels nicht erreicht wird. Dann muß – ebenfalls in der Werkstatt – das zwischen Schwinghebel und Ventil sitzende Druckstück erneuert werden; solche Druckstücke gibt es in verschiedenen Stärken.
Es folgt das nächste Ventil. Eingestellt wird in der Zündfolge, und diese lautet bei den Vierzylindermotoren 1–3–4–2, beim Sechszylindermotor 1–5–3–6–2–4. Die Reihenfolge der Ventile ist von vorne oder hinten gesehen die gleiche (Auslaß = A, Einlaß = E): A–E–E–A–A–E–E–A beim Vierzylindermotor, die vier weiteren Ventile des Sechszylindermotors schließen sich mit A–E–E–A an. Während die Ventile bei den kleineren Motoren in einer Reihe angeordnet sind, befinden sich beim 2,5-Liter-Motor die Einlaßventile in einer Reihe auf der rechten Hälfte des Zylinderkopfes und die Auslaßventile in der Reihe links, jeweils in Fahrtrichtung gesehen.
Entgegen der eben beschriebenen Methode, bei der man den Motor mit der Hand an der Kurbelwelle dreht, kann man sich auch der Kraft des Anlassers bedienen. Dabei darf der Motor nicht zünden, deshalb wird die Klemme 1 an der Zündspule gelöst. In der Werkstatt verfügt man über einen Kontaktgriff mit zwei Kabeln, von denen das eine am Plus-Pol der Batterie und das andere an Klemme 50 des Anlassers angeschlossen wird. So kann man mit Batteriestrom den Anlasser betätigen, der den Motor und damit die Nockenwelle in die gewünschte Einstellungsposition bringt.
Zum Abschluß wird die Zylinderkopfhaube wieder aufgesetzt und festgeschraubt. Wenn ihre Dichtung beschädigt ist, muß diese erneuert werden. Die vorher demontierten Teile sind in umgekehrter Reihenfolge wieder zu befestigen. Bei laufendem Motor ist zu prüfen, ob die Zylinderkopfhaube einwandfrei dicht sitzt.

Der Zylinderkopf

Der Ausbau des Zylinderkopfes ist Werkstattsache, weil vor allem beim späteren Wiederaufbau dem Amateurmechaniker trotz aller Routine manche Fehler unterlaufen können.
Die Zylinderkopfdichtung muß in jedem Fall erneuert werden. Die Zylinderkopfschrauben sind in einer bestimmten Reihenfolge nach einem der Werkstatt vorliegenden Anziehschema mit zwei verschiedenen Anzugsdrehmomenten festzuziehen, wobei die Kühlmitteltemperatur im Motor 80°C betragen soll. Wegen der neuartigen Brennraumabdichtung sollten die Zylinderkopfschrauben später

nicht mehr nachgezogen werden, man ist aber sicherheitshalber wieder dazu übergegangen, sie nach 300 bis 1000 km Laufstrecke nachzuziehen.
Auch die Steuerkette muß bei richtiger Stellung der Nockenwelle wieder aufgelegt werden und der Kettenspanner ist einzubauen. Bei unsachgemäßer Montage können erhebliche Schäden eintreten und bei nicht richtig angezogenen Zylinderkopfschrauben verzieht sich der Zylinderkopf.

Die Zylinderkopfdichtung

Die Dichtung zwischen dem Motorblock und dem Zylinderkopf hat einen schweren Stand, denn sie hat dafür zu sorgen, daß die Verbrennungsräume und die Kanäle für Kühlmittel und Öl voneinander getrennt bleiben. Dabei muß sie enormen Temperatur- und Druckschwankungen widerstehen. Falls die Zylinderkopfdichtung ausfällt, kommen folgende Ursachen in Betracht:

- Montagefehler: Neue Dichtung durch unsachgemäße Lagerung beschädigt, Dichtflächen am Motorblock und Zylinderkopf nicht sauber, Zylinderkopf verzogen, falsche Dichtung verwendet, stufenweise Anzugsreihenfolge und Drehmomente nicht eingehalten.
- Überhitzung: Kühlanlage undicht, defekter Thermostat oder Kühlerverschlußdeckel, Keilriemen gerissen oder (selten) Kühler verkalkt oder verstopft, Motorüberhitzung durch klopfende Verbrennung.

Zylinderkopfdichtung durchgebrannt?

Eine durchgebrannte Zylinderkopfdichtung kann man an folgenden Erscheinungen erkennen: Bei geöffnetem Kühlerverschlußdeckel steigen bei laufendem warmem Motor Luftblasen im Kühler hoch, aus dem Einfüllstutzen riecht es nach Abgasen. Oder der Flüssigkeitsstand im Kühler sinkt und der warmgefahrene Motor zieht einen weißen Auspuffgasschleier hinter sich her. Dann ist die Kopfdichtung zwischen dem Verbrennungsraum und Kühlwasserkanälen durchgebrannt, Verbrennungsgase werden in die Kühlwasserkanäle gedrückt und bilden Blasen im Kühler oder Kühlflüssigkeit dringt in den Verbrennungsraum ein, verdampft dort und entweicht als weiße Fahne zum Auspuff hinaus. Gefährlich für den Motor wird es, wenn das Kühlmittel bei abgestelltem Motor in einen Zylinder läuft, dessen Kolben in Ansaugstellung im oder in Nähe des unteren Totpunktes steht. Dann erhält der Motor beim nächsten Start den gefürchteten Wasserschlag: Zündet bei der ersten Umdrehung nur ein einziger Zylinder, wird die Aufwärtsbewegung des betreffenden Kolbens vom darüberstehenden Wasser abrupt gestoppt und (da sich Wasser nicht wie Luft zusammenpressen läßt) Kolben, Pleuel und Kurbelwelle ein gewaltiger Schlag versetzt, wobei das Pleuel gehörig verbogen wird. Falls Sie den Verdacht haben, daß Kühlmittel in einen Zylinder eingedrungen sei, die Zündkerzen herausschrauben und den Motor mit dem Anlasser durchdrehen, damit das Wasser herausgepumpt wird. Zündkerzen wieder einschrauben, Motor starten und bei der Fahrt zur Werkstatt nicht mehr abstellen, Kühlwasser bei laufendem Motor auffüllen.
Ebenfalls ein sicheres Zeichen für eine schadhafte Zylinderkopfdichtung ist Öl im Kühlmittel und (oder) Wasser im Schmieröl. Ist der Schmiersaft am herausgezogenen Ölpeilstab hellgrau oder gar mit Wasserbläschen durchsetzt, entweder den Mercedes abschleppen lassen oder, falls es sich nicht umgehen läßt, daß man selbst fährt, Öl wechseln – nach Möglichkeit auch das Ölfilter –, Kühlmittel auffüllen und auf dem schnellsten Weg zur Werkstatt.
Entdecken Sie am Außenrand der Zylinderkopfdichtung verdächtige Spuren von Öl oder Kühlmittel, die Maschine mit Motorreiniger abwaschen und nach einer Probefahrt kontrollieren, ob die Flüssigkeit an der Zylinderkopfdichtung oder (im Reparaturfall billiger) an der Zylinderkopfhaube, der Kurbelgehäuse-Entlüftung oder einem Kühlmittelschlauch austritt.

Kompressionsdruck prüfen

Pflegearbeit Nr. 14

Der Motor kommt auf seine höchste Leistung und verbraucht verhältnismäßig wenig Benzin, wenn seine Ventile und Kolbenringe gut abdichten, bei der Verdichtung also kaum Gas entweichen kann. Deshalb wird regelmäßig die Kompression gemessen, wozu man vorher das Ventilspiel kontrollieren sollte. Zur Messung verwendet man einen Druckmesser, dessen Gummikonus nacheinander auf jedes Zündkerzenloch gedrückt wird, nachdem man zuvor die Zündkerzen herausgeschraubt hat. Vor der Messung wird der Motor warmgefahren – die Kolbenringe dichten dann besser ab.

Ein Helfer tritt das Gaspedal ganz durch, damit die Zylinder ihre größte Füllung erhalten, und dreht den Motor einige Male mit dem Anlasser durch (für eine einwandfreie Messung muß natürlich die Batterie gut geladen sein). Druckschreiber mit eingelegten Meßkärtchen zeichnen für jeden Zylinder eine flache Kurve auf das Spezialpapier. Der Endpunkt zeigt den Kompressionsdruck des jeweiligen Zylinders. Für einen gesunden Motor ist nicht nur die absolute Höhe des Drucks wichtig, sondern auch die Gleichmäßigkeit bei allen Zylindern. Mehr als 1,5 bar sollen die Werte der vier Zylinder nicht auseinanderliegen. Bei den Meßwerten stehen 12 bar für einen sehr guten Motor, 10 bis 11 bar sind normal, während Werte unter 8,5 bar auf schlechten Motorzustand schließen lassen.

Zu niedriger Druck kann bedeuten: Motor war zur Messung nicht warmgefahren, Kolben- und Kolbenringverschleiß oder festsitzende Kolbenringe durch Rückstandsbildung, unrunde Zylinder als Folgeerscheinung von Kolbenklemmern, Ablagerungen an den Ventilschäften oder -sitzen durch Verbrennungs- oder Schmierölrückstände, ausgeschlagene Ventilführungen, eingeschlagene Ventile oder verbrannte Auslaßventile durch zu knappes Ventilspiel. In den meisten Fällen sind undichte Ventile die Ursache für mangelnden Kompressionsdruck und damit auch geringere Motorleistung. Abhilfe bringt entweder Einschleifen der Ventile oder die Überholung des Zylinderkopfes.

Folgendes können Sie noch kontrollieren: Öl ins Kerzenloch einträufeln und den Kompressionsdruck nochmals messen. Sind die Werte weiterhin schlecht, liegt es an den Ventilen; erhalten Sie höhere Druckwerte, liegt es an den Kolbenringen oder vielleicht auch an den Zylindern. Das Öl dichtet kurzfristig Kolben und Zylinderwände besser ab, das komprimierte Gas sucht sich entweder seinen Weg an den undichten Ventilen vorbei oder kann nicht mehr entweichen.

Vergleichbar sind nur Messungen, die mit demselben Prüfgerät durchgeführt wurden, da diese immer geringfügig voneinander abweichen. Falls Sie Meßkärtchen bekommen, sollte man sie – mit Datum und Kilometerstand versehen – im Kundendienstheft zu Vergleichszwecken aufheben.

Der Kompressionsdruck ist übrigens nicht mit dem Verdichtungsverhältnis gleichzusetzen, das etwa beim Mercedes 200 und 230 9:1 beträgt. Bei einwandfreiem Motorzustand sollen aber 10 bis 11 bar Kompressionsdruck erreicht werden. Das Verdichtungsverhältnis ist bei der Konstruktion festgelegt durch die Abmessungen der Zylinder und der Verbrennungsräume, während sich der vom Konstrukteur berechnete Kompressions- oder Verdichtungsdruck nur bei einwandfreiem Motorzustand einstellen kann.

Ventile einschleifen

Wenn die Ventile nicht mehr genügend abdichten, kann man sie einschleifen. Daimler-Benz hält von der alten Methode, die Ventile mit Schleifpaste und mit einem Drehwerkzeug einzuschleifen, recht wenig. Die Werkstätten verfügen statt dessen über Spezialmaschinen, in denen die Ventile und ihre Sitze genau eingeschliffen werden. Für den Heimwerker wären die notwendigen Montagen am Motor (Abnehmen des Zylinderkopfes usw.) auch kaum durchführbar, weil ihm die Spezialwerkzeuge dazu fehlen.

Da Ventile und Ventilsitze aus vergütetem Material bestehen und wegen der bei den Auslaßventilen vorhandenen Ventildrehvorrichtungen (siehe Abschnitt »Der Ventiltrieb«) ist das Einschleifen relativ selten nötig. Man kann getrost mit 100 000 bis 150 000 zurückgelegten Kilometern rechnen, ehe diese Arbeit eventuell erforderlich wird. Sehr wesentlich wird der Zustand der Ventile von der Behandlung des Motors, von der Kraftstoffqualität und vom Ventilspiel beeinflußt.

Befestigung von Saugrohr, Auspuffkrümmer und -flansch prüfen

Pflegearbeit Nr. 51

Alle Modelle der Baureihe 123 erhielten eine neue Auspuffanlage. Dickere oberflächengeschützte Bleche, doppelwandige Außenschale des Nachschalldämpfers mit einer Innenseite aus rostfreiem Stahl und die Verwendung korrosionsbeständigerer Materialien können erwarten lassen, daß man nicht so bald den üblichen Ärger wegen Durchrostung hat. Das Endrohr ist in einem Winkel von rund 30° nach unten geneigt, wodurch die Abgase weniger das Heck verschmutzen. Neuartige Steckverbindungen erleichtern die Montage. Beim Modell 250 mit 140 PS (seit 1979) ist eine Doppelrohr-Auspuffanlage montiert.

Nach 45 000 km, so ist vorgesehen, sollen die Befestigungen des Auspuffkrümmers und des Auspuffflansches auf ihren festen Sitz hin geprüft und bei Bedarf nachgezogen werden. Man erreicht die Schrauben im Motorraum von oben. Es sind dies die waagerecht angeordneten Stehbolzen, die gegen den Zylinderkopf gerichtet sind, mit ihren Muttern. Da auf dieser Motorseite auch das Saugrohr sitzt, läßt sich die Überprüfung daran in einem gemeinsamen Arbeitsgang ausführen. Zwischen dem Auspuffkrümmer und dem Auspuffrohr befindet sich ein Flansch mit Schraubverbindungen – hier wie dort ist zu kontrollieren, ob die Muttern fest angezogen sind. Da meistens Korrosion verhindert, daß sie sich weiter festziehen lassen, kann man ihren ordentlichen Sitz nur vermuten. Eigentlich müßten sie gelöst und neu festgezogen werden.

Die Befestigungsschrauben der Steckverbindungen für die einzelnen Teile des Auspuffrohrs – unter dem Wagen erreichbar – werden grundsätzlich bei der 1. Inspektion geprüft. Später braucht man sich nicht mehr um sie zu kümmern. Bei einer Montage müssen sie gleichmäßig so weit angezogen werden, bis die auf dem Schraubenschaft sitzende Schraubenfeder zusammengedrückt ist. Danach sind die Muttern um zwei Umdrehungen zu lösen. Zwischen Feder und Auspuffflansch befindet sich jeweils eine Distanzhülse.

Der Motoranschlag

Der Motor ist im Auto nicht starr befestigt, sondern so aufgehängt, daß er schwingen kann. Dadurch werden Vibrationen und Geräusche vom Wageninneren ferngehalten und verschiedene Verbindungen nicht gefährdet.

Vierzylindermotoren sind schon von Haus aus keine Muster an Laufruhe, und es bedarf vieler Maßnahmen, um sie zu kultivieren. Sechszylinder-Triebwerke sind von ihrer Anlage her wesentlich laufruhiger. Bei Daimler-Benz begnügte man sich jedoch nicht mit dieser gegebenen Eigenschaft, sondern man traf ähnliche Vorkehrungen wie bei den Modellen mit den kleineren Motoren. So sind groß dimensionierte Gummilager für die Motoraufhängung vorgesehen. Im Leerlauf sowie beim Gasgeben und -wegnehmen kann nun der Motor stärker schütteln, bei scharfem Beschleunigen kann er sich etwas nach hinten, bei scharfem Bremsen etwas nach vorn bewegen – wobei ein Motoranschlag an der Stirnseite des Motors im Bereich der Ölwanne zu starke Ausschläge verhütet.

Dieser Motoranschlag muß sich beim Neuwagen gewissermaßen erst an sein hartes Dasein gewöhnen. Deshalb wird er bei der 1. (Garantie-)Durchsicht entspannt und die Schrauben nachgezogen, anläßlich der 2. Durchsicht ist ein ähnlicher Arbeitsablauf einzuhalten. Die Einstellschraube am Motoranschlag muß dabei gelöst und mit 130 Nm (13 kpm) wieder angezogen werden.

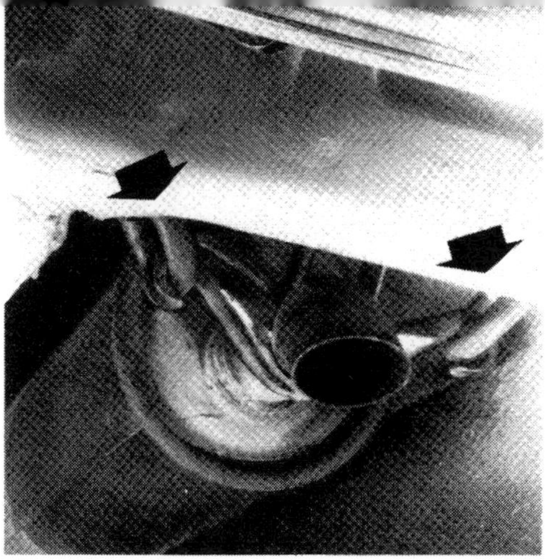

Die elastischen Aufhängungen des Auspuffs sind gelegentlich zu untersuchen. Brüchige oder angerissene Ringe sollen ersetzt werden. Im Notfall kann man den hinteren Auspufftopf in Drahtschlingen einhängen, doch für einen vollwertigen Ersatz ist dann baldigst zu sorgen. Eine starre Aufhängung könnte keine Vibrationen aufnehmen und die gesamte Auspuffanlage würde Schaden nehmen.

Das Schmiersystem

Über die Filterung des Öls ist auf Seite 70 mehr gesagt, desgleichen über die Öldruckanzeige auf Seite 215.
Normalerweise genügt es bei nicht allzu hoch belasteten Motoren, wenn das umgepumpte Schmieröl unten in der Ölwanne (die dem Fahrtwind ausgesetzt ist) gekühlt wird. Das Modell 250 ist bei eingebauter Klimaanlage zusätzlich mit einem Luftölkühler ausgerüstet, der – etwa bei langsamem Kolonnenverkehr – den sonst kühlenden Fahrtwind ersetzt. Dieser aus Aluminium bestehende Kühler ist links am Wasserkühler angebracht. Eine Ablaßschraube ist nicht vorhanden.
Die Ölpumpe selbst ist wartungsfrei; weil sie ständig in Öl läuft, ist der Verschleiß nur gering. Sie wird von einer Zwischenwelle angetrieben und ihr Saugrohr reicht bis fast auf den Grund der Ölwanne. Es ist eine Zahnradpumpe und die außenliegenden Zähne ihrer miteinander kämmenden Zahnräder drücken das Öl durch Kanäle und Bohrungen an alle schmierbedürftigen Stellen des Motors.

Die Einlaufzeit

Ein neues Auto muß tatsächlich erst laufen lernen. Und dabei sollten Sie ihm helfen, damit es später diese Kunst – weiterhin zusammen mit Ihnen – richtig beherrscht. Dazu gehört es, im Anfang nicht über ²/₃ der Höchstgeschwindigkeit eines jeden Ganges hinauszudrehen (Gang-Markierungen auf dem Tachometer sind äußerste Schaltpunkte des betreffenden Gangs bei eingefahrenem Wagen). Den kalten Motor soll man nicht zu strammer Leistung antreiben, das gilt grundsätzlich auch später. Erst wenn die Nadel der Kühlmittelanzeige bei »80« steht, kann flotter beschleunigt werden. Das heißt ganz einfach: Nicht schaltfaul fahren. Keinesfalls muß man aber »schleichen«.
Die ersten 500 bis 1000 km sind bald zurückgelegt. Am besten eignen sich dazu längere Fahrten auf der Landstraße. Benutzt man jedoch die Autobahn, dann ist die Fahrweise so einzurichten, wie sie sonst mit Kreuzungen und Ortsdurchfahrten ausfallen würde: Wechselnde Geschwindigkeiten fahren und Höchstdrehzahlen vermeiden, dazwischen auskuppeln und dem Motor für einige hundert Meter Leerlauf gönnen, u. a. damit er durch die Pumpwirkung der Kolbenringe frisches Öl an die Zylinderwände fördern kann.
Nach der »Schonzeit« steigert man die Forderungen vernünftig und fährt auch dann das Auto noch nicht voll aus. Man kann sich Zeit damit lassen. Es gibt keine festen Regeln mit Zahlen zum Merken – manche Leute haben es im Gefühl, wenn der Motor noch nicht richtig »frei« ist.
Einfahrmaßnahmen sind ebenfalls nötig, wenn ein Austauschmotor eingebaut wurde, ferner auch bei Austauschgetrieben und Austauschhinterachsen.

Gutes Klima

Verbrennungsmotoren erzeugen bekanntlich bei ihrer Arbeit Wärme. Sie darf sich nicht stauen, sonst würden die Kolben in den Zylindern wegen Materialausdehnung festklemmen. Die Wärme muß also »abtransportiert« werden, und das geschieht wie üblich durch Wasser. Wassergekühlte Motoren sind leiser und konstruktiv weniger problematisch. Dazu läßt sich noch die aufgenommene Wärme für die Heizung des Innenraums verwenden.
Die Kühlanlage macht keinen Kummer, wenn man ihr gelegentlich etwas Aufmerksamkeit schenkt.

Die Kühlanlage

Das Kühlsystem eines modernen wassergekühlten Motors ist dicht verschlossen und deshalb herrscht bei Betriebstemperatur ein auch beabsichtigter Überdruck. Dieser reicht beim Mercedes-Motor bis ca. 1,0 bar (atü), wodurch der Siedepunkt eines Kühlmittels auf etwa 120° C angehoben ist. (Der Ausdruck »Kühlmittel« wird verwendet, weil sich im Kühlkreislauf kein reines Wasser, sondern eine Mischung aus Korrosions- und Frostschutzmittel und Wasser befindet.) Der Kraftstoff verbrennt bei dieser höheren Temperatur wirtschaftlicher. Niedrigere Temperaturen (Kühlwasser unter 80° C) fördern den Verschleiß im Motor.
Die Kühlmittelfüllung ab Werk besteht aus einem Volumen von ca. 55 % Wasser und 45 % Gefrierschutzmittel und gewährleistet einen Frostschutz bis −30° C. Der Siedepunkt dieser Mischung liegt bei rund 125° C. Das Gefrierschutzmittel enthält korrosionshemmende Zusätze. Es ist nicht erforderlich, irgendwelche Veredelungsmittel dem Kühlmittel beizufügen, es sei denn, man hat reines Wasser eingefüllt. Veredelungsmittel hatten bei den Vorgängermodellen den Sinn, besonders für die Schmierung der Heizungshähne zu sorgen, diese sind jedoch in der 123-Baureihe aus nicht korrosionsanfälligem Material.
Damit das für den Motor angenehme »Betriebsklima« möglichst dauernd erhalten bleibt, haben drei wichtige Teile des Kühlsystems ihre Aufgabe zu erfüllen: Der Kühlerverschluß reguliert den Druck, der Thermostat sorgt nach dem Start rasch für angemessen gleichbleibend hohe Betriebstemperatur und der Ventilator sorgt für gute Wärmeableitung an Kühlerblock und Motor.
Die Wasserpumpe, über den Keilriemen angetrieben, zwingt das Kühlmittel in einen ständigen Kreislauf. Hat es sich im Wassermantel des Motors, der um die Zylinder gelegt ist, erwärmt, fließt es zum Kühler. Zusätzlich zum Fahrtwind zieht noch der Ventilator Luft durch den Kühler an, so daß gekühltes und dadurch schwereres Wasser von unten wieder zum Motor geschickt wird. Vom Zylinderblock gelangt das Kühlmittel in Kanäle des Zylinderkopfes, wo vordringlich die Ventilsitze gekühlt werden müssen. Wie noch beschrieben wird, kann der Thermostat dafür sorgen, daß das Kühlmittel auf einem kürzeren Weg gleich wieder zum Motor zurückfließt, ohne durch den Kühler zu gelangen. Zusätzliche Schlauchleitungen verbinden das Kühlsystem mit der Heizanlage. Diese Einrichtung wird ebenso bei geschlossenem Thermostat gespeist.

Der Wasserkreislauf ist durch den Ventilverschluß auf dem Kühler dicht verschlossen. Weder kochendes Wasser noch Dampf können unter normalen Betriebsbedingungen entweichen. Es handelt sich um ein Überdrucksystem, in dem Wassertemperaturen von über 100° C entstehen können. Bei Erwärmung dehnt sich das Kühlmittel aus und steigt höher; die dabei zusammengedrückte Luft entweicht durch ein Ventilsystem im Kühlerverschluß, wie auf Seite 93 näher beschrieben wird. Ein verschlossenes Kühlsystem bietet auch den Vorteil, Korrosionseinflüsse zu verringern.

Kühlmittelstand kontrollieren

Pflegearbeit Nr. 2

Als Maß für den Kühlmittelstand dient eine Markierung im Einfüllstutzen des Kühlers: Es wird nach Lösen des Verschlußdeckels sichtbar. Bei kaltem Motor soll das Kühlmittel bis zur unteren Markierung reichen, während es erwärmt die obere Marke benetzen kann.
Die Prüfung des Kühlwasserstands soll alle 500 km oder wenigstens einmal wöchentlich geschehen, also immer dann, wenn man auch den Ölstand im Motor kontrolliert. Dabei bewährt sich die auch bei der Ölstandkontrolle praktizierte Methode, die Prüfung vor Antritt der Fahrt vorzunehmen, wenn der Motor noch kalt ist. Bei heißem Kühler darf man wegen der Gefahr einer Verbrühung durch herausgepreßtes Wasser den Kühlerverschluß nicht sogleich lösen. Vielmehr muß eine entsprechende Abkühlung abgewartet werden. Besteht unterwegs Verdacht auf Kühlmittelverlust (höhere Temperaturanzeige) und man hat es eilig, kann man den Verschluß mit einem Lappen bis zur ersten Raste öffnen, wonach der Dampf entweicht. Sicherheitshalber sollte aber stets ein Absinken der Temperaturanzeige unter 90° C abgewartet werden.
Wichtig: Kaltes Wasser in den Kühler nur bei abgekühltem Motor nachgießen. Bei warmem Motor darf nur nachgefüllt werden, wenn der Motor läuft (Wasserpumpe wälzt das Kühlmittel um), sonst können Wärmespannungen Zylinderblock und Zylinderkopf verziehen. Ein heißer Motor kann durch kaltes Wasser buchstäblich zerspringen. Warmes Wasser darf man natürlich nachfüllen.

Das Kühlmittel

Die Kühlanlage sollte eine Dauerfüllung enthalten, die nur zum Teil aus reinem Wasser besteht. Wichtige Bestandteile dieser Flüssigkeit sind korrosionsverhütende und vor Frost schützende Mittel. So wird vor allem der Kühler vor chemischen Anfressungen und Rost behütet. Ferner verhindert ein kalkbindendes Mittel die Bildung von Kesselstein, der die Kühlwirkung herabsetzen würde. Das beigefügte Frostschutzmittel (allgemein Äthylenglykol, auf Alkoholbasis) kann schließlich noch als Schmiermittel für die Wasserpumpe wirken. Ohne Gefrierschutz beträgt der Siedepunkt des Kühlmittels im Überdrucksystem etwa 118° C. Korrosionsschutzöl braucht dem Kühlmittel nicht beigefügt zu werden.
Der schon werkseitig eingefüllte Dauerschutz hält das Kühlmittel bis etwa −30° C flüssig. Näheres über Frostschutzmittel im Kühlsystem ist auf Seite 50 gesagt. Dort wird auch erwähnt, daß eine konservierende Dauerfüllung möglichst nicht durch reines Wasser ersetzt werden soll. Mußte unterwegs einmal Wasser nachgegossen werden, ist spätestens vor Einsetzen der kalten Jahreszeit die Kühlerfüllung »auszuspindeln«, um die eventuell notwendige Menge Frostschutzmittel zu ermitteln. Das macht jede Tankstelle.

Kühlflüssigkeit wechseln

Pflegearbeit Nr. 58

Bei Arbeiten an der Kühl- und Heizungsanlage muß das Kühlmittel abgelassen werden. Um es später wieder verwenden zu können, fängt man es in einem Behälter auf, den man unter die Ablaßschraube am Kühler aufstellt. Zum vollständigen Ablassen des Kühlwassers aus dem Motor ist die Ablaßschraube, die rechts am Motor in Höhe des Anlassers sitzt, herauszudrehen (anschließend wieder gut einschrauben).

Ganz allgemein sollte aber das Kühlmittel alle drei Jahre gewechselt werden. Das ist erforderlich, weil die schützenden Eigenschaften des beigemischten Gefrierschutzes nach dieser Zeit nachgelassen haben oder buchstäblich »verwässert« worden sind. Was sonst noch zur Frostschutzfüllung zu sagen ist, lesen Sie bitte auf Seite 50 nach.

Der Kühler

Zahlreiche, senkrecht angeordnete dünnwandige Rohre verbinden den oberen und unteren Kunststoff-Wasserkasten des Kühlers. Zur Vergrößerung der Kühlflächen dienen zwischen diesen Röhrchen vorhandene dünne Bleche. Rohre und Bleche bestehen aus Kupfer und Messing, neuerdings auch aus Aluminium, und können nicht rosten. Zwei Gummipuffer stellen die untere Lagerung des Kühlers dar und oben ist er am Vorbau mit zwei Klammern befestigt. Links unten sitzt die Ablaßschraube (Schlitzschraube), die zum Schutz gegen Verlust am Schaft mit einem Sicherungshaken versehen ist. Die Wagen mit automatischem Getriebe haben einen anderen Wasserkühler, an den die Schläuche für die Ölkühlung unten angeschlossen sind.
Links am Kühler des 250 mit Klimaanlage ist noch ein Aluminium-Luftölkühler für den Motorölkreislauf angebracht. Er braucht keine Ablaßschraube.
Undichtheiten des Kühlers kann die Werkstatt (es gibt auch spezielle Kühlerbau-Firmen) mit einem Kühlerprüfgerät ermitteln. Dazu kann der Motor im Leerlauf drehen, muß aber in jedem Fall betriebswarm sein, und die Temperaturschalter auf der Mittelkonsole sollen eingeschaltet sein. Das Gerät wird statt des Verschlußdeckels auf den Einfüllstutzen gesetzt und bringt in das Kühlsystem einen Druck bis zu 1,3 bar (Drücke darüber gefährden die Lötstellen). Undichte Stellen zeigen sich an ausfließendem Kühlmittel. Fällt dagegen der von der Meßuhr angezeigte Druck ohne Austritt von Kühlmittel ab, deutet dies auf einen Defekt im Motor (beschädigte Zylinderkopfdichtung, Gehäuseriß).
Abdichtende Reparaturen sind in Eigenarbeit nicht möglich; im Handel erhältliche Kühlerdichtungsmittel sorgen meist nur für vorübergehende Abdichtung. Unterwegs tut es zur Not auch Kaugummi, sofern der Motor nicht zu heiß gefahren wird und das Loch nicht zu groß ist. Der schadhafte Kühler muß ausgebaut und in einer Fachwerkstatt repariert werden. Größere Reparaturen lohnen sich meistens finanziell nicht – ein neuer Kühler ist dann billiger.

Kühl- und Heizungsanlage auf Dichtheit prüfen

Pflegearbeit Nr. 22

Auf die eben beschriebene Weise kann die Dichtheit des gesamten vom Kühlmittel durchflossenen Systems geprüft werden. Sie können die Kühlanlage natürlich auch selbst kontrollieren: Dabei untersucht man vor allem an den Schlauchanschlüssen, ob dort Kühlmittel ausgetreten ist. Durch Augenschein kann man sich ferner davon überzeugen, ob der Kühler dicht ist. Bei heißem Motor, wenn im Kühlsystem Überdruck herrscht, ist diese Prüfung aufschlußreicher, weil dann eine undichte Stelle eher die Kühlflüssigkeit freiläßt.
Undichtigkeiten können auch an dem angeschlossenen Heizsystem auftreten. Ähnlich wie ein Defekt am Kühler möglich ist, kann der Heizkörper (Wärmetauscher) die Ursache von Wasserverlust sein. Dieses Gerät muß dann ausgewechselt werden.
Durch Alterung porös gewordene Schläuche können ebenfalls wasserdurchlässig werden und sogar (durch den bestehenden Druck im geschlossenen Kühlsystem) platzen. Damit man nicht von solchen Pannen überrascht wird, prüft man durch Kneten der Schläuche, ob sie verhärtet sind. Wird kein Dauerfrostschutz verwendet, quellen die Wasserschläuche im Laufe der Jahre auf. Neue Formschläuche sind als Ersatzteile beim Mercedes-Service vorrätig. Schlauchschellen sind daneben im Zubehörhandel erhältlich. Man darf diese Schlauchschellen

im Motorraum aber nicht bei jeder Prüfung fester anziehen, vielmehr sind sie nur nachzuziehen, wenn es wirklich erforderlich sein sollte.

Der Kühlerverschluß

Die Einfüllöffnung des Kühlers ist mit einem Deckel verschlossen. Er besitzt einen »Renkverschluß« mit Dichtung und schließt den Kühler nach außen vollkommen ab. Die tellerförmige Druckplatte am Fuß des Deckels preßt sich durch Federdruck auf den Innenrand des Stutzens. Diese Druckplatte sorgt als Sicherheitsventil für Druckausgleich, wenn die Temperatur etwa 120° C überschreitet und wenn der Innendruck des Kühlsystems höher als die Federkraft ist. Dieser Druck liegt bei 1,0 bar, was auch die auf dem Deckel eingeprägte Zahl »1000« aussagt. Nach Öffnung des Ventils kann die Flüssigkeit oder deren Dampf durch die seitlich am Stutzen abzweigende Leitung ins Freie entweichen.
Umgekehrt kann der durch Abkühlung entstehende Unterdruck Luft in den Kühler einströmen lassen, da sich dann das in der Mitte befindliche Unterdruckventil öffnet. Es handelt sich also um einen speziellen Verschluß, daher darf ein zufällig passender Verschlußdeckel eines anderen Fabrikats auf keinen Fall verwendet werden, weil die Federspannung jeweils auf spezielle Druckverhältnisse abgestellt wurde.
Gelegentlich reinigt man das Innere der Kühlerverschlußkappe von Rückständen, die sich dort ablagern. Dadurch wird die Freigängigkeit der Ventile gesichert.

Der Thermostat

Dieses Gerät dosiert die Fördermenge des Kühlwasserumlaufs in Abhängigkeit von der Temperatur. Der Thermostat bewirkt, daß bei kaltem Motor nur ein Teil des Kühlmittels auf kurzem Weg zirkuliert, wodurch es sich sehr schnell erwärmt. Das Kühlmittel fließt dabei aus dem Zylinderblock über die Wasserpumpe wieder zurück in den Zylinderblock. Wird das Wasser wärmer, öffnet der Thermostat den Zugang vom Kühler, und zwar nicht sofort voll, sondern er läßt eine von der Temperatur abhängige Wassermenge hindurch. So mischt sich warmes mit kaltem Wasser. Bei voll geöffnetem Thermostat ist der kurze Weg geschlossen und der Kreislauf nur durch den Kühler frei.
Die Arbeit des Thermostaten ist vor allem in der kalten Jahreszeit wichtig. Er verhilft dem Motor rasch zu seiner günstigen Betriebstemperatur, was dessen Lebensdauer und der Schmierfähigkeit des Öls zuträglich ist, und auch die Heizung gibt dann schneller Wärme ab. Der Thermostat im Mercedes beginnt bei 85° C zu öffnen.
Allerdings kann ein Thermostat einmal ausfallen. Wie bei anderen Fabrikaten, kommt auch im Mercedes ein sogenannter Wachsthermostat zum Einbau, der

Der Kühlerverschluß trägt die Kennzahl 1000. Sie besagt, daß das Druckventil des Kühlerverschlußdeckels erst bei 1,0 bar Überdruck öffnet. Durch diesen Überdruck wird im heißen Kühlsystem der Siedepunkt des Wassers auf etwa 120° C erhöht.
Die große Feder im Kühlerverschlußdeckel drückt die Verschlußplatte auf den Stutzen, so daß sich im Kühlsystem Überdruck bilden kann. Die Dichtplatte sorgt als Sicherheitsventil für Druckausgleich, und über das Ausgleichsrohr kann bei Überdruck Dampf oder überschüssiges Wasser austreten. Umgekehrt kann bei Abkühlung Luft über Ausgleichsrohr und Ausgleichsventil nachströmen, wenn der Außendruck um etwa 0,05 bar höher liegt.

Das Thermostatgehäuse besteht aus zwei Teilen, die durch Schrauben verbunden sind. Wie auf dieser Seite beschrieben, läßt sich das in dem Gehäuse untergebrachte Thermostat ausbauen, wenn es einmal defekt werden sollte.

bei Defekt in Schließstellung geht. Ebenso ist es schon vorgekommen, daß sich ein Schmutzpartikel am Thermostat festsetzte und dessen Öffnungshub begrenzte. Das dann nur im kurzen Kreislauf zirkulierende Wasser erhitzt sich schnell und zwingt – wegen drohendem Motorschaden! – zur Abhilfe.
Ein solcher Schaden tritt gewöhnlich unterwegs ein. Dann muß man den Thermostaten ausbauen – man kann auch ohne ihn fahren. Er sitzt am Motor ganz vorne rechts (Bild oben). Vor dem Ausbau ist eine entsprechende Menge Kühlmittel abzulassen und in einem Behälter aufzufangen, um es danach wieder verwenden zu können. Sollte das unterwegs nicht möglich sein, muß die beim Öffnen des Thermostatgehäuses entwichene Flüssigkeitsmenge vor der Weiterfahrt durch klares Wasser ersetzt werden. Das Gehäuse läßt sich durch Herausdrehen der gewöhnlich nach vorn gerichteten Sechskantschrauben öffnen (es gibt auch andere Ausführungen). Den Gehäusedeckel drückt man mit dem angeschlossenen Schlauch nach vorn und der Thermostat läßt danach sich entnehmen.
Die Dichtfläche des wieder festgeschraubten Gehäusedeckels wird nach dieser Improvisation womöglich nicht mehr fest abschließen, darum müssen Temperaturanzeige und Kühlmittelstand laufend beobachtet werden. Eine Werkstatt ist so bald wie möglich aufzusuchen, wo man auch über einen passenden Abdichtring verfügt.
Die soeben beschriebene »liegende« Anordnung des Thermostaten trifft bei Wagen mit Klimaanlage nicht zu; aus Platzgründen ist das Gehäuse dort »stehend« angebracht, im Aufbau aber prinzipiell gleich.

Die Wasserpumpe

Während des Motorlaufs zwingt die Wasserpumpe das Kühlmittel in einen ständigen Kreislauf. Diese Pumpe sitzt vorn am Motor. Sie wird über den Keilriemen durch die Kurbelwelle angetrieben.
Störungen an der Wasserpumpe bewirken, daß sie undicht wird. An mahlenden oder heulenden Geräuschen erkennt man, daß die Lager schadhaft geworden sind. Dann muß die Pumpe repariert oder ausgewechselt werden. Kontrolle: Keilriemen abnehmen und Motor kurz laufen lassen. Ist das Geräusch dabei verschwunden, sind nur die Wasserpumpe oder die Lichtmaschine als Urheber zu betrachten.
Arbeiten an der sonst wartungsfreien Wasserpumpe überläßt man der Werkstatt. Ein praktisch veranlagter Heimwerker kann sie immerhin ausbauen. Zu ihrer Überholung braucht man jedoch besondere Werkzeuge, die man gewöhnlich nicht zur Verfügung hat, und neue Dichtungen.

Der Kühlerventilator

Der Antrieb der Wasserpumpe wirkt zugleich auf den Kühlerventilator (Lüfter). Er dreht sich jedoch nicht immer in Abhängigkeit von der Motordrehzahl, sondern er besitzt eine sogenannte Visco-Kupplung. Diese arbeitet bei den Modellen 200 und 230 und beim 250 mit Klimaanlage temperaturabhängig und stufenlos.

Diese hydraulische Kupplung hat eine Ölfüllung zur Regulierung der Lüfterdrehzahl. Zwei Kammern an der Stirnseite des Lüfters können das Öl aufnehmen und die Drehzahl wird von dem Vorhandensein in der einen oder anderen Kammer beeinflußt. Die Arbeitsweise ist folgende:

Bei kaltem Motor befindet sich das Öl im »Arbeitsraum«, wo es eine Antriebsscheibe mitnimmt – es ist eingekuppelt. Durch die Fliehkraft gelangt das Öl innerhalb von drei Minuten in den »Vorratsraum« und die Lüfterkupplung schaltet ab. In diesem (ausgekuppelten) Zustand hängt die Lüfterdrehzahl von der Motordrehzahl ab, aber sie beträgt maximal nur 2100/min. Bei höherer Motorbelastung oder bei hohen Außentemperaturen steigt auch die Kühlwassertemperatur und die Luft, die durch den Kühler strömt, wird ebenfalls wärmer. Die Luft trifft auf einen Bimetallstreifen an der Front der Ventilatornabe. Mit zunehmender Wärme verändert das Bimetall seine Form, gibt über einen Druckstift ein Ventil frei und öffnet somit den Weg für das Öl vom Vorratsraum in den Arbeitsraum. Damit wird die Lüfterkupplung wieder eingeschaltet. Dieser Vorgang geschieht bei einer Wassertemperatur von 90–95°C, wobei die auf das Bimetall treffende Luft eine Temperatur von rund 73°C hat. Bei eingeschalteter Kupplung steigt oder fällt die Lüfterdrehzahl im gleichen Verhältnis mit der Motordrehzahl, jedoch dreht der Lüfter nie schneller als mit 3500/min.

Man kann die Einschaltung überprüfen. Dazu läßt man den normal betriebswarmen Motor mit 4000–4500/min im Stand laufen. Bei Erreichen der Kühlwassertemperatur von 90–95°C muß sich die Drehzahl des Lüfters um 1000/min erhöhen. Das kann man deutlich hören.

Bei der Visco-Lüfterkupplung am Motor des Modells 250 ohne Klimaanlage ist die Lüfterdrehzahl von der Motordrehzahl abhängig. In dieser Kupplung regelt ein federbelasteter Ventilhebel aufgrund der Fliehkraft den Kreislauf einer ölartigen Übertragungsflüssigkeit, indem er je nach Drehzahl eine Durchflußbohrung öffnet oder schließt. Bis zu einer Motordrehzahl von etwa 3900/min läuft der Lüfter proportional zur Motordrehzahl mit. Dabei wird die Lüfterdrehzahl von etwa 1800/min, bedingt durch die Übersetzung des Riementriebs und den Schlupf in der Visco-Kupplung, nicht überschritten. Bei weiter steigender Motordrehzahl fällt die Lüfterdrehzahl auf etwa 1000/min ab und erreicht bei Höchstdrehzahl des Motors wieder rund 1200/min.

Zur Prüfung der Abschaltung erhöht man langsam den Motorlauf. Bei etwa 3900/min muß das Absinken der Lüfterdrehzahl hörbar sein. Ebenso hört man das Einschalten der Lüfterkupplung beim Absinken der Motordrehzahl unter etwa 3300/min.

Die Kupplungen sind wartungsfrei. Wenn an ihnen ein Defekt auftritt, müssen sie ersetzt werden, da man sie nicht reparieren kann.

Die richtige Keilriemenspannung

Wasserpumpe und Lichtmaschine werden durch den Keilriemen angetrieben. Auf der Seite 176 ist alles Wissenswerte über Keilriemen und ihre richtige Spannung erklärt. Hier sei nochmals eindringlich darauf hingewiesen, daß man bei Weiterfahrt mit gerissenem Keilriemen, also ohne Wasserpumpenantrieb, schwere Schäden am Motor riskiert. Sie sollten deshalb unbedingt einen Ersatzriemen mitführen.

Auf der nächsten Seite ist die Anordnung der Keilriemen gezeigt:

A – Keilriemen zum Antrieb von Lichtmaschine und Wasserpumpe, B – Keilriemen zum Antrieb der Lenkhelfpumpe, C – Keilriemen zum Antrieb des Kältekompressors; 1 – Kurbelwelle, 2 – Wasserpumpe, 3 – Lichtmaschine, 4 – Kältekompressor, 5 – Spannrolle, 6 – Lenkhelfpumpe.
Die Keilriemen sind richtig gespannt, wenn sie sich unter kräftigem Daumendruck gerade noch federnd eindrücken lassen.

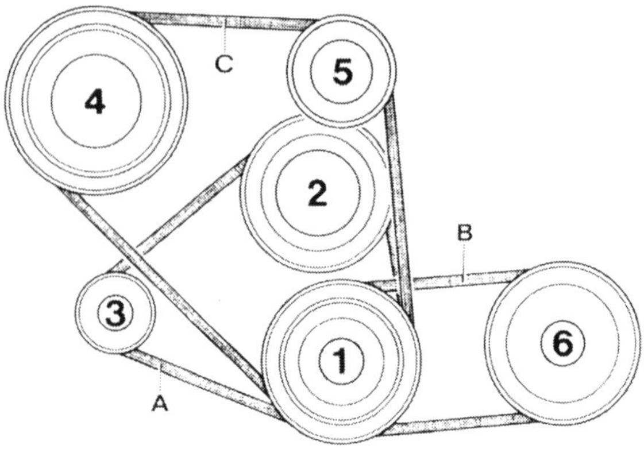

Überhitzter Motor

Wenn der Motor zu heiß wird, rückt der Zeiger der Kühlmitteltemperaturanzeige zum oberen Skalenende. Diese Meldung kommt von dem Thermofühler, der links am Zylinderkopf sitzt. Die rote Marke in der Temperaturanzeige gilt als Höchstgrenze nur, wenn das Kühlmittel eine bis – 30° C wirksame Frostschutzfüllung enthält. Schwächere Gefrierschutzkonzentration oder gar reines Wasser haben einen entsprechend niedrigeren Siedepunkt zur Folge.

Herrschen niedrige Außentemperaturen, ist die Anzeige ebenso bedeutungsvoll. Wenn nämlich der Thermostat in geöffneter Stellung klemmt, durchläuft das Kühlmittel dauernd den großen Kreislauf durch den Kühler und der Motor erreicht nur sehr langsam die nötige Betriebstemperatur. Dann ist für Abhilfe zu sorgen. Bei einwandfreien Verhältnissen, im Normalbetrieb, mahnt die Temperaturanzeige vor übermäßiger Belastung des Motors, weil erst voll beschleunigt werden soll, wenn er seine Betriebstemperatur erreicht hat.

Einer möglichen Überhitzung bei hohen Außentemperaturen begegnet man durch eine gemäßigte Fahrweise. Wenn unterwegs die Kühlwasseranzeige dennoch in den Warnsektor tritt, hält man an, ohne den Motor abzustellen. Die weiterlaufende Wasserpumpe sorgt dann im Verein mit dem Lüfter bei Leerlauf für Abkühlung und es tritt kein Hitzestau auf, wie er sich bei sofort abgestelltem Motor ergeben könnte.

Bei sich anbahnender Überhitzung im Sommer steht ein weiterer »Kühler«, nämlich die Heizung, zur Verfügung. Mit ihrer Hilfe kann man eine momentane Übertemperatur (Paßfahrt im Sommer in Kolonne) wieder senken. Dazu beide Heizungsschalter und das Gebläse einschalten. Auf diese Weise entzieht die Heizanlage dem Kühlmittel Wärme.

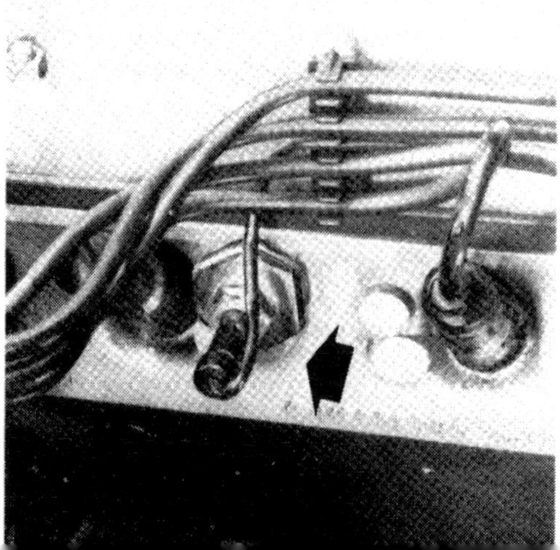

Der Temperaturfühler, hier am Sechszylindermotor. Siehe dazu auch Seite 215, Abschnitt »Die Kühlwasseranzeige«.

Die Heizung

Für das Wohlbefinden im Wagen bei allen Außentemperaturen steht eine Heizungs- und Entlüftungsanlage zur Verfügung. Im wesentlichen besteht die Heizung aus einem Wärmetauscher, der mit dem Kühlsystem verbunden ist, und aus Lufteinlässen vor der Windschutzscheibe. Ein Gebläse mit drei Geschwindigkeiten kann frische oder erwärmte Luft dosiert und gemischt durch verschiedene Kanäle in den Innenraum und an die Windschutzscheibe schicken.
Auch im Sommer ist es ratsam, gelegentlich die beiden Heizungsschalter zu bedienen, um sich davon zu überzeugen, daß sie im Winter funktionieren. Wenn nämlich die Heizungsventile über längere Zeit hinweg überhaupt nicht bewegt werden, kann es vorkommen, daß sie sich durch Rückstände in der Kühlflüssigkeit zusetzen. Diese Heizungsventile sitzen in einem an Wasserschläuche angeschlossenen Gehäuse im Motorraum hinten. Mit den Schaltern sind sie über Drahtzüge verbunden, und zwar reagiert das linke Ventil auf die Betätigung des rechten Schalters und der linke Schalter bedient das rechte Ventil (siehe Bild unten).
Wenn das Ventilgehäuse (Daimler-Benz spricht dabei von »Wasserhahn«) ausgebaut werden soll, sind zuvor etwa 2 Liter Kühlwasser abzulassen. Dann alle Schlauchbinder am Wasserhahn lösen und die Schläuche abziehen. Die beiden Drahtbügel werden von den Hebeln ausgehängt und schließlich kann man die Befestigungsschraube für das Gehäuse herausdrehen. Schwergängigkeit der beiden Hebel, hervorgerufen durch Ablagerungen des Kühlwassers, kann man in einem Bad mit kalklösendem Mittel versuchen zu beheben, andernfalls muß ein neuer Wasserhahn eingebaut werden.
Der Ausbau des Heizungskastens in eigener Arbeit ist nicht empfehlenswert, weil damit sehr umfangreiche Demontagen verbunden sind. Desgleichen verlangt der Einbau einen vorgeschriebenen Arbeitsablauf und das Einhalten bestimmter Maße. Erst nach Ausbau des Heizungskastens wird der Wärmetauscher zugänglich, der somit auch kein Objekt für Bastelstunden ist.
Wenn der Gebläsemotor beim Einschalten nicht läuft, ist zuerst die Sicherung Nr. 10 zu überprüfen. Liegt dort und an den angeschlossenen Kabeln kein Defekt vor, wird man um die Demontage des Gebläses nicht herumkommen. Es ist zu erreichen, nachdem man die Abdeckung unter der Instrumententafel ausgebaut hat (zu diesem Zweck seitlich an der vorderen Türsäule und an der unteren Heizungsaustrittöffnung je eine Schraube herausdrehen, dann Abdeckung nach unten herausziehen). Von dem so freigelegten Gebläsemotor zieht man den Kabelstecker ab und dreht die daneben sitzende Schraube an der Kontaktplatte los. Die Kontaktplatte wird aufgeklappt, so daß man die darunter befindlichen beiden Anschlaghebel für den Vorwiderstand abziehen kann. Der Gebläsemotor läßt

Das Doppel-Regulierventil für die Innenraumheizung ist für Fahrer- und Beifahrersitz getrennt einstellbar. Dabei wird der im Motorraum rechts befindliche Ventilhebel (1) über den linken Drehgriff betätigt, und umgekehrt das in Fahrtrichtung links befindliche Ventil (2) über den rechten Heizregulierschalter.

sich aus seinem Gehäuse herausheben, wenn man die drei Befestigungsschrauben am Motorflansch herausgedreht hat.
Die richtige Funktion der Heizung und Lüftung kann nur während einer Probefahrt geprüft werden, wobei der Motor seine Betriebswärme erreicht haben muß.

Die Klimaanlage

Zusätzlich zu der eben beschriebenen Heizungsanlage gibt es als Sonderausstattung die Klimaanlage, mit deren Hilfe die Temperatur der Innenluft gesenkt werden kann. Zugleich wird der Luft Feuchtigkeit entzogen. Die Funktion der Klimaanlage ist von einem Kältekompressor abhängig, der sich im Motorraum oberhalb der Lichtmaschine befindet. Er wird von der Kurbelwelle über einen Keilriemen angetrieben, deshalb ist die Anlage nur bei laufendem Motor betriebsbereit.
Was auf Seite 176 über den Keilriemen zum Antrieb der Lichtmaschine gesagt ist, gilt auch für den Keilriemen der Klimaanlage. Dieser Keilriemen wird bei den Modellen 200 und 230 von einer Spannrolle links vor dem Motor straff gehalten. Zum Spannen des Riemens ist die Sechskantschraube am Halter der Spannrolle zu lockern. Dann läßt sich die Rolle nach außen drücken, und die Schraube ist wieder festzuziehen. Im Modell 250 ist die Dehnschraube in der Nabe der Spannrolle zu lösen, dann kann man durch Drehen der schräg sitzenden Spannschraube am Halter die Keilriemenspannung regulieren. Die Dehnschraube soll danach mit 16 Nm (1,6 kpm) festgezogen werden. Bei allen Modellen soll sich der Keilriemen zwischen den Riemenscheiben des Kältekompressors und der Spannrolle unter einem Druck von etwa 6 kp um 10 mm durchbiegen lassen.
Der Kältekompressor ist im Betrieb Schwingungen ausgesetzt, die dazu führen können, daß sich seine Befestigung lockert. Es steht zwar nicht besonders im Wartungsplan, doch kann es nicht schaden, gelegentlich den festen Sitz der Schrauben an seinem Träger zu überprüfen. Diese Schrauben und Muttern sind vorn am Motor und an dessen rechter Seite zu finden.
Zu der Anlage gehört ein Verdampfer mit Gebläse, das die Luft zum Heizungskasten drückt. Von dort kann die gekühlte Luft wie bei der normalen Heizungsanlage in verschiedene Wege gelenkt werden. Außerdem ist ein Zusatzlüfter eingebaut, dessen Relais von der Sicherung Nr. 12 geschützt ist. Ferner ist das Relais II der Klimaanlage durch die Sicherung Nr. 2 geschützt.

Flüssigkeitsstand der Klimaanlage kontrollieren

Pflegearbeit Nr. 28

In den Leitungen der Klimaanlage befindet sich ein gasförmiges Kältemittel der Marken Freon, Frigen, Genetron oder Kaltron mit der Qualitätsbezeichnung R 12. Die Füllmenge beträgt 1200 g. In der Anlage ist das Kühlmittel verflüssigt, und der Stand dieser Flüssigkeit soll alle 15 000 km kontrolliert werden.
Zu der Kontrolle muß der Motor laufen und die Klimaanlage eingeschaltet sein. Mit einem Blick auf den Flüssigkeitsbehälter (im Motorraum unterhalb der rechten Scheinwerferabdeckung) kann man feststellen, ob unter dem Schauglas die weiße Kugel schwimmt. Außerdem muß das Kältemittel blasenfrei unter dem Glas hinwegfließen. Schwimmt die Kugel jedoch nicht oder sind Blasen und Schaum unter dem Glas zu sehen, muß in der Werkstatt fehlendes Kältemittel nachgefüllt werden. Sollten mehr als 200 g nachzufüllen sein, muß auch noch die Dichtheit der Klimaanlage überprüft werden.

Kanalisation

Die Kraftstoffanlage beginnt, wie üblich, beim Tank. Sie setzt sich über die Kraftstoffleitung, in deren Verlauf eine mechanische Pumpe angeordnet ist, zum Vergaser fort. Normalerweise kommen an dieser Versorgungsleitung keine Schäden vor, aber es kann dennoch nützlich sein, über die Stationen, die der kostbare, energiespendende Saft durchfließt, Bescheid zu wissen. Allenfalls die Benzinpumpe könnte einmal Ärger bereiten, weshalb man ihr etwas Aufmerksamkeit schenken sollte.

Der Tank

Der Tank ist über der Hinterachse eingebaut; ein möglicher Auffahrunfall auf das Mercedes-Heck kann dem Kraftstoffbehälter also nichts anhaben. Sein Fassungsvermögen beträgt rund 65 Liter. Vor dem Ausbau (nicht rauchen, offenes Feuer vermeiden) ist die Batterie abzuklemmen.
Am Wagenboden wird ein Gefäß zum Auffangen des Tankinhalts bereitgestellt. Bei hinten angehobenem Wagen klemmt man den einzelnen, aus dem Bodenblech hervortretenden Kraftstoffschlauch etwa 10 cm hinter seinem Anschluß am Tank mit einer Klemme ab. Die in Richtung Motor nächstliegende Leitungsverbindung wird gelöst und nach Lösen der Klemme läßt man den Kraftstoff in den bereitgestellten Behälter ablaufen.
Weiterhin befinden sich unten am Tank zwei Leitungsanschlüsse: Rücklaufschlauch und Entlüftungsschlauch. Ersterer dient der Rückführung überschüssigen Kraftstoffs vom Vergaser. Den zweiten braucht der Tank zu seiner Be- und Entlüftung, da der absinkende Kraftstoff während des Betriebs sonst ein Vakuum entstehen lassen würde, was die Kraftstoff-Förderung behindert. Beim Befüllen des Tanks muß die dabei zusammengedrückte Luft entweichen können. Die Schlauchbinder dieser beiden Schäuche sind am Tank zu lösen und die Schläuche abzuziehen.
Danach läßt man den Wagen ab. Im Kofferraum wird die Gummimatte entnommen und die Seitenverkleidung ist abzubauen. Die Befestigungsschrauben für die Rückwand werden herausgedreht und die Rückwand herausgehoben. Zu beiden Seiten des jetzt freigelegten Tanks dreht man je zwei Muttern der Behälterbefestigung los. Links oben auf dem Tank wird der Kabelstecker vom Tauchrohrgeber abgezogen. Danach kann der Tank herausgezogen werden. Beim Einbau ist auf den richtigen Sitz der Gummimanschette am Kraftstoffeinfüllstutzen zu achten.
Der Tauchrohrgeber (siehe auch Seite 215) läßt sich bei eingebautem Tank demontieren. Dazu entnimmt man den Verbandskasten aus der Heckablage und danach die darunter befindliche Plastikschale. Kabelstecker vom Tauchrohrgeber abziehen und an einem Stück Draht aufhängen, damit er nicht wegrutscht. Mit einem Maulschlüssel kann man den Tauchrohrgeber herausschrauben. Der neue Tauchrohrgeber muß mit einem neuen Gummidichtring eingebaut werden. Vorher entfernt man den Sicherungsstift, der sich unter dem Klebezettel außen

Um das Filtersieb der Kraftstoffpumpe (1) zu entnehmen, wird die Deckelschraube mit Schraubenzieher oder Schraubenschlüssel SW 6 herausgedreht. Deckel (2) abheben und sofort hochhalten, weil sonst Benzin herausfließt. Um das weiter während der Arbeit zu verhindern, ist der Schlauch (5) zu knicken oder abzuklemmen. Unter dem Deckel befinden sich der Dichtring (3) und das Sieb (4). Pfeil: Einschraubrichtung der Deckelschraube.

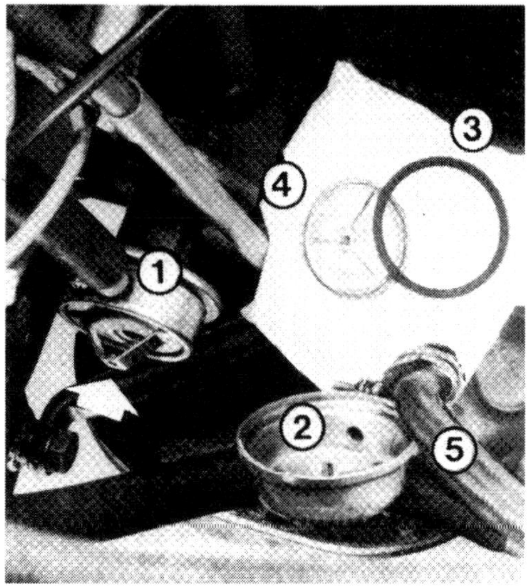

am Rohr befindet. Dann läßt sich das Gerät ohne Umstände in die Öffnung im Tank einsetzen. (Bei den Vorgängermodellen mußte noch ein Arretiernocken in der Aussparung am Gerätesitz einrasten, damit der Kabelstecker richtig eingeführt werden konnte.)

Der gefüllte Tank

Wenn man den Wagen für längere Zeit abstellt, sollte der Tank möglichst gefüllt sein. Das verhindert die Bildung von Kondenswasser. Wasser läßt den Tank rosten, und diese Verunreinigungen können die Arbeit der Benzinpumpe und des Vergasers stören. Außerdem ist Wasser dem Zinkspritzguß des Vergasers unzuträglich, weil sich dann Absonderungen bilden, die ebenfalls die Düsen und Bohrungen verstopfen können.
Einen aufgetankten Wagen soll man nicht in der prallen Sonne abstellen. Im Tank dehnt sich der Kraftstoff unter der Wärmeeinwirkung aus, denn in der Tankstelle befand er sich – vor Wärme geschützt – unter der Erdoberfläche.

Die Kraftstoffpumpe

Die herkömmliche Benzinpumpe, die man zerlegen, reparieren und wieder zusammenbauen konnte, wurde bei Daimler-Benz schon in vorangegangenen Modellen von einer Einheitspumpe abgelöst, an deren Innereien man nicht mehr herankommt.
Das Arbeitsprinzip dieser »Blechpumpe« blieb das gleiche wie früher: Sie saugt das Benzin vom Tank her durch die Kraftstoffleitung an und sorgt für die wohldosierte Zufuhr zum Vergaser hin. Weil das Benzin trotz des Filtersiebs im Tank noch Verunreinigungen mit sich führen kann, die im Vergaser zu Verstopfungen der Düsen beitragen können, ist im Pumpenoberteil – wie früher auch – ein Kraftstoffsieb eingesetzt, das zur gelegentlichen Reinigung herausgenommen werden kann.
Da die Ventile in der Pumpe nur eingepreßt sind, kann es vorkommen, daß sie sich aus ihrem Sitz lösen. Dann ist die Arbeit der Pumpe gestört. Manchmal hilft leichtes Klopfen an das Pumpengehäuse, aber gewöhnlich muß die Pumpe ersetzt werden. Eine Ersatzpumpe im Kofferraum, besonders bei Auslandsreisen, ist eine recht gute Versicherung.
Bei den Mercedes-Modellen sitzt die Kraftstoffpumpe links am Motor, wo sie recht gut zugänglich ist. Mit einem Schraubenzieher wird die Schlitzschraube

auf dem Blechdeckel gelöst, worauf das Kunststoffsieb zu entnehmen ist. Das Sieb reinigt man in einem Napf mit Benzin und bläst es sauber. Nochmals: Ein weiteres Demontieren der Pumpe ist nicht möglich.
Besteht der Verdacht, daß die Pumpe nicht mehr ordnungsgemäß Kraftstoff fördert, wird zur Kontrolle der Anschluß der Kraftstoffleitung zum Vergaser gelöst. Zum Auffangen des auslaufenden Benzins einen saugfähigen Lappen unter den gelösten Anschluß legen. Dann dreht man den Motor mit dem Anlasser durch und beobachtet, ob aus dieser nun offenen Leitung Benzin heraussprudelt. Läuft der Kraftstoff nur in einem mageren Rinnsal oder eventuell in unregelmäßigen Abständen, dann ist die Pumpe nicht in Ordnung und muß ausgetauscht werden.
Zur Demontage vom Motor löst man Saug- und Druckschlauch an der Pumpe und zieht die Schläuche ab. Der Tank heranführende Schlauch wird abgeklemmt (Schlauch knicken und Wäscheklammer hinter dem Knick anklemmen oder Schlauch nach Lösen desselben mit Kugelschreiber o. ä. verstopfen). Danach schraubt man die beiden Schrauben SW 13 los, mit der die Pumpe befestigt ist. Zwischen Pumpe und Motor sitzen drei Dichtungen: eine Papierdichtung, eine Steinasbestdichtung und eine weitere Papierdichtung. Neue Papierdichtungen gibt es zusammen mit der neuen Benzinpumpe, und beim Anbau ist darauf zu achten, daß die dicke Asbestdichtung zwischen die Papierdichtungen angeordnet wird.

Kraftstoffanlage auf Dichtheit prüfen

Pflegearbeit Nr. 23

Sämtliche Anschlüsse der Kraftstoffleitungen müssen völlig dicht auf ihren Anschlüssen sitzen. Die Schläuche sind mit schraubbaren Schlauchbindern auf den Rohrstutzen befestigt. Die Sichtprüfung nimmt man möglichst bei laufendem Motor vor: Wo Kraftstoff an den Anschlüssen hervortritt (auch wenn es nur geringe Flüssigkeitsspuren sind), müssen die Schlauchbinder nachgezogen werden.
Die Schlauchbinder dürfen aber nicht »auf Block angezogen« werden, womit gemeint ist, daß sich die Schellenenden, die der Schraube als Führung dienen, nicht berühren dürfen, sonst wird der Schlauch zerquetscht. Zu kontrollieren sind alle Anschlüsse im Motorraum (Kraftstoffpumpe, Vergaser) und unter dem Wagenboden am Tank. Undichte Schläuche oder Leitungen erneuern.

Mischmaschinen

Vergaser sorgen für die Zubereitung der »Kraftstoff-Luft-Speise«. Sie müssen in vieler Hinsicht dem betreffenden Motor angepaßt sein, weswegen vielerlei Vergasertypen anzutreffen sind.
Für die hier beschriebenen Mercedes-Modelle sind zwei wesentlich voneinander abweichende Vergaser-Typen vorgesehen. Wenn Sie sich die auf den Vergaser in Ihrem Auto besonders bezogenen Ausführungen der folgenden Seiten markieren, haben Sie im Bedarfsfall einen schnelleren Überblick.

Was sich im Vergaser tut

Es ist Aufgabe des Vergasers, Kraftstoff und Luft in ein entflammbares »Gemisch« zu verwandeln, also eine Flüssigkeit mit einem Gas zu mischen. Dieses Verhältnis darf nicht zu fett (zuviel Benzin) und nicht zu mager sein. Die Menge und die Zusammensetzung des Gemischs müssen sich regulieren lassen, wodurch man Geschwindigkeit und Leistung des Wagens bestimmen kann. Verschiedene gesonderte Einrichtungen im Vergaser verhindern eine Veränderung der Benzin-Luft-Menge durch äußere Einflüsse. Leerlauf und Vollast, plötzlicher Gaswechsel, Steigungen und Gefälle, niedriger Luftdruck (Gebirge), Hitze, Kälte und Luftfeuchtigkeit sind Faktoren, die sich auf die Arbeitswese des Vergasers auswirken.
Heutige Vergaser erfüllen ihre Aufgaben zuverlässig. Diese Tatsache war Voraussetzung für ihre vom Gesetzgeber vorgeschriebene umweltfreundliche Arbeitsweise, bei der die Motoren relativ schadstoffarme Abgase ausstoßen. Hand in Hand damit geht jedoch eine äußerst exakte Justierung der Vergaser, die bereits beim Vergaser-Hersteller erfolgt. Nachträgliche Einstellungen können nur von geschultem Fachpersonal unter Zuhilfenahme spezieller Instrumente ausgeführt werden. Um unbefugte Änderungen an der Einstellung zu verhindern, ist es seit einigen Jahren Vorschrift, daß die Autos mit plombierten Regulierschrauben (Eingriffsicherungen) am Vergaser geliefert werden. Dabei handelt es sich gerade um diejenigen Einstellschrauben, an denen man früher schnell einmal herumdrehen konnte. Es gibt nur noch sehr begrenzte Möglichkeiten der Beeinflussung, etwa zur Korrektur der Leerlaufdrehzahl.

Welcher Vergaser ist eingebaut?

Die Modelle 200 (Motor 115 938) sowie 230 und 230 C (Motor 115 954) sind mit einem Stromberg-Gleichdruckvergaser 175 CDTU ausgerüstet. Daimler-Benz verwendet diesen Vergasertyp seit 1968 bei den kleinen Vierzylinder-Modellen. Der Sechszylindermotor 123 920 im Modell 250 ist mit einem Solex-Fallstrom-Doppelregistervergaser 4 A 1 bestückt.
Diese Vergaser werden von der Pierburg GmbH & Co. KG, Leuschstraße 1, 4040 Neuß 13, hergestellt (die Firmierung lautete bis Ende 1977 Deutsche Vergaser-Gesellschaft). Ersatzteile erhält man in Mercedes-Werkstätten oder in Vertragswerkstätten von Pierburg. Letztere sind gewöhnlich auch als Solex-Dienste bekannt.

Vergaser Stromberg 175 CDTU

Dieser Flachstromvergaser arbeitet im Gegensatz zu sonst üblichen Vergasern nach dem Prinzip des konstanten Unterdrucks mit veränderlichem Lufttrichter- und Nadeldüsenquerschnitt (die Buchstaben CD entstammen dem Englischen: constant depression). Gewissermaßen stellt er eine Kombination von Schieber-Vergaser – von Motrorrädern her bekannt – und bei Automotoren gebräuchlichen Drosselklappen-Vergasern dar. Bei letzteren ist der Unterdruck, der das Kraftstoff-Luft-Gemisch in den Motor saugt, wegen der veränderlichen Öffnungsweiten im Durchlaß nie gleichmäßig. Die Bezeichnung »Gleichdruckvergaser« beim Stromberg-Vergaser rührt her von dem nahezu gleichbleibenden Unterdruck an der Nadeldüse in allen Drehzahl- und Lastbereichen des Motors. Die Steuerung des Querschnitts von Lufttrichter und Nadeldüse geschieht in Abhängigkeit von der Drosselklappenöffnung, der Motordrehzahl und der Motorbelastung. Dabei wird der Gemischbedarf des Motors von Leerlauf bis Vollast durch ein einziges, variables Düsensystem stufenlos geregelt.
Gegenüber vorangegangenen Ausführungen wurden bei dem Vergaser Änderungen zur Vereinfachung der Wartungs- und Einstellarbeiten getroffen. Als Besonderheit besitzt er ein Kolbenumluftsystem, das den Nadeldüsenbereich umgeht und am Eingang mit einer Regulierschraube versehen ist. Hier kann die Zusammensetzung des Kraftstoff-Luft-Gemisches und somit der CO-Gehalt (Kohlenmonoxyd) im Leerlauf korrigiert werden. Außerdem ist die Einrichtung zur teilweisen Umführung des Leerlaufgemisches um die Drosselklappe direkt in das Saugrohr mit der Leerlaufgemisch-Mengenregulierschraube (Umgemisch-Einstellschraube) eingesetzt, die eine Regulierung der Leerlaufdrehzahl ohne Veränderung des Winkels der Drosselklappe ermöglicht. Letztere ist in ihrer Leerlaufstellung auf einen bestimmten Grundwert fixiert.

Teile des Vergasers

Der Vergaser besteht aus den vier miteinander verschraubten Hauptteilen: Schwimmerkammer, Vergasergehäuse, Vergaserdeckel, Starteinrichtung. Zwischen diesen ist jeweils eine Dichtung angebracht.
Die Schwimmerkammer sitzt unten am Vergasergehäuse. Sie enthält einen Doppelschwimmer, der für gleichbleibendes Kraftstoffniveau in der Kammer sorgt. Sinkt dieses beim Lauf des Motors ab, sinkt auch der Schwimmer und öffnet über eine Nadel den Kraftstoffzufluß. Von unten in die Schwimmerkammer ist die Kraftstoff-Einstellschraube eingedreht (und von einer Kunststoffkappe als Eingriffsicherung geschützt), sie arretiert Düsenhalter und Nadeldüse gegen eine Druckfeder. Der Düsenhalter ist mit Bimetallscheiben versehen, die auf die Umgebungstemperatur reagieren und durch ihre Ausdehnung die Nadeldüse geringfügig bewegen, wobei sich der Querschnitt zwischen Nadel und Düse verändert.
Das Vergasergehäuse trägt an seiner Unterseite den bereits erwähnten Schwimmer und das Schwimmernadelventil. Im Gehäuse ist die Drosselklappenwelle mit der Drosselklappe gelagert. Der Drosselhebel ist mit einer Anschlagschraube versehen, die gegen Verstellen gesichert ist. Eine Zugfeder zwischen Drosselhebel und Flansch zieht die Drosselklappe in Schließstellung. Zwischen Drossel- und Starterhebel befindet sich eine Gewindestange zur Einstellung der sogenannten Schnell-Leerlaufdrehzahl. Am anderen Ende der Drosselklappenwelle ist bei Wagen mit automatischem Getriebe oder auch mit Klimaanlage ein Anschlaghebel für den unterdruckgesteuerten Drehzahlregler (Klappensteller) verbunden. Zwischen Drehzahlregler und Unterdruckentnahme am Flansch (ohne Farbring) verläuft eine Schlauchleitung. Außerdem ist am Flansch ein Massekabel befestigt.
Am Vergasergehäuse ist auch die Starteinrichtung angebracht sowie der Kraft-

stoffanschluß mit dem unterdruckgesteuerten Kraftstoffrücklaufventil. Dieses und die Unterdruckentnahme am Flansch verbindet ein Schlauch. Ferner sind am Flansch noch Unterdruckanschlüsse für die Zündfrühverstellung (roter Farbring) und für die Ansaugluftvorwärmung (blauer Farbring) vorhanden.
Im Vergasergehäuse befinden sich noch der Kolben mit federnd gelagerter Düsennadel sowie die Kolbenmembrane. Letztere dient auch als Dichtung zwischen Vergasergehäuse, Vergaserdeckel und Kolben. Kolbengewicht und eine Feder zwischen Kolbenboden und Vergaserdeckel drücken den Kolben in Schließstellung.
Im Vergaserdeckel, der auf dem Vergasergehäuse festgeschraubt ist, sitzen die hohle Kolbenführungsbuchse mit Führungsrohr und Dämpferkolben, der mit seinem Schaft in die Dämpferkappe eingepreßt ist. Diese ist von oben eingeschraubt. Der Hohlraum der Kolbenachse ist mit Öl gefüllt, das die Bewegungen des Luftkolbens dämpft und verhindert, daß er flattert, wobei der Kraftstoff stoßartig austreten würde. Aus dem Ölreserveraum im Vergaserdeckel kann über ein Rohr in den Dämpferschaft Öl nachfließen. Auf dem Vergaserdeckel ist der Verschlußdeckel des Öleinfüllstutzens befestigt.
Die Starteinrichtung ist elektrisch- und warmwasserbeheizt. Der Starterdeckel nimmt den elektrischen Anschluß, die Heizspirale und die Bimetallfeder auf. Starterhebel, Anschlaghebel, Drehfeder, Stufenscheibe, Starterschieber mit Membrane und Ventil sowie ein Starter-Anreicherungsventil sind Bauteile im Startergehäuse. Über dem Starterschieber ist der Pulldown, bestehend aus Unterdruckmembrane mit Stange und Feder, angeordnet. Seine Aufgabe wird noch erwähnt. Der Stangenhub darf nicht verändert werden. Die Starteinrichtung besitzt ein besonderes Zusatzluftsystem mit einem Luftkanal und mit einer Starterzusatzluft-Regulierschraube zur besseren Anpassung des Warmluftgemisches an den Motor.
Neben der bereits erwähnten Leerlaufgemisch-Mengenregulierschraube auf dem Saugrohr sitzt noch das Leerlaufabschaltventil. Es verhindert das Nachdieseln des Motors bei abgeschalteter Zündung. Dieses Abschaltventil ist elektrisch mit der Starterheizung parallelgeschaltet und verschließt den Leerlaufgemisch-Umführungskanal, sobald es stromlos ist.

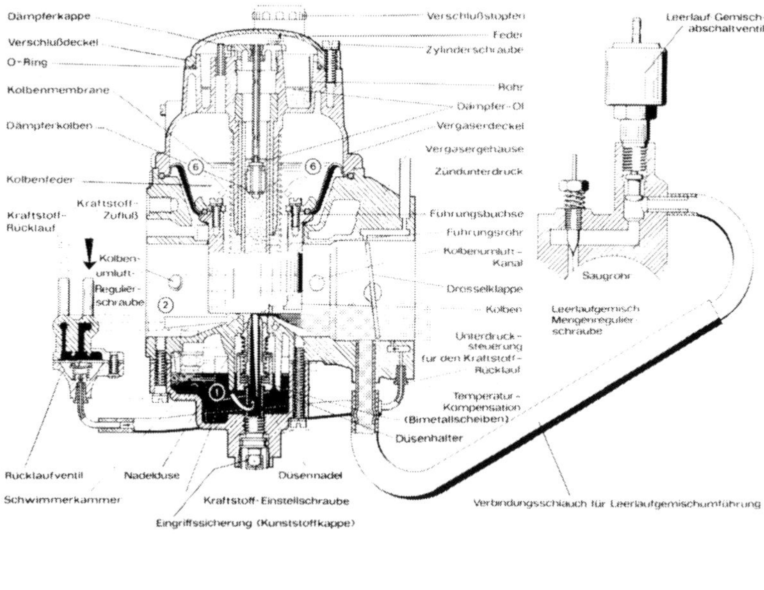

Einzelteile des Stromberg-Vergasers, hier in der Leerlaufstellung.

Die Menge des austretenden Kraftstoffs wird durch eine Düsennadel gesteuert. Diese ist praktisch das untere Ende eines in der Höhe verschiebbaren Kolbens (»Luftkolben«). Dessen Stellung ist nicht direkt beeinflußbar, etwa durch das Gaspedal, sondern sie reguliert sich indirekt durch den je nach Drosselklappenöffnung höheren oder geringeren Unterdruck in der Unterdruckkammer oberhalb des Luftkolbens.

Arbeitsweise

Je weiter die Drosselklappe durch das Gaspedal geöffnet wird, um so mehr wird von dem nach oben gesaugten Luftkolben die Düsennadel aus der Nadeldüse angehoben, wodurch eine größere Öffnung für den Kraftstoffaustritt freigegeben wird. Aus der ringförmigen Nadeldüse tritt entsprechend mehr Kraftstoff aus und wird vom Luftsog in den Verbrennungsraum des Zylinders mitgerissen. Die Kraftstoffmenge wird von der Stärke dieses Luftsogs bestimmt.

Der Sog ensteht durch den im Motor sich nach unten bewegenden und somit ansaugenden Kolben, es bildet sich also ein Unterdruck. Dieser wirkt sich in der Mischkammer und am Austritt der Kraftstoffdüse aus, und der abgesaugte Kraftstoff vermengt sich mit der einströmenden Ansaugluft zum Leerlaufgemisch. Dieses strömt dann über den Umgemischkanal – unter Umgehung der Drosselklappe – über einen Kraftstoffschlauch direkt in das Saugrohr. Durch den Drosselklappenspalt gelangt nur eine geringe Menge des Leerlaufgemisches in das Saugrohr.

Kaltstart. Die Spannkraft der kalten Bimetallfeder wirkt auf den Anschlaghebel im Starter. Durch Niedertreten des Gaspedals wird der Anschlaghebel entriegelt und schiebt den Starterschieber und die Stufenscheibe in Kaltstartstellung. Nach Zurücknahme des Gaspedals liegt der Starterhebel auf der obersten Stufe der Stufenscheibe, wodurch über Hebel und Gestänge die Drosselklappe leicht geöffnet wird.

Währenddessen sind alle Bohrungen im Starterschieber für den Kraftstoffdurchfluß aus der Schwimmerkammer zur Austrittsbohrung in der Mischkammer freigegeben. Beim Anlassen des Motors wird aus dem Starterzusatzluftsystem Luft angesaugt, die sich mit dem Kraftstoff im Starterschieber zum Vorgemisch vermengt. Aus dem gleichzeitig geöffneten Starter-Anreicherungsventil wird diesem Gemisch zusätzlich Kraftstoff beigegeben. Durch den beim Starten

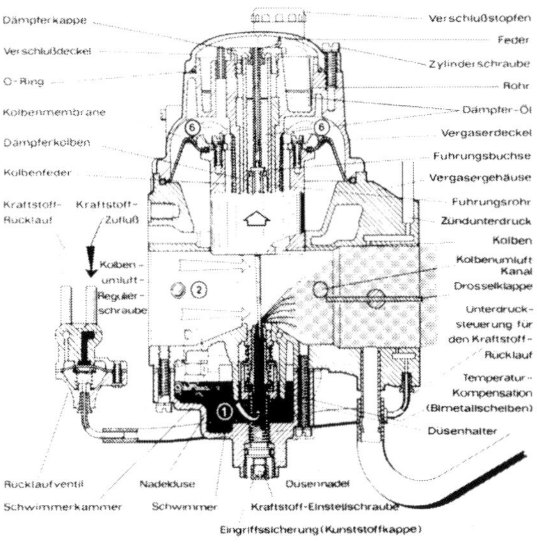

Vollastbetrieb. Im Vergleich mit der Zeichnung der linken Seite sind die veränderten Stellungen des Kolbens und der Drosselklappe zu erkennen.

Schema der Wirkungsweise des Stromberg-Vergasers.
1 – Lufteintritt, 2 – Umluft, 3 – Umgemisch, 4 – Drosselklappen-Einstellschraube, 5 – Leerlaufabschaltventil, 6 – Luftkolben, 7 – Kraftstoffdüse, 8 – Mischkammer, 9 – Saugrohr, 10 – Droselklappe, 11 – Umgemischkanal, 12 – Leerlaufgemisch-Mengenregulierschraube, 13 – Umluftkanal, 14 – Umluft-Einstellschraube, 15 – Sicherungskappe, 16 – Sicherungskappe, 17 – Kraftstoff-Einstellschraube.

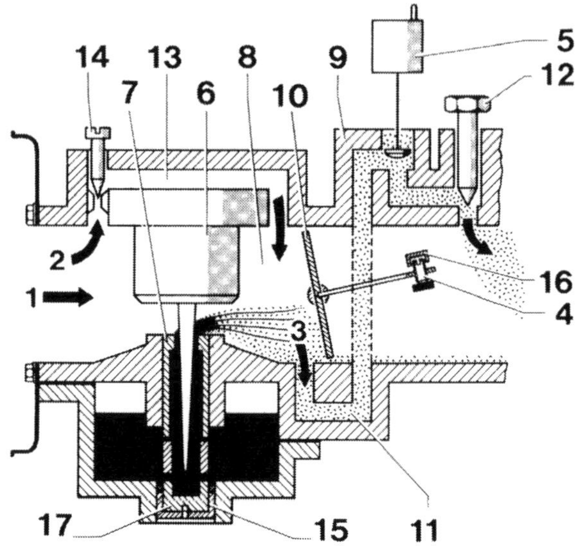

entstehenden Unterdruck öffnet die Drosselklappe und aus der Austrittsbohrung wird das Startervorgemisch abgesaugt. Zugleich wird durch den Unterdruck der Kolben angehoben und die für das Startgemisch benötigte Luft kann angesaugt werden. Das entstehende kraftstoffreiche Gemisch läßt den Motor auch bei niedrigen Temperaturen anspringen.

Warmlauf. Sofort nach dem Anspringen des Motors wird durch den Unterdruck hinter der Drosselklappe – über die Membrane und Zugstange des Pulldown – der Mitnehmerhebel im Starter entgegen der Kraft der Bimetallfeder angezogen. Dabei rückt der nun entlastete Starterschieber nach und schließt die große Steuerbohrung. Ferner schließt auch das Starter-Anreicherungsventil, und nur noch eine geringere Menge Vorgemisch wird freigegeben.

Die erwärmte Bimetallfeder verliert ihre Schließkraft und der Starterschieber bewegt sich durch Federkraft entsprechend aufwärts. Dabei verschließt er zunehmend die Steuerbohrungen. Bei der normalen Betriebstemperatur ist der Vorgemischdurchfluß vollkommen gesperrt. Zugleich dreht die Stufenscheibe zurück und die Drosselklappe nimmt die normale Leerlaufstellung ein.

Warmstart. Beim Durchtreten des Gaspedals wird über eine Abkröpfung am Starterhebel der Tupfer und mit ihm der Luftkolben angehoben. Dadurch werden Mischkammer und Ansaugwege belüftet, was den Warmstart begünstigt.

Ansicht des Stromberg-Vergasers von vorn am Motor des Typ 230.
1 – Vergaserdeckel mit Verschlußstopfen,
2 – Pulldown (Unterdruckmembrane für die Startautomatik),
3 – Gehäuse der Startautomatik, 4 – Leerlaufabschaltventil, 5– Leerlaufgemisch-Mengenregulierschraube zur Einstellung der Leerlaufdrehzahl,
6 – Drosselhebel.

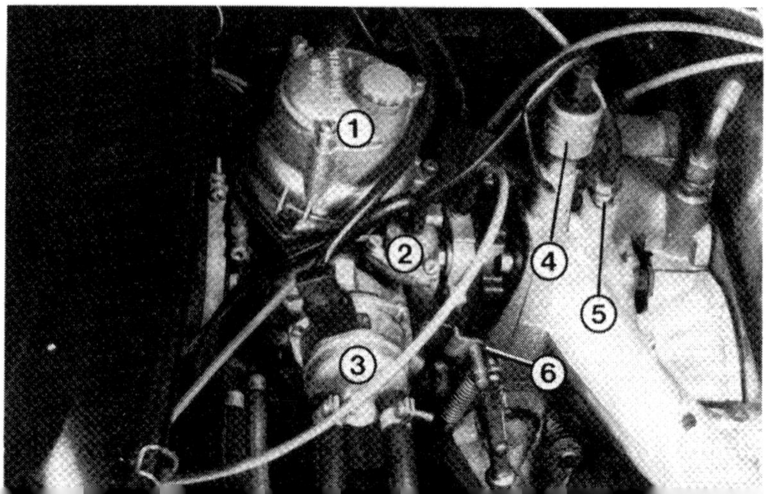

Leerlauf. Die aufeinander abgestimmten Stellungen von Drosselklappe, Kolbenumluft-Regulierschraube, Kolben und Düsennadel ergeben das Leerlaufgemisch.
Die Kolbenumluft-Regulierschraube bestimmt den Querschnitt der Kolbenumluft-Eintrittsbohrung. Bei Neumotoren ist diese Schraube geschlossen. Verringern sich die Reibwerte des Motors, ist durch Öffnen der Kolbenumluft-Regulierschraube eine Anpassung des Luftdurchsatzes und damit des CO-Wertes möglich.
Der in der Mischkammer (und an der Nadeldüse) wirksame Unterdruck ist von der eingestellten Umluftmenge abhängig. Er beeinflußt die Positionen von Kolben und Nadel und somit die Durchflußmenge des Kraftstoffs.
In der Leerlaufgemischumführung wird der Hauptteil des Leerlaufgemisches aus der Mischkammer unter Umgehung der fast geschlossenen Drosselklappe über ein Rohr mit aufgesetztem Schlauch in das Saugrohr geführt. Der Restanteil des Leerlaufgemisches gelangt durch den fixierten Drosselklappenspalt. Die Stellung der Leerlaufgemisch-Mengenregulierschraube im Saugrohr bestimmt auch die Leerlaufdrehzahl.
Die Bedeutung der Bimetallscheiben unterhalb der Nadeldüse wurde schon erwähnt. Sie bewirken bei abnehmender Temperatur eine Vergrößerung des Ringspalts und bei steigender Temperatur magert das Gemisch ab. Im Leerlauf wird so das Gemisch dem warmen Motor angepaßt.
Beschleunigung. Beim schnellen Öffnen der Drosselklappe (Gaspedal wird niedergetreten) benötigt der Motor ein reicheres Kraftstoff-Luft-Gemisch. Diese Anreicherung wird durch Vergrößerung des Unterdrucks an der Nadeldüsenöffnung erreicht. Die Unterdruckerhöhung entsteht durch das Entgegenwirken der sofortigen Bewegung des Luftkolbens nach oben, was beim plötzlichen Öffnen der Drosselklappe die Kolbenfeder und der in der hohlen Kolbenachse in Dämpferöl geführte Dämpferkolben besorgen.
Normalbetrieb. Im Vergaserdeckel befindet sich eine Kammer, die durch die mit dem Luftkolben verbundene Membrane vom Vergasergehäuse getrennt ist. In sie wird beim Öffnen der Drosselklappe der Unterdruck durch Bohrungen im Kolbenboden geleitet. Das Druckgefälle zwischen dem Druck oberhalb und unterhalb der Membrane hebt den Luftkolben im Verhältnis zum Luftdurchsatz an der Drosselklappe an. Damit wird der Lufttrichterquerschnitt vergrößert. Luftgeschwindigkeit und Unterdruck an der Nadeldüse bleiben dabei derart konstant, daß in allen Drehzahlbereichen der Kraftstoff gut zerstäubt wird.
Vollastbetrieb. Luftkolben und Düsennadel heben sich um so mehr an, wie Luft durch den Vergaser gesaugt wird. Bei Vollast erreicht der Kolben die oberste Stellung. Damit ist eine entsprechende Vergrößerung des Ringspalts an der Nadeldüse verbunden und im Verhältnis zur angesaugten Luft wird der Kraftstoff optimal zugeteilt. Die Düsennadel besitzt einen äußerst genau gefertigten Konus, der bei allen Motorverhältnissen stufenlos die richtige Kraftstoffmenge für das Kraftstoff-Luft-Gemisch freigibt.

Vergaser Solex 4 A 1

Dieser Doppelregistervergaser hat keinen direkten Vorgänger, vielmehr sind in ihm verschiedene Systeme vereinigt. Die kleinen 1. Stufen sind mit Festlufttrichtern, ungesteuerten Hauptdüsen und nadelgesteuerten Luftkorrekturdüsen ausgerüstet, die großen 2. Stufen besitzen durch Luftklappen variierte Querschnitte, nadelgesteuerte Hauptdüsen und Luftkorrekturdüsen mit unveränderlichem Querschnitt. Haupt- und Leerlaufdüsen sitzen in Düsenstöcken und tauchen in den Kraftstoff der Schwimmerkammer ein.
Man findet diesen Vergasertyp auch in einigen anderen Autos.

Teile des Vergasers

Der Vergaser besteht aus drei miteinander verschraubten Hauptteilen: Drosselklappenteil, Vergasergehäuse, Vergaserdeckel.

Zum Drosselklappenteil gehören die Drosselklappenwellen mit den Drosselklappen und die damit verbundenen Hebel. Die beiden fixierten Leerlaufgemisch-Regulierschrauben sind gegen willkürliche Eingriffe gesichert. Ferner sind hier die zentrale Leerlaufgemisch-Einstellschraube und die Leerlaufabschaltventile angeordnet.

Am Drosselklappenteil sitzen auch die Unterdruckanschlüsse für die Zündungs-Spätverstellung (»A«), für die Zündungs-Frühverstellung (»B«) und für die Steuerung des Drehzahlreglers, auch Klappenansteller genannt (»C«). Die auf der anderen Seite befindlichen Unterdruckanschlüsse sind mit dem Pulldown und dem Dämpfer verbunden. Zwischen diesen hat der Absauganschluß für die Kurbelgehäuse-Entlüftung seinen Platz.

Die Drosselklappen der 2. Stufen öffnen gegenläufig zu denen der beiden 1. Stufen. Mit der Drosselklappenwelle der 1. Stufe ist der Betätigungshebel für die Beschleunigungspumpe verbunden.

Am Vergasergehäuse ist der Kraftstoffanschluß mit Filter angebracht, außerdem das Schwimmernadelventil und der Schwimmer. In das Vergasergehäuse sind die beiden Lufttrichter der 1. Stufen, die Ventile der Beschleunigungspumpe, die Starterkraftstoffdüse und das Leitblech in die 2. Stufen eingesetzt, die Leerlauf-Kraftstoffdüse ist eingeschraubt. Außen am Gehäuse sitzen das Startergehäuse mit Pulldown, der Thermo-Nebenschlußstarter, die Beschleunigungspumpe und der Klappenansteller.

Der Vergaserdeckel enthält alle Düsen, Mischrohre, die Austrittsarme mit Vorzerstäuber, Teillast-Steuerungen der 1. Stufen, Starter-Gemischregulierschraube, Starterklappe, Düsennadeln mit Betätigung und die Luftklappen der 2. Stufen. An den Vergaserdeckel ist der Dämpfer für die Luftklappen der 2. Stufen angeschraubt.

Die Starteinrichtung arbeitet automatisch. Ihr Startergehäuse mit Bimetallfeder ist elektrisch und wasserbeheizt. Der Pulldown ist mit der Starterklappe in den 1. Stufen verbunden. Dazu gehören noch der unterdruckgesteuerte Klappenansteller und der Thermo-Nebenschlußstarter (TN-Starter). In diesem bewegt ein vom Kühlwasser beheiztes Dehnstoffelement den Steuerschieber gegen eine Federkraft. Der Klappenansteller drückt bei stehendem Motor der Drosselklappenhebel der 1. Stufen in die Startstellung. Der beim Motorlauf entstehende Un-

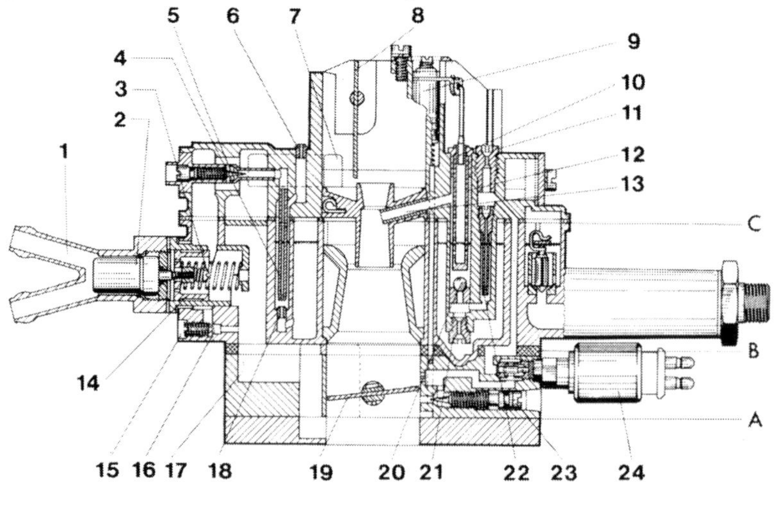

Die Zeichnungen dieser beiden Seiten zeigen jeweils einen schematischen Schnitt durch den Solex-Vergaser 4 A 1. Es bedeuten: 1 – Wasseranschlußstutzen, 2 – Dehnstoffelement, 3 – Justierschraube, 4 – Tauchrohr, 5 – TN-Startergemisch-Gemischregulierschraube, 6 – Luftdüse, 7 – Luftkanal, 8 – Starterklappe, 9 – Unterdruckkolben mit Druckfeder und Justierschraube, 10 – nadelgesteuerte Luftkorrekturdüse I. Stufe, 11 – Leerlaufluftdüse I. Stufe, 12 – Mischrohr I. Stufe, 13 – Hauptgemischaustritt mit Vorzerstäuber, C – Vergaserdeckel, B – Vergasergehäuse, A – Drosselklappenteil, 14 – Steuerschieber, 15 – Justierschraube, 16 – Umgehungskanal, 17 – TN-Starter-Gemischkanal, 18 – Kraftstoffdüse, 19 – Drosselklappe, 20 – Kugelventil, 21 – Hauptdüse I. Stufe, 22 – Leerlaufdüse, 23 – Leerlaufgemisch-Regulierschraube, 24 – Leerlaufgemisch-Abschaltventil.

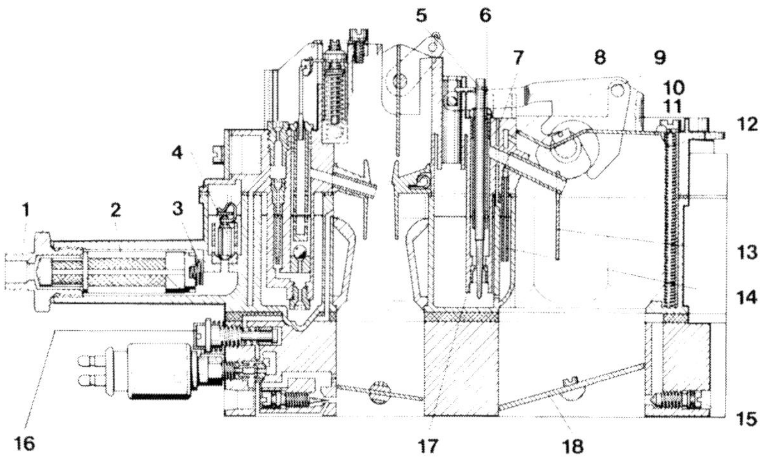

1 – Kraftstoffanschluß, 2 – Kraftstoff-Filter, 3 – Feder, 4 – Schwimmernadelventil, 5 – Düsen-Nadel II. Stufe, 6 – Luftkorrekturdüse II. Stufe, 7 – Übergangsluft II. Stufe, 8 – By-Pass-Bohrung II. Stufe, 9 – Übertragungshebel, 10 – Kurvenscheibe, 11 – Luftklappe, 12 – Gemischaustritt II. Stufe, 13 – Leitblech, 14 – Steigrohr, 15 – Justierschraube, 16 – Zentrale Leerlauf-Gemischregulierschraube (bis 1979), 17 – nadelgesteuerte Hauptdüse II. Stufe, 18 – Drosselklappe II. Stufe.
Im August 1979 sind an diesem Vergaser einige Verbesserungen vorgenommen worden, die sich auf die Einbaulage und auf verschiedene Bauteile beziehen.

terdruck wirkt auf die Membrane, die ihrerseits die Anschlagschraube gegen die Feder zurückzieht, wobei die Drosselklappen in Leerlaufstellung gehen. Einzelne der vorstehend erwähnten Bauteile wurden bereits in der Beschreibung des Stromberg-Vergasers erläutert.
Zu der Funktion der Starteinrichtung trägt noch ein Thermo-Verzögerungsventil bei, das bei Temperaturen über –12°C den Unterdruck nur allmählich auf die Pulldown-Membrane führt. Das Spaltmaß der Starterklappe wird dadurch nur zögernd erreicht (ein falscher Starterklappenspalt hat Kaltstartschwierigkeiten zur Folge). Bei tieferen Temperaturen ist diese Verzögerungseinrichtung außer Betrieb und der Unterdruck kann über den Pulldown das geforderte Spaltmaß einstellen. Die Pulldown-Membrane soll allgemein die Starterklappe nach Anspringen des Motors etwas aufziehen, damit der Motor »rund« durchläuft.

Arbeitsweise

Der von der Kraftstoffpumpe geförderte Kraftstoff gelangt über ein Filter durch das Schwimmernadelventil in die Schwimmerkammer. Die Schwimmernadel wird bei steigendem Kraftstoffniveau von dem Schwimmer verschlossen und öffnet wieder, wenn das Niveau durch Verbrauch sinkt. Durch einen Kanal zum Luftfilter wird die Schwimmerkammer belüftet.
Kaltstart. Da die Drosselklappen der 1. Stufe durch den Klappenansteller etwas geöffnet sind, kann sich durch diesen Spalt etwas Unterdruck unterhalb der geschlossenen Starterklappe aufbauen. Somit wird aus den Hauptgemischöffnungen und zusätzlichen Kraftstoffkanälen Kraftstoff gefördert, ein kraftstoffreicheres Gemisch liefert zusätzlich der TN-Starter.
Die Starterklappe ist einseitig gelagert und der in der Mischkammer herrschende Unterdruck öffnet die Klappe gegen die Schließkraft der Bimetallfeder der Startautomatik. Auf diese Weise tritt Luft hinzu, damit das Gemisch nicht zu fett ist. Nach dem Anspringen des Motors zieht der Pulldown die Starterklappe auf ein bestimmtes Maß, wodurch das Gemisch weiter abmagert.
Warmlauf. Wegen der angestellten Starterklappe verringert sich in der Mischkammer der Unterdruck und über das Hauptdüsensystem tritt weniger Kraftstoff aus. Das sich erwärmende Kühlwasser und die elektrische Beheizung bewirken ein Abnehmen der Schließspannung der Bimetallfeder, und die Starterklappe öffnet zunehmend. Zugleich betätigt das Dehnstoffelement den Steuerkolben im TN-Starter, und entsprechend verringert sich die Gemischmenge. Bei einer Wassertemperatur zwischen 60° und 65°C schließt der Steuerkolben den Startergemischkanal.

Warmstart. Bei warmgefahrenem Motor wird von Innen- auf Außenbelüftung der Schwimmerkammer umgeschaltet, sonst würden Kraftstoffdämpfe über die Innenbelüftung mit angesaugt werden und das Leerlaufgemisch wäre zu fett. Außerdem verhindert die Außenbelüftung Startschwierigkeiten beim Anlassen des heißen Motors. Kraftstoff-Verdunstungsgase, die beim Abstellen des heißen Motors entstehen, können ins Freie strömen.

Im Mercedes ist das Schwimmerkammer-Belüftungsventil zusätzlich mit einem Umschaltventil verbunden, das am rechten Radlauf im Motorraum befestigt ist. Bei eingeschalteter Zündung erhält das Ventil über die Klemme 15 am Leerlaufabschaltventil Strom, das Ventil ist geschlossen und der schon erwähnte Unterdruckanschluß »C« am Vergaser ist über eine Schlauchleitung mit dem Belüftungsventil verbunden. Dadurch wird bei laufendem Motor die Membrane im Ventil angezogen und die Schwimmerkammer steht mit Leitungen zu der »Reinluftseite« im Luftfilter in Verbindung, was zur Innenbelüftung führt.

Beim Ausschalten der Zündung liegt am Belüftungsventil keine Spannung mehr an. Das Ventil schaltet um und belüftet über eine Klappe die Membrankammer des Schwimmerkammer-Belüftungsventils. Dadurch können die Verdunstungsgase durch zwei Kanäle ins Freie entweichen.

Damit ein Umschalten auf Außenbelüftung bei geringem Unterdruck im Saugrohr (z. B. beim Beschleunigen) verhindert wird, ist in die Leitung zwischen dem Umschaltventil und Unterdruckanschluß »C« ein Rückschlagventil eingebaut. Dieses hält den Unterdruck in der Membrankammer konstant.

Leerlauf. In dem zentralen Leerlaufsystem des Vergasers durchfließt der für das Leerlaufgemisch benötigte Kraftstoff die Hauptdüsen der 1. Stufen, wird von den Kraftstoffdüsen dosiert und bildet mit der Luft, die durch die Leerlaufdüsen eintritt, ein Vorgemisch. Ab Hersteller sind die beiden Leerlaufgemisch-Regulierschrauben justiert und gesichert, sie dürfen nicht verstellt werden. Die für den Leerlauf nötige Regulierluft strömt vom Einlaß der 1. Stufen oberhalb des Lufttrichters durch einen Kanal zur zentralen Leerlaufgemisch-Regulierschraube. Von dort gelangt sie zu gleichen Teilen vor die Gemischaustrittsbohrungen in den Saugkanälen. Die Regulierluft beeinflußt den Unterdruck an den Gemischaustrittsbohrungen und damit die Menge des Leerlaufgemisches. Der Anteil von CO im Abgas kann mit dieser Regulierschraube eingestellt werden.

Das Leerlaufgemisch besteht aus dem Vorgemisch, der Regulierluft und der an den Drosselklappen vorbeistreichenden Luft. Hinzu kommt ständig eine geringe Gemischmenge vom TN-Starter. In die Leerlaufgemischkanäle sind Leerlaufgemisch-Abschaltventile eingeschraubt. Beim Ausschalten der Zündung wird der Austritt des Gemisches unterhalb der Drosselklappen abgeriegelt, was ein Nachlaufen des Motors (»Nachdieseln«) verhindert.

Übergang. Der Übergang vom Leerlauf zum Betrieb mit dem Hauptdüsensystem muß einwandfrei sein und darf nicht stoßweise einsetzen. Deshalb sind oberhalb der Leerlaufgemisch-Regulierschrauben, von den Drosselklappen überdeckt, Übergangsbohrungen (By-Pässe) vorhanden, die beim Öffnen der Drosselklappen nacheinander freigegeben werden. Die in das Saugrohr geleitete Gemischmenge wird durch den steigenden Unterdruck vergrößert, bis das Hauptdüsensystem in Funktion tritt. Daneben wirkt noch der Unterdruck über den Anschluß »B« auf die Zündverstellung des Zündverteilers in Richtung »Früh«.

Beschleunigung. Damit beim plötzlichen Gasgeben die Gemischmenge an den vergrößerten Luftdurchsatz angepaßt wird, betätigt die Drosselklappenwelle der 1. Stufe über eine Stange mit Hebel die Beschleunigungspumpe. In Leerlaufstellung wird die Membrane in der Pumpe von einer Feder zurückgedrückt, wobei sie über ein Ventil Kraftstoff aus der Schwimmerkammer ansaugt. Beim Öffnen der Drosselklappen spritzt die Membrane über ein zweites Ventil den Kraftstoff durch Einspritzrohre in die Mischkammern der 1. Stufen. Die Einspritzmenge ist für das Fahrverhalten von Bedeutung und läßt sich einstellen. Sie wird von der Feder auf der (waagerecht angeordneten) Pumpenstange bestimmt: Die Feder speichert die vom Hebel übertragene Kraft und verzögert deren Wirkung. Eine Einstellmöglichkeit besteht durch die Mutter auf der Pumpenstange.

Normalbetrieb. Der Unterdruck auf die Hauptgemischaustritte wird wirksam, wenn die Drosselklappen weit genug geöffnet sind. Dann setzen die Hauptdüsensysteme ein. In den Mischrohren bildet der von den Hauptdüsen dosierte Kraftstoff zusammen mit der durch die Luftkorrekturdüsen eingelassenen Luft ein Gemisch, das über die Vorzerstäuber in die Mischkammern geführt wird. Über den Hauptdüsen, unterhalb der Mischrohre, sitzen Kugelventile, die das Abmagern beim Zurücklassen des Gaspedals verhindern.

Teillast. Der Unterdruckkolben der Teillaststeuerung wird durch den Unterdruck unterhalb der Drosselklappen im Leerlauf gegen Federkraft bis zur Anschlagschraube nach unten gezogen. Die beiden Nadeln in den Luftkorrekturdüsen der 1. Stufen bieten dann einen größten Durchlaß und es erfolgt eine Gemischabmagerung. Beim Öffnen der Drosselklappen wird ab einer bestimmten Stellung die Federkraft stärker als der vorhandene Unterdruck. Die Feder drückt den Kolben nach oben und die Nadeln verringern den Öffnungsquerschnitt. Dadurch wird der Luftdurchsatz der Luftkorrekturdüsen verringert und das Gemisch angereichert. Das geschieht ebenso beim Beschleunigen.

Vollastbetrieb. Bis zum Öffnen der Starterklappe sind die Drosselklappen der 2. Stufen durch eine Sperre der Startautomatik in geschlossener Stellung blokkiert. Diese Sperre öffnet erst bei Betriebstemperatur und beim Gasgeben werden die Drosselklappen geöffnet. Dabei sind die Drosselklappen der 1. Stufen etwa $^3/_4$ offen.

Zunächst öffnen die 2. Stufen aber nur ein kleines Spaltmaß. In den Mischkammern wirkt der Unterdruck auf die Luftklappen und die hochliegenden By-Pässe der 2. Stufen. Dabei werden geringe Luftmengen und Kraftstoff (aus den By-Pässen) zu Gemischen aufbereitet. Mit zunehmender Öffnung der Drosselklappen wirkt der Unterdruck auf die Luftklappen und diese öffnen gegen die Kraft einer Drehfeder. Die Bewegung der Luftklappen wird von einer Dämpfungseinrichtung verzögert, wodurch sich gute Übergänge ergeben. Gleichzeitig werden die Düsennadeln der Hauptdüsen angehoben: Bei geöffneten Luftklappen ergeben sich die größten Düsenquerschnitte. Während die Hauptdüsensysteme in den 1. und 2. Stufen den meisten Kraftstoff liefern, verkleinert die Teillastanreicherung den Querschnitt der Luftkorrekturdüsen der 1. Stufen.

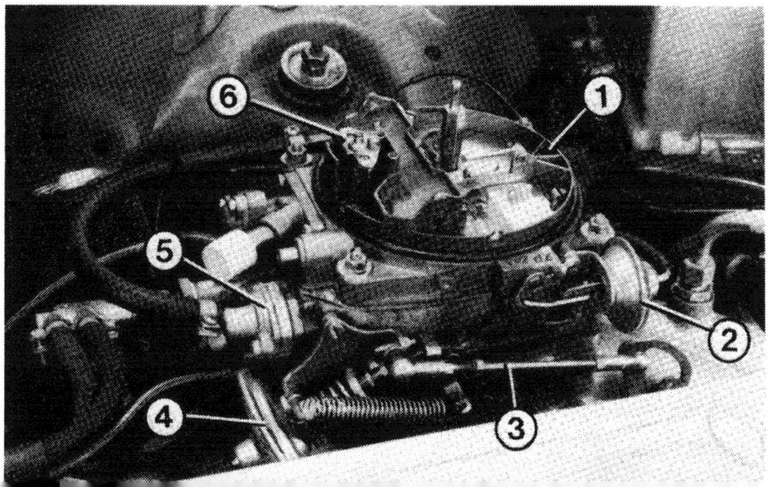

Nachdem man das Luftfiltergehäuse von dem Solex-Vergaser abgebaut hat, sind folgende Teile zu erkennen: 1 – Vergaserdeckel, 2 – Dämpfer II. Stufe, 3 – Reguliergestänge, 4 – Drehzahlregler (Klappenansteller), 5 – TN-Starter, 6 – Teillaststeuerung. Siehe auf Bild Seite 114.

Einstellungssache

Die Beschreibungen in dem vorangegangenen Kapitel sollen auf Sie nicht abschreckend wirken. Allerdings wird deutlich, daß der gewiß nicht einfache Aufbau eines Vergasers und die Vielzahl der ineinandergreifenden Abläufe in ihm keine unsachgemäßen Eingriffe erlauben.
Aber das Wissen um die Zusammenhänge, wie der Vergaser arbeitet, kann zu einer Diagnose verhelfen, falls einmal der Motorlauf von der sonst gewohnten Weise abweicht. Freilich sind Störungen an der Zündanlage ganz allgemein häufiger als schlecht funktionierende Vergaser. Damit es möglichst gar nicht erst zum Ärger am Vergaser kommt, sind einige Wartungsarbeiten zu erledigen, von denen die sechs zunächst beschriebenen kein Fachwissen erfordern. Die danach anschließend behandelten Überprüfungen der Vergasereinstellung kann man ohne Hemmungen – eventuell im Zusammenhang mit nicht selbst ausgeführten Wartungsarbeiten an der Zündanlage – der Werkstatt in Auftrag geben.

Luftfilter-einsatz reinigen
Pflegearbeit Nr. 12

Für die Reinigung der Ansaugluft, die dem Vergaser zugeführt wird, sorgt bei allen Modellen ein Trockenluftfilter. Bei den mit Stromberg-Vergasern bestückten Motoren in den Modellen 200 und 230 ist das längliche Filtergehäuse neben dem Vergaser rechts im Motorraum untergebracht. Im Modell 250 ist das hier runde Gehäuse direkt auf dem Solex-Vergaser befestigt.
In beiden Fällen wird der Gehäusedeckel von sechs Schnappverschlüssen am Rand des Gehäuses festgehalten. Bei der länglichen Ausführung sind zudem zwei Muttern SW 10, bei der runden Ausführung zwei Flügelmuttern abzuschrauben. Außerdem muß man bei dem runden Deckel die Klemme des Entlüftungsschlauchs auf dem Anschluß an der Zylinderkopfhaube mittels Flachzange zusammendrücken und den Schlauch dort abziehen. Der im Gehäuse sitzende Filtereinsatz mit radial angeordneten Papierelementen ist herauszunehmen und mit Preßluft zunächst von innen nach außen, dann an der Ober- und Unterseite

Der Luftfiltereinsatz bei den Typen 200 und 230 (mit Stromberg-Vergaser) wird entnommen, indem man die beiden Befestigungsmuttern für den Gehäusedeckel abschraubt, die auf den Gewindebolzen (2) sitzen, und dann die Schnappverschlüsse (1) löst. Deckel abnehmen und den Papiereinsatz (3) herausheben.

Beim Typ 250 (mit Solex-Vergaser) wird der Gehäusedeckel ebenfalls von Schnappverschlüssen (1) und von zwei Flügelmuttern festgehalten. Der Klemmbinder für den Entlüftungsschlauch am Anschluß der Zylinderkopfhaube ist mittels Flachzange zusammenzudrücken, dann kann der Deckel (3) abgehoben und der Papiereinsatz (4) entnommen werden. Um das Filtergehäuse vom Vergaser abheben zu können, müssen noch der Faltenbalg für vorgewärmte Ansaugluft und der kleine Schlauch zum Drosselklappenteil des Vergasers abgezogen werden.
Seit 1979 ist die Form des Luftfilters der geänderten Einbaulage des Vergasers angepaßt.

mit schräg gehaltener Preßluftpistole abzublasen. Preßluft steht an jeder Tankstelle zur Verfügung. Im äußersten Fall kann man auch eine Fahrradluftpumpe benutzen, um die gröbste Verunreinigung zu beseitigen. Der gereinigte Filtereinsatz darf unter keinen Umständen eingeölt oder irgendwie befeuchtet werden, das würde seine Filterwirkung behindern.
Mit einem trockenen, sauberen Lappen werden die Innenseiten des Filtergehäuses und seines Deckels ausgewischt. Man darf aber dazu keine Putzwolle nehmen, weil zurückbleibende Fasern auch eine Verschmutzung darstellen.
Der Papiereinsatz soll alle 15000 km gereinigt werden. Bei hohem Staubanfall muß man ihn in kürzeren Abständen reinigen und nach 15000 km erneuern.

Luftfiltereinsatz erneuern

Pflegearbeit Nr. 50

Bei normalen Betriebsverhältnissen, wenn das Auto nicht auf staubigen Landstraßen oder ständig auf Baustellen bewegt wurde, ist der Papiereinsatz nach 45 000 km zu erneuern. Einen neuen Filtereinsatz erhält man beim Mercedes-Service und in Zubehörgeschäften unter Angabe des Fahrzeugmodells.

Ölstand im Stromberg-Vergaser kontrollieren

Pflegearbeit Nr. 20

Die Bedeutung der Ölfüllung in dem Stromberg-Vergaser wurde auf Seite 104 beschrieben. Der Ölstand ist jeweils nach 15 000 km zu kontrollieren. Dazu den oben in den Vergaserdeckel eingeschraubten Kunststoffverschluß herausdrehen. Das Niveau der Ölfüllung soll bis zum unteren Rand der Öffnung für den Verschluß im Vergaserdeckel reichen.
Zur Nachfüllung dient im Sommer das auch für den Motor verwendete Motoröl. Im Winterhalbjahr dagegen soll Flüssigkeitsgetriebeöl ATF (Automatic Trans-

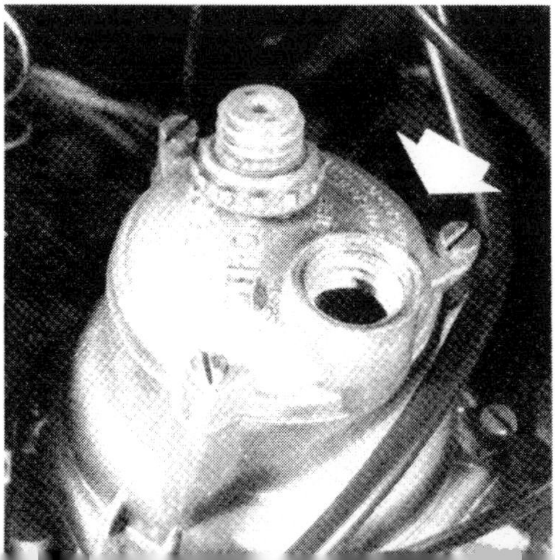

Zum Prüfen des Ölstands im Vorratsbehälter für den Dämpfer-Luftkolben dreht man den Verschlußstopfen ab. Der Ölstand soll bis zum unteren Rand der Öffnung reichen. Andernfalls füllt man das für den Motor vorgesehene Öl nach, bei längeren Kälteperioden jedoch ATF (Flüssigkeitsgetriebeöl).

In Ergänzung zum Bild von Seite 111 sind hier weitere Einzelteile des Solex-Vergasers bezeichnet: 1 – Starterklappe I. Stufe, 2 – Luftklappen II. Stufe, 3 – Startergehäuse, 4 – Beschleunigungspumpe, 5 – Kraftstoffzufluß.
Seit 1979 ist dieser Vergaser um 90° gedreht montiert, wodurch sich eine günstigere Gemischverteilung ergibt. Die neue Einbaustellung zwang zu einer Änderung der Betätigung, die jetzt über eine Längsregulierwelle erfolgt.

mission Fluid) eingefüllt werden, das eine einwandfreie Funktion bei niedrigen Temperaturen gewährleistet. Die Gesamtfüllmenge in dem Vorratsbehälter des Vergasers macht rund 20 cm³ aus.

Heizklappen einsprühen und auf Zustand prüfen

Pflegearbeit Nr. 44

Die Heizklappen dienen der Saugrohrvorwärmung bei noch kaltem Motor, wodurch die Gemischtemperatur eher den Betriebsverhältnissen angepaßt wird. In kaltem Zustand befindet sich die Heizklappe – sie sitzt im Auspuffkrümmer unterhalb des Vergasers – in Schließstellung. Die nach dem Anlassen des Motors hindurchströmenden Auspuffgase erwärmen die Bimetallfeder auf der Heizklappenwelle. Mit zunehmender Erwärmung dreht diese Feder die Welle und bringt somit die Klappe in Öffnungsstellung. Bei Abkühlung wird die Klappe wieder geschlossen.

Um zu verhindern, daß dieser Vorgang nicht durch Korrosion oder Schmutz an der Welle gestört wird, muß die Welle regelmäßig geschmiert werden. Die vorgesehenen 15 000-km-Intervalle sind als längste Termine zu betrachten; weil äußere Einflüsse die Arbeitsweise schon früher stören könnten, ist eine zwischenzeitliche Kontrolle der Funktionsbereitschaft angebracht. In kaltem Zustand muß die Bimetallfeder die Heizklappenwelle bis zum Anschlag zurückdrücken, außerdem muß sich die Welle mit der Hand leicht drehen lassen.

Als Schmiermittel der Welle kann entweder die graphithaltige Heißschmierpaste »Pate-Apyr« dienen (nur als 1-kg-Gebinde erhältlich; Hersteller Metallchemie GmbH, Heilwigstraße 142, 2000 Hamburg 20), oder »HT-Paste IBA« von Pfinder Chemie, 7030 Böblingen, oder das Schmierspray »Never Seez« (Spraydose für rund 20 DM beim Daimler-Benz-Service, Nr. 000 989 9151).

Die Welle mit der Bimetallfeder ist bei den hier beschriebenen Motoren hinter der senkrecht angeordneten Regulierstange für die Vergaserbetätigung in Höhe ihrer Feder zu finden. Wegen der hohen Abgas-Temperaturen im Auspuff kann die Bimetallfeder verbrennen, wodurch es zu Kaltlauf-Schwierigkeiten kommt. Die Feder muß man dann ersetzen lassen.

Von 1979 an werden die Heizklappen durch eine Unterdruckdose betätigt, deren Steuerung über zwei Thermoventile auf dem Saugrohr erfolgt.

Kraftstofffilter reinigen

Pflegearbeit Nr. 49

Der zum Motor im Modell 250 gehörende Solex-Vergaser verfügt in seinem Anschluß für den Kraftstoff-Zufluß über ein Filtersieb, das alle 45 000 km gereinigt werden soll. Dieser Anschluß ist in dem Bild oben (Nr. 5) zu sehen.

Das zwischen der Kraftstoff-Zuführung und dem Filtergehäuse befindliche Rücklaufventil wird zunächst abgeschraubt, danach der Schraubstutzen. Aus dem rohrförmigen Ansatz am Vergaser läßt sich danach das zylinderförmige Filter herausnehmen. Man wäscht das Filter in Kraftstoff aus, anschließend kann es mit schwachem Preßluftstrahl trockengeblasen werden, um dadurch noch anhaftende Schmutzteilchen zu entfernen. Nach der Reinigung wird das Filter wieder eingesetzt. Der Dichtring am Schraubstutzen soll erneuert werden, in jedem Fall dann, wenn er sich als verhärtet oder brüchig erweist. Nach der Befestigung der Kraftstoffleitung läßt man den Motor kurz laufen, um feststellen zu können, ob die wiederhergestellte Verbindung dicht ist.

Befestigung des Vergaserflansches prüfen

Pflegearbeit Nr. 52

Wie es bei der 1. Durchsicht geschieht, so sollen auch nach jeweils 45 000 km die Befestigungsschrauben am Flansch des Stromberg-Vergasers nachgezogen werden. Es handelt sich dabei um die Schrauben, mit denen der Vergaser am Saugrohr angeschraubt ist. Sie sind waagerecht in Richtung Motor angeordnet. Man setzt einen Schraubenschlüssel an und probiert, ob sich die Schrauben mit mittlerer Kraft weiter anziehen lassen. Größere Gewalt sollte nicht angewendet werden, um nicht Gefahr zu laufen, daß der Vergaserflansch bricht.
Die Befestigungsmuttern am Solex-Vergaser im Modell 250 dürfen keinesfalls nachgezogen werden.

Leerlauf überprüfen und einstellen

Pflegearbeit Nr. 19

Der Leerlauf soll in Abständen von 15 000 km überprüft und erforderlichenfalls eingestellt werden. Das ist nötig, weil sich die Einstellung durch Temperaturschwankungen, Motorvibrationen oder Einschlagen beweglicher Teile ändern kann. Die Leerlaufeinstellung ist nicht nur wegen ihres Einflusses auf den Gesamtverbrauch wichtig (bei zu hohem Leerlauf kann sich ein Mehrverbrauch bis zu 1 l/100 km ergeben). Vielmehr vermehrt ein falscher Leerlauf den Ausstoß giftiger Abgase, wogegen einschlägige Vorschriften erlassen wurden. Schließlich senkt zu hoher Leerlauf auch die Bremswirkung des Motors.
Vor der Einstellung des Vergasers muß einwandfrei feststehen, daß die Zündanlage sich in tadellosem Zustand befindet. Außerdem muß das Ventilspiel genau stimmen. Bei der Einstellarbeit muß das Luftfilter aufgebaut bleiben, weil sonst die Werte verfälscht werden. Der Motor soll seine Betriebstemperatur (Öltemperatur ca. 70° C) erreicht haben. Bei Wagen mit automatischem Getriebe ist die Wahlhebelstellung »P« einzulegen, die eventuell vorhandene Klimaanlage muß ausgeschaltet sein.
Durch die Einstellung werden die Drehzahl des Motors und die Menge des Kraftstoffanteils reguliert. Früher konnte ein geübter Praktiker die Leerlaufeinstellung mit dem Schraubenzieher und mit Hilfe seines Gehörs vornehmen. Heute bleibt seine Tätigkeit stets ein Behelf, da die korrekte Feinabstimmung im tal-Prüfgerät), Oszilloskop, Stroboskop und CO-Meßgerät möglich ist, dazu benutzt man bei Mercedes noch Schließwinkel-Meßgerät und Drehzahlmesser.

Stromberg-Vergaser

Die Motoren in den Modellen 200 und 230 sollen auf eine Leerlauf-Drehzahl von 850 ± 50/min eingestellt sein, dabei beträgt der Sollwert im Abgas 1,5 ± 0,5 Vol.-% CO. Zur Überprüfung sind Drehzahlmesser und CO-Meßgerät entsprechend der diesen Instrumenten beigegebenen Anleitungen anzuschließen. Die Drehzahl wird erforderlichenfalls durch Drehen der Leerlaufgemisch-Mengenregulierschraube eingestellt. Danach wird die Kolbenumluft-Regulierschraube so gedreht, daß der angegebene Abgaswert erreicht wird. Dabei bedeutet Herausdrehen: magerere Einstellung und Hineindrehen: fettere Einstellung. Die Drehzahl kann sich nach diesem zweiten Handgriff geringfügig verändern und Drehzahl sowie CO-Wert müssen nachreguliert werden. (Die zu bedienenden Regulierschrauben zeigen die Abbildungen Seite 106 und 116.)

Die Zeichnung zeigt die Position der Kolbenluft-Regulierschraube am Vergaser Stromberg 175 CDTU. Mit ihr wird der Leerlaufabgaswert einreguliert. Die Drehzahl kann mit der Leerlaufgemisch-Mengenregulierschraube (siehe Bild Seite 106) verändert werden.

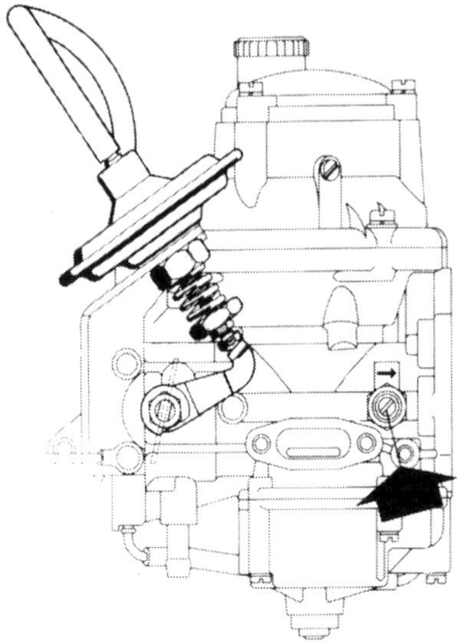

Wenn sich die vorgeschriebenen Werte nicht erreichen lassen, muß in der Werkstatt eine Grundeinstellung vorgenommen werden. Es müssen dazu noch andere Einstellschrauben bedient werden, die aber von farbigen Kunststoffkappen (Eingriffsicherungen) bedeckt sind. Diese können nur entfernt werden, indem man sie zerstört, und sie können auch nur von Werkstätten wieder erneuert werden.

Solex-Vergaser

Auch der Motor im Modell 250 soll im Leerlauf mit 850 ± 50/min drehen und dabei den Abgaswert von 1,5 (ab Aug. 1979: 0,7) ± 0,5 Vol.-% CO aufweisen. Bei der Kontrolle muß die Starterklappe vollkommen geöffnet sein. Bei Wagen mit Tempomat muß der Bowdenzug am Regulierhebel spannungsfrei anliegen, andernfalls ist bei laufendem Motor dessen Einstellung zu korrigieren.
Bis 1979 sind die Leerlaufgemisch-Regulierschrauben gesichert und dürfen nicht verstellt werden. Bei angeschlossenem Drehzahlmesser und CO-Meßgerät kann zunächst der eventuell zu hohe CO-Anteil reguliert werden, indem man die zentrale Leerlaufgemisch-Einstellschraube dreht. Diese Schraube ist im Bild unten und in der Zeichnung Seite 109 zu sehen. Der Regulierbereich dieser Schraube ist wegen einer Nase an der Kunststoffkappe begrenzt. Nur wenn mit dieser Schraube der CO-Wert nicht erreicht werden kann, sind in der Werkstatt die von Eingriffsicherungen bedeckten Leerlaufgemisch-Regulierschrauben zu drehen und anschließend wieder mit Farbkappen zu versehen.

Beim bis August 1979 eingesetzten Vergaser Solex 4 A 1 wird der Leerlaufabgaswert über die zentrale Leerlaufgemisch-Einstellschraube reguliert. Sie sitzt am Drosselklappenteil in Fahrtrichtung vorn. Ihr Verstellbereich ist durch eine Nase an der Kunststoffkappe begrenzt. Die bei früheren Ausführungen des Vergasers zu betätigenden beiden Gemischregulierschrauben sind vom Hersteller justiert und dürfen unter keinen Umständen verstellt werden.

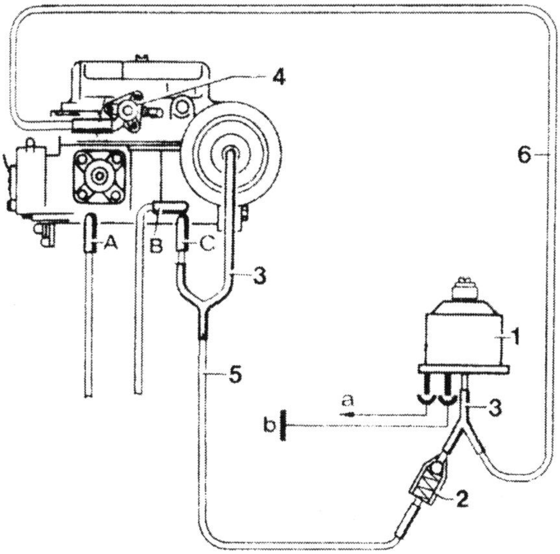

Durch die Schwimmerkammer-Außenbelüftung können Kraftstoff-Verdunstungsgase, die nach dem Abstellen des heißen Motors in der Schwimmerkammer entstehen, ins Freie strömen. Dadurch wird die Startzeit bei heißem Motor verkürzt.
1 – Umschaltventil, 2 – Rückschlagventil, 3 – Verteilerstücke, 4 – Schwimmerkammer-Belüftungsventil, 5 und 6 – Leitungen, a – zum Leerlaufabschaltventil Klemme 15 (Batterie +), b – Masse, A und B – Kanäle zur Innenbelüftung, B und C – Kanäle zur Außenbelüftung, C – auch Anschluß für Unterdruckregler. Bei eingeschalteter Zündung liegt Spannung am Umschaltventil, das Ventil ist geschlossen und Anschluß C ist mit dem Belüftungsventil verbunden. Dadurch wird bei laufendem Motor der Kanal zur Schwimmerkammer geschlossen, während diese über die Kanäle A und B mit der Luftfilter-Reinluftseite verbunden ist (Innenbelüftung). Beim Ausschalten der Zündung wird das Belüftungsventil spannungslos, schaltet um und belüftet die Membrankammer des Schwimmerkammer-Belüftungsventils. Dabei wird Kanal A verschlossen und die Gase strömen über die Kanäle B und C ins Freie (Außenbelüftung). Das Rückschlagventil hält den Unterdruck in der Membrankammer bei geringem Saugrohrunterdruck (z. B. beim Beschleunigen) konstant, damit dann das Umschaltventil nicht auf Außenbelüftung schaltet.

Durch Regulieren der Drosselklappen-Anschlagschraube läßt sich die Leerlaufdrehzahl in den Bereich der vorgeschriebenen Werte bringen. Anschließend muß mit der zentralen Leerlaufgemisch-Einstellschraube der CO-Wert nachreguliert werden, wobei – im Gegensatz zum Stromberg-Vergaser – Herausdrehen fettere Einstellung und Hineindrehen magere Einstellung bedeuten.
Ganz besonders muß beachtet werden, daß an diesem Vergaser einige Schrauben, die durch die schon mehrmals erwähnten Eingriffsicherungen geschützt sind, in gar keinem Fall verstellt werden dürfen. Auch eine Neueinstellung ist dem Daimler-Benz-Kundendienst nicht möglich; vielmehr müßte der Vergaser an den Hersteller in Neuß zu einer kostspieligen Justierung eingesandt werden, was praktisch dem Einbau eines neuen Vergasers gleichkommt. Alle Arbeiten am Vergaser, die über die eben beschriebenen hinausgehen, müssen deshalb einer autorisierten Werkstatt vorbehalten bleiben.
Seit August 1979 sind Zentral-Leerlauf und zentrale Einstellschraube entfallen. Der Leerlaufabgaswert wird mit den beiden Leerlaufgemisch-Einstellschrauben eingestellt. Korrekt kann diese Arbeit nur in der Werkstatt vorgenommen werden, wobei die Abgasentnahme an besonderen Entnahmerohren erfolgt.

Abgasmessung bei der TÜV-Kontrolle

Bei den regelmäßigen TÜV-Überprüfungen wird auch der CO-Gehalt im Abgas gemessen. Zulässig sind höchstens 4,5 Volumenprozent CO (plus 1 % Meßtoleranz), aber bei unseren Mercedes-Modellen mit ihren modernen Vergasern sind

Das oben näher beschriebene Umschaltventil für die Schwimmerkammer-Außenbelüftung saß bis März 1978 im Motorraum hinter der rechten Scheinwerfereinheit. Danach wurde es, weil empfindlich gegen Nässe, auf den rechten Radlauf verlegt. Der Gummi-Verteiler für die angeschlossenen Leitungen darf nicht beschädigt sein und diese Unterdruckleitungen müssen absolut dicht von den Enden des Verteilers umschlossen werden.

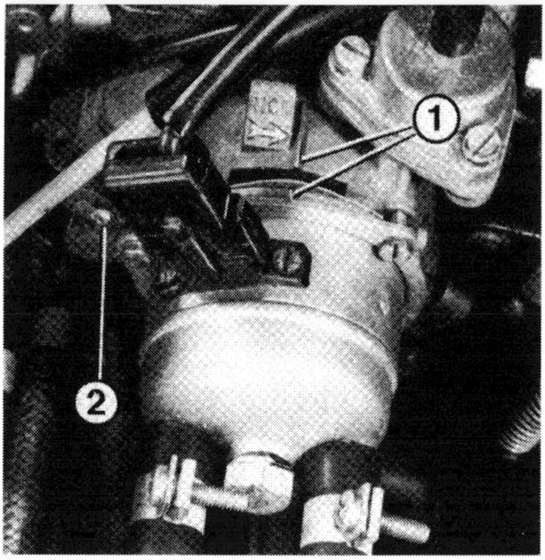

Das elektrisch und warmwasserbeheizte Startergehäuse am Stromberg-Vergaser. Die Markierungen (1) sollen sich gegenüberstehen. Nach Lockern der Startergehäuseschrauben kann der Gehäusedeckel verdreht werden; durch Drehen in Pfeilrichtung (»RICH«) wird das Gemisch angereichert. In der Werkstatt kann zusätzlich der CO-Wert durch Drehen der Starterzusatzluft-Regulierschraube (2) angepaßt werden.
Nach längerer Standzeit kann die Startautomatik klemmen. Zur Kontrolle die drei Schrauben lösen und das Startautomatikgehäuse abnehmen. Falls der Stift, der auf den Mechanismus nach der Bimetallfeder drückt, klemmt, diesen mit Caramba einsprühen und mehrmals bewegen. Danach das Gehäuse in der vorherigen Einbaulage wieder festschrauben.

4,5 % CO schon zuviel. Folgendes sollten Sie aber möglichst vor der Messung beachten:

■ Der Motor muß betriebswarm sein. Lassen Sie ihn beim TÜV nicht unnötig im Leerlauf tuckern, das verschlechtert den CO-Wert.

■ Wird der Mercedes ausschließlich im Kurzstrecken-Stadtverkehr bewegt, sollten Sie ihn vor der Messung rund 100 km zügig bewegen. So werden Verbrennungsrückstände im Motor durch die Auslaßventile hinausgeblasen. Einen guten Anhaltspunkt liefert auch das Auspuffrohr: Ist es nach längerer zügiger Fahrt innen schwarz und rußig und kriecht diese Schwärze gar um das Rohr auf die Außenseite, sollten Sie vor dem TÜV die Zündungs- und Vergasereinstellung kontrollieren lassen. Ist dagegen das Auspuffrohr innen grau, so ist alles in Ordnung.

Fingerzeig: *Von der Werbung angepriesene Vergaser-Zusatzgeräte bringen Nachteile im Fahrbetrieb, besonders jedoch den Kraftstoffverbrauch und die Abgasvorschriften betreffend, mit sich. Wartungs- und Reparaturarbeiten nimmt an derart manipulierten Vergasern keine seriöse Werkstatt vor.*

Vergaser reinigen

Verschmutzungen im Kraftstoff können in seltenen Fällen zu Störungen führen, die sich schon dann auswirken, wenn sie noch recht minimal erscheinen. Auch Wasser im Kraftstoff hat die Eigenschaft, Absonderungen von dem Zinkguß (Zinkkarbonat) des Vergasergehäuses zu erzeugen. Öldämpfe der Kurbelgehäuseentlüftung bereiten ebenfalls Verunreinigungen, insbesondere wenn man aus vermeintlichem Sicherheitsbedürfnis zu viel Öl in den Motor füllte. Alle diese Einflüsse können zu Einbußen in der Leistung des Motors führen.
Demontage und Reinigung des Vergasers sind in Eigenarbeit aber nicht zu empfehlen. Die Demontage verlangt viel Aufmerksamkeit, und der Zusammenbau müßte womöglich mit Hilfe eines herbeigeholten Fachmannes erfolgen. Unentwegte Heimwerker können sich allenfalls ansehen, was sie sich zutrauen abzuschrauben (wozu beim Solex-Vergaser zuvor das Luftfiltergehäuse abgebaut werden muß). Auf den Bildern dieser beiden Kapitel sieht man, welche Düsen verhältnismäßig leicht zugänglich sind und welche Vergaserteile ohne spätere Komplikationen gelöst werden können. Zu beachten ist, daß kein Teil verlorengeht oder vertauscht wird, daß keine Dichtung beschädigt ist und daß bei der Arbeit nichts in den Vergaser hineinfällt.
Ausgebaute Vergaserteile reinigt man in Kraftstoff oder Spiritus. Düsen und Bohrungen werden mit mäßigem Preßluftdruck ausgeblasen, wozu sich eine

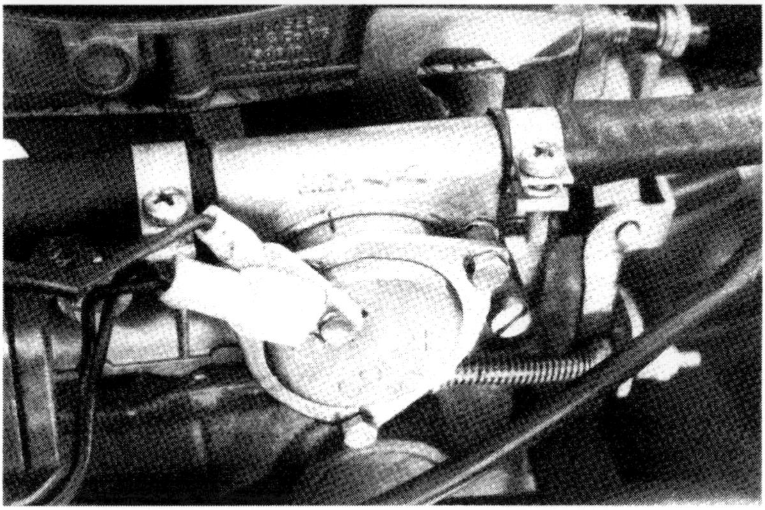

Das Startergehäuse am Solex-Vergaser. Auch hier sind die Markierungen (unterhalb des aufgeprägten Wortes »RICH«) vorhanden, die übereinstimmen sollen. Jede einmal von der Werkstatt vorgenommene Einstellung, die mit der Stellung der Starterklappe zusammenhängt, muß erhalten bleiben und soll im Bedarfsfall nur wieder in der Werkstatt korrigiert werden.

Handluftpumpe eignet. Auf keinen Fall dürfen die Düsen mit Draht durchstoßen werden, geeignet ist jedoch das Borstenhaar einer Bürste. Düsen sind aus weichem Metall (Messing), daher nicht zu fest einschrauben. Das Schwimmernadelventil muß einwandfrei beweglich sein; wenn es undicht ist oder hängt, liefert es zuviel Kraftstoff. Ein neues Schwimmernadelventil muß stets mit neuem Dichtring eingesetzt werden. Den richtigen Schwimmerstand soll die Werkstatt überprüfen.

Vergaser müssen staubfrei und trocken gehalten werden, nichts ist zu ölen oder zu schmieren. Am Öl würde Schmutz hängen bleiben, der an den Lagern der beweglichen Teile wie Schmirgel wirkt.

Störungsbeistand

Kommt es zu Schwierigkeiten beim Motorlauf, so liegt die Ursache nur in seltenen Fällen an einer Fehlfunktion des Vergasers. Störungen an der Zündanlage sind (bei allen Autos) häufiger. Man vergewissere sich, daß Zündzeitpunkt, Unterbrecherkontakte, Zündkerzen und Kabelanschlüsse in Ordnung sind. In den folgenden Tabellen sind die Möglichkeiten aufgeführt, die zu Störungen am Vergaser führen können.

Vergaser Stromberg 175 CD

Die Störung	– ihre Ursache	– ihre Abhilfe
A Schlechter Kaltstart	1 Starterschieber oder Betätigungsgestänge klemmt oder schwergängig	Gangbar machen
	2 Bimetallfeder nicht genügend vorgespannt	Starterdeckel auf Markierung einstellen
	3 Starterkraftstoffkanäle verstopft	Starterschieber ausbauen, Kraftstoffkanäle in beiden Richtungen durchblasen
B Motor bleibt nach Kaltstart stehen	1 Starterschieber oder Betätigungsgestänge hängt	Gangbar machen
	2 Stufenscheibe hängt	Gangbar machen
	3 Schnell-Leerlauf-Drehzahl zu niedrig	Einstellen
	4 CO-Wert falsch	Einstellen
	5 Pulldown defekt	Vergaser zur Reparatur an Hersteller einschicken
	6 Falschluft, undichte Verbindungsstellen	Luftdicht befestigen
	7 Unterdruckschläuche porös oder Membrane gerissen	Erneuern

Die Störung	– ihre Ursache	– ihre Abhilfe
C Motor bleibt in der Warmluftphase stehen	1 Kraftstoffgemisch zu fett oder zu mager	Starterzusatzluft-Regulierschraube einstellen
	2 Klappenaussteller öffnet die Drosselklappe zu wenig	Einstellen
	3 Spiel im Gasgestänge	Spiel beseitigen, ausgeschlagene Teile ersetzen
	4 Siehe A 2	
D Schlechter Leerlauf	1 Abschaltventil öffnet nicht	Masseverbindung am Saugrohr kontrollieren, oder Abschaltventil erneuern
	2 Leerlaufgemisch-Einstellung falsch	Einstellen
	3 Falschluft: Undichtigkeit an Vergaserdichtung, an Unterdruckanschlüssen, an Leerlaufgemischumführung oder am Saugrohr	Undichtigkeit durch Abspritzen feststellen, dann beseitigen
	4 Schwimmernadelventil verschmutzt oder defekt	Reinigen oder komplett mit Dichtung erneuern
	5 Schwimmereinstellung falsch	Berichtigen
E Erhöhter Leerlauf	1 Gestänge oder Hebel für Drosselklappenwelle schwergängig	Gangbar machen
	2 Drosselklappen-Regulierschraube verstellt	Leerlaufgrundeinstellung durchführen lassen
	3 Klappenansteller nicht richtig eingestellt	Einstellen
	4 Unterdruckschlauch am Klappenansteller undicht	Luftdicht befestigen oder erneuern
	5 Stufenscheibe im Startergehäuse hängt	Gangbar machen
F Drehzahlschwankungen im Leerlauf (Motor »sägt«)	1 Leerlaufgemisch zu mager	Fetter einstellen
	2 Siehe D 3	
	3 Siehe E 3	
	4 Kraftstoffniveau zu niedrig	Schwimmer justieren
G Schlechter Übergang	1 Kolbenmembrane porös oder gerissen, dadurch falsche Anhebung des Luftkolbens	Membrane erneuern
	2 Dämpferölstand zu gering	Nachfüllen
H Hoher Kraftstoffverbrauch	1 Starterschieber bei warmem Motor eingeschaltet	Gangbar machen
	2 Übertragungsgestänge schwergängig	Gangbar machen
	3 Spannung am Starter zu gering	Starterdeckel mit 8 Ω (Ohm) einbauen
	4 Heizspirale durchgebrannt	Starterdeckel erneuern
	5 Siehe G 1	
	6 Düsennadel und/oder Nadeldüse verschlissen	Defekte Teile erneuern
	7 Kraftstoffniveau zu hoch	Schwimmer justieren
I Mangelhafte Endleistung	1 Kraftstoffniveau zu niedrig	Schwimmer justieren
	2 Kraftstoff-Regulierschraube verstellt	Grundeinstellung prüfen lassen
	3 Siehe G 1	

Die Störung	– ihre Ursache	– ihre Abhilfe
(I)	4 Prüfschraube im Vergaserdeckel lose oder verloren	Festziehen oder erneuern
	5 Kraftstoffzulauf verschmutzt	Mit Preßluft ausblasen
	6 Kraftstoffzulauf undicht	Defekte Schläuche oder Anschlüsse erneuern
	7 Kraftstoffpumpe defekt	Erneuern
A Schlechter Kaltstart	1 Starterklappe schließt nicht	Übertragungsgestänge oder Starterklappe gangbar machen
	2 Starterdeckel nicht auf Markierung eingestellt	Einstellen
	3 Bimetallfeder defekt	Starterdeckel erneuern
	4 Zusatzanreicherung verstopft	Kanäle von oben mit Preßluft durchblasen
	5 Drosselklappe ungenügend angestellt	Klappenaussteller einstellen
B Motor bleibt nach Kaltstart stehen	1 Starterklappenspalt nicht richtig eingestellt	Einstellen
	2 Klappenansteller nicht richtig eingestellt oder defekt	Einstellen oder erneuern
	3 Unterdruckschläuche porös oder Anschlüsse undicht	Erneuern oder luftdicht befestigen
C Motor bleibt in der Warmlaufphase stehen	1 Klappenansteller öffnet die Drosselklappe zu wenig	Einstellen
	2 Spiel im Gasgestänge	Spiel beseitigen, ausgeschlagene Teile ersetzen
	3 Bimetallfeder nicht genügend vorgespannt	Starterdeckel einstellen
	4 Kraftstoffdüsen des TN-Startersystems verstopft	Mit Preßluft von vorne und unten durchblasen
D Schlechter oder kein Leerlauf	1 Leerlauf-Abschaltventil defekt oder außer Funktion	Zuleitung instandsetzen oder Abschaltventil erneuern
	2 Leerlaufkraftstoffdüsen verstopft	Mit Preßluft von oben durch die Leerlaufdüsen durchblasen
	3 Falschluft: Undichtigkeiten an Unterdruckdosen, an Vergaserdichtung oder an Unterdruckanschlüssen am Saugrohr	Undichtigkeiten durch Abspritzen feststellen, dann beseitigen
	4 Siehe C 4	
	5 Schwimmernadelventil verschmutzt oder defekt	Reinigen oder mit Dichtung erneuern
E Erhöhter Leerlauf	1 Starterklappe öffnet nicht voll	Gangbar machen
	2 Drosselklappe geht nicht auf Leerlaufanschlag zurück	Gestänge oder Hebel gangbar machen oder Gestänge demontieren und neu montieren
	3 Klappenansteller nicht richtig eingestellt	Einstellen
	4 Siehe B 3	
	5 TN-Schalter schaltet nicht ab	TN-Startergehäuse in heißem Zustand ausbauen, prüfen ob Steuerkolben den Steuerschlitz überdeckt, andernfalls TN-Starter erneuern
F Drehzahlschwankungen im Leerlauf (Motor »sägt«)	1 Leerlaufgemisch zu mager	Fetter einstellen
	2 Siehe D 3	
	3 Siehe E 3	

Die Störung	– ihre Ursache	– ihre Abhilfe
G Schlechter Übergang		
I. Vom Leerlauf zur Teillast der 1. Stufe	1 Keine oder zu geringe Einspritzmenge	Einspritzmenge der Beschleunigungspumpe einstellen
	2 Kraftstoffkanäle verstopft	Mit Preßluft durchblasen
	3 Kraftstoffniveau zu niedrig	Schwimmer justieren
II. Von Teillast zur Vollast	1 Luftklappen 2. Stufen hängen	Gangbar machen
	2 Düsennadeln 2. Stufen hängen	Hebel und Nadel gängig machen
	3 Unterdruckdose-Dämpfung 2. Stufen undicht	Erneuern
	4 Übergangskanäle verstopft	Kanäle von oben mit Preßluft durchblasen
	5 Teillaststeuerung verstellt	Vergaser beim Hersteller einstellen lassen
H Hoher Kraftstoffverbrauch	1 Siehe E 1	
	2 Heizspirale durchgebrannt	Starterdeckel erneuern
	3 Luftklappen 2. Stufen klemmen	Gangbar machen
	4 Steuerklappe im Luftfilterschnorchel klemmt oder Thermoelement defekt	Gangbar machen oder Thermoelement erneuern
	5 Kraftstoffniveau zu hoch	Schwimmer justieren
I Mangelhafte Endleistung	1 Drosselklappen 2. Stufen öffnen nicht	Gangbar machen oder Entriegelung durch Startautomatik prüfen
	2 Drosselklappen 2. Stufen öffnen nicht vollständig	Vollastanschlag einstellen
	3 Kraftstoffzulauf verschmutzt	Mit Preßluft ausblasen
	4 Kraftstoffzulauf undicht	Defekte Schläuche oder Anschlüsse erneuern
	5 Krafstoffpumpe defekt	Erneuern
K Motor »ruckelt«	1 Schwimmerkammer-Entlüftungsventil klemmt oder ist defekt	Erneuern

Verbindlichkeiten

Der Besitzer eines Mercedes mit automatischem Getriebe braucht sich um dieses Kapital nicht zu kümmern. Die Kupplung soll, wie man weiß, beim Start – unter Mithilfe des Fahrers – den laufenden Motor mit den noch stehenden Teilen der Kraftübertragung sanft verbinden. Während der Fahrt hat sie beim Schalten der Gänge die Verbindung zwischen Motor und Getriebe zu unterbrechen und die unterschiedlichen Drehzahlen zur Kraftübertragung einander anzugleichen.

So arbeitet die Kupplung

Größe und Stärke einer Kupplung sind von der Höhe der Motorleistung abhängig. Die Kupplung für die in diesem Buch besprochenen Mercedes-Modelle ist aber so bemessen, daß sie alle mit dem gleichen Kupplungstyp auskommen.
Nicht jeder Autofahrer weiß, wie die Kupplung aufgebaut ist. Zwischen dem mit der Kurbelwelle verschraubten Schwungrad und einer ebenfalls rotierenden Druckplatte befindet sich die Kupplungsscheibe. Sie ist längs verschiebbar auf der Getriebeantriebswelle gelagert. Auf diese Kupplungsscheibe ist beiderseits ein bremsbelagähnliches Material aufgenietet. Sie wird in eingekuppeltem Zustand von einer federbelasteten Druckplatte gegen die vom Motor angetriebene Schwungscheibe gepreßt. Auf diese Weise nimmt das Schwungrad von der einen Seite und die Druckplatte von der anderen Seite die Kupplungsscheibe durch Reibung mit. Sie wird deswegen auch »Mitnehmerscheibe« genannt.
Der Tritt auf das Kupplungspedal entfernt die Druckplatte von der Kupplungsscheibe und trennt sie damit von der Schwungscheibe. Dabei überträgt sich die Pedalbewegung auf eine Ausrückschwinge (Ausrückhebel) und schiebt das Lager der Druckplatte nach vorn. Dadurch wird das Außenteil der Druckplatte um die Lagerpunkte nach hinten bewegt. Jetzt ist ausgekuppelt und die Kupplungsscheibe läuft frei zwischen Druckplatte und Schwungrad.
Nachlassender Pedaldruck kehrt den Vorgang um, die drehende Kurbelwelle des Motors wird wieder mit dem Getriebe verbunden. Durch Festhalten des Pedals auf halbem Wege schleift die Kupplungsscheibe zwischen Schwungscheibe und Druckplatte, was den Belag der Kupplungsscheibe verschleißen läßt.
In der Kupplung des Mercedes wird eine sogenannte Tellerfeder verwendet, auch Membran- oder Scheibenfeder genannt. Mit ihrer Hilfe wird die Druckplatte gegen die Kupplungsscheibe gepreßt. Die Tellerfeder ist eine – wie bei einer Torte – sektorenförmig eingeschnittene Metallscheibe. Ihre einzelnen Zungen haben federnde Wirkung, sie sind gegen die hohen Fliehkräfte unempfindlich (im Gegensatz zu den früher meist verwendeten schraubenförmig gewickelten Anpreßfedern). Auch bei stark verschlissenem Kupplungsbelag bleibt ihr Anpreßdruck fast gleich.
Ein weiterer Vorteil ergibt sich durch das bei Daimler-Benz seit etwa 1968 verwendete Ausrücklager: Im Gegensatz zu der früher üblichen Bauart, bei der sich der Außenring beim Betätigen der Kupplung an die umlaufenden Teile anlegt,

läuft nunmehr der Innenring um. Dadurch wird die Drehzahl der Kugeln im Lager verringert und auch die Fettfüllung des Lagers weniger beansprucht. Die Lebensdauer dieses Lagers ist höher und das sonst übliche Spiel in der Kupplung wird vermieden. Ein solches Ausrücklager ist wartungsfrei und darf – ausgebaut – keinesfalls mit Benzin ausgewaschen werden.

Hydraulische Übertragung

Die Übertragung der Pedalbewegung zum Kupplungshebel geschieht bei den Mercedes-Modellen nicht mechanisch (durch Seilzug oder Gestänge), sondern hydraulisch, also durch Flüssigkeitsdruck. Das System ist mit der Bremsanlage vergleichbar und beim Mercedes wird dabei auch die gleiche Flüssigkeit für die Kupplungs- und Bremsbetätigung eingesetzt. Das Kupplungspedal ist über eine Stange mit dem Kolben im Kupplungshauptzylinder (Geberzylinder) verbunden. Von dort führt eine Flüssigkeitsleitung zum Arbeitszylinder (Nehmerzylinder) am Kupplungsgehäuse. Hier wird die Kraft auf den Ausrückhebel übertragen. Der Geberzylinder sitzt im Fußraum in Pedalnähe, der Nehmerzylinder ist direkt an der Kupplungsglocke angeschraubt.
Was bei dieser Hydraulikanlage zu beachten ist, wird im Kapitel über die Bremsen besprochen. Wie dort, kann es auch bei der Kupplung vorkommen, daß die Anlage entlüftet werden muß. Bemerkbar macht sich diese Notwendigkeit durch schwer einzulegende Gänge. Natürlich muß die Anlage richtig befüllt sein, sonst werden die Schaltschwierigkeiten noch größer.

Flüssigkeitsstand der Kupplungsbetätigung kontrollieren

Pflegearbeit Nr. 4 B

Der Vorratsbehälter für die Flüssigkeit zur Betätigung der Kupplung ist zugleich der Bremsflüssigkeitsbehälter. Beide Anlagen – die hydraulische Übertragung für die Bremsen und für die Kupplung – werden somit aus einem Behälter gespeist. Für die Kontrolle des Flüssigkeitsstands für die Kupplungsbetätigung gilt dasselbe wie auf Seite 143 (Pflegearbeit Nr. 4 A) beschrieben. Diese Erläuterungen, auch was die Bremsflüssigkeit betrifft, müssen daher hier nicht wiederholt werden.

Kupplungsbetätigung auf Dichtheit prüfen

Pflegearbeit Nr. 29

Alle Anschlüsse der Hydraulikleitungen zwischen Vorratsbehälter auf dem Hauptbremszylinder und dem Geber- und Nehmerzylinder müssen vollkommen dicht sein. Durch eine im Abstand von 15 000 km vorgenommene Sichtprüfung überzeugt man sich davon, daß am Geberzylinder und am Nehmerzylinder keine Flüssigkeit austritt, was sich durch feuchtdunkle Stellen bemerkbar machen würde. An den Geberzylinder gelangt man nach Ausbau der Abdeckung unter der Instrumententafel (Beschreibung siehe Seite 211), und zur Kontrolle des Nehmerzylinders muß der Wagen über einer Arbeitsgrube stehen oder angehoben werden.
Desgleichen ist der Zustand der Leitungen und Schläuche zu untersuchen. Es dürfen keine Eindrückungen, Scheuerstellen oder Anrisse feststellbar sein. Irgendwie in dieser Hinsicht angegriffene Leitungen müssen in der Werkstatt erneuert werden.

Kupplungsbetätigung entlüften

In der Werkstatt wird zur Entlüftung ein besonderes Entlüftungsgerät benutzt. Wenn ein solches nicht zur Verfügung steht, kann man das Entlüften auch mit Hilfe der Bremsanlage vornehmen. Zum besseren Verständnis der nachfolgenden Beschreibung ist zuvor der Abschnitt »Bremsen entlüften« auf Seite 145 zu lesen.
Der Flüssigkeitsstand im Ausgleichsbehälter für Bremsanlage und Kupplungsbetätigung muß bis zur Maximal-Marke reichen. Wagen vorn anheben, rechtes Vorderrad abnehmen und genügend langen Schlauch auf das Entlüftungsventil

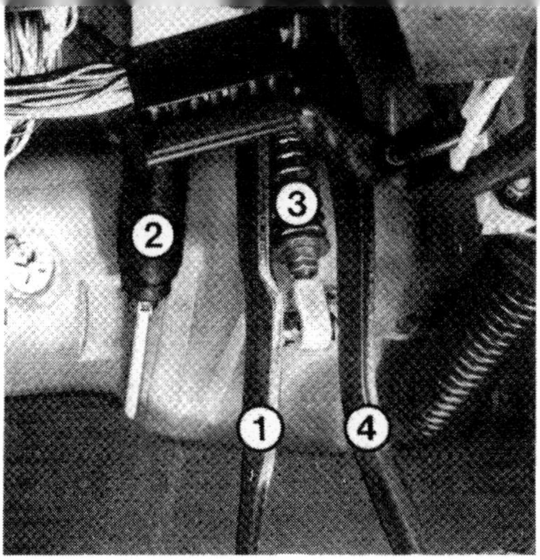

Beim Tritt auf das Kupplungspedal (1) wird diese Bewegung auf einen Kolben im Geberzylinder (2) übertragen. Der Pedalhebel ist mit einer genau eingestellten, sogenannten »Übertotpunktfeder« verbunden, die für einen exakt bemessenen Pedalweg sorgt. 4 – Bremspedalhebel.

der freigelegten Bremszange ansetzen. Entlüftungsschraube öffnen und von einer Hilfsperson das Bremspedal langsam niedertreten lassen. Wenn sich dabei der Schlauch vollständig füllt und keine Luftblasen austreten, drückt man den Schlauch zu, damit keine weitere Flüssigkeit austreten kann. Das freie Schlauchende dann auf die Entlüftungsschraube am Nehmerzylinder stecken. Auch diese Schraube öffnen, Bremspedal durchtreten lassen und Entlüftungsventil an der Bremse schließen.
Damit erreicht wird, daß die eingeschlossene Luft in der Kupplungsbetätigung restlos herausgedrückt wird, muß der Vorgang wiederholt bzw. fortgesetzt werden. Dazu wird das Bremspedal losgelassen und man öffnet das Entlüftungsventil an der Bremse wieder, das Bremspedal ist erneut zu treten und die Entlüftungsschraube wieder zu schließen. Gleichzeitig muß der Stand im Ausgleichsbehälter beobachtet und gegebenenfalls Bremsflüssigkeit ergänzt werden. Wenn im Ausgleichsbehälter beim Betätigen des Pedals keine Luftblasen mehr hochsteigen, sind beide Entlüftungsventile zu schließen und der Schlauch kann abgezogen werden.
Zur Funktionskontrolle gehört es, bei laufendem Motor – das Kupplungspedal ist getreten – den Rückwärtsgang einzulegen. Das muß ohne weiteres möglich sein.

Kupplung ohne Nachstellung

An der Kupplung braucht nichts nachgestellt zu werden. Die hydraulische Kraftübertragung und die Konstruktion der Kupplung lassen einen stets vorhandenen Vordruck entstehen. Erst wenn man ein Nachlassen der Kupplungswirkung bemerkt, der Kupplungsbelag also verschlissen ist, muß man sich auf einen baldigen Werkstattbesuch einrichten.
Ein Nachlassen der Wirkung kann natürlich auch mit Undichtigkeiten im hydraulischen System zusammenhängen. So können z. B. die Manschetten in den Zylindern undicht werden. Theoretisch lassen sie sich ersetzen, aber Reparaturen an den beiden Zylindern werden nicht vorgenommen, sie werden ausgetauscht.

Rutschende Kupplung

Durchrutschen bedeutet, daß die Kupplung nicht mehr die volle Motorkraft übertragen kann, also nicht mehr einwandfrei verbindet. Auch eine sorgsam behandelte Kupplung kann durch Verschleiß allmählich so abmagern, daß die Reibpartner einfach nichts mehr zu fassen bekommen – wo keine Anpreßkraft hinkommt, kann auch keine Reibungskraft erzeugt werden. In diesen Fällen wird man die Unarten der Kupplung meist erst bemerken, wenn beim Fahren der Motor bei Belastung »durchdreht«, d. h. auffallend schneller dreht, als es der Fahrgeschwindigkeit entspricht.

Kupplung trennt nicht

Wenn die Kupplung nicht einwandfrei trennt und die Synchronisierung des Getriebes in Ordnung ist, lassen sich die Vorwärtsgänge sehr schwer schalten. Besteht der Verdacht auf schlecht trennende Kupplung, macht man folgende Prüfung: Motor laufen lassen, auskuppeln, einige Sekunden warten und dann den Rückwärtsgang einlegen. Dies ist der Gang, der über keine Synchronisation verfügt. Wenn die Kupplung nicht einwandfrei trennt, kommt der Radsatz nicht zum Stillstand und der Rückwärtsgang läßt sich nicht geräuschlos einlegen.

Zumutbare und unzumutbare Behandlung

Manchmal läßt es sich im heutigen Verkehr nicht umgehen, »mit der Kupplung zu fahren«, was bedeutet, daß man sie ein wenig schleifen läßt, weil das Fahrtempo noch im unteren Bereich des 1. Gangs liegt. Aber grundsätzlich sollte man sonst darauf bedacht sein, die Kupplung nur kurz zum Ein- und Auskuppeln zu betätigen. Eine schlechte Angewohnheit ist es ebenfalls, mit durchgetretenem Pedal vor der Ampel auf die Weiterfahrt zu warten. Das beansprucht das Ausrücklager und zieht notwendigerweise Verschleiß nach sich.

Schalten ohne zu kuppeln

Wenn die Kupplungsübertragung defekt ist, kann man notfalls ohne Kupplungshilfe die Gänge wechseln. Zum Anfahren legt man bei stehendem Motor den ersten (oder bei warmem Motor gleich den zweiten) Gang ein. Anlasser betätigen – der Wagen setzt sich holpernd in Bewegung. Aufwärtsschalten geschieht, indem man Gas wegnimmt und bei schiebendem Wagen, also bei geringerer Motordrehzahl, den Gang herausnimmt. Nach einer kleinen Schaltpause im Leerlauf muß der nächste Gang dann eingelegt werden, wenn antreibende und angetriebene Welle im Getriebe nach entsprechend dosiertem Gasgeben die gleiche Drehzahl haben.

Belagstärke der Kupplung prüfen

Pflegearbeit Nr. 53

Durch die selbsttätig nachstellende und spielfreie Kupplungsbetätigung läßt sich der Belagverschleiß am Kupplungspedal nicht feststellen. Wenn Schwierigkeiten beim Kuppeln vermuten lassen, daß die Mitnehmerscheibe verschlissen ist, kann der Abnutzungsgrad gemessen werden, ohne daß die Kupplung deswegen demontiert werden muß. Diese Prüfung soll vorsorglich jeweils nach 45 000 km Fahrstrecke in der Werkstatt erfolgen.

Zur Prüfung dient eine Lehre mit gegabeltem Ende. Der Abstand zwischen beiden Gabelenden entspricht dem Durchmesser eines bestimmten Abschnitts auf der Kolbenstange des Nehmerzylinders und die Lehre läßt sich auf diesen Abschnitt schieben. Dieser Abschnitt (mit einem reduzierten Durchmesser) ist nur bei genügender Belagstärke der Kupplungsscheibe (Mitnehmerscheibe) erreichbar, denn die Kolbenstange dringt mit zunehmender Abnutzung des Belages weiter in den Zylinder ein. Ab einer gewissen Verschleißgrenze trifft die Lehre auf eine Verdickung der Kolbenstange und läßt sich deshalb nicht mehr aufschieben.

Unter dem Flansch des an der Kupplungsglocke angeschraubten Nehmerzylinders ist eine Kunststoffbeilage mit Nut angebracht, in die man die Lehre einschiebt. Einkerbungen am Rand der Lehre zeigen an, wie tief sie sich hat einführen lassen. Verschwinden die Marken, hat die Lehre in den verjüngten Abschnitt der Kolbenstange eingegriffen – die Mitnehmerscheibe ist noch in Ordnung. Bleiben die Marken durch Anschlag an die vorher erwähnte Verdickung sichtbar, dann ist die Mitnehmerscheibe so weit abgenutzt, daß sie ersetzt werden muß. Dazu muß die Werkstatt das Getriebe ausbauen.

Im Neuzustand hat die Mitnehmerscheibe sowohl auf der Schwungradseite wie auf der Kupplungsseite eine Belagstärke von 3,6–3,8 mm. Die Abnutzung hat ihre Grenzen: Der zulässige Gesamtverschleiß der Beläge ist mit 2 mm angege-

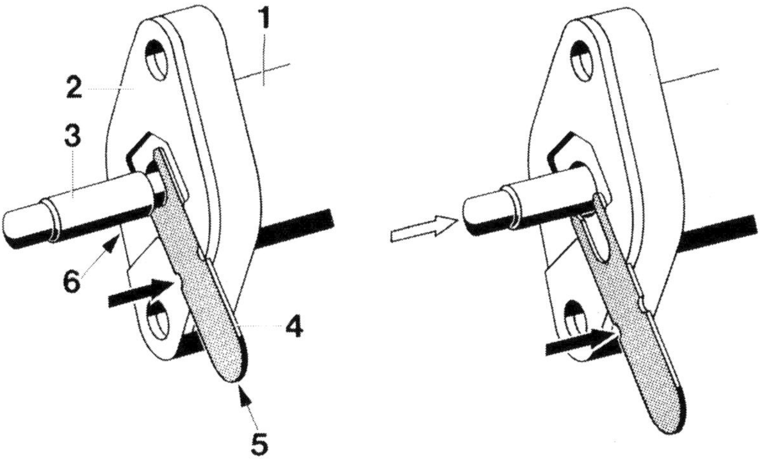

Schemazeichnungen zur Kontrolle des Abnutzungszustandes der Kupplungs-Mitnehmerscheibe.
1 – Nehmerzylinder, 2 – Beilage zwischen Nehmerzylinder und Kupplungsgehäuse, 3 – Flansch, 4 – Kontrollehre mit seitlich angebrachten Kerben, 5 – Richtung, in der die Lehre eingeschoben werden muß, 6 – Gabel der Lehre greift in die Aussparung im Flansch ein (Abnutzungszustand der Mitnehmerscheibe ist ausreichend). Im Bild rechts ist der Abnutzungsgrenzwert der Mitnehmerscheibe erreicht, die Lehre läßt sich nicht mehr genügend weit einschieben und die Kerben an ihrem Rand bleiben sichtbar.

ben. Man kann die Werkstatt bitten, die alte Mitnehmerscheibe aufzuheben, um zu sehen, ob normaler Verschleiß vorlag oder ob die Beläge eventuell durch unsachgemäße Kupplungsbetätigung verbrannt oder gerissen sind.

Störungsbeistand
Kupplung

Die Störung	– ihre Ursache	– ihre Abhilfe
A Kupplung rutscht	1 Kupplungsbeläge abgenutzt	Mitnehmerscheibe ersetzen
	2 Anpreßdruck der Kupplung zu gering	Kupplung ersetzen
	3 Belag verölt	Mitnehmerscheibe und defekte Getriebe- oder Kurbelwellendichtung ersetzen
	4 Kupplung wurde überhitzt	Kupplung ersetzen
	5 Kolbenmanschette im Nehmerzylinder undicht oder Kolben klemmt	Nehmerzylinder überholen oder ersetzen
B Kupplung trennt nicht	1 Luft in der Kupplungshydraulik	Entlüften
	2 Kolbenmanschette im Nehmer- oder Geberzylinder undicht	Nehmer- oder Geberzylinder überholen oder ersetzen
	3 Mitnehmerscheibe hat Schlag	Mitnehmerscheibe richten oder ersetzen
	4 Mitnehmerscheibe verzogen oder Belag gebrochen	Mitnehmerscheibe ersetzen
	5 Mitnehmerscheibe klemmt auf Getriebewelle	Gangbar machen
	6 Blattfedern der Kupplung abgeknickt	Kupplung ersetzen
	7 Nach langer Standzeit: Belag an Schwungscheibe festgerostet	Schwungrad säubern, Belag mit Schmirgelpapier aufrauhen
C Kupplung rupft	1 Siehe A 3	
	2 Falsche Beläge	Mitnehmerscheibe ersetzen
	3 Ausrücklager drückt einseitig	Ausrückhebel überprüfen
	4 Druckplatte drückt schief	Kupplung ersetzen
	5 Motor- oder Getriebeaufhängung defekt	Motor- oder Getriebelager ersetzen

Gute Übersetzung

Weil sich ständig unterschiedliche Fahrbedingungen, Geschwindigkeiten und Belastungen ergeben (z. B. Beschleunigen, Bergfahrt), müssen zur Anpassung der Motordrehzahl an die Drehzahl der Antriebsräder verschiedene Übersetzungsstufen gewählt werden. Das heißt: Man muß schalten. Das automatische Getriebe jedoch kann die jeweils günstigste Übersetzung zwischen Motor und Antriebsachse selbst wählen, wobei die – manchmal sogar nötige – individuelle Beeinflussung erhalten geblieben ist.
Getriebe, Übertragungswelle (Kardanwelle), Ausgleichgetriebe (Differential) und Achsantrieb sind Bauteile mit sehr genauen Maßen. Arbeiten daran sollte man also der Werkstatt überlassen. Die Kontrolle des Ölstands kann allerdings selbst vorgenommen werden und dazu enthält das Kapitel »Schmieren – was und wie?« alle wichtigen Informationen.

Das Schaltgetriebe

Die Mercedes-Modelle werden mit einem einheitlichen Viergang-Schaltgetriebe mit Mittelschaltung ausgerüstet. Es ähnelt im Aufbau dem Getriebe vorangegangener Modellreihen, doch wurde durch Versteifung des Kupplungs- und Getriebegehäuses eine größere Laufruhe erreicht.
In dem Schaltgetriebe, auch Wechselgetriebe genannt, greifen verschiedene Zahnradpaare für die richtige Übersetzung zwischen dem Motor und der Hinterachse ineinander. Der Fahrer bestimmt durch das Schalten die Wahl der betreffenden Übersetzungsstufe.
Das Getriebe besitzt – wie heutzutage üblich – geräuschlose (synchronisierte) Vorwärtsgänge und einen geradverzahnten (nicht synchronisierten) Rückwärtsgang. Das ermöglicht Schalten ohne Zwischengas und Zwischenkuppeln. Die Zahnräder sitzen frei drehbar auf der Getriebehauptwelle. Sie befinden sich in ständigem Eingriff mit den auf der Vorgelegewelle festsitzenden Gegenrädern. Zum Schalten werden sie durch die Schiebemuffe des Gleichlaufkörpers (Synchronisierung) mit der Welle verbunden oder gelöst. Synchronisiert wird – vereinfacht ausgedrückt – mit kleinen Reibungskupplungen (Konus und Gegenkonus).
Die Reibungsarbeit des Synchronringes erhöht sich entsprechend, je mehr die Drehzahlen der Antriebswelle von den der Welle zu den Antriebsrädern voneinander abweichen. Die Angleichung braucht ihre Zeit. Deshalb gilt es, exakt zu schalten, um die Langlebigkeit der Synchronisation zu sichern. Gewaltsames Durchreißen des Schalthebels beansprucht die Synchronisation über Gebühr und schadet. Defekte Synchronringe machen beim Schalten Kratzgeräusche.

Fingerzeige: *Zwischengas ist nur sinnvoll, wenn bei hohen Drehzahlen heruntergeschaltet wird (Notfälle, sportliches Fahren), oder wenn bei kaltem und steifem Getriebeöl geschaltet wird. Allerdings gehört dazu Feingefühl, denn übertriebenes Zwischengas schadet mehr als keines.*

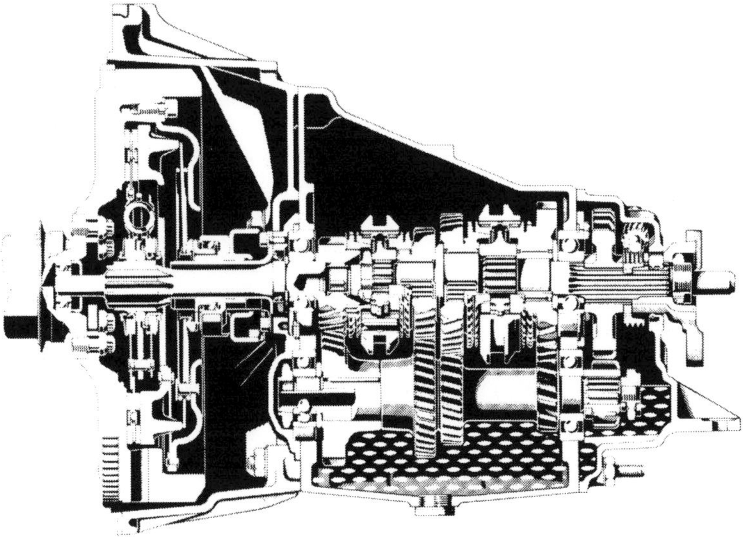

Längsschnitt durch das Kupplungsgehäuse und das Schaltgetriebe. Der Zapfen links gehört zur Kurbelwelle, die mit der Schwungscheibe verschraubt ist. Im Schnitt sieht man an letzterer die Kupplung, in deren Mitte die Getriebe-Eingangswelle dreht. Rechts das aufgeschnittene Getriebe. Dieses Viergang-Schaltgetriebe trägt die Daimler-Benz-Bezeichnung G 76/18 C und ist für alle in diesem Buch beschriebenen Modelle bestimmt.

Weil das Synchronisieren auf Reibung beruht, sind fremde Ölzusätze für das Getriebeöl nicht angebracht. Diese Zusätze sollen meist die Reibung herabsetzen, was dem Prinzip der Synchronisation genau entgegengesetzt ist. Andererseits können durch Zusätze die Synchronringe verkleben, wodurch ebenfalls das Schalten erschwert wird.

Das automatische Getriebe

Auf Wunsch wird ein automatisches Vierganggetriebe geliefert. Dazu gehört entweder ein Wählhebel auf der Mittelkonsole oder an der Lenksäule. Daimler-Benz baut diese Getriebe selbst (manche andere Autofirmen beziehen Getriebeautomaten von besonderen Herstellern), weswegen nur der Mercedes-Service bei möglicherweise auftretenden Störungen zu Rate gezogen werden sollte.
Das automatische Getriebe funktioniert wie folgt: Zwischen Motor und Getriebe (drei Planetenradsätze) ist ein sogenannter hydrodynamischer Drehmomentwandler geschaltet, in dem die Motorleistung durch ein spezielles Flüssigkeitsgetriebeöl über Schaufelräder übertragen wird. Gekoppelt mit der Schwung-

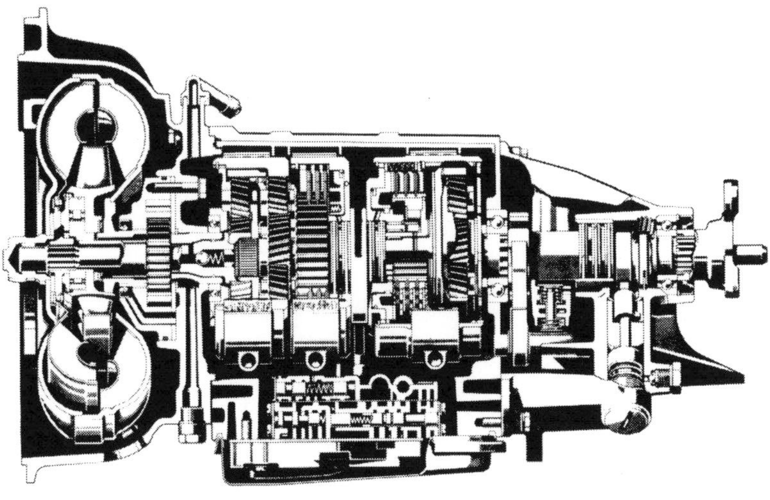

Die Ausführung des automatischen Daimler-Benz-Vierganggetriebes mit der Bezeichnung W 4 B 025 steht zur wahlweisen Ausrüstung zur Verfügung. Das Getriebe wird bereits seit 1973 gebaut und es entstand als verbesserte Weiterentwicklung einer früheren Konstruktion. Links an dem eigentlichen Getriebe befindet sich das Gehäuse mit dem Pumpenrad der hydraulischen Kupplung, von der Schwungscheibe mitgenommen, und das vom Pumpenrad durch den Ölstrom mitgenommene Turbinenrad.

scheibe am Motor ist das Pumpenrad, das die Flüssigkeit bei laufendem Motor in Rotation versetzt und direkt gegen die Schaufeln des Turbinenrads schleudert. Von dort trifft der Ölstrom auf das Leitrad, wird von diesem umgelenkt und dem Pumpenrad wieder zugeführt. Das in Umdrehung versetzte Turbinenrad ist mit dem nachgeschalteten Getriebe fest verbunden. Die Zahnräder des Getriebes stehen dauernd in Eingriff. Weil die Wandlerflüssigkeit bei laufendem Motor immer versucht – durch das Pumpenrad in Bewegung versetzt –, das Getriebe und damit auch die Antriebsräder zu bewegen, »kriecht« der Wagen beim Stand im Leerlauf und muß dann mit der Fuß- oder Feststellbremse festgehalten werden. Bei längerem Halt mit laufendem Motor soll man den Wählhebel in Stellung »N« bringen.

Das automatische Getriebe kann auf dreierlei Arten beeinflußt werden. Durch Schalten von Hand in gewohnter Weise (aber ohne zu kuppeln), durch Sperren des oberen oder der beiden oberen Gänge (Fahrstufen) und durch »Kickdown«, also bei kräftigem Durchtreten des Gaspedals. Sowohl beim Kickdown als auch beim langsamen Gasgeben (oder Gaswegnehmen) verändern sich die Unterdruckverhältnisse im Ansaugrohr am Motor, was zu entsprechenden Reaktionen im Getriebe führt. Durch Bandbremsen werden bestimmte Zahnradsätze abgebremst, andere freigegeben, wodurch gewissermaßen der »Gangwechsel« stattfindet und damit verschiedene Übersetzungen hergestellt werden.

Wagen mit automatischem Getriebe besitzen einen besonderen Ölkühler für das Getriebeöl. Die von der Unterseite des Getriebes zur Wagenfront verlaufenden beiden Rohrleitungen dürfen bei Arbeiten unter dem Wagen nicht beschädigt werden, die Anschlüsse müssen fest angezogen sein.

Störungen im automatischen Getriebe sind trotz seiner aufwendigen Mechanik äußerst selten. Im Selbstverfahren gibt es außer der Ölstandskontrolle nichts zu tun. Was bei dieser zu beachten ist, kommt auf Seite 72 zur Sprache. Bei dieser Gelegenheit kann man, wenn Verdacht auf eine Störung besteht, eine Geruchsprobe vornehmen: Verbrannte Kupplungslamellen oder Bremsbänder rufen eine Art Brandgeruch hervor. Dazu Peilstab ziehen und am daran haftenden Öl riechen.

Die Gelenkwelle

Zur Kraftübertragung vom Getriebe zur Hinterachse dient beim 200 und 230 bis 1979 eine dreiteilige Rohrwelle (Kardanwelle). Seit August 1979 ist sie bei diesen Modellen zweigeteilt wie von Anfang an beim 250. Am vorderen Teil der Welle

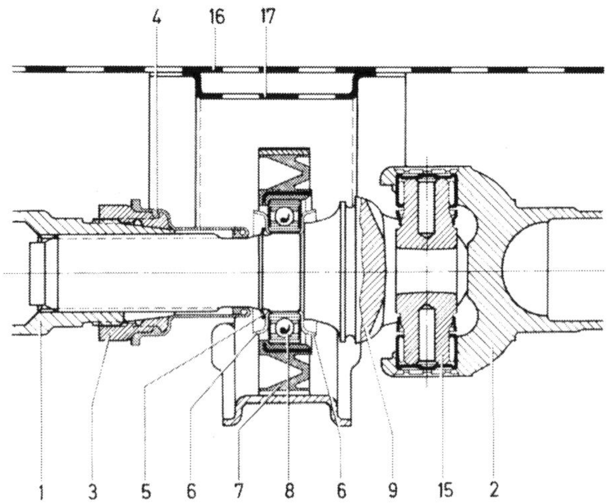

Schnitt durch die Gelenkwellen-Lagerung beim Typ 250.
1 – vordere Gelenkwelle, 2 – hintere Gelenkwelle, 3 – Klemm-Mutter, 4 – Gummimanschette, 5 – Sicherungsring, 6 – Schutzkappe, 7 – Gelenkwellenzwischenlager, 8 – Rillenkugellager, 9 – Gelenkgabel, 15 – Kreuzgelenkstern mit Nadellager und Büchsen, 16 – Rahmenboden, 17 – Gelenkwellentunnel.

sitzt eine elastische Gelenkscheibe, die mit dem Dreiarmflansch der Getriebehauptwelle verbunden ist. Ähnlich ist die Verbindung des hinteren Teils der Welle mit dem Hinterachsantrieb gestaltet. An beiden Enden sitzt die Gelenkwelle auf Zentrierhülsen mit einer Fettfüllung. Da hier hohe Drehbelastungen aufgenommen werden müssen, ist die gesamte Gelenkwelle ausgewuchtet.
Zwischen drei Wellenteilen erlauben zwei wartungsfreie Gelenke, die Abweichungen auszugleichen, die sich zwischen dem Getriebe und der Hinterachse ergeben.
Eine unrund laufende Gelenkwelle beschädigt die Lagerung des Getriebes und des Achsantriebs. Ein Brummen der Gelenkwellen kann von Schmutzkrusten herrühren, kann aber auch ein erstes Anzeichen einer Unwucht infolge Durchbiegung (bei Überlastung) sein. Eine beschädigte Gelenkwelle muß man zweckmäßigerweise austauschen, wenngleich theoretisch eine Reparatur mit nachträglichem Auswuchten möglich ist, wofür aber spezielle Wuchtmaschinen benötigt werden.

Gelenkscheiben der Gelenkwelle prüfen

Pflegearbeit Nr. 56

Durch Sichtkontrolle überzeugt man sich nach 45 000 km Laufstrecke davon, ob die Gelenkscheiben die hohen Belastungen verschleißfrei überstanden haben. Beschädigungen wie Risse dürfen nicht zu erkennen sein, sonst muß man die Gelenkscheiben erneuern lassen.
Falls sich eine Verformung zeigt, wenn also die Oberfläche zwischen den Flanschschrauben wellig versetzt ist, kann die Werkstatt dem abhelfen. Dort wird die Gelenkwelle entspannt, indem die Flanschschrauben gelockert und neu angezogen werden. Durch die Beseitigung der Verformung erreicht man eine längere Lebensdauer der Gelenkscheiben.

Der Hinterachsantrieb

In der Hinterachse muß die von der Gelenkwelle eintreffende, in Wagenlängsachse verlaufende Drehbewegung rechtwinklig umgelenkt werden. Sie wird sozusagen »um die Ecke« geführt. Durch die Übersetzung vom kleinen Kegelrad auf das größere Tellerrad paßt der Antrieb die Getriebeausgangsdrehzahl der erforderlichen Raddrehzahl an. Gleichzeitig werden bei Kurvenfahrt die unterschiedlich langen Wege des inneren und äußeren Rades durch das Differential (Ausgleichsgetriebe) ausgeglichen. Um den Wellentunnel im Wagenboden niedrig zu halten (bessere Innenraumnutzung), wird die Gelenkwelle tief herangeführt. Die dazu erforderliche Verzahnung, der »Hypoidantrieb«, setzt Kegel- und Tellerrad hohen Belastungen aus. Deshalb sind die Schmiermittelvorschriften genau einzuhalten.
Im Gehäuse für den Achsantrieb befinden sich zwei Kegelrollenlager, deren Einstellung durch Distanzringe variabel ist. Dadurch kann erreicht werden, daß das Tellerrad seitlich versetzt wird, um das Zahnflankenspiel zwischen diesem Rad und dem Kegelrad (Ritzel) genau einzustellen.
Außer der Kontrolle des Ölstands im Achsgehäuse und dem Ölwechsel (siehe »Schmieren – was und wie?«) ist die Hinterachse wartungsfrei.

Laufwerk

Fahrwerk und Lenkung sind wartungsfrei. Dennoch sollte man deren Teile hin und wieder kritisch ansehen. Was dabei zu beachten ist, sagen die folgenden Seiten. Durch rechtzeitige Kontrollen lassen sich größere Schäden verhindern. Reparaturen, zumal an der Lenkanlage, sind aus Gründen der Sicherheit Sache einer Mercedes-Werkstatt, wo man die nötigen Fachkenntnisse und Spezialwerkzeuge besitzt.

Die Vorderachse

Wie allgemein üblich, sind die Vorderräder unabhängig voneinander »aufgehängt«. Das Prinzip der Radaufhängung entspricht auch der bei der Baureihe 116 (Modelle 280 S bis 450 SEL) vorhandenen Anordnung.
Jedes Vorderrad ist über eine obere Querstrebe (»Querlenker«) aus geschmiedetem Leichtmetall mit dem Aufbau und über eine untere Querstrebe mit der Rahmenbodenanlage verbunden. Die nach außen gerichteten Enden dieser beweglichen Bauteile münden am Achsschenkel, an dem das Rad läuft. Von der unteren Querstrebe zweigt nach hinten ein Stützrohr ab, das in einem Kugelgelenk im Rahmenboden endet. Beim Bremsen hat das Stützrohr die Aufgabe, die Achshälfte gegen den Fahrzeugraum abzustützen. Alle diese Teile besitzen wartungsfreie, elastische Lager. Sie isolieren den Aufbau gegen Vibrationen und Fahrgeräusche.
Leicht nach innen geneigte Schraubenfedern sitzen auf den unteren Querlenkern und stemmen sich oben in einem Gummiring gegen den Aufbau. Neben diesen Federn stehen hydraulische Gasdruck-Stoßdämpfer.

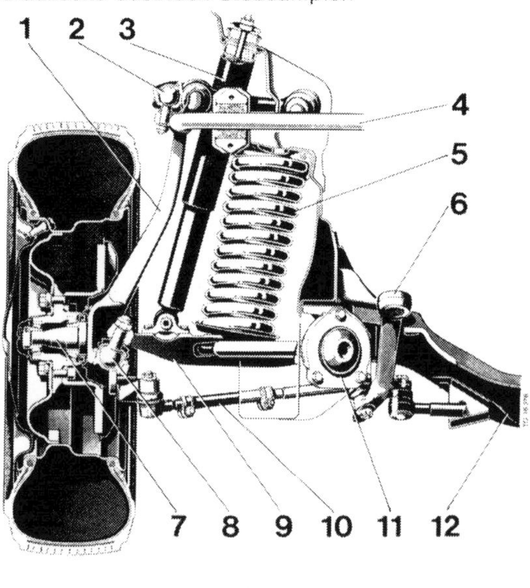

Die Zeichnung offenbart die Teile der Vorderradaufhängung:
1 – Achsschenkel,
2 – Kugelgelenk zum oberen Querlenker,
3 – Stoßdämpfer,
4 – Drehstabilisator,
5 – Schraubenfeder,
6 – Lenkhebel, 7 – Radnabe, 8 – Kugelgelenk,
9 – unterer Querlenker,
10 – Spurstange,
11 – Stützgelenk des Stützrohrs, 12 – Rahmenquerträger.

Der Pfeil zeigt auf eine der mit Fett gefüllten Gummimanschetten des Fahrwerks, hier an der Radaufhängung links oben (Führungsgelenk). Reinlichkeit ist oberstes Gebot im Umgang mit Gummi. Obwohl Gummi heute alterungsfest hergestellt und auf besondere Funktionen abgestimmt wird, kann es doch durch äußere Einflüsse angegriffen werden. Benzin und Öl sind ebenfalls böse Feinde, deshalb soll man auch beim Absprühen der Wagenunterseite die Gummiteile abdecken.

Die oberen Lenker beider Seiten sind mit einem am Aufbau befestigten Drehstab verbunden. Bei ungleichmäßigem Einfedern der Räder wird er auf Verdrehen (Torsion) beansprucht und dient als Kurvenstabilisator, indem er bei Kurvenfahrt der Seitenneigung entgegenwirkt und dem kurvenäußeren Rad zu besserem Fahrbahnkontakt verhilft. Alle Achsteile ragen nur wenig über die Radmitte nach vorn, wodurch sie bei Unfällen besonders geschützt sind.

Die Achsschenkellager

Jede Vorderradnabe sitzt an einem sogenannten Achsschenkel. Dieser ist über wartungsfreie Kugelgelenke (oben Führungsgelenk, unten Traggelenk) mit den ebenfalls schon erwähnten Querstreben verbunden.
Diese Art der Achsschenkellagerung hat sich seit langem bewährt. Theoretisch kann nämlich eine solche bewegliche Verbindung ein ganzes Autoleben überdauern, da ihre Kugelköpfe in mit Fett gefüllten Pfannen gebettet, dicht verkapselt und mit Gummimanschetten gegen Fettaustritt und Schmutzeintritt geschützt sind. Aber beschädigter Gummi läßt Schmutz und Nässe hindurch, außerdem können Öl, Kraftstoff und nachträglich angebrachter Unterbodenschutz diese Umhüllungen angreifen. Beschädigte Manschetten müssen baldigst erneuert werden.

Axialspiel der Radlager einstellen

Jede Radnabe besitzt zwei Rollenlager, auf denen sich das Vorderrad dreht. Hier darf kein übermäßiges Spiel vorhanden sein. Das läßt sich auf einfache Art prüfen, indem man bei aufgebocktem Wagen versucht, das Rad oben und unten hin- und herzukippen. Wenn man die Raddrehung durch Treten der Fußbremse hemmt, läßt sich vorhandenes Spiel im Radlager besser lokalisieren. Ist gebremst noch Spiel vorhanden, so kann dies auch mit ausgeschlagenen Kugelgelenken (auch am Lenkgestänge) zusammenhängen. Beim Drehen des Rades dürfen im Lager keine Geräusche entstehen.
Über geeignetere Mittel, das Spiel der Vorderradlager zu prüfen, verfügt man in der Werkstatt. Zum Ausbau der Radnabenkappen braucht man einen besonderen Schlagabzieher und für die Kontrolle des Axialspiels eine geeignete Meßuhr. Eine Einstellung erfolgt grundsätzlich nach 7500 km Laufzeit, danach nur nach eventuell vorgenommenen Reparaturen.
Bevor die Spielmessung erfolgt, ist die Klemm-Mutter unter ständigem Drehen der Nabe so weit anzuziehen, bis sich letztere nur noch schwer drehen läßt. Dann wird die Mutter um etwa 1/3 Umdrehung zurückgedreht. Die noch bestehende Spannung läßt sich durch einen Schlag mittels Kunststoffhammer lösen. Nach Anbringung der Meßuhr zieht und drückt man kräftig am Flansch der Radnabe

und liest die Anzeige ab. Sie darf 0,01–0,02 mm betragen. Übermäßiges Spiel wird durch Anziehen der Klemm-Mutter abgestellt und im Zusammenhang damit muß auch die Innensechskantschraube mit 14 Nm (1,4 kpm) angezogen werden. Bei mehrmaligem Drehen der Nabe darf keine Hemmung feststellbar sein. Die Kontaktfeder zwischen Radnabenkappe und Achsschenkelzapfen dient der Radioentstörung.
Die Nabenkappe soll bis zu ihrem Bördelrand mit Radlagerfett gefüllt sein, das sind etwa 15 g. Beim regelmäßigen Wartungsdienst (alle 45 000 km, siehe Seite 75) muß das alte Fett aus der Kappe und an der Nabe entfernt werden, ehe neu befüllt wird. Falls die Nabenkappe beim unsachgemäßen Lösen (Praktiker machen das mittels Flachmeißel oder Schraubenzieher) an ihrem Rand beschädigt wurde, muß sie ersetzt werden.

Gummimanschetten der Gelenke kontrollieren

Pflegearbeiten Nr. 31 und 32

Die freiliegenden Gummiteile der Vorderradaufhängung und auch der Lenkung sind den Einflüssen des Fahrbetriebs ausgesetzt. Sie sollen sich elastisch den Bewegungen der Bauteile anpassen können und die enthaltene Fettfüllung schützen. Die Schutzmanschetten werden durch Spritzwasser, Schmutz und hochgeschleuderte Steine strapaziert. Deshalb ist die 15 000-km-Kontrolle, bei der man sich vom Zustand der Manschetten überzeugen muß, nicht auf die leichte Schulter zu nehmen. Beschädigungen des elastischen Materials lassen die schmierende Füllung entweichen und Fremdkörper sowie Nässe eindringen, wovon die Gelenke bald angegriffen werden. Ferner dürfen die Manschetten und die Kunststoffabdeckungen an den Gelenken des Lenkgestänges keinerlei Beschädigungen aufweisen.
Zur Sichtkontrolle fährt man das Auto über eine Grube oder hebt es vorne an. Schwärzliche Verfärbung des sonst grauen Straßenschmutzes deutet auf undichte Stellen. Wenn man mit dem Finger gegen die Manschetten drückt, kann man feststellen, ob ihre Elastizität noch erhalten ist oder ob sie verhärtet sind. In diesem Fall sollten in der Werkstatt die Manschetten ausgewechselt werden. Der baldige Austausch beschädigter Manschetten ist nur mit geringen Kosten, der andernfalls zwangsweise nötige Austausch verschlissener Teile mit weit größeren Geldausgaben verbunden.

Die Lenkung

Die Drehung des Lenkrads wird innerhalb eines Lenkgetriebes in die zum Einschlag der Vorderräder führende hin- und hergehende Bewegung umgewandelt. Im Mercedes handelt es sich dabei um eine »Kugelumlauf-Lenkung«. Zwischen Lenkrad und Lenkgetriebe befindet sich eine »Wellrohr-Lenkspindel«, die anstelle einer starren, durchgehenden Lenksäule schräg versetzt ist. Dieses zusammendrückbare Bauteil nimmt oben die Drehbewegung über ein Kreuzgelenk auf und gibt sie unten – zum Lenkgetriebe – über ein elastisches Kreuzgelenk weiter. Somit ist weitgehend für Sicherheit gesorgt, damit bei einem Frontalaufprall die Lenksäule und das Lenkrad nicht in den Wagen geschoben werden. Auch der »Pralltopf« unter dem Lenkrad ist zur Verminderung von Aufprallenergie deformierbar.
Der am Ausgang des Lenkgetriebes sitzende Lenkstockhebel (im Abschnitt »Lenkung nachstellen« weiter beschrieben) greift in einen Zwischenhebel. Dieser ist einerseits mit der linken Spurstange zum linken Achsschenkel und andererseits mit der mittleren Spurstange verbunden. Spiegelverkehrt dazu trifft das andere Ende der mittleren Spurstange wiederum auf einen Zwischenhebel, der mit dem Unterbau verbunden ist und von dem die rechte Spurstange abzweigt. Die mittlere Spurstange ist mit einem Lenkungsdämpfer verbunden. Dieser hydraulische Dämpfer hält Lenkgetriebe wie Lenkrad weitgehend von Fahrbahnstößen frei.

In den seitlichen Spurstangen ermöglichen Einstellmuffen, die Vorspur zu verändern (siehe noch folgenden Abschnitt). Alle beweglichen Teile sind durch Kugelgelenke verbunden. Die Wartung des Lenkgetriebes ist auf Seite 73 beschrieben.

Befestigungsschrauben der Lenkung nachziehen

Pflegearbeit Nr. 33

Das Gehäuse des Lenkgetriebes ist am Rahmenboden mit drei sogenannten Sperrzahnschrauben befestigt. Diese Schrauben werden zugänglich, wenn man das linke Vorderrad abschraubt.
Man kann sich selbst vom festen Sitz der Schrauben überzeugen. Mit Hilfe eines Ringschlüssels dürfen sie sich unter Anwendung erhöhter Kraft nicht weiterdrehen lassen. Vorgeschrieben ist ein Anzugsdrehmoment von 70–80 Nm (7–8 kpm), das nur mit einem Drehmomentschlüssel eingehalten werden kann.

Lenkungsspiel prüfen

Pflegearbeit Nr. 34

Das Prüfen des korrekten Lenkverhaltens ist auch Bestandteil einer Probefahrt. Eine Kontrolle im Stand sollte alle 15 000 km vorgenommen werden.
Dabei sollen die Vorderräder in Geradeausfahrt und die Lenkradspeichen dabei in waagerechter Stellung stehen. Man kurbelt das Seitenfenster herunter und stellt sich neben den Wagen. Dann greift man durchs Fenster, und während man das Lenkrad dreht, beobachtet man das linke Vorderrad und besonders die Felge. Denn die Reifen sind elastisch und können beim Drehen im Stand zunächst einen Teil des Einschlags »schlucken«, ehe sie sich bewegen. Bis sich die Felgen bewegen, darf ein Spiel im Lenkrad von 25 mm vorhanden sein.
Wenn das Spiel größer sein sollte, müssen die beweglichen Teile der Lenkung überprüft werden: Lenkungskupplung und die beiden Gelenkscheiben der unteren Lenkspindel sowie die Kugelgelenke an den Spurstangen. Die Gummimanschetten und Kunststoffabdeckungen dürfen keinerlei Beschädigung aufweisen, andernfalls ist ein Schaden an den Gelenken zu vermuten. Eine genaue Beurteilung der Ursache für zu großes Lenkungsspiel muß aber der Werkstatt überlassen bleiben.

Lenkung nachstellen

Im Gehäuse des Lenkgetriebes übertragen Lenkspindel und Lenkmutter die Bewegung vom Lenkrad auf eine rechtwinklig dazu angeordnete Lenkwelle, an deren Ende der schon vorher erwähnte Lenkstockhebel sitzt. Die Verzahnung zwischen Spindel und Mutter wäre bei einfacher Ausführung hohen Reibungskräften ausgesetzt. Um diese auszuschalten, sind die Gewindegänge zwischen Spindel und Mutter mit Kugeln ausgefüllt, wo sie gewissermaßen die Aufgabe eines Kugellagers erfüllen. Über ein Umlaufrohr laufen die Kugeln in praktisch endloser Folge innerhalb eines in sich geschlossenen Kanals. So erklärt sich der

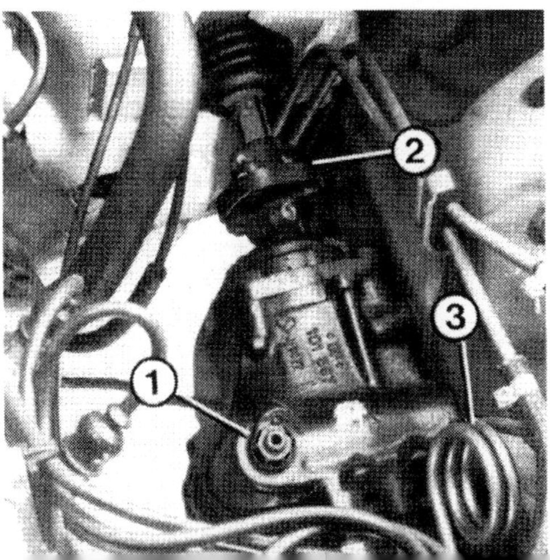

Eine Einstellung am Lenkgetriebe darf nur in der Werkstatt vorgenommen werden, wobei man das Spiel zwischen Spindel und Lenkstockhebel ausschalten kann. Nach Lösen der Kontermutter SW 19 wird durch Drehen der Innensechskantschraube SW 5 der tote Gang im Getriebe reduziert. Im Bild das Getriebegehäuse der Servo-Lenkung. 1 – selbstsichernde Kontermutter mit Einstellschraube, 2 – Lenkungskupplung, 3 – Rohrschlange vom Hochdruck-Dehnschlauch, verbunden mit der Lenkhelfpumpe.

Name »Kugelumlauf-Lenkung«. Ihr Vorteil ist es, die Lenkkräfte klein halten zu können, womit auch das Zurückstellen nach Kurvenfahrt begünstigt wird.
Obwohl das Lenkgetriebe eine Ölfüllung enthält, kann durch normalen Verschleiß das Spiel zwischen den einzelnen Teilen zu groß werden. Das macht sich durch »toten Gang« (Spiel) zwischen Spindel und Lenkstockhebel bemerkbar. Aber auch nach einer Reparatur am Lenkgetriebe, bei der es auseinandergenommen wurde, muß dieses Spiel ausgeschaltet werden. Diese Einstellung erfordert Sachkenntnis, denn es besteht die Gefahr, daß durch unsachgemäßes Verstellen die Lenkung schwergängig wird und nach der Kurve nicht zurückstellt. Es ist also eine Arbeit für die Werkstatt.

Die Servolenkung

Das Gewicht eines größeren Wagens behindert die Leichtgängigkeit der Lenkung derart, daß das Autofahren zur Schwerarbeit wird, vor allem im Stadtbetrieb und beim Parken. Früher verhalfen Lenkungen mit größerem Übersetzungsverhältnis zu einer gewissen Erleichterung, aber man mußte damit viel kurbeln. Mit der Servo-Lenkung ist der Arbeitsaufwand dagegen verteilt: Die vom Fahrer aufzubringende Kraft wird von Drucköl unterstützt.
Von der konventionellen Lenkung unterscheidet sich die Servo-Lenkung durch ein anderes Lenkgetriebe mit Steuereinheit und Arbeitskolben, zudem benötigt sie eine vom Motor angetriebene Ölpumpe. Lenkgetriebe, Steuereinheit und Arbeitskolben sind in einem Gehäuse vereinigt, das ohne weiteres gegen die mechanische Lenkung ausgetauscht werden könnte. Die übrigen Teile sind die gleichen wie bei der normalen Lenkung.
Der 230 C besitzt die Servo-Lenkung seit Produktionsbeginn serienmäßig, bei den Modellen 250 und 250 T ist sie grundsätzlich ab August 1978 vorhanden. Bei diesen Wagen wurden die Druckölpumpe und der Ölbehälter in einem Gußteil integriert (früher getrennt vorhanden gewesen), wodurch entsprechende Leitungen wegfallen konnten. Die Pumpe, eine sogenannte Flügelzellenpumpe, sitzt links am Motor und wird von einem besonderen Keilriemen über die Riemenscheibe der Kurbelwelle angetrieben.
Wenn die Servo-Lenkung schwergängig ist oder zeitweise ihre Wirkung aussetzt, sind als erstes die Keilriemenspannung und der Ölvorrat zu prüfen. Läßt sich hierbei nichts beanstanden, muß die Werkstatt helfen. Dort prüft man den Förderdruck der Pumpe oder zerlegt sie und setzt sie instand.
Es kann auch vorkommen, daß die Pumpe bei normalem Lenkungseinschlag »grunzt« und bei raschem Einschlag schwergängig ist. Die Anlage dürfte dann irgendwo undicht sein. Zur Kontrolle öffnet man den Vorratsbehälter und läßt von einer Hilfsperson die Lenkung mehrmals nach beiden Seiten hin einschlagen. Wenn dabei Blasen in den Behälter strömen, muß die Werkstatt die undichte Stelle in dem System suchen und die defekten Teile erneuern.
Im Abschnitt »Ölstand in der Servo-Lenkung kontrollieren« (Seite 73) ist diese regelmäßig vorzunehmende Wartung beschrieben. Desgleichen ist auf Seite 177 die Bedeutung der Keilriemenspannung erwähnt, die als allgemeingültig auch auf den Antrieb der Lenkhelfpumpe zutrifft. Auch hier soll die Eindrücktiefe zwischen den beiden Riemenscheiben unter 6 kp Last etwa 5 mm betragen. Zum Spannen des Keilriemens an den Vierzylindermotoren sind zu lösen: die von vorn erreichbare, in Höhe der Riemenscheibe sitzende Schraube, die darunter befindliche Mutter sowie die Mutter unten an der Spannschraube. Diese Spannschraube mit Verzahnung wird zur Regulierung der Keilriemenspannung gedreht. Abschließend sind beide Muttern und die Schraube wieder festzuziehen.
Beim Sechszylindermotor sind zu lösen: die von vorn erreichbare Schraube an der Stirnseite der Lenkhelfpumpe und die Mutter der Spannschraube an der Hal-

An den Spurstangen beider Seiten kann die Vorspur eingestellt werden, und zwar durch Verändern ihrer Länge, was durch Verdrehen der Gewindehülsen möglich ist. Über genaue Maße und Einstellbedingungen verfügt die Werkstatt. Die Pfeile zeigen auf die Klemmschrauben SW 13, die zur Einstellung gelockert werden müssen. Zum Drehen der Spurstangen nimmt man eine Gripzange.

terung. Spannschraube zur Einstellung drehen und anschließend ihre Mutter und den vorher gelockerten Schwenkbolzen wieder anziehen.
Bei Ausfall des Keilriemens oder bei abgestelltem Motor fördert die Pumpe kein Drucköl. Dann sind erhebliche Lenkkräfte nötig. Man sollte ruhig einmal bewußt den Motor ausschalten, um eine Vorstellung vom Verhalten der Lenkung ohne Servo-Wirkung zu erhalten. Zugleich wird auch nach wenigen Bremsungen der Unterdruckvorrat der Servo-Bremse aufgebraucht und die Fußbremse verlangt dann wesentlich höheren Kraftaufwand. Den keineswegs mühelosen Umgang mit dem Auto bei Ausfall beider Anlagen sollte man kennen, wenn man einmal abgeschleppt werden will.

Vorspur prüfen

Pflegearbeit Nr. 54

Die »Vorspur« dient dazu, die Vorderräder so in eine Stellung zueinander zu bringen, daß sie nicht die Tendenz haben, nach außen wegzulaufen. Andernfalls würden sie, unterstützt durch ihren Sturz (Schrägstellung) und durch Fahrwiderstände, den Wagen in eine Kurve hineinziehen. Deshalb stellt man sie vorne geringfügig näher zusammen als hinten – sie laufen in einem spitzen Winkel aufeinander zu. Falsche Vorspur verschleißt die Reifen schneller und wirkt sich ungünstig auf das Lenkverhalten aus (Radflattern).
Eine genaue Vermessung kann nur die Werkstatt vornehmen, wo man über ein entsprechendes optisches Meßgerät verfügt. Der Wagen muß sich in betriebsbereitem, vollgetanktem Zustand befinden.
Die Vorspur kann durch Verdrehen der äußeren Spurstangen verändert werden. Dazu löst man in der Werkstatt die Klemmschrauben SW 13 mit einem Ringschlüssel. Drehen in Fahrtrichtung verringert, Drehen entgegen der Fahrtrichtung vergrößert die Vorspur.
Das Maß der Vorspur beträgt bei allen Typen 0,25′ ± 10′ = 3 ± 1 mm. Das bedeutet, daß die Räder – in Radnabenhöhe gemessen – um diesen Wert vorn näher zusammenstehen sollen als hinten. Man kann das grob feststellen, indem man in Geradeausstellung der Räder eine Kreidemarkierung in Höhe der Radnabe an beiden Vorderrädern am Felgenhorn außen vorn anbringt. Dann rollt man den Wagen so weit, bis sich die Markierungen in gleicher Höhe hinten befinden. In beiden Positionen ist eine Meßlatte mit von außen um die Reifen greifenden Tastern an die Markierungen anzulegen.

Die Hinterachse

Auch die Hinterräder sind einzeln aufgehängt. Bei dieser »Schräglenkerachse«, die im wesentlichen von der vorangegangenen Typenreihe übernommen wurde, sind Radführung und Radantrieb voneinander getrennt.

Die Hinterachse, als Diagonal-Pendelachse ausgebildet, besteht aus folgenden Teilen: 1 – Stoßdämpfer, 2 – Schraubenfeder, 3 – Drehstabilisator, 4 – Hinterachsgetriebegehäuse, 5 – Manschette über einem der vier homokinetischen Gelenke, 6 – Stoßdämpferbefestigung, 7 – Scheibenbremse und Feststellbremse, 8 – Gelenkwelle (Kardanwelle), 9 – Hinterachsträger, 10 Schräglenker.

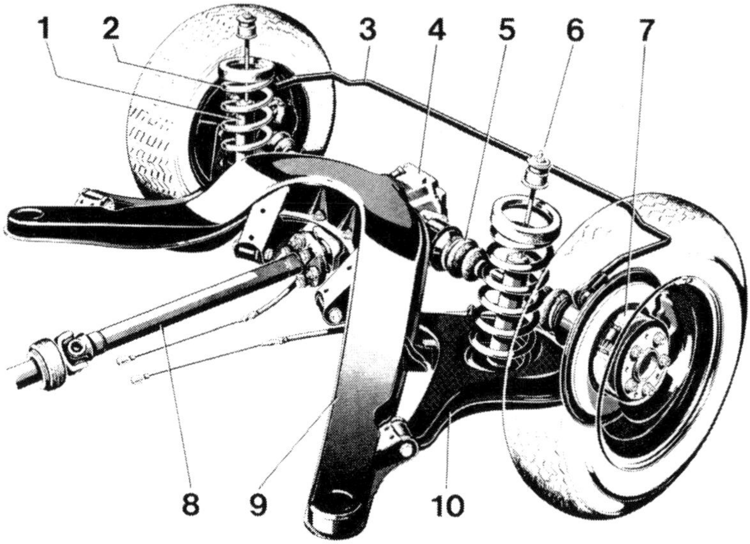

An einem Achsträger, der in Gummilagern am Fahrzeugboden aufgehängt ist, sind die beiden Schräglenker und das Gehäuse des Hinterradachsantriebs montiert. Die Schräglenker tragen außen die Nabe für die Radlagerung und vor der Achse in einer Mulde die Schraubenfedern mit innenliegenden Stoßdämpfern. Ein Stabilisator verringert die Seitenneigung des Fahrzeugs in Kurven. Die Lage der Schräglenker-Drehachsen ist so bemessen, daß die Pendellänge der Hinterräder fast so groß ist wie die Spurweite. Beim Ein- und Ausfedern und beim Kurvenfahren ergeben sich deshalb nur geringe Änderungen von Sturz und Spur. Auf jeder Seite überträgt eine Doppelgelenkwelle den Antrieb von Hinterachsgehäuse auf die Räder. Diese Art der Antriebsübertragung ist auf Seite 131 beschrieben.

Die Stoßdämpfer

Eigentlich müßten die Stoßdämpfer »Schwingungsdämpfer« heißen, weil sie die nach der Einfederung eines Rades entstehenden Schwingungen dämpfen sollen. Eine Federfunktion haben sie nur in geringem Maße. Ohne sie würden die Räder während der Fahrt häufig den Fahrbahnkontakt verlieren und der Wagen könnte unkontrollierbare Eigenbewegungen vollführen.

Stoßdämpfer unterliegen bei ihrer ständigen Arbeit zwangsläufig dem Verschleiß. Je nach Fahrweise und Straßenzustand kann man mit einer Lebens-

Innerhalb der mit Pfeilen bezeichneten Manschetten verbergen sich Gelenke, die immer in Fett gebettet sein müssen. Besonders sollen die Manschetten aber gegen Schmutz und Feuchtigkeit schützen. Sie müssen demnach regelmäßig nach eventuellen Beschädigungen abgesucht werden. Diese Kontrolle läßt sich nur zuverlässig ausführen, wenn der Wagen auf der Hebebühne oder über einer Grube steht. Als Eigenpfleger kann man auch den Wagen einseitig anheben und durch Drehen des Hinterrades die Manschetten rundum prüfen, danach kontrolliert man die Hinterachsmanschetten der anderen Wagenseite.

Unterscheidungsmerkmale der Stoßdämpfer für vorn und hinten und Kolbenstangen-Austrittsmaße (siehe Tabelle der nächsten Seite).

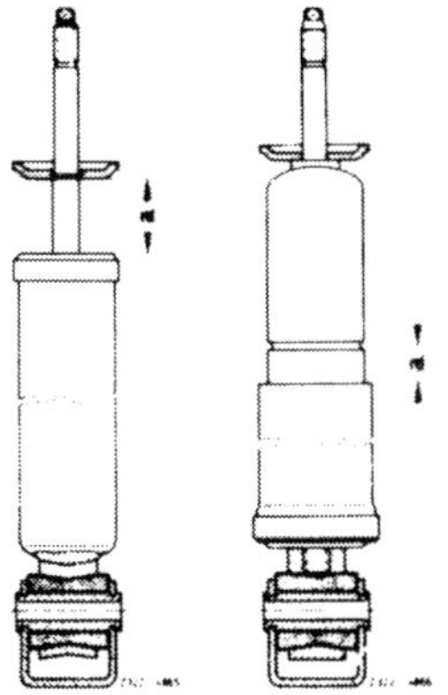

Bilstein F & S

Vordere Stoßdampfer
a Kolbenstangen-Austrittsmaß

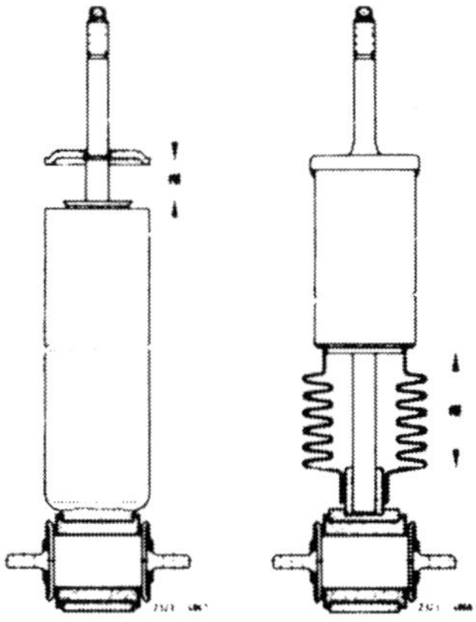

Bilstein F & S

Hintere Stoßdampfer
a Kolbenstangen-Austrittsmaß

dauer zwischen 30 000 und 80 000 km rechnen. Leider gewöhnt man sich im allgemeinen an die nachlassende Wirkung und spürt nicht das damit verbundene verschlechterte Fahrverhalten des Wagens.
Ab Werk werden Stoßdämpfer von Bilstein und Fichtel & Sachs eingebaut. Anläßlich der Inspektionen wird geprüft, ob sie dicht sind.
Zum Ausbau eines vorderen Stoßdämpfers löst man bei noch nicht hochgebocktem Wagen die Stoßdämpferbefestigung (Muttern) im Motorraum. Dann wird das Auto angehoben und der untere Befestigungsbolzen des Dämpfers abgeschraubt und herausgezogen, danach kann man den Stoßdämpfer abnehmen. Die obere Befestigung des hinteren Stoßdämpfers ist ähnlich. Da diese Stoßdämpfer jedoch innerhalb der Schraubenfedern stehen, muß man nach Lösen der unteren Befestigung den Dämpfer senkrecht nach unten herausziehen.

Stoßdämpfer prüfen

Einige untrügliche Anzeichen für die nachlassende Wirkung der Stoßdämpfer bieten sich sowohl bei aufmerksamer Beobachtung während der Fahrt als auch durch einige Sichtkontrollen. Wenig oder sogar manchmal falschen Aufschluß erhält man durch die bekannte »Schaukelmethode« im Stand, bei der man den Wagen am betreffenden Kotflügel aufschaukelt und plötzlich losläßt. Die Federbewegung müßte sofort gedämpft werden. So läßt sich aber eigentlich nur ein völlig unwirksamer Stoßdämpfer erkennen.
Folgende Erscheinungen lassen auf defekte Stoßdämpfer schließen und gelten als Warnsignal:

- Flatternde Lenkung, weil den Rädern der ständige Fahrbahnkontakt fehlt. Zieht Schäden an den Übertragungsorganen der Lenkung und des Antriebs nach sich.
- Nach Unebenheiten schwingt die Karosserie nach.
- Verlust der Stabilität in Kurven, wobei die kurveninneren Räder nicht mehr auf den Boden gedrückt und die äußeren nicht genügend entlastet werden.
- Anstieg der Seitenwindempfindlichkeit.
- Springendes Rad, das freilich nur von einem neben- oder hinterherfahrenden Beobachter ausgemacht werden kann.
- Vielfach unterbrochene Bremsspur bei harter Bremsung und unberechenbare Bremswirkung in der Kurve.

■ Ungleichmäßige Abnutzung der Reifen und erhöhter Reifenverschleiß.

■ Undichter Stoßdämpfer mit auffällig erkennbarem Ölverlust. Geringe Ölspuren sind normal; bis zu 10 Prozent der Dämpferfüllung kann ein Stoßdämpfer folgenlos verlieren. Grundsätzlich ist ein Stoßdämpfer voll funktionstüchtig, solange die Ölreserve nicht verbraucht ist.

Wenn ein Stoßdämpfer ausgebaut ist, läßt sich recht einfach prüfen, ob er sich für eine weitere Verwendung eignet: Man faßt ihn an seinen beiden Enden an und drückt ihn schnell zusammen bzw. zieht ihn auseinander. Sollte bei dieser Hin- und Herbewegung ruckartig Spiel (»Luft«) feststellbar sein und gibt es dabei klackende Geräusche, dann ist er nichts mehr wert.

Die Ölreserve im Stoßdämpfer kann gemessen werden, siehe Zeichnungen der vorangegangenen Seite. Die maximal zulässigen Werte in der folgenden Aufstellung ergeben sich beim Austritt der Kolbenstange (bei ca. + 20° C). Nach Überschreiten dieser Werte verliert der Stoßdämpfer an Wirkung.

Fabrikat	vorn hinten	Farbkennzeichnung oder Typ	maximal zulässiger Wert, mm
Bilstein	vorn	4 Längsstriche grün 1 Längsstrich rot 2 Längsstriche rot 1 Längsstrich grün 2 Längsstriche grün	38
		1 Längsstrich weiß 2 Längsstriche weiß	32
F & S	vorn	alle	0
Bilstein	hinten	alle	32
F & S	hinten	alle	82

Die Niveau-Regulierung

Bei den Modellen 230T und 250T ist die Niveau-Regulierung serienmäßig vorhanden. Auf Wunsch können auch die übrigen Modelle mit dieser Anlage zur Konstanthaltung des Wagenniveaus an der Hinterachse ausgerüstet werden. Sie ist besonders zum Betrieb mit Anhänger gedacht und verhindert das sonst

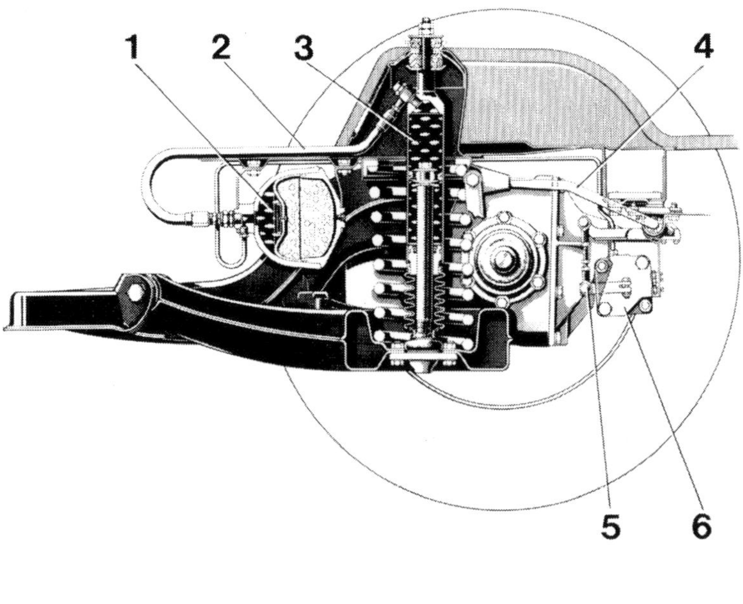

Alle Modelle können mit einer Niveauregulierung ausgerüstet werden. Die TD-Modelle verfügen serienmäßig über eine solche, jedoch ist hierbei die Anlage wegen der durch den Aufbau veränderten Platzverhältnisse abweichend von der Anlage bei den Limousinen.
1 – Federspeicher,
2 – Druckleitung,
3 – Federbein, 4 – Drehstab, 5 – Hebel,
6 – Niveauregler.

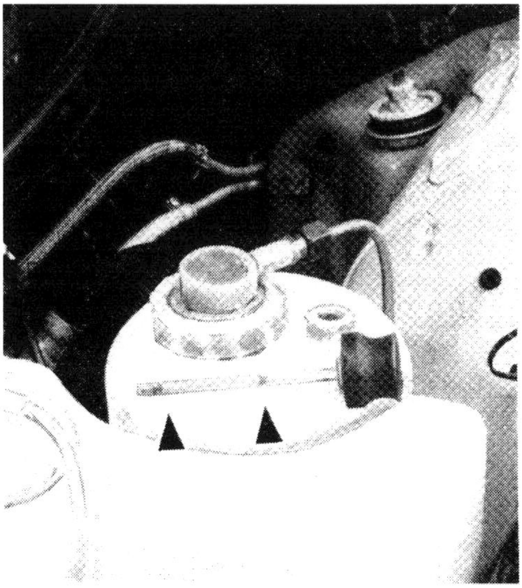

Wie auf den Seiten 74 und 75 beschrieben, verfügt der Vorratsbehälter für die Niveau-Regulierung über einen Meßstab, an dem sich die Menge des Hydrauliköls abgezeichnet hat, nachdem man ihn herauszog. Die Differenz zwischen oberer und unterer Markierung beträgt ca. 0,6 Liter.

starke Absinken des Wagenhecks durch den Druck auf die Anhängerkupplung. Die Teile der Anlage sind im Bild links zu erkennen. Der bei Motorlauf aufgebaute Öldruck wird zu Federelementen – bestehend aus Federspeicher und Federbeinen – geführt, in denen dieser Druck auf die Kolbenstange wirkt. Ein Höhenregler an der Hinterachse steuert je nach Belastung des Wagens den Zufluß von Drucköl zu den Federspeichern und den Federbeinen.

Dichtheit der Niveau-Regulierung prüfen

Pflegearbeit Nr. 24

Die Kontrolle des Flüssigkeitsstandes in der Niveauregulierung wird auf Seite 74 beschrieben. Der Vorratsbehälter kann sich – je nach Platzverhältnissen – im Motorraum hinten rechts oder vorn links befinden; gewöhnlich sitzt er links.
Die Kontrolle der Dichtheit ist eine reine Sichtprüfung, die man bei angehobenem Fahrzeug vornimmt. Dabei sind die Öldruckleitungen zwischen Motorraum und Hinterachse und besonders alle Verbindungen und Anschlüsse an folgenden Bauteilen zu prüfen: Druckölpumpe, Ölvorratsbehälter, Niveauregler, Federspeicher und Federbeine. Bei laufendem Motor ist auf eventuelle Scheuerstellen oder Risse zu achten. Bei Verdacht auf eine undichte Stelle oder bei einer Beschädigung (z. B. eingedrückte Rohrleitung) muß die Werkstatt baldigst Abhilfe schaffen.

Lebensversicherung

Vom Zustand der Bremsen können Menschenleben abhängen. Die Teile dieser Anlage müssen deshalb regelmäßigen Kontrollen unterzogen werden. Jeder verantwortungsbewußte Autobesitzer kann solche Sicht- und Funktionsprüfungen selbst ausführen.
Wartungsarbeiten hingegen und besonders Reparaturen sollten der Werkstatt überlassen bleiben. Hierbei kommt es auf das Einhalten von Arbeitsgängen an, die mit großer Sorgfalt durchzuführen sind. Die in diesem Kapitel folgenden Beschreibungen sollten daher nur unter diesen Gesichtspunkten gesehen werden.

Die Bremsanlage

Der Tritt auf das Bremspedal bewegt im Hauptzylinder, der im Motorraum hinten links sitzt, einen zweiteiligen Kolben. Das setzt die Bremsflüssigkeit innerhalb des Bremssystems unter Druck, der sich durch die Bremsleitungen zu den Radbremsen fortpflanzt. (Unterstützend hilft dabei der Bremskraftverstärker.) Bei dieser hydraulischen Übertragung erfolgt die nötige Ergänzung der Flüssigkeit selbsttätig aus dem Ausgleichbehälter, der zugleich als Vorratsbehälter dient, auf dem Bremszylinder. Der Druck der Flüssigkeit überträgt sich an den Scheibenbremsen auf Bremskolben, welche die Bremsbeläge gegen die Bremsscheibe pressen.
Um zu verhindern, daß beim scharfen Bremsen die dann entlasteten Hinterräder blockieren, wird der Druck in den Bremsleitungen durch Abstimmung der Kolbendurchmesser an den Vorder- und Hinterradbremsen (größerer Durchmesser vorn) so verteilt, daß die Kraft hinten geringer ist.

Bremsen prüfen

Während der ersten 300–500 km sind neue Bremsbeläge nicht voll einsatzbereit. Bremsscheibe und Bremsbelag haben sich aneinander zu »gewöhnen«; ihre gemeinsame Oberfläche, auf der sie sich berühren, muß möglichst groß werden. »Trägt« der Belag nur auf wenigen Quadratzentimetern, ist die Bremswirkung schlecht und ungleichmäßig. Deshalb müssen Bremsen auch eingefahren sein.
Zu Bremsproben verzögert man den Wagen erst einmal aus mäßiger Geschwindigkeit und beobachtet sein Verhalten. Dann kann man aus höherem Tempo abbremsen. Damit erhält man – auf ebener, nicht gewölbter Straße – Aufschluß darüber, ob der Wagen beim Bremsen einseitig zieht und bei einer Notbremsung schleudern würde. Machen Sie verschiedene Versuche, wobei das Bremspedal sowohl mit weichem Druck wie auch plötzlich und hart betätigt wird. Außer dem Aufschluß über die Bremswirkung gewinnt man zugleich die Bestätigung dafür, daß maßvoll eingesetzte Bremskraft eine bessere Verzögerung schafft als das in Panik plötzlich niedergetretene Pedal. Bei blockierenden Rädern kann das Auto kaum noch lenkbar von der Straße schleudern.
Für ungleichmäßig ziehende Bremsen sind (in dieser Reihenfolge) verschmutzte oder verfettete Bremsscheiben, verschlissene Bremsklötze, undichte Festsättel,

undichte Leitungen bzw. Bremsschläuche oder klemmende Kolben im Festsattel verantwortlich. (Auch ungleicher Reifendruck wirkt sich derartig aus.) Wenn das Auto beim Bremsen nach einer Seite zieht, sind die Radbremsen der anderen Wagenseite nicht in Ordnung.
Die Wirkung der Feststellbremse prüft man, wenn möglich, auf einer abschüssigen Straße im Stand. Bei getretener Feststellbremse darf sich der Wagen nicht vom Fleck rühren. Falls keine abfallende Straße in der Nähe ist, sollte der Wagen zu einem vergleichbaren Versuch nicht wesentlich schneller als in Schrittgeschwindigkeit ohne Motorkraft, also mit herausgenommenem Gang, rollen und sogleich zum Stehen gebracht werden. Wie noch erklärt wird, ist die Feststellbremse zum Abbremsen des Wagens aus höherem Tempo nur sehr bedingt zu gebrauchen.

Bremsflüssigkeitsstand kontrollieren
Pflegearbeit Nr. 4 A

Das Bremssystem wird aus den beiden zusammenhängenden Bremsflüssigkeitsbehältern gespeist. Der darin enthaltene Vorrat an Bremsflüssigkeit muß immer ausreichend sein. Davon kann man sich mit einem Blick überzeugen, z. B. wenn man auch den Ölstand im Motor prüft.
Der Behälter sitzt auf dem Hauptzylinder links hinten im Motorraum, vor dem runden Gehäuse des Bremskraftverstärkers. Das durchscheinende Material des Behälters läßt den Flüssigkeitsstand von außen – sofern der Behälter saubergehalten wird – erkennen. Das Niveau sollte sich immer zwischen der Markierung »MAX« und der unteren Markierung »MIN« befinden; es darf keinesfalls bis zum Boden abgesunken sein. Beim Nachfüllen von Bremsflüssigkeit darf der Behälter nicht ganz vollgegossen werden, weil sich die Bremsflüssigkeit beim Bremsen erwärmt und ausdehnt (wobei sie aus der Entlüftungsbohrung im Verschlußdeckel austreten und Verätzungen im Motorraum hervorrufen würde). Deswegen heißt der Bremsflüssigkeitsbehälter auch Ausgleichsbehälter.
Die Sichtkontrolle wird durch eine »Alarmanlage« ergänzt. Zu tiefer Stand der Bremsflüssigkeit läßt die Warnlampe, die auch zur Kontrolle der getretenen Feststellbremse dient, in der Instrumententafel aufleuchten. Hervorgerufen wird dies durch das Absinken des Schwimmers im Bremsflüssigkeitsbehälter, der bei zu niedriger Befüllung einen Stromkreis schließt. Von der Funktion der Anlage kann man sich bei eingeschalteter Zündung überzeugen, wenn man den Stecker am Behälter abzieht und die beiden Kontakte mit einem Stück Draht verbindet. Die Warnlampe in der Instrumententafel muß aufleuchten, ebenso dann, wenn man auf die Gummikappe auf dem Ausgleichsbehälter drückt.
Bei völlig dichter Bremsanlage nimmt die Menge der Flüssigkeit im Betrieb nicht ab. Doch ihr Spiegel sinkt im Lauf der Zeit entsprechend dem Belagverschleiß

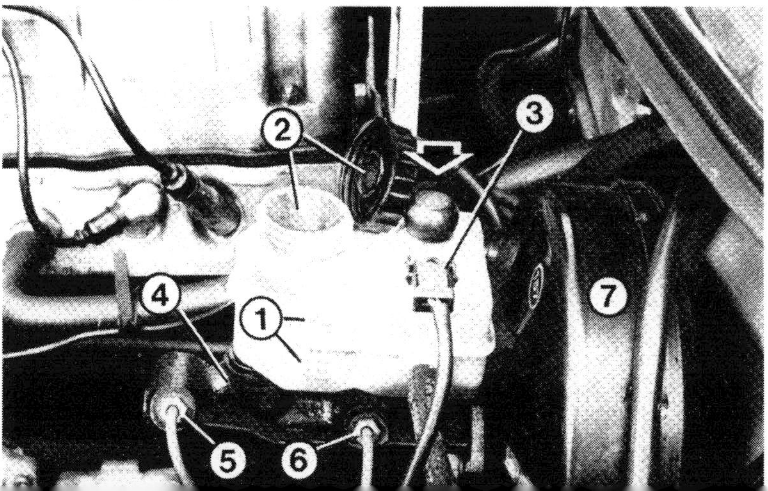

Wichtige Teile der Bremsanlage: 1 – Bremsflüssigkeitsbehälter mit den Markierungen für den Höchst- und Mindeststand der Bremsflüssigkeit, 2 – Einfüllöffnung und Deckel, 3 – Kabelanschluß zur Warnleuchte für ungenügenden Stand der Bremsflüssigkeit, die (zur Kontrolle) bei eingeschalteter Zündung auch beim Druck auf den Gummiknopf (Pfeil) aufleuchten muß, 4 – Hauptzylinder, 5 – Bremsleitung für den hinteren Bremskreis, 6 – Bremsleitung für den vorderen Bremskreis, 7 – Servo-Bremsgerät.

etwas ab. Die Ursache für auffallenden Flüssigkeitsverlust muß man jedoch sofort ergründen. Immerhin kann sie auch in einem Defekt der Kupplungsbetätigung zu suchen sein, weil diese ebenfalls aus dem Ausgleichbehälter mit Bremsflüssigkeit gespeist wird.
Für den Mercedes darf nur Original-Bremsflüssigkeit mit der Spezifikation DOT 4 verwendet werden. Niemals irgend etwas anderes, gar mineralölhaltige Produkte, einfüllen! Bremsflüssigkeit hat einen hohen Siedepunkt, ist nicht kälteempfindlich und enthält Substanzen gegen Korrosion sowie gegen Zersetzung von Gummi. Allerdings ist sie wasseranziehend, stark giftig und wirkt ätzend auf Lack. Bremsflüssigkeiten sind nicht mehr wie früher markentypisch eingefärbt, sondern, den amerikanischen Sicherheitsnormen gemäß, hell bis bernsteinfarbig.

Bremsflüssigkeit wechseln

Pflegearbeit Nr. 57

Einwandfreie Bremsflüssigkeit besitzt einen Siedepunkt bis etwa 290° C, stellt außerdem eine gewisse Schmierfähigkeit sicher, greift weder Gummi noch Metalle an und ist selbst bei minus 40° C noch hinreichend flüssig. Trotz großer Bemühungen der Chemie gelang es bisher nicht, eine negative Eigenschaft der Bremsflüssigkeit zu beseitigen, nämlich aus der Umgebungsluft Feuchtigkeit aufzunehmen.
Schon 3 Prozent Wasser – ein Fingerhut voll – in der Bremsflüssigkeit genügen, ihre Ausgangssiedetemperatur von 290° C auf ungefähr die Hälfte zu senken. Die Nachbarschaft rotglühender Bremsscheiben, die sich unter extremen Bedingungen bis zu 700° C aufheizen, erhöht dann die Gefahr von Dampfblasenbildung. Dampf verhält sich aber ähnlich wie Luft, ist also zusammendrückbar, so daß sich in der Bremsanlage kein ausreichender Druck mehr aufbaut. Als Folge läßt sich das Pedal federnd und wirkungslos bis zum Boden durchtreten.
Um das zu verhindern, müßte man etwa jährlich für eine Erneuerung der Bremsflüssigkeit sorgen. Daimler-Benz schreibt diesen Wechsel vor. Bei dem nach dieser Zeit normalerweise notwendigen Bremsbelagwechsel in der Werkstatt wird die Flüssigkeit automatisch ausgetauscht. Dazu wird die alte Bremsflüssigkeit aus den Behältern abgesaugt und durch Entlüften der Bremsleitungen der restliche Inhalt entfernt.

Bremsleitungen und -schläuche prüfen

Zur eigenen Sicherheit ist der Zustand der im Motorraum und am Wagenboden verlegten Bremsleitungen regelmäßig zu überwachen. Bremsschläuche mit Scheuerspuren müssen umgehend in ihrer Lage verändert und womöglich sogar ausgetauscht werden. Achten Sie auf Beschädigungen durch Steinschlag und Korrosion. Die Rohrleitungen sind zwar durch Verzinkung und Kunststoffumspritzung gegen Rost geschützt, doch nach einigen Jahren kann der Schutz durch Streusalz angegriffen sein.
Benzin, Dieselkraftstoff, Petroleum, Fett, Lack und Absprühöl müssen von Bremsschläuchen ferngehalten werden. Am besten also überhaupt nicht einsprühen lassen (auch der serienmäßige Unterbodenschutz leidet dadurch) oder bei Aufbringen von Unterbodenschutz sorgfältig abdecken.
Die eben angeführte Zustandskontrolle geht Hand in Hand mit der Überprüfung auf Dichtheit der Anlage. Hüten Sie sich davor, an den Bremsleitungen oder -schläuchen irgend etwas selbst zu beheben oder zu reparieren. Das ist Werkstattsache. Eine lebenswichtige Operation überläßt man dem Spezialisten. Ob aber an den Bremsleitungen alles in Ordnung ist, das kann man, wie schon beschrieben, selbst kontrollieren.
Wenn die Wagenunterseite trocken ist, läßt sich am hochgebockten Wagen am besten der Verlauf der Bremsleitungen und -schläuche verfolgen. Letztere dür-

fen nicht aufgequollen sein. Anschluß- und Verbindungsstellen beachten, sie müssen trocken sein. Bremsflüssigkeit kriecht durch Schmutz, und wo dieser schwarz ist, muß eine undichte Stelle vermutet werden. Auch Radzylinder können undicht sein. Im Motorraum überprüft man die Bremsleitungen und ihre Anschlüsse am Hauptzylinder nach den gleichen Gesichtspunkten.

Bremsen entlüften

Sollte das Bremspedal beim Betätigen federn oder die richtige Bremswirkung erst nach »Pumpen« mit dem Pedal eintreten, dann ist Luft in der Bremsanlage. In solchem Fall muß die Bremsanlage auf schnellstem Wege entlüftet werden. Bei der »Luft« kann es sich auch um Dampfblasenbildung in einer heißgefahrenen Bremse handeln. Diese Erscheinung verschwindet aber nach dem Abkühlen wieder – trotzdem umgehend die Bremsflüssigkeit wechseln lassen.
Vor dem Entlüften ist zu kontrollieren, ob die Ausgleichbehälter im Motorraum richtig mit Bremsflüssigkeit befüllt sind. Durch das Entlüften sollen, wie schon der Name verrät, Luftblasen wieder aus der Bremsanlage herausgebracht werden. Ein zweiter Mann drückt mit dem Bremspedal pumpenderweise die Flüssigkeit aus den Leitungen, und zwar so lange, bis sie keine Luftblasen mehr mit sich bringt.
Die Reihenfolge für das Entlüften (rechtes Hinterrad, linkes Hinterrad, rechtes Vorderrrad, linkes Vorderrad) wird oft von den Werkstätten eingehalten, um die Luft aus den längeren Leitungen eher entweichen zu lassen. Da aber die eventuell vorhandene Luft im Hauptzylinder dann immer mitgepumpt wird, ist es zweckmäßiger, die Bremsanlage völlig zu entleeren, neu zu befüllen und mit der Entlüftung des kürzesten Weges zu beginnen. Werden nur an den vorderen oder den hinteren Bremsen Arbeiten vorgenommen, die zum Entlüften zwingen, genügt es, lediglich den betreffenden Bremskreis zu entlüften.
Schutzkappe von dem Entlüftungsventil entfernen (dieses mit Lappen von Schmutz säubern). Stramm sitzenden Schlauch über den Ventilnippel schieben, Schlauchende in sauberes Glasgefäß (Marmeladeglas, kleinere Flasche) stekken. Das Gefäß muß schon mit neuer Bremsflüssigkeit gefüllt sein, damit beim folgenden »Pedalpumpen« keine Luft in die Leitung zurückgesaugt wird. Das Schlauchende liegt demnach in der Flüssigkeit. Mit Gabelschlüssel SW 9 das Entlüftungsventil etwa eine halbe Umdrehung lösen. Auf Zuruf des Helfers am Rad beginnt man im Wagen mit dem Bremspedal zu pumpen (schnell treten, langsam zurückkommen lassen). Beobachtet der Mann am Rad, daß mit der Bremsflüssigkeit keine Luftblasen mehr herausgedrückt werden, muß er ein Zeichen geben, bei dem sofort das Pedal in seiner tiefsten Stellung gehalten werden soll. Der Assistent schließt das Entlüftungsventil. Schlauch abziehen,

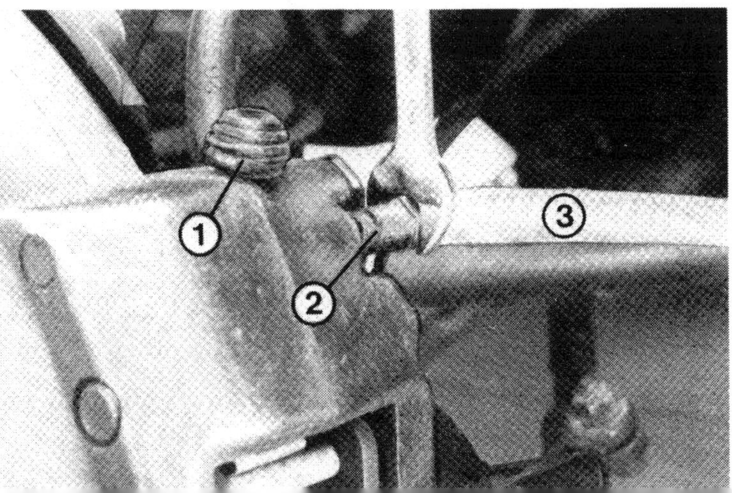

Bremse entlüften: Hier ist an der vorderen Scheibenbremse die Entlüftungsschraube mit einem Schraubenschlüssel geöffnet. Auf das Entlüftungsventil (2) wurde der Entlüftungsschlauch (3) geschoben. Mit seinem anderen Ende liegt dieser in einem mit Bremsflüssigkeit teilweise gefüllten Glasgefäß, so daß man das Aufsteigen herausgepreßter Luftblasen beobachten kann. Steigen keine Blasen mehr auf, ist diese Bremse entlüftet und das Entlüfterventil wird geschlossen. Schutzkappe (1) wieder auf das Ventil setzen.

Staubkappe (gesäubert) aufsetzen. Gesamten Vorgang am nächsten Rad wiederholen.
Nach dem Entlüften an jedem Rad ist der Bremsflüssigkeits-Ausgleichsbehälter wieder aufzufüllen, eventuell auch während der Arbeit. Luft gerät wieder in Leitungen, wenn das Niveau zu weit absinkt. Original-Bremsflüssigkeit gibt es in der Werkstatt oder in Zubehörgeschäften zu kaufen. Nach der Arbeit sind bei laufendem Motor die Bremsen mehrmals kräftig zu betätigen, dann kann man während vorsichtiger Fahrt Bremsproben vornehmen.

Hauptzylinder für zwei Bremskreise

In dem sogenannten Stufenhauptbremszylinder versorgt ein zweiteiliger Kolben zwei getrennte Bremskreise. Das bedeutet, daß beim Betätigen des Bremspedals die Kraft auf beide Kolbenelemente übertragen wird, die ihrerseits einen von ihrem Durchmesser abhängigen Druck auf zwei getrennte Wege weiterleiten, nämlich in die Leitungen zu den Vorderrad- und zu den Hinterradbremsen.
Zwei Bremskreise garantieren für größere Sicherheit. Falls einmal ein Leitungssystem ausfallen sollte, bleibt immer noch der Bremskreis für das andere Räderpaar intakt.
Die Präzisionsteile im Hauptzylinder lassen es nicht zu, daß daran unfachmännisch repariert wird. Nur in der Werkstatt kann er zerlegt, überholt oder gegebenenfalls ersetzt werden. Beim Einbau muß er dann wieder mit dem Bremskraftverstärker verbunden werden.

Fingerzeig: *Keine besonderen Probleme entstehen, wenn der hintere Bremskreis ausfällt. Der Pedalweg wird dann zwar länger und Sie müssen auch stärker auf das Bremspedal treten. Aber die Vorderradbremsen, die ja ohnehin die meiste Energie vernichten müssen, bringen den Mercedes sicher zum Stehen. Mit einem etwas längeren Bremsweg müssen Sie jedoch rechnen.*
Kritisch wird es erst, wenn der vordere Bremskreis ausfällt. Auch in diesem Fall wird der Pedalweg länger, doch jetzt ist auch die Bremswirkung ganz erheblich schlechter. Zudem müssen Sie vorsichtig bremsen, denn wenn die (allein funktionierenden) hinteren Bremsen blockieren, kann der Wagen sich leicht querstellen oder ins Schleudern geraten. Außerdem wird der Anhalteweg dreimal so lang wie normal.

Der Bremskraftverstärker

Scheibenbremsen kennen den selbstverstärkenden Effekt nicht, der bei Trommelbremsen durch die umlaufende Trommel gegen die »auflaufende« Bremsbacke entsteht, wodurch sich automatisch der Anpreßvorgang verstärkt. Dagegen werden bei Scheibenbremsen die plan anliegenden Beläge ganz einfach gegen die flache Bremsscheibe gedrückt. Mit der Einführung von Scheibenbremsen wurde daher – vor allem bei schweren Wagen – ein gesonderter Bremskraftverstärker (Servobremse) erforderlich, um den Fußdruck auf das Bremspedal im Rahmen zu halten.
Ein solches Gerät ist in zwei Kammern aufgeteilt, die durch eine Membrane getrennt sind. In ihnen herrscht normalerweise Unterdruck. Bei Betätigung des Geräts (wenn also die Bremse getreten wird) strömt in die kleinere Kammer Außenluft, deren Druck sich auf die Membrane fortpflanzt. Auf deren anderer Seite ist ein luftverdünnter Raum vorhanden, der über eine Leitung mit den Ansaugwegen des Motors verbunden ist. Mit Hilfe der Membrane wird der Druck auf den angeschlossenen Hauptzylinder verstärkt. Bei stehendem Motor liefert der Servo natürlich keine (zusätzliche) Bremskraft. Deshalb muß man um ein Vielfaches stärker auf das Pedal treten, wenn man abgeschleppt wird.
Man kann die Funktion der Servobremse feststellen, indem der Unterdruck bei

abgestelltem Motor durch mehrmaliges Betätigen des Bremspedals abgebaut wird. Dann hält man das Pedal niedergetreten fest und startet den Motor. Wenn das Pedal infolge der neuerzeugten Hilfskraft weiter absinkt, ist die Anlage in Ordnung. Senkt sich das Pedal dabei nicht weiter, sind wahrscheinlich der Unterdruckschlauch oder dessen Anschlüsse nicht einwandfrei. Andernfalls ist der Bremskraftverstärker defekt und muß ausgetauscht werden.

Die Scheibenbremse

Das Arbeitsprinzip der Scheibenbremse läßt sich einfach erklären: Parallel mit dem Rad dreht sich eine Scheibe, gegen die von beiden Seiten Klötze gepreßt werden. Die meisten Autos sind mit Scheibenbremsen – zumindest an den Vorderrädern – ausgerüstet.

Die Scheibenbremse zeichnet sich wegen ihrer offenen Bauart und durch bessere Ableitung der Reibungswärme aus, ferner ist sie unempfindlicher gegenüber Schwankungen im Reibwert der Bremsbeläge (daher kaum Schiefziehen beim Bremsen und sorglosere Betätigung möglich) und wartungsfreundlicher. Belagabrieb wird gleich weggeblasen und die Scheibenbremsen stellen sich selbst nach. Den verschleißenden Bremsbelag schiebt der Bremskolben jeweils so weit nach, daß er nur Bruchteile von Millimetern von der Bremsscheibe entfernt ist.

Aber auch an einer Scheibenbremse ist nicht alles vorteilhaft. So sind ihre Bremsbeläge wesentlich kleiner als für Trommelbremsen. Daher nutzen sie schneller ab und müssen eher ausgetauscht werden. Weil die Beläge nicht völlig abzuschirmen sind, können zwischen diesen und der Scheibe Fremdkörper eindringen. Das führt manchmal zu lästiger Quietscherei, was man durch Säubern oder Auswechseln des Belags beseitigen kann. Bisweilen hilft es, mit leicht getretenen Bremsen rückwärts zu fahren, wobei die Störenfriede wieder ins Freie befördert werden.

Bremsenquietschen kann aber auch an einem verdrehten Kolben im Radbremszylinder liegen. In der Werkstatt bringt man dann den Kolben mit einem speziellen Kolbendrehwerkzeug wieder in die richtige Stellung.

Von den zweierlei Arten der Scheibenbremse – Festsattel- und Schwimmsattelbremse – findet man beim Mercedes die erstere. (Als »Sattel« bezeichnet man eine um die Bremsscheibe herumgreifende Vorrichtung, in der die Bremsbeläge sitzen.) Festsattel bedeutet, daß der Bremssattel – starr angebracht – einen Teil der Bremsscheibe unbeweglich umschließt. In ihm drücken von beiden Seiten je ein Kolben die Bremsklötze gegen die Bremscheibe. Durch den allmählichen Verschleiß der Bremsbeläge rücken die Bremsklötze immer weiter in Richtung Bremsscheibe. Man nennt das auch selbsttätigen Spielausgleich.

Links: Zur Sichtkontrolle der Belagstärke brauchen die Bremsklötze nicht entnommen zu werden: Die Ösen der Belagrückenplatte (1) dürfen nicht an der Kreuzfeder (2) anliegen. Zum Entnehmen der Kreuzfeder sind beide Haltestifte mit einem Dorn in Pfeilrichtung herauszuschlagen.
Rechts: Nach Entnahme der Bremsklötze ist ihre Führung im Festsattel zwischen Bremsscheibe (1) und Zylinder (2) mit einer Zylinderbürste (Rundbürste) zu reinigen.
Bevor man überhaupt die Bremsklötze ausbaut, werden die Klipsfühler für die Bremsbelag-Verschleißanzeige vom Bremsbelag und die Steckverbindung ihres Kabels (3) abgezogen.

Die Bremsbelag-Verschleiß-kontrolle

Dieses lange Wort bezieht sich auf eine Einrichtung an den Vorderrädern, mit der bei eingeschalteter Zündung über eine Warnlampe angezeigt wird, wann die Bremsklötze abgenutzt sind. Ein solches Signal wird von hitzebeständigen, glasfaserverstärkten Kontaktstiften aus Kunststoff ausgelöst, sobald sie die Bremsscheibe berühren. Je ein Stift ist in die Trägerplatte der beiderseits der Bremsscheibe eingesetzten Bremsbeläge so eingesteckt, daß sie bei einem Belagverschleiß auf etwa 2 mm einen elektrischen Kontakt auslösen, mit dem die Warnlampe aufleuchtet. Bei mäßiger Bremsenbeanspruchung reicht die Belagdicke nun noch für mindestens 500 km, doch müssen jetzt die Beläge baldigst gewechselt werden.

Belagstärke der Scheiben-bremsen prüfen

Pflegearbeit Nr. 36

Der Bremsklotz besteht aus einem mit zwei Ösen versehenen Belagträger – eine Metallplatte –, auf den der eigentliche Bremsbelag aufgeklebt ist.

Die Stärke des Bremsbelags, also des abnutzbaren Teils, soll jeweils nach 15 000 km kontrolliert werden. Doch dieses Intervall kann bei sportlicher Fahrweise schon zu lang sein. Gerade beim stärker motorisierten Modell 250 sollten Sie bereits nach 10 000 km Fahrtstrecke nach den Bremsklötzen der Vorderräder sehen. Bei behutsamer Fahrweise können Sie es andererseits aber auch auf die doppelte oder gar dreifache Wegstrecke bringen.

Zur Kontrolle muß man den Wagen an der betreffenden Seite hochbocken und das Rad abnehmen. Bei den Vorderrädern schlägt man die Lenkung entsprechend ein, damit der Festsattel gut zugänglich ist.

Im Festsattel befindet sich eine viereckige Öffnung, in deren Ausschnitt man einen Teil der Bremsscheibe und die beiden rechts und links davon sitzenden Bremsbeläge sehen kann. Die Belagträgerplatten sind von waagrecht angeordneten Haltestiften gegen Herausrutschen gesichert. Der Belag darf allenfalls bis auf eine Reststärke von 2 mm abgenutzt sein.

Ohne irgendein Teil der Bremse zu entfernen oder auseinanderzunehmen, kann man in dem Schacht die vorhandene Stärke der Bremsbeläge messen. An einer Achse müssen immer alle vier Bremsklötze ausgewechselt werden, wenn ein Belag das Mindestmaß überschritten hat.

Bremsbelag-platten wechseln

Aus Gründen der Verkehrssicherheit ist diese Arbeit kein Betätigungsfeld für blutige Laien. Und auch ein verantwortungsbewußter Heimwerker sollte den Belagaustausch nur selbst durchführen, wenn die Bremsscheiben vorn noch mindestens 11 mm und hinten 8,5 mm stark sind; andernfalls müssen sie in der Werkstatt (zusammen mit den Bremsbelagplatten) erneuert werden. Voraussetzung für den eigenhändigen Belagwechsel ist, daß Sie sich die neuen Belagplat-

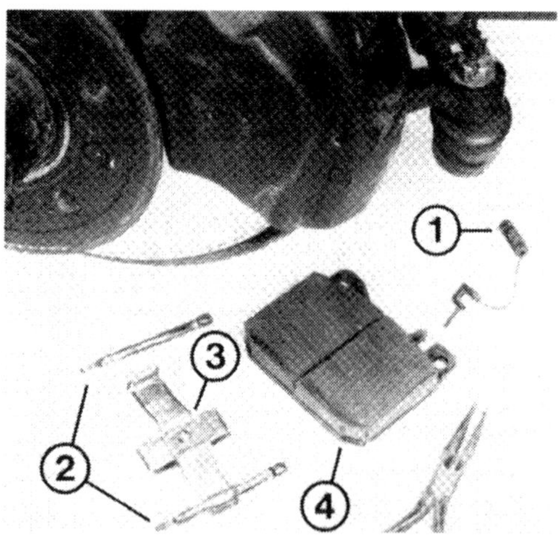

Hier wurden an der linken Vorderradbremse folgende Teile entnommen: 1 – einer der beiden Klipsfühler für die Bremsbelag-Verschleiß-anzeige, 2 – Haltestifte, 3 – Kreuzfeder, 4 – einer der beiden Bremsklötze. Festsitzende Stecker der Klipse lassen sich mittels Spitzzange herausziehen.

ten bei einer Daimler-Benz-Vertretung besorgt haben, »irgendwelche« Beläge dürfen Sie auf keinen Fall verwenden.
Neue Bremsklötze haben bis Baujahr 1979 ein Gesamtdicke (Belagplatte und Belag) von 15 mm, wobei der Belag allein eine Dicke von 10 mm aufweist. Ab August 1979 werden vorne Bremsklötze mit einer Gesamtdicke von 17,5 mm verwendet, und entsprechend sind die Festsättel geändert.
Zum Belagwechsel den Mercedes entsprechend hochbocken und beide Räder der betreffenden Achse abnehmen. Wurde der Bremsflüssigkeitsbehälter bei abgenutzten Belägen – und dadurch entsprechend gesunkenem Niveau – unnötigerweise aufgefüllt, muß vor dem Einsetzen der neuen Belagplatten wieder Flüssigkeit aus dem Vorratsbehälter abgesaugt werden (z. B. mit einer alten, aber absolut sauberen Injektionsspritze vom Hausarzt).
An den vorderen Bremsen entfernt man zunächst die Kontaktstifte für die Verschleißkontrolle. Sie sind in einer Aussparung der einzelnen Bremsklötze eingesteckt. Die andere Seite ihres kurzen Kabelstücks endet in einem Stecker, der vom Festsattel abzuziehen ist. Kontaktfühler mit durchgescheuerter Kunststoffspitze müssen erneuert werden.
Beim Bremssattel des Herstellers Teves sind die Haltestifte von außen nach innen aus Sattel und Belägen herauszuschlagen. Sie besitzen an ihrem nach innen gerichteten Ende eine Klemmhülse mit federnder Spreizwirkung; wenn deren Kraft erlahmt ist, müssen die Stifte ersetzt werden. Die Haltestifte beim Bendix-Sattel werden von Ösen gesichert, hier sind diese Ösen abzuziehen. Das Herausschlagen der Haltestifte geschieht mit Hammer und einem Durchschläger, einem entsprechend dimensionierten Stahldorn oder notfalls mit einem starken Nagel. Man sollte zuerst einen der beiden Stifte entfernen, um danach die kreuzförmige Spreizfeder zu entnehmen, die auf die Beläge drückt. Anschließend wird der zweite Haltestift herausgeschlagen. Im Bendix-Sattel befinden sich statt der Kreuzfeder sogenannte Belaghaltefedern.
Man entnimmt zunächst einen der Bremsbeläge. Dazu fährt man am besten mit einem Schraubenzieher abwechselnd durch die Ösen des Belagträgers und hebelt – die Klinge auf den Festsattel gestützt – den Belag heraus.
Bis zu welcher Stärke die Abnutzung vorangeschritten sein darf, wurde weiter oben erwähnt. Verölte, rissige oder irgendwie beschädigte Beläge müssen ebenfalls ersetzt werden, auch falls die Belagstärke noch ausreichend ist. In keinem Fall darf der Belag so weit verschlissen sein, daß das Metall der Platte mit der Bremsscheibe in Berührung kommt. Durch die Hitzeeinwirkung beim Bremsen können Platte und Scheibe miteinander verschweißen, was zum Blockieren des Rades, zumindest aber zu Beschädigungen der Bremsscheibe führt. In der Mitte des Belags verläuft eine Nut, die in ihrer Tiefe fast bis zur Platte reicht. Sie soll Belagabrieb, Staub und Nässe aufnehmen; ist sie nicht mehr vorhanden, muß der Belag auch erneuert werden.
Bevor an der anderen Seite des Festsattels der alte Belag herausgenommen wird, setzt man auf der einen Seite erst die neue Belagplatte ein. Dazu muß der Kolben des betreffenden Bremszylinders zurückgedrückt werden, denn er ist mit dem dünner gewordenen Belag herausgewandert. Die Werkstatt besitzt hierzu eine Kolbenrücksetzzange. Als Heimwerker behilft man sich folgendermaßen: Alten, abgefahrenen Belag nochmals einsetzen und mit einem zwischen Bremsscheibe und Belagrest angesetzten Schraubenzieher den Kolben zurückdrükken (Schraubenzieher an der Bremsscheibe abgestützt). So läßt sich ein gleichmäßiger Druck auf den Kolben ausüben und er wird nicht verkantet. Beim Zurückdrücken des Kolbens wird zugleich die Bremsflüssigkeit in den Vorratsbehälter im Motorraum zurückgepreßt – beobachten Sie zwischendurch, ob die

Flüssigkeit nicht überzulaufen droht. Dann müßte sie abgesaugt werden. Als nächstes wird der Führungsschacht im Festsattel von Belagabrieb gesäubert, mit einem Lappen und Spiritus (keinesfalls Benzin), eventuell auch mit einer Flaschenbürste. Jetzt erst kann der neue Belag eingesetzt werden.
Anschließend wird der gegenüberliegende Belag im Festsattel nach obiger Beschreibung gewechselt. Nach dem Einsetzen bzw. Auswechseln der Beläge setzt man einen Haltestift, die Spreizfeder (Belaghaltefedern) und den anderen Haltestift wieder ein (Stifte mit Hammer vorsichtig in die Bohrungen treiben). Sicherungsösen, falls Bendix-Sattel, nicht vergessen.
Nach dem Einsetzen von Bremsbelägen noch bei stehendem Wagen: Bremspedal bei laufendem Motor niederdrücken. So kommen die Beläge zum Anliegen an die Scheibe, außerdem wird in der Servobremse Unterdruck aufgebaut.

Fingerzeige: *Lassen Sie hin und wieder den Wagen ein nur mäßiges Gefälle hinunterrollen, um festzustellen, ob die Räder freigängig sind. Oft sind die Führungen der Belagträger im Bremssattel verrostet oder verschmutzt und die Beläge gehen nach der Bremsung nicht mehr zurück. Die Folgen: Erhöhter Benzinverbrauch, hoher Belagverschleiß, verringerte Höchstgeschwindigkeit.*
Wenn die Bremswirkung bei längeren Abfahrten im Gebirge nachläßt, hat es keinen Zweck, das Bremsen durch wesentlich erhöhten Fußdruck zu erzwingen. Damit werden nur die Bremsbeläge verdorben. Besser ist es, die Bremswirkung des Motors im 2. oder gar im 1. Gang auszunützen.

Zustand der Bremsscheiben prüfen

Pflegearbeit Nr. 37

Während der oben beschriebenen Arbeit läßt sich der Zustand der Bremsscheibe kontrollieren. Ihre Originalstärke für vorn: 12,6 mm, für hinten: 10 mm. Im Betrieb entstandene Riefen sind bis zu einer Tiefe von 0,5 mm zulässig. Die Verschleißgrenze ist erreicht, wenn an den Vorderradbremsen eine Stärke von 10,6 mm und an den Hinterradbremsen von 8,3 mm besteht. Die Bremsscheibe darf höchstens einen Schlag von 0,12 mm hinsichtlich ihrer Drehachse aufweisen. In der Werkstatt kann das mit einer Meßuhr festgestellt werden.
Dort reinigt man auch die Scheibe, falls notwendig, was durch graue oder bläuliche Verfärbung der Bremsfläche angezeigt wird. Die Reinigung erfolgt mit speziellen Reinigungsklötzen.
Der Verschleiß der Bremsscheiben ist relativ hoch. Deshalb sollte man auch bei einem neu angeschafften Gebrauchtwagen diese Kontrolle bald vornehmen.

Zustand der Bremskolben und Staubkappen prüfen

Pflegearbeit Nr. 38

In der Mercedes-Werkstatt werden die beiden vorstehend beschriebenen Wartungsarbeiten mit der hier erwähnten Inspektion als in sich geschlossene Aufgaben-Position behandelt. Die Arbeitsabläufe hängen eng zusammen.
Die Staubkappen dienen als Abdichtung zwischen Festsattelgehäuse und Belagplatte und schützen damit den Kolben gegen Schmutz und Nässe. Die Kolben sind verchromt und diese Metallschicht darf keinerlei Beschädigungen aufweisen. Die Staubkappen wie auch Kolben und Kolbendichtung besitzen genau vorgeschriebene Maße. Die gewollte Überdeckung zwischen Kolbendichtung und Kolben hat ein »Lüftspiel« zur Folge: Bei Vorwärtsbewegung des Kolbens wird die Dichtung etwas zusammengepreßt, wodurch sie den Kolben bei Entlastung wieder zurückschieben kann. Damit erreicht man, daß die Beläge nicht dauernd an der Bremsscheibe anliegen, sich erwärmen und abnutzen.
Nach Arbeiten an den Feststätteln nimmt die Werkstatt eine Dichtheitskontrolle der Bremsanlage vor. Als Autobesitzer kann man sich auch selbst von der Dichtheit überzeugen: Bei laufendem Motor wird das Bremspedal kräftig niedergedrückt; innerhalb einer gewissen Weile darf es sich weiter durchtreten lassen.

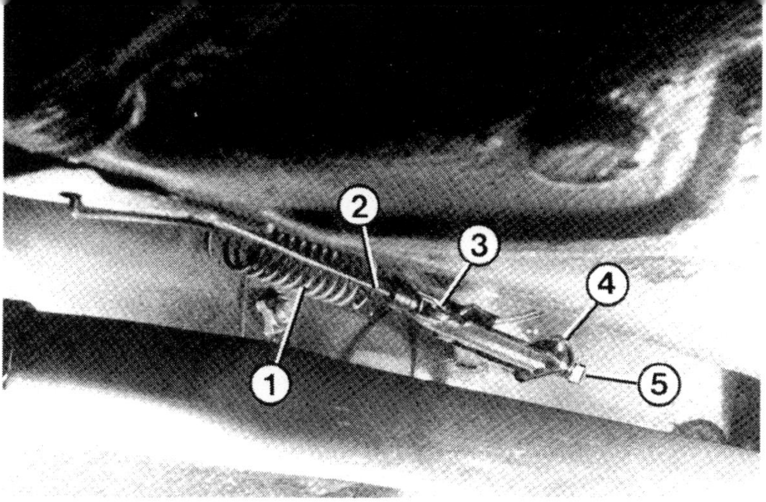

Seilzuglängenausgleich unter dem Wagenboden. Hier darf beim Nachstellen der Feststellbremse nichts verstellt werden. 1 – Rückzugfeder, 2 – eins der beiden Bremsseile, 3 – Ausgleichhebel, 4 – Stellbügel, 5 – Einstellschraube (Vierkant SW 10).

Die Feststellbremse

Auf die Hinterräder wirkt noch eine Feststellbremse über Seile. Sie soll in der Lage sein, den Wagen auch im Gefälle festzuhalten. Eine »Betriebsbremse«, mit der man während der Fahrt wirkungsvoll bremsen könnte, ist sie nicht, da ein aus schneller Fahrt nur hinten gebremstes Auto sich querstellt und schleudert. Immerhin kann sie als eine Art Notbremse angesehen werden.

Die Bedienung dieser für den Mercedes typischen Feststellbremse ist bekannt und unterscheidet sich von den Handbremsen bei anderen Autos: Sie wird durch den Tritt auf das Pedal ganz links betätigt. Damit hat man aber nicht die hinteren Scheibenbremsen arretiert, sondern separate kleine Trommelbremsen mit Bremsbacken, die sich unter der trommelförmigen Abdeckung außerhalb der Bremsscheiben befinden. Man wählte dieses zusätzliche System, weil Trommelbremsen als Feststellbremsen zuverlässiger ansprechen als Scheibenbremsen und auch besser nachzustellen sind.

Aber auch diese Bremse verliert – wie sonst auch Handbremsen – nach gewisser Zeit ihre Wirksamkeit. Das hängt mit der Dehnbarkeit eines Seils zusammen, auch wenn dieses aus Stahldrähten besteht. Deshalb sollte man es sich nicht angewöhnen, die Bremse bei jedem Abstellen des Wagens zu treten. Am Berg legt man zum Festhalten einen kleinen Gang ein (als doppelte Sicherheit noch die Vorderräder zum Straßenrand einschlagen). In der Ebene braucht man das Auto überhaupt nicht zu blockieren. Je weniger man die Feststellbremse unnötig benutzt, um so seltener muß sie nachgestellt werden und um so mehr kann man sich auf sie verlassen, wenn man sie wirklich braucht. Allerdings muß man sich gelegentlich von ihrer Einsatzbereitschaft überzeugen.

Links: Die Feststellbremse wirkt über eine kleine Trommelbremse auf die Hinterräder. 1 – Bremsbelag, 2 – Nachstellvorrichtung, 3 – Rückzugfeder, 4 – Bremsscheibe (zugleich Bremstrommel), 5 – Achswellenflansch. Stellrichtung des Schraubenziehers zum Anlegen der Bremsbacken an der linken Seite: von unten nach oben, an der rechten Seite: von oben nach unten.

Rechts: Nach Entfernen der Fußraumverkleidung links wird der Mechanismus für die Feststellbremse zugänglich. Bei Bedienung des Auslöseknopfes wird der Hebel im Bild links oben in Pfeilrichtung gezogen. Beim Feststellen der Bremse muß sich der Fußhebel 4 bis 6 Rasten hineintreten lassen.

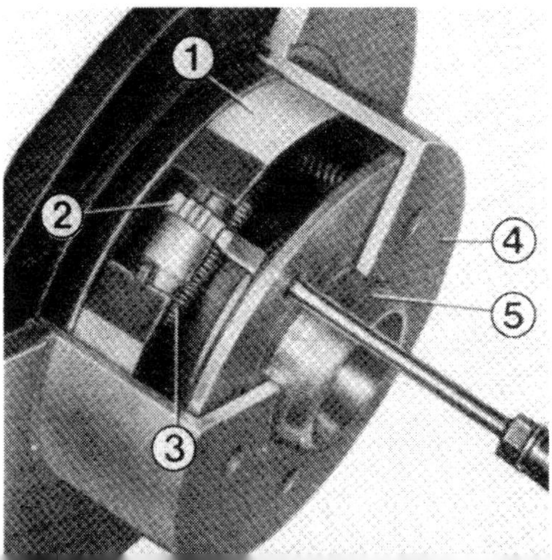

Einstellung der Feststellbremse und Bremsseile prüfen

Pflegearbeiten
Nr. 39 und 40

Vor dem Einstellen der Feststellbremse muß man eine der fünf Radschrauben an jedem Hinterrad herausdrehen. Das ist nötig, um durch das freiwerdende Loch die Nachstellung vornehmen zu können. Dann ist der Wagen wenigstens hinten anzuheben und vorn gut abzusichern.

Zur besseren Zugänglichkeit der Bremsseile kann man ihn zusätzlich vorn anheben. Beide Hinterräder müssen frei hängen und sich drehen lassen. Unter dem Wagen wird kontrolliert, ob die dort frei verlaufenden Bremsseile gut beweglich sind. Dazu zieht man ein Seil in Richtung Wagenfront oder auch schräg nach unten, bis man die Bremswirkung am Hinterrad feststellen kann. Man bringt also ein Rad mit einer Hand in Umdrehung und spannt mit der anderen das Seil. Die Gummimanschetten, die zum Abdichten der Seilzüge zu den Seilführungen dienen, müssen unbeschädigt sein.

Um an die Einstellvorrichtung gelangen zu können, wird nun ein Hinterrad so gedreht, daß das Loch der vorher entnommenen Radschraube im Winkel von 45° aus der Waagerechten nach vorn oben zeigt. Damit schafft man eine durchgehende Öffnung zu dem Stellrad der Nachstellvorrichtung. Mit einem Schraubenzieher (etwa 5 mm breit) läßt sich dieses gezähnte Rad drehen. Um an der linken Bremse die Bremsbacken zum Anliegen zu bringen, muß das Stellrad von unten nach oben gedreht werden, und an der rechten Bremse von oben nach unten. Zunächst verdreht man mit dem Schraubenzieher das Stellrad so weit, bis sich das Wagenrad gerade nicht mehr drehen läßt. Nun löst man das Stellrad wieder um etwa 2 oder 3 Zähne und versucht dabei, das Rad in Umdrehungen zu versetzen, bis es sich frei drehen läßt. Man kann auch das Gehör zu Hilfe nehmen. Es darf kein schleifendes Geräusch (von den Bremsbacken) mehr zu hören sein. Die gleiche Einstellung wird an der Bremse der anderen Wagenseite wiederholt.

Wenn Sie an einem anderen Auto schon einmal die Handbremse nachgestellt haben sollten, so wird Ihnen aufgefallen sein, daß bislang von der Ihnen bekannten Nachstellvorrichtung unter dem Wagenboden nicht die Rede gewesen ist. Beim Mercedes hat es damit eine andere Bewandtnis: Die Einstellschraube an diesem Zwischenhebel darf zum Nachstellen der Feststellbremse nicht verdreht werden. Sie ist nur dazu da, beim Einbau neuer Seile deren Länge auszugleichen.

Störungsbeistand

Bremsanlage

Die Störung	– ihre Ursache	– ihre Abhilfe
A Bremsen ziehen einseitig	1 Reifendruck ungleichmäßig	Korrigieren bei kalten Reifen
	2 Reifenprofil ungleichmäßig abgefahren	Reifen so untereinander auswechseln, daß auf jede Achse gleichmäßig abgenutzte Reifen kommen
	3 Beläge verschmiert oder ungleichmäßig abgenutzt	Beläge erneuern
	4 Schächte im Festsattel verschmutzt	Reinigen
	5 Kolben im Festsattel festgerostet	In Werkstatt gängig machen oder erneuern lassen
	6 Bremsscheiben aus unterschiedlicher Fabrikation	Beide Bremsscheiben austauschen lassen gegen solche gleicher Herkunft
B Bremsen Quietschen oder rattern	1 Staub oder Schmutz an den Scheibenbremsen	Beläge ausbauen, Staub und Schmutz mit Preßluft abblasen
	2 Resonanzgeräusche zwischen Bremsscheibe und Belägen	Geräuschdämpfplatten einbauen lassen
	3 Falsche Beläge	Original-Beläge einbauen

Die Störung	– ihre Ursache	– ihre Abhilfe
(B)	4 Spreizfeder erlahmt	Erneuern
	5 Bremssattel- und -scheibenbefestigung fluchten nicht	Richten lassen
	6 Bremsscheibe hat Schlag	Erneuern lassen
	7 Neue Beläge liegen nicht plan an	Außenkanten der Beläge mit einer Feile brechen
C Bremsen werden sehr heiß	1 Ausgleichsbohrung im Hauptzylinder verstopft	Säubern lassen
	2 Kein Spiel zwischen Bremspedal (Druckstange) und Haupzylinderkolben	Einstellen lassen
	3 Gummiteile gequollen durch Verwendung falscher Bremsflüssigkeit	Bremsflüssigkeit wechseln und schadhafte Teile erneuern lassen
	4 Belüftungslöcher im Deckel des Vorratsbehälters verstopft	Reinigen
	5 Verrostete Festsättel	Überholen lassen
	6 Spreizfeder gebrochen	Erneuern
D Pedalweg zu groß	1 Radlagerspiel zu groß	Einstellen
	2 Siehe B 5	
E Pedalweg zu groß, Pedal läßt sich weich und federnd durchtreten	1 Luft im Bremssystem, evtl. Flüssigkeitsvorrat im Behälter zu tief abgesunken. Falls weiterhin nach dem Entlüften:	Bremsen entlüften, evtl. Bremsflüssigkeit auffüllen
	a) Leck im Bremssystem	Kontrollieren, schadhafte Teile erneuern lassen
	b) Manschette im Hauptzylinder undicht	Erneuern lassen
	2 Überhitzte Bremsflüssigkeit – Dampfblasenbildung durch zu hohen Wassergehalt der Bremsflüssigkeit oder Überbeanspruchung der Bremsen	Bremsflüssigkeit wechseln lassen
	3 Automatische Belagnachstellung in den Festsätteln nicht in Ordnung	Festsättel überholen lassen
F Schlechte Bremswirkung bei hohem Pedaldruck	1 Pedalweg normal: Beläge verölt oder verbrannt	Erneuern
	2 Pedalweg kurz: Bremskraftverstärker arbeitet nicht	Unterdruckschlauch kontrollieren, ggf. auswechseln; sonst Überprüfung in der Werkstatt
	3 Pedalweg lang: Ein Bremskreis ausgefallen durch Undichtigkeit oder Beschädigung	Kontrollieren, schadhafte Teile auswechseln lassen
G Ungleichmäßiger Belagverschleiß	1 Siehe B 3	
	2 Siehe A 4	
	3 Siehe A 5	
	4 Gummiring für Kolbennachstellung gequollen	Festsättel überholen lassen

Im Profil gesehen

Bei der Neuanschaffung von Reifen kann man seine Wahl nur in bestimmten Grenzen treffen. Was ohne Beanstandung der Polizei oder des TÜV montiert werden darf, finden Sie in Ihren Fahrzeugpapieren aufgeführt. Anstelle dieser Reifengröße und Räder darf nichts anderes aufgezogen werden, sonst erlischt die Betriebserlaubnis für das Auto.

Reifendruck messen

Pflegearbeit Nr. 6

Die vorgeschriebenen Luftdrücke für die Reifen müssen natürlich eingehalten werden. Bei Daimler-Benz hat man diese Werte als günstigsten Kompromiß zwischen guter Straßenlage, angenehmem Fahrkomfort und langer Reifenlebensdauer ermittelt. Sie lauten bei den hier beschriebenen Modellen für vorn 2,0 bar und für hinten 2,2 bar.

Ein beispielsweise mit »2,0« angegebener Reifendruck bedeutet, daß der Luftdruck im Reifeninnern 2,0 kp auf 1 cm² beträgt, wobei dies üblicherweise immer noch in der Bezeichnung für den atmosphärischen Überdruck = atü angegeben wird. Die mathematische Luftdruckangabe kp/cm² entspricht der geläufigen, offiziell für die Einheiten im Meßwesen nicht mehr zulässigen Bezeichnung »atü«. Die für den Druck von Flüssigkeiten und Gasen festgelegte Grundeinheit heißt »bar« und entspricht etwa 1,02 kp/cm².

Der richtige Luftdruck ist die wichtigste Voraussetzung für Reifenlebensdauer und Sicherheit. Deswegen braucht man natürlich nicht jede Woche das Reifenfüllgerät einer Tankstelle zu strapazieren. Alle 2–3 Wochen genügt eine solche Kontrolle, denn ein moderner schlauchloser Reifen darf eigentlich in sechs bis acht Wochen nur etwa 0,1 bar verlieren. Sicherheitshalber kann die Prüfung vor Antritt einer größeren Fahrt außer der Reihe erfolgen.

Für eine längere Autobahnfahrt sollte der Druck um 0,3 bar auf allen Reifen erhöht werden. Die vom Werk angegebenen Reifendrücke sind Mindestwerte und bieten den besten Fahrkomfort, doch der höhere Reifendruck wirkt sich bei hoher Geschwindigkeit fahrtechnisch günstig aus. Die dann verstärkte Beanspruchung verringert die Lebensdauer der Reifen, wenn der sonst übliche Luftdruck beibehalten wird. Zu niedriger Luftdruck schadet in jedem Fall, weil sich die Reifen sonst zu stark erwärmen.

Ein eigener Luftdruckprüfer – relativ preiswert im Zubehörhandel – sichert Ihnen stets gleichbleibende Meßgenauigkeit zu. Wenn Sie mit diesem Prüfer bei der regelmäßigen Kontrolle Druckverluste feststellen, liegt es an einem undichten Ventil oder ein Fremdkörper hat sich durch die Reifendecke gebohrt. Wenn man der Ursache nicht nachgeht, kann die Instandsetzung des Reifens nach einer Dauerschädigung unmöglich werden.

Kalte Luft ist maßgebend

Der Reifendruck sollte nur an kalten Reifen gemessen werden. Schon nach wenigen Kilometern kann der Druck um 0,2 oder nach zügiger Fahrt sogar um 0,5 bar angestiegen sein. Dann wäre es falsch, beim nächsten Halt an einer

Tankstelle den Luftdruck entsprechend zu reduzieren. Dieser Druckanstieg durch Erwärmung ist von den Reifenkonstrukteuren bereits einkalkuliert. Wenn man also unterwegs den Luftdruck feststellen will, ist die Druckerhöhung mit einzukalkulieren. Da eine solche Beurteilung nie perfekt sein kann, bleibt das Messen am kalten Reifen die sicherste Methode.

Der Radwechsel

Tritt einmal der seltene Fall ein, daß ein Rad einen »Plattfuß« hat, so ist dies für manche Leute eine unbekannte Situation. Für diejenigen, die über keinerlei Übung beim Radwechsel verfügen, sei dieser Abschnitt eingefügt.
Während der Fahrt macht sich ein Reifendefekt mit langsamem Luftdruckverlust durch einseitig ziehende Lenkung oder durch holperndes Rollen des Wagens bemerkbar. Ein plötzlicher Reifenplatzer läßt den Wagen schlagartig instabil werden. Dann muß man die Lenkung fest im Griff haben und man darf nur behutsam abbremsen. Anhalten, ganz an den rechten Fahrbahnrand fahren; Warnlicht einschalten, Warndreieck in genügender Entfernung aufstellen; auf der Autobahn und bei schlechter Witterung muß man dann besonders umsichtig sein. Zum Reifenwechsel sind zweierlei Vorbedingungen nötig: Zum ersten muß sichergestellt sein, daß der Wagenheber leichtgängig funktioniert und zweitens dürfen die Radbolzen nicht festgerostet sein. Die Gewindespindel des Wagenhebers sollte mit zähem Fett oder (wegen der geringeren Verschmutzungsgefahr beim Umgang) mit Unterbodenschutzwachs, das es zur Fahrgestellkonservierung gibt, eingesprüht sein. Ein solcher Korrosionsschutz hält den Wagenheber stets einsatzbereit. Auch die Ringflächen (Auflage) der Radbolzen sind mit Fett zu bestreichen, bevor man mit ihnen das Rad befestigt. In Reifenwerkstätten wird das oft vergessen. Zudem werden dort die Radbolzen oft mit einem Schlagschrauber angeknallt (was bei Daimler-Benz abgelehnt wird!). Will man sie später lösen, gelingt das nur mit viel Kraftaufwand. Tip: Ein Stück Verlängerungsrohr (von einem Installateur) auf den Radschraubenschlüssel zur Verlängerung des Hebelarms setzen oder vor dem Losdrehen jeder Radschraube einen kräftigen Hammerschlag verpassen; das bricht den vielleicht vorhandenen Rost auf der Schrauben-Anlagefläche.
Der Wagenheber und das Reserverad befinden sich unter der Bodenverkleidung im Kofferraum. Bordwagenheber wie unten gezeigt ansetzen.
Der Radwechsel geschieht folgendermaßen:

- Wagen möglichst auf ebenem und festem Boden anhalten.
- Feststellbremse niedertreten.
- 1. Gang oder Rückwärtsgang einlegen, beim automatischen Getriebe Wählhebel in Stellung »P«.

So wird der Wagenheber exakt angesetzt, damit er beim Hochkurbeln nicht so leicht umkippt: Schräg nach außen stehend, von der Seite gesehen, jedoch senkrecht, den Tragebolzen bis zum Anschlag in das Aufnahmerohr geschoben und bei lockerem Boden auf dem Boden ein Unterlegebrettchen gelegt, damit sich der Wagenheberfuß nicht in den Boden drückt (anstatt den Wagen hochzuheben). Der schräg nach außen stehende Wagenheber kommt beim Hochkurbeln immer mehr in die Senkrechte.

■ Räder der anderen Wagenseite mit Steinen oder Holz blockieren.

■ Bei Stahlblechrand den Radzierring mittels Radschraubenschlüssel des Bordwerkzeugs oder mit Schraubenzieher abhebeln.

■ Radschrauben am defekten Rad mit Radschraubenschlüssel um einige Umdrehungen lockern.

■ Wagenheberzapfen in die dem defekten Rad am nächsten befindliche Steckhülse seitlich am Wagenunterbau bis zum Anschlag einsetzen.

■ Fahrzeug hochkurbeln wie im Bild unten dargestellt, bis defektes Rad vom Boden abhebt, und dann noch um einiges weiter, um das aufgepumpte Reserverad montieren zu können.

■ Die fünf Radschrauben vollkommen herausdrehen.

■ Rad abnehmen und Ersatzrad aufstecken.

■ Radschrauben gleichmäßig zuerst leicht, dann abwechselnd, eine über die andere, stramm anziehen.

■ Wagen ablassen, Wagenheber von der Halterung abnehmen.

■ Radschrauben wechselweise endgültig fest anziehen (jeweils eine überspringen).

■ Radzierring aufsetzen. Er dient als Ventilführung und deshalb darf man nicht ohne Radblenden fahren. Das Reifenventil wird in den mittleren Schlitz zwischen zwei Haltefedern eingeführt und an dieser Stelle drückt man die Blende gegen das Felgenhorn. Dann bringt man die beiden Federn der gegenüberliegenden Seite – mit Handballenschlag in Richtung Ventil – zum Einrasten.

■ Defektes Rad und Wagenheber verstauen.

■ An der nächsten Tankstelle den Reifendruck korrigieren. Besser, man hat einen eigenen Luftdruckprüfer und kann die Korrektur gleich vornehmen.

Wir halten es für besser, die Radbolzen bei noch unbelastetem Rad so fest wie möglich anzuziehen, wenn also der Wagen noch nicht abgesenkt ist. Die Bohrungen im Rad zentrieren sich so besser gegenüber den Bolzen, als wenn das Wagengewicht darauf lastet. Wenn der Wagen dann wieder auf allen vieren steht, muß man die Schrauben natürlich nochmals anziehen.

Damit das Reserverad auch im Notfall genug Luft hat, kontrolliert man beim Prüfen des Luftdrucks der vier Laufräder gelegentlich noch den Ersatzreifen. Zu aller Sicherheit geben Sie ihm immer 2,7 bar. Den überschüssigen Druck kann man im Bedarfsfall reduzieren.

Die Öffnungen der Einsteckhülsen für den Wagenheber können durch den von anderen Autos aufgespritzten Dreck verschmutzen und im Winter sind sie dann sogar vereist. In solchen Fällen läßt sich der Wagenheberzapfen nur nach umständlicher Reinigung des Einsteckrohrs einführen. Eine solche Behinderung

Wenn Sie an die Unterseite Ihres Wagens herankommen wollen, genügt es nicht, ihn einfach mit dem Bordwagenheber hochzuwinden. Das macht man nur unterwegs, wenn einmal ein Rad gewechselt werden muß. Dabei sollte man es nicht versäumen, die anderen Räder zu sichern, besonders bei abschüssiger Straße oder unebenem Boden. Sollen jedoch weiterreichende Arbeiten oder Kontrollen vorgenommen werden, sind Vorkehrungen zu treffen, wie auf Seite 63 beschrieben.

wird von passend zurechtgeschnittenen Korken ausgeschlossen, die man für alle Fälle in die vier Öffnungen gesteckt hat.

Radschrauben auf festen Sitz prüfen

Ab und zu muß kontrolliert werden, ob die Radschrauben fest angezogen sind. Daimler-Benz nennt sie wegen ihrer Form »Kugelbundschrauben« und überprüft deren festen Sitz nur bei der 1. Durchsicht. Wichtig ist das Nachziehen der Schrauben, wenn neue Räder montiert wurden, weil abgeplatzte Lackreste in den Kugelkalotten verhindern, daß die Radbolzen völlig am Metall des Rades anliegen.
Mit dem Radschraubenschlüssel (oder Kreuzschlüssel, auch gekröpfter Ringschlüssel SW 19) überzeugt man sich vom festen Sitz der Bolzen. Wenn sie nicht ohne mittlere Gewalt weiterbewegt werden können, darf man sie nicht noch fester anziehen. Werksseitig ist für sie ein Anzugsdrehmoment von 100 Nm (10 kpm) vorgeschrieben.
Schrauben mit beschädigtem Gewinde oder Kopf sind auszutauschen. Es sind Radschrauben unterschiedlicher Art vorgesehen: Die Stahlblech-Scheibenräder werden mit Kugelbundschrauben befestigt, die über eine Ansenkung im Kopf und über ein 21 mm langes Gewinde verfügen. Für Leichtmetall-Scheibenräder sind Schrauben mit geschlossenem Kopf und 29,5 mm langem Gewinde bestimmt. Beide haben das Gewindemaß M 12 × 15.

Reifenzustand prüfen

Pflegearbeit Nr. 42

Die empfohlenen 15 000-km-Intervalle zur Kontrolle des äußeren Zustands der Reifen sind ein sehr langer Zeitraum. In der Zwischenzeit kann sich allerhand an den Reifen verändert haben. Prüfen Sie öfter!
Am bequemsten ist das, wenn der Wagen in der Tankstelle zum Ölwechsel oder zu einer Unterwagenwäsche hochgebockt wird. Bei dieser Gelegenheit hebelt man mit einem kleinen Schraubenzieher Fremdkörper aus der Reifendecke und prüft nach, ob irgendwelche Schäden aufgetreten sind. Vordergründig überzeugt man sich natürlich von der Reifenabnutzung. Ein zufriedenstellendes Anzeichen ist es, wenn jeweils die Reifen einer Achse über den gesamten Reifenumfang einen gleichmäßigen Verschleiß zeigen. Entdeckt man jedoch ungleichmäßige Abnutzung, dann sind an der Radaufhängung oder am Rad selbst Mängel aufgetreten. Siehe aber nächsten Abschnitt!
Zur Klärung muß ein Fachmann zu Rate gezogen werden. Er kann durch die Art der ungleichen Reifenabnutzung erkennen, ob die Ursache bei zuviel oder zuwenig Luftdruck, bei unausgewuchteten Rädern, bei unwirksamen Stoßdämpfern, bei ausgeschlagenen Gelenken, bei Fehlern in der Vorspur- oder Radsturzeinstellung zu suchen ist. Diese Fehlerquellen hinterlassen nämlich charakteristische Spuren auf dem Reifenprofil. Unter Umständen müssen dann die Räder ausgewuchtet werden oder die betreffende Achse ist zu vermessen. Das sind jedoch Arbeiten, die Ihnen auch mit guten Heimpflege-Hilfsmitteln nicht möglich sein werden, doch die Werkstattkosten dafür gleichen sich durch die Reifenersparnis in Kürze aus.

Räder untereinander austauschen

Teil der Pflegearbeit Nr. 41

Im Rahmen der Wartung setzt Daimler-Benz nach 15 000 km Laufstrecke die Räder einer Wagenseite von vorn nach hinten und umgekehrt um. Damit soll eine gleichmäßige Reifenabnutzung erzielt werden. Wenn erst kürzlich neue Reifen aufgezogen wurden und das Auto kommt zum Kundendienst, so muß man dort einen entsprechenden Bescheid geben, sonst werden die Räder auch umgesetzt (und die in diesem Fall unnötige Arbeit muß noch bezahlt werden).
An den Vorderrädern ist ein etwas größerer Verschleiß der beiden Reifenschultern, besonders der äußeren, gegenüber der Laufflächenmitte völlig normal.

Dieses Verschleißbild ist bei sportlicher Fahrweise, bei vorwiegendem Stadtverkehr (häufige Kurvenfahrt) und bei zu niedrigem Luftdruck noch ausgeprägter. Die Lauffläche der Hinterräder kann anstelle einer meistens gleichmäßigen Gesamtabnutzung einen größeren Verschleiß in der Laufflächenmitte aufweisen. Bei häufiger Heckbelastung (erhöhter Minus-Sturz der Räder) kann die Laufflächeninnenseite etwas mehr Abnutzung als die Außenseite zeigen. Persönliche Fahrweise und die Beanspruchung des Wagens haben also erheblichen Einfluß auf die Reifenabnutzung.

Will man wegen Kostenersparnis die Räder selbst umsetzen, muß man auf einer Wagenseite zunächst ein Rad abmontieren und an dessen Stelle das Reserverad provisorisch befestigen. Dann ist der Wagen wieder abzusenken und auf der gleichen Seite für den Radwechsel des anderen Rades anzuheben: Das zweite Rad wird abgenommen und dafür das erste befestigt. Das jetzt abgenommene Rad muß man dann noch gegen das vorher angebrachte Reserverad tauschen. Auf der anderen Wagenseite verfährt man ebenso.

Man sollte aber nicht zu kurze Intervalle zum Umsetzen wählen. Durch das Wechseln der Räder werden Fehler in der Lenkung, den Stoßdämpfern und den Gelenken usw. insofern verschleiert, als bestimmte Fehlerquellen dann nicht genügend Zeit haben, ihre Kennmarken auf dem Reifenprofil zu hinterlassen. Die genannten Schäden am Fahrwerk usw. werden durch das Umsetzen nicht geheilt.

Der manchmal praktizierte kreuzweise Austausch ist keinesfalls anzuraten, weil er besonders hohen Verschleiß zur Folge haben kann. Gürtelreifen sollen nur in der einmal gewählten Laufrichtung montiert bleiben, was beim kreuzweisen Radtausch (z. B. rechtes Vorderrad gegen linkes Hinterrad) nicht gegeben ist, es sei denn, man montiert die Reifen ab und dreht sie auf der Felge um. Die für die Mercedes speziell gefertigten Reifen tragen aber außen einen Scheuerwulst, und beispielsweise sind die Reifen XAS von Michelin an ihrer Außenseite besonders durch ein »P« (= Protection) gekennzeichnet.

Die Reifen mit dem besseren Profil gehören zum besseren Lenken und Bremsen immer an die Vorderachse. In jedem Fall müssen alle Reifen, die getauscht werden, genau auf ihren Zustand geprüft werden.

Unwucht der Räder überprüfen

Teil der Pflegearbeit Nr. 41

Wenn während der Fahrt ein Rad unruhig springt, kann die Ursache ein defekter Stoßdämpfer sein. Oft ist daran ein unwuchtiges Rad schuld. Es gibt zwei Arten von Unwucht: die statische und die dynamische (siehe Skizze).

Von unausgewuchteten Rädern gehen beachtliche Kräfte aus. Die Fahreigenschaften verschlechtern sich; auch die Radaufhängung und die Teile der Lenkung leiden unter den ständigen Vibrationen (spürbares Lenkradflattern!).

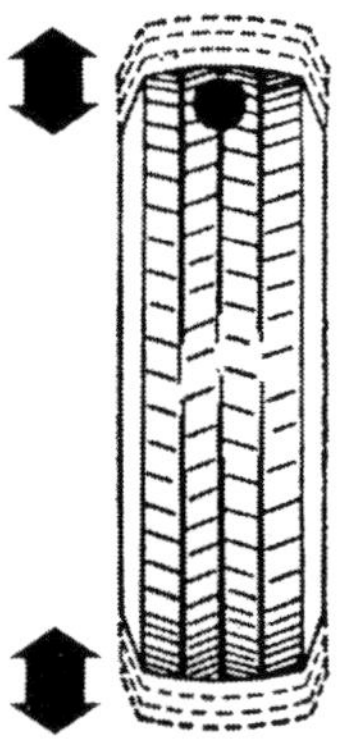

Unsere Skizze erläutert die Auswirkungen der Unwucht:

Die **statische** Unwucht erkennt man, wenn ein freihängendes, drehendes Rad immer mit der gleichen Stelle zu Boden sinkt und sich allmählich auspendelt. Folge: Das Rad hüpft während der Fahrt.

Die **dynamische** Unwucht ist durch Auspendeln des Rades nicht zu erkennen, denn sie liegt irgendwie schräg zur Radachse, so daß das schnellaufende Rad flattert und wackelt. Unausgewuchtete Räder führen zu schnellem Reifenverschleiß, unruhiger Lenkung und vorzeitiger Abnutzung der Radlager.

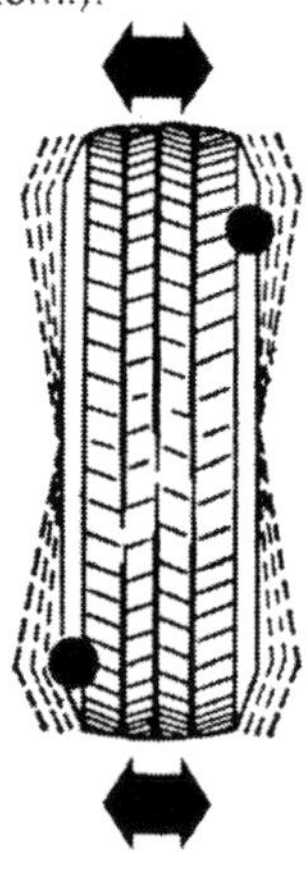

Zum Auswuchten müssen die Räder einzeln auf eine besondere Auswuchtmaschine kommen. Leider wird es in manchen Reifenwerkstätten nicht so genau damit genommen. Das Rad muß einwandfrei zentriert und mit allen fünf Radbolzen angeschraubt werden, sonst ergibt sich von vornherein eine Unwucht. Entsprechend der angezeigten Unwucht sind dann am Felgenhorn Gegengewichte anzubringen. Daimler-Benz empfiehlt dazu Auswuchtgewichte mit getrennter Haltefeder, die nicht schwerer als 10 g sein sollen.
Die Kosten für die Arbeit lohnen sich in jedem Fall. Man muß die Räder auch immer auswuchten lassen, wenn neue Reifen montiert werden, egal, ob es sich dabei um Sommer- oder Winterreifen handelt.

Fingerzeig: *Ein gut ausgewuchtetes Rad kann schon durch eine einzige Notbremsung wieder unwuchtig werden. Blockiert das Rad beim Bremsen über mehrere Meter, wird so viel Gummi einseitig abgeschliffen, daß die Gewichtsverteilung nicht mehr stimmt.*

Scheibenräder prüfen

Teil der Pflegearbeit Nr. 41

Beim Umsetzen der Räder – was auf Seite 157 beschrieben ist – müssen auch ihre Innenseiten gründlich gereinigt werden. Danach wird der Zustand der Räder untersucht. Beulen und Einkerbungen am Felgenhorn eines Stahlscheibenrades können zu Luftdruckverlust führen, hauptsächlich bei Kurvenfahrt. Solche Felgen sind zu ersetzen. Verrostete Felgen sind zu entrosten, wozu natürlich der Reifen abzumontieren ist. Man kann stark verrostete Räder sandstrahlen und danach lackieren lassen, aber möglicherweise ist ein noch brauchbares und ansehnliches Rad von einer Autoverwertung billiger. Das Stahlrad 1414 der Lemmerz-Werke Königswinter in der Größe 5½ J x 14 H2 wurde für die 123er-Reihe inzwischen zugelassen, daneben in der Größe 6 J x 14 H2 auch für die T-Modelle. Leichtmetallfelgen müssen sehr sorgfältig nach Brüchen und Anrissen abgesucht werden. Ein derart beschädigtes Rad darf nicht weiterbenutzt werden, auch wenn die Anschaffung einer solchen neuen Felge ins Geld geht.
Diese Räder sind nicht ohne Grund strengen Herstellungsbestimmungen unterworfen. Die von Daimler-Benz verwendeten Räder bestehen aus geschmiedetem Leichtmetall. Räder anderer Hersteller können auch aus dem nicht so robusten Druckguß bestehen. Keine Bedenken bestehen aber bei den LM-Rädern von ARC, ATS, BBS, Campagnolo, Fuchs, Intra, Pirelli (mit Reifen 195/70 R 14 89 H), RG, Rial, Ronal, Seral und Wolfrace, für die entweder die Allgemeine Betriebserlaubnis existiert oder für die der TÜV eine Freigabe erteilt hat.

Die Reifenmontage

Üblicherweise überläßt man diese schwere Arbeit einer Reifenwerkstatt. Auf einer großen Auslandsreise muß man sich vielleicht auch selbst helfen können. Unüberlegte Gewaltanwendung muß bei der Reifenmontage unterbleiben. Der Reifen darf nicht mit scharfkantigen oder unsachlich geführten Werkzeugen an seiner Wulst zerstört werden. Zur Montage sind nur dafür bestimmte, stumpfe Montiereisen geeignet. In der Not helfen auch zwei große Schraubenzieher, die dann aber sehr behutsam benutzt werden müssen.
So nimmt man einen schlauchlosen Reifen von der Felge ab: Luft ablassen – gegenüber Ventil einen Wulst in das Tiefbett drücken – dort beide Montiereisen ca. 20 cm voneinander entfernt zwischen Wulst und Felgenhorn ansetzen – einen Montierhebel festhalten – mit dem anderen Stück für Stück den Wulst über die Felge hebeln. Ist dieser Felgenwulst völlig aus dem Felgenbett befreit und ein Reifen mit Schlauch montiert: Ventil losschrauben. Wenn ein Teil des Wulstes gut im Tiefbett der Felge liegt, läßt der zweite Wulst sich leicht von der Felge bringen. Bei den Hump-Felgen erschwert der Höckerring im Felgenhorn diese

Arbeitsweise. Man kann sich die Montage erleichtern, wenn man das Rad seitlich dort unter den Wagen legt, wo der Wagenheber angesetzt wird. Zwischen Wagenheber und Reifen legt man ein Holzbrett und windet dann das Auto hoch: Der Reifenumfang löst sich vom Felgenhorn.
Die Innenseite des neuen Reifens muß sauber und trocken sein. Die Wulstpartie ist gleichmäßig mit Talkum einzureiben. Falls ein Schlauch eingelegt werden muß: Felge mit Ventilloch nach oben auf den Boden legen – eventuell vorhandene Rotpunktmarkierung des Reifens soll am Ventil liegen. An Ventilseite der Felge den Reifen mit unterem Wulst in Tiefbett schieben. (Ventil durch Ventilloch stecken und mit den Händen restlichen Wulst über Felgenkante drücken. Eventuell schräg sitzendes Ventil durch Verschieben des Reifens im Loch zentrieren.) Danach dreht man das Rad um.
Den jetzt oben liegenden Reifenwulst gegenüber dem Ventil so tief wie möglich ins Felgenbett drücken (daraufknien). Mit Montierhebel abschnittweise (in Richtung Ventil) den Wulst in die Felge hebeln. Dann den Reifen weiter aufpumpen. Die Kennlinie über dem Reifenwulst muß sich überall im gleichen Abstand vom Felgenrand befinden.

Fingerzeige: *Auch Reifen müssen eingefahren werden! Nicht nur wegen der vom Vulkanisieren her sehr glatten Profiloberfläche und der Reifenwülste, die sich erst während den ersten Fahrkilometern exakt in das Felgenhorn schmiegen. Der anfangs wenig verformungsfreudige Pneu muß sich durch einige Einlaufkilometer geschmeidig walken und vor den ersten harten Bremsmanövern oder starkem Beschleunigen muß das beim Reifenaufziehen verwendete Montagefett austrocknen. Am besten geschieht das Reifeneinfahren auf trockener kurvenreicher Landstraße, aber es genügt auch, wenn Sie die ersten 100 km nur mäßig Gas geben und bremsen sowie die Höchstgeschwindigkeit Ihres Mercedes nicht voll ausnutzen.*
Der Reifenverschleiß ist sehr temperaturabhängig und im kalten Winter wesentlich geringer als im Hochsommer. Deshalb werden für spezielle Winterreifen, wie z. B. die Haftreifen, nicht so abriebfeste Gummimischungen genommen, die dafür aber wesentlich griffiger sind. Wegen diesem unterschiedlichen Reifenverschleiß montiert man neue Reifen am besten im Herbst, denn die neuen Reifen mit dem noch sehr dicken Reifenprofil werden durch die Walkbewegungen der Reifen wärmer als abgefahrene und erhalten bei herbstlichen Temperaturen eine bessere und reifenschonendere Kühlung.
Reifen sollen nicht in der Garage lagern, besser in einem kühlen und trockenen Keller. Gummi altert durch Sonnenlicht, Nässe, Wärme und Zugluft. Schädlich sind Öl, Fett und Benzin. Schlauchlose Reifen sollen stehend auf einer Holzunterlage lagern. Gebrauchte Reifen sind vor der Lagerung sorgfältig zu reinigen.

Schlauchlose Reifen

Die Typenreihe 123 ist mit schlauchlosen Reifen ausgerüstet. In Verbindung mit diesen Reifen dürfen nur sogenannte »Hump«-Felgen verwendet werden. »Hump« nennt man eine ringförmige Erhebung auf der Felgenschulter, die den Reifenwulst gegen Abgleiten in das Felgenbett sichert. Bei der Neubeschaffung kann man unbesorgt wieder schlauchlose Reifen kaufen.
Bei schlauchlosen Reifen kann der Einbau eines nicht notwendigen Schlauches gefährlich werden. Diese Reifen liegen äußerst dicht am Felgenrand an. Deshalb können Luftblasen, die sich beim Aufpumpen zwischen Schlauch und Decke bilden, nicht entweichen. Beim Fahren führt das zum Scheuern des Schlauches, weiter zum Erhitzen und möglicherweise zum Platzen.
Wenn der schlauchlose Reifen durchaus mit Schlauch montiert werden muß,

weil eine sonst noch gute Reifendecke nicht dicht geflickt wurde oder weil ein rostnarbiges Felgenhorn nicht mehr ganz luftdicht abschließt, ist das »schlauchlose Ventil« aus der Felge auszubauen. Beim Aufpumpen muß man dann das Schlauchventil mehrmals in die Felge drücken, damit die Luft zwischen Reifendecke und Schlauch entweicht.

Gürtelreifen sind Vorschrift

Es gibt zweierlei Reifenarten: Diagonalreifen und Radial-(Gürtel-)reifen. Die Diagonalreifen sind in ihrer Karkasse – dem Unterbau – durch Fäden in verschiedenen Gewebeeinlagen gekennzeichnet, die sich schräg (diagonal) zur Reifenachse übereinander kreuzen. Sie entsprechen der althergebrachten Reifenbauweise und werden deshalb als »konventionelle Reifen« bezeichnet. Die Benutzung solcher Reifen hat Daimler-Benz für die in diesem Buch behandelten Modelle untersagt. Deshalb erübrigt sich eine weitere Beschreibung.
Gürtelreifen besitzen unter ihrer Lauffläche einen recht stabilen »Gürtel« aus verschiedenen Lagen von Stahl- oder Textilfäden. Je nach Fabrikat können diese in unterschiedlicher Fadenrichtung liegen. Bei wachsender Geschwindigkeit verändert sich dieser Gürtel in seinem Durchmesser kaum. Deshalb vergrößert sich auch nicht die Lauffläche mit wachsender Geschwindigkeit wie beim Diagonalreifen, dessen Rollwiderstand dann größer wird.

Mitbestimmung des TÜV

Wie schon zu Beginn dieses Kapitels gesagt, darf man nicht irgendwelche Reifen montieren. Anstelle der nachfolgend erwähnten serienmäßigen Reifen kann man die Limousinen jedoch auf Breitreifen der Größe 195/70 HR 14 beziehungsweise 195/70 SR 14 M + S umrüsten, allerdings nur in Verbindung mit Rädern der Größe 6J x 14H2. Vorher muß man bei Daimler-Benz eine Unbedenklichkeitsbescheinigung beantragen, und mit deren Vorlage kann man nach TÜV-Abnahme die Kraftfahrzeugpapiere entsprechend ändern lassen.

Bedeutung der Felgen- und Reifenbezeichnungen

Die Limousinen der Baureihe 123 sind serienmäßig mit Felgen der Größe 5½J x 14H2 ausgerüstet, während das Modell 230 C auch Felgen der Größe 6J x 14H2 besitzen kann, ebenso die T-Modelle. Mit diesen Bezeichnungen werden folgende, international gültige Begriffe ausgedrückt:

5½, 6 = Felgenmaulweite in Zoll, an der Felgenhornbasis quer zur Laufrichtung gemessen,
J = Kennbuchstabe für die Felgenhöhe,
x = Zeichen für Tiefbettfelge,
14 = Felgendurchmesser von Wulst zu Wulst in Zoll gemessen,
H = Kennbuchstabe für Hump-Felge (für schlauchlose Reifen).

Diese Normangaben beziehen sich jedoch nur auf die für die Reifengröße wichtige Felgenabmessung, nicht aber auf die Art der Felgenbefestigung. Die Zahl der Radmuttern und der Radius ihres Lochkreises sowie die Schüsseltiefe der Felge und andere Merkmale differieren trotz gleicher Normbezeichnung von Automarke zu Automarke. Beim Kauf neuer Felgen sind deshalb Fabrikat und Typ des Autos anzugeben.
Gemäß dieser Felgenbestückung findet man ab Werk für die Limousinen auch nur eine mögliche Reifendimension, nämlich 175 SR 14, und für das Coupé 195/70 SR 14 sowie 195/70 HR 14. Die T-Modelle sind mit Reifen der Größe 195/70 SR 14 und, wenn für erhöhte Zuladung zugelassen, mit 185-HR-15-Reifen ausgerüstet. Nach ebenfalls internationalen Richtlinien verbergen sich dahinter die folgenden Bedeutungen:

175, 195 = Reifenbreite in Millimeter,
S = Kennbuchstabe für zulässige Höchstgeschwindigkeit von 180 km/h,

H	=	Kennbuchstabe für zulässige Höchstgeschwindigkeit von 210 km/h,
R	=	Kennbuchstabe für Reifen in Gürtelbauart (Radialreifen),
70	=	Höhenverhältnis des Reifens von 70 : 100,
14	=	Zollangabe für den Felgendurchmesser.

Auf neuen Reifen ist teilweise auch bereits die geänderte Reifenbezeichnung nach einer neuen europäischen Regelung zu lesen, wie 175 SR 14 88 S oder 175 R 14 88 S, 175 SR 14 88 Q M+S oder 175 R 14 88 Q M+S, 185 HR 14 90 H oder 185 R 14 90 H bzw. 195/70 HR 14 89 H oder 195/70 R 14 89 H. Neu ist hierbei die zusätzlich angegebene Reifentragfähigkeit und der weiter unterteilte Geschwindigkeitsbereich. Nach ebenfalls international gültigen Richtlinien verbergen sich dahinter die folgenden Bedeutungen:

175, 185, 195	=	Reifenbreite in Millimeter;
70	=	Verhältnis Reifenhöhe zu -breite 70:100 (bei normalen Gürtelreifen 80:100);
R	=	Kennbuchstabe für Reifen in Gürtelbauart (Radialreifen);
14	=	Felgendurchmesser in Zoll;
88, 89, 90	=	Kennzahl für Reifentragfähigkeit: 88 = 560 kg, 89 = 580 kg, 90 = 600 kg;
Q, S, H	=	Kennbuchstabe für zulässige Höchstgeschwindigkeit: Q = bis 160 km/h (nur M+S-Reifen), S = bis 180 km/h, H = bis 210 km/h.

Die Reifenwahl

Bauart-Vorschrift und vorgegebene Größe des Reifens begrenzen, wie erwähnt, die Auswahl neuer Reifen erheblich. Es bleibt eigentlich nur noch übrig abzuwägen, welchem Reifenfabrikat man den Vorrang geben soll.

Reifenhersteller rühmen selbstverständlich die lange Lebensdauer ihrer Produkte und tatsächlich bestehen untereinander oft nur geringe Unterschiede. Wohl plädiert der eine Fabrikant mehr für Regentauglichkeit und der andere lobt die zusätzliche Wintereigenschaft seiner Reifen. Die individuelle Beurteilung hängt schließlich von verschiedenen Faktoren ab, unter anderem von der Gestaltung des Reifenprofils. Denn bei dem Profil – die unterschiedlich breiten, sich wiederholenden Einschnitte auf der Lauffläche – kommt es sowohl auf Griffigkeit an als auch auf die Fähigkeit, Wasser von der Fahrbahn aufzunehmen und in Sekundenbruchteilen so verdrängen zu können, damit der Kontakt Reifen/Straßenoberfläche weitgehend erhalten bleibt.

Im Abschnitt über die Haftreifen auf Seite 52 kommen die möglichen Eignungsunterschiede eines Reifens bei verschiedenen Autos zur Sprache. Das liegt an den Fahrwerkseigenschaften, die von Modell zu Modell differieren und genaugenommen nur zusammen mit einem bestimmten Reifenfabrikat ihr bestes Können zeigen.

So arbeitet auch Daimler-Benz eng mit der Reifenindustrie zusammen und stellt an deren Produkte höchste Anforderungen. Bemerkenswert ist dabei, daß einige Reifenhersteller in ihrem Programm ein spezielles Reifensortiment für Mercedes-Benz führen.

Neben den gängigen Reifenfabrikaten trifft man in Versandhäusern und Selbstbedienungsläden bisweilen auf preisgünstige Offerten meist ausländischer Herkunft. Normalerweise kann man davon ausgehen, daß die in namhaften Häusern angebotenen Reifen von ordentlicher Qualität sind, doch hohen Ansprüchen werden sie nicht unbedingt gerecht. Skepsis ist bei allzu billigen Reifen angebracht, weil Sicherheit und Abriebfestigkeit begrenzt sein können.

Die Reifengröße 175 SR 14 bietet einen guten Kompromiß zwischen Preis, Fahrverhalten und Laufleistung. Für den 250 muß es allerdings die HR-Ausführung

Von den auf dieser Seite aufgezählten Reifenfabrikaten, die man für den Mercedes auswählen kann, gehört der Michelin zX zur serienmäßigen Ausrüstung. Man muß sich keinesfalls an eine Marke gebunden fühlen, doch sollte man darauf bedacht sein, auf eine Achse immer Reifen des gleichen Fabrikates zu fahren. Trotz gleicher Bauweise können Reifen von zwei verschiedenen Herstellern unterschiedliche Laufeigenschaften besitzen, die man erst kennenlernen muß.

sein, da er bis 180 km/h gefahren werden kann. Die 175 mm breiten S-Reifen können Sie auch noch bei gemäßigten Winterverhältnissen fahren, wobei der Mercedes allerdings auf Schnee und Eis schon einiges Fahrertalent erfordert. Weniger wintertauglich sind die härteren H-Reifen und auch die breiten 195/70 R 14. Für durchschnittlich ambitionierte Fahrer ist diese Reifenbreite nicht unbedingt erforderlich. Aber wer zur sportlichen Fahrergilde zählt, wird an diesen Reifen Gefallen finden, da sie die schon sehr gute Straßenlage des Mercedes noch verbessern und den Wagen noch wuchtiger einherrollen lassen.

Reifenpreise

Für Autoreifen gelten empfohlene Richtpreise, an die sich aber niemand halten muß. Jeder Reifenhändler kalkuliert individuell und Preisdifferenzen entstehen schon dadurch, daß die Hersteller den Händlern unterschiedliche Konditionen einräumen. Händlerrabatte sind möglich, dazu werden manchmal Montage und Auswuchten nicht berechnet. Hohe Rabatte, aber Inrechnungstellung von Nebenkosten müssen gegeneinander abgewogen werden: Das billigste kann hinterher teurer als gedacht ausfallen. Vor dem Kauf lohnt es sich, mehrere Angebote einzuholen.
Kaufhauskonzerne bieten neben bekannten Markenreifen auch sogenannte Importreifen an, sie sind meist die billigsten. Ehe man einen unbekannten Reifen anschafft, sollte man zuerst das Urteil eines Fahrers (nicht Verkäufers) oder besser den Testbericht einer unabhängigen Fachzeitschrift zu Rate ziehen.

Runderneuerte Reifen

Neu besohlte Reifen stehen bei vielen Autofahrern in schlechtem Ansehen, sowohl sie den Beweis ihrer Tauglichkeit in verschiedenen Tests erbracht haben. Solche Reifen sind wesentlich billiger als fabrikneue, allerdings erreichen sie dafür auch nur eine geringere Lebensdauer. Reifen mit »RAL-Gütesiegel erfüllen eine Reihe von Qualitäts- und Ausführungskriterien, außerdem haben sie Schnellauftests bestanden. Dennoch eignen sich nach unseren Erfahrungen Runderneuerte eher für Fahrer, die ihren Wagen kaum voll ausfahren und auch nur selten bis zum zulässigen Gesamtgewicht beladen (immer noch treten Defekte an neu gummierten Reifen meist bei höherer Geschwindigkeit bzw. voller Beladung auf – vor allem, wenn der Luftdruck nicht stimmt). Bei runderneuerten Reifen müssen Sie normalerweise mit größeren Unwuchten rechnen und trotz gleich aussehendem Reifenprofil können sich die Fahreigenschaften vom entsprechenden Markenreifen erheblich unterscheiden. Wer die genannten Punkte beachtet, kann mit Runderneuerten einiges Geld sparen, vor allem bei der Winterbereifung, die es mit Haftgummimischung preisgünstig zu kaufen gibt.

Runderneuerte Reifen gibt es auch mit M + S-Haftmischung. Bei den eben angesprochenen Fahrbedingungen können Sie mit solchen Reifen einiges Geld sparen.

Winterreifen

Ausführliche Hinweise zu den Reifen, die bei Glätte und Schnee ausreichende Qualitäten besitzen, finden Sie im Kapitel »Winterschutz« auf Seite 52. Die vom Handel angebotenen Winterreifen sind keine Alleskönner und man darf sich trotz teils großartiger Werbung für einzelne Fabrikate nicht darüber hinwegtäuschen lassen, daß sie immer nur relativ gute Eigenschaften für spezielle Straßenzustände besitzen und daß diese Eignungen wegen der unterschiedlichen Fahrwerkskonstruktion der einzelnen Automobile bei jedem Wagentyp anders zur Geltung kommen. Die teuren Haftreifen haben auf trockener Fahrbahn einen stärkeren Abrieb als »Sommer-Reifen« und sollen deshalb nicht gleich aufgezogen werden, wenn der Kalender »Winter« anzeigt. In warmer Jahreszeit werden die im Kapitel »Winterschutz« erwähnten Haftreifen schneller abgenutzt, zumal damit auch öfter höhere Geschwindigkeiten möglich sind. Grobstollige Winterreifen bieten eine schlechtere Seitenführung in Kurven und neigen stärker zum Aquaplaning als Sommer-Gürtelreifen.

Fingerzeig: *M + S-Radialreifen dürfen bis höchstens 160 km/h gefahren werden. Da der 230 und 250 schneller laufen können, muß bei ihnen irgendwo am Armaturenbrett ein Aufkleber auf die höchstzulässigen 160 km/h hinweisen, wenn Winterreifen montiert sind.*

Der Reifenverschleiß

Etliche Einflüsse bestimmen die Lebensdauer eines Reifens: An erster Stelle steht die Beanspruchung, die sich durch Wagenbelastung, Geschwindigkeit und Fahrstil bemerkbar macht. Bedeutende Auswirkungen gehen von falschen Luftdrücken aus, wie schon ausführlich erklärt wurde. Der Straßenzustand spielt nur eine untergeordnete Rolle, weil es heutzutage in unseren Breiten kaum noch Schotterstraßen gibt.
Die mögliche Laufstrecke eines Reifens hängt in gewissem Maße auch von der Gummimischung ab. Bei Sommer-Gürtelreifen bestehen jedoch kaum große Unterschiede zwischen den einzelnen Reifenfabrikaten, sofern es sich um bekannte Markenfabrikate handelt. Reifen mit Textil-Gürtel haben gewöhnlich nicht die Lebensdauer der härteren Stahlgürtelreifen, mit denen man im Durchschnitt auf 25000 km bis 35000 km kommt. Natürlich ergeben sich Differenzen aus der Motorleistung. Die etwas schwächeren 2-Liter-Modelle etwa haben in der Regel einen geringeren Reifenverbrauch als ein Wagen mit dem stärkeren 2,5-Liter-Motor. Die Reifen am Wagen mit automatischem Getriebe kommen in der Regel auf etwas höhere Laufleistung.

Vorsicht bei Mischbereifung

Wenn Sie von Stahl- auf Textilgürtelreifen umrüsten wollen oder umgekehrt (natürlich nicht einzeln, sondern achsweise), müssen die beiden Reifen mit Stahlgürtel an den Hinterrädern montiert werden. Andernfalls ergibt sich eine verstärkte Neigung zum Übersteuern – der Wagen rutscht im Extremfall mit dem Heck gegen die Kurvenaußenseite weg. Die Kombination von Sommerreifen vorn und Wintergürtelreifen hinten verspricht keine volle Wintertüchtigkeit. Wenn schon Winterreifen, dann auf allen vier Rädern. Haftreifen müssen ohnehin vorn und hinten aufgezogen sein, sonst wird das Fahrverhalten auf winterlicher Fahrbahn unberechenbar.

Zellenkunde

Leider ist ein Verbrennungsmotor nicht in der Lage, allein anzulaufen. Zum Start braucht er einen Elektromotor – den Anlasser –, der seine Energie aus einer Batterie beziehen muß. Läuft der Motor, liefert die Lichtmaschine den Strom. Neben jener Aufgabe hat die Batterie, wie wir noch sehen werden, einige zusätzliche Funktionen.

Elektrik ohne Rätsel

Im Gegensatz zum Haushalt und Betrieb, wo man es mit Strom (Wechselstrom) relativ hoher Spannung zu tun hat, baut sich im Auto die Versorgung der elektrischen Verbraucher auf einem Schwachstromnetz auf (Gleichstrom). Nur sehr unbedachte Handlungsweise stiftet hier Schaden. Allerdings arbeitet die Zündanlage mit hochgespanntem Strom.
Nur in »eingeschalteten« Leitungen, also in einem geschlossenen Stromkreis, kann der Strom fließen. Beim Blick auf den Schaltplan in der hinteren Buchklappe sind die Wege und Abzweigungen zu den verschiedenen Zielen des elektrischen Stroms wie auf einer Landkarte zu verfolgen, wozu man allerdings einen spitzen Bleistift brauchen wird.
Durch diese Leitungen »fließt« der »Strom« gewissermaßen wie Wasser durch Rohre. Man kann die Batterie mit einem Stausee vergleichen, dessen abfließender Inhalt allerlei Maschinen antreibt. In dieses Reservoir pumpt die Lichtmaschine als Stromerzeuger laufend Vorrat hinein. Die Menge der aus diesem »See« ausfließenden Elektrizität ist – um das Bild zu ergänzen – die Stromstärke (Ampere). Und der Druck durch die Höhe des Sees entspricht der Spannung (Volt).

Die Leistung der Batterie

Die Batterie sitzt bei allen Modellen rechts hinten im Motorraum. Sie ist bequem zugänglich. Von ihren sechs Zellen hat jede einzelne etwa 2 Volt Spannung. Das ergibt 12 Volt Batteriespannung. Alle Verbraucher – ob Anlasser, Bremslicht oder Innenleuchte – sind auf diese Spannung ausgelegt.
Auf der Batterie sind – außer Markennamen und fabrikinterner Typenbezeichnung – ihre wesentlichen Eigenschaften vermerkt: 12 V/44 Ah bei dem Modell 200 und 12 V/55 Ah bei den Modellen 230 und 250. Nach der Spannung (12 Volt) ist die Stromstärke, in Ampere gemessen, in ihrer Kapazität angegeben. Das sind Ampere-Stunden (kurz: Ah), die auf die Batteriekapazität hinweisen. Die 55-Ah-Batterie kann theoretisch 55 Stunden lang 1 Ampere oder eine Stunde lang 55 Ampere abgeben. Dann muß sie aber vollgeladen sein, und das ist sie höchstens im Sommer nach längerer Autobahnfahrt. Praktisch kann man nur mit zwei Dritteln oder der Hälfte ihrer Kapazität rechnen.
Bei stehendem Motor werden eingeschaltete elektrische Verbraucher nur aus der Batterie versorgt und nicht – wie bei laufendem Motor – von der Lichtmaschine. Es liegt auf der Hand, daß die Kapazität der Batterie um so eher erschöpft ist, je mehr Strom verbraucht wird. Das dauert theoretisch mit vollgeladener Bat-

terie und bei eingeschalteten Scheinwerfern mit Abblendlicht, wobei auch Standlicht, Rückleuchten und Kontrollampen mitbrennen, rund fünf Stunden. Die Kapazität einer Batterie hängt jedoch – neben dem Entladestrom – von ihrem Alter und, wie gleich noch beschrieben wird, von der Außentemperatur ab. Die Brenndauer der Leuchten läßt sich demnach nicht ohne weiteres bestimmen.

Einbußen im Winter

Kälte verlangsamt die elektrochemischen Vorgänge in der Batterie und die für den Start des Motors verfügbare Kapazität nimmt ab. Hinzu kommt, daß bei sinkender Temperatur das Motor- und Getriebeöl zäher wird. Der Anlasser braucht zur Überwindung dieser Widerstände mehr Kraft. Folglich steht kaum noch Strom für einen leistungsfähigen Zündfunken zur Verfügung und deshalb ist es möglich, daß der Motor nicht anspringt.

Bei schon älterer oder vorübergehend geschwächter Batterie sollten im Kurzstrecken-, Stopp- und Schleichverkehr der Großstadt im Winter entbehrliche Stromverbraucher ausgeschaltet bleiben. Unnütz eingeschaltete Scheibenheizung oder Heizgebläse entziehen dem »Stromhaushalt« etwa jeweils 200 Watt. Sind noch andere Verbraucher hinzugeschaltet, bleibt für das Wiederaufladen der Batterie nicht mehr viel übrig. Schon ohne Nebenverbraucher sind etwa 10 Minuten Fahrt notwendig, um der Batterie die beim Start entzogene Strommenge wieder zuzuführen.

Damit ist gesagt, daß der Anlasser die Batterie am meisten belastet. Er leistet 1 kW (1,4 PS) und beim Anlassen nimmt er kurzzeitig bis zu 900 Ampere auf. Während bei warmem Motor der Strombedarf des Anlassers geringer ist, weil jener sich wegen der verringerten Zähflüssigkeit des Öls leichter durchdrehen läßt, steigen mit Absinken der Temperatur und zunehmender Zähigkeit der Schmierstoffe die Ansprüche an den Anlasser. Rasch sinkt dabei die Batteriespannung unter ihre Betriebsspannung ab. Bei Kälte verliert die Batterie zusätzlich an Kapazität, obgleich man dann am meisten von ihr verlangt.

Man sollte den Anlasser nur etwa 5 Sekunden lang drehen lassen und nach einer Pause den Anlaßversuch wiederholen. Springt der Motor nach längstens 30 Sekunden nicht an, soll man den Anlasser bis zu eine Minute lang in Ruhe lassen, um der Batterie eine Erholung zu schaffen. Weitere Ratschläge für das Starten siehe Seite 170. Grundsätzlich muß man sich merken, daß die Spannung der Batterie bei mehreren Startversuchen sehr schnell abfällt.

Man erleichtert das Anlassen, wenn man beim Einschalten zugleich das Kupplungspedal tritt. Die Umdrehung der vom Anlasser über das Schwungrad bewegten Kurbelwelle setzt sich dann nicht bis ins Getriebe fort, in dem noch Zahnräder und Wellen mit durchgedreht werden müssen.

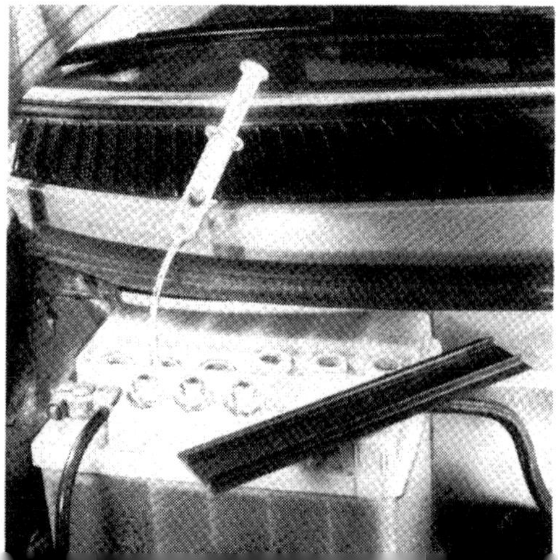

Mit einem Hebesäuremesser, wie er von der im letzten Abschnitt unseres Kapitels genannten Firma Krynen-Neuber dem Mittel gegen Batteriekorrosion beigefügt wird, läßt sich der Ladezustand bequem überprüfen. Wenn die rote Kugel in dem Säureheber oben schwimmt, ist die Batterie in Ordnung. Schwebt die Kugel etwa in der Mitte, ist der Ladezustand mäßig, und sinkt sie nach unten, muß Abhilfe geschaffen werden.

Fingerzeige: *In extrem kalten Nächten ist es von Vorteil, die Batterie auszubauen, um sie in der Wohnung in Heizungsnähe aufzustellen. Am nächsten Morgen springt der Motor mit der warmen Batterie überraschend schnell an. Aus- und Einbau siehe Bild Seite 171.*
Wenn in eine stark entladene Batterie verhältnismäßig viel destilliertes Wasser nachgefüllt wurde und die Batterie ist sodann starkem Frost ausgesetzt, kann ihr Inhalt gefrieren und das Gehäuse platzen. Aber auch allgemein durch geringe Säuredichte (1,12 kg/l) ist ein Einfrieren möglich: Der Gefrierpunkt bei entladener Batterie liegt bei –12° C.

Säurestand der Batterie kontrollieren

Pflegearbeit Nr. 3

Wie hoch die Säure in der Batterie steht, das soll man im Sommer jede Woche einmal nachsehen. Unabhängig von diesem Inspektionsturnus, der vielleicht überspitzt erscheint, empfiehlt auch die Betriebsanleitung eine Überprüfung in kurzen Zeitabständen, etwa alle 4 Wochen. Denn es liegt wesentlich an den Betriebsverhältnissen, wie schnell der flüssige Inhalt »vergast«. Außerdem trägt die unvermeidliche Selbstentladung das ihre dazu bei, weil sich das Wasser dabei in Wasserstoff und Sauerstoff zersetzt.
Als Arbeit kann man die geforderte Kontrolle jedenfalls nicht bezeichnen. Daimler-Benz liefert die Wagen mit Batterien, die ein durchscheinendes Gehäuse haben. Bei ihnen läßt sich von außen erkennen – wenn die Batterie sauber ist –, ob der Säurestand stimmt. Unter dem breiten Rand der Batterieoberseite ist eine Markierungslinie angebracht, die als unterste Grenze für den Flüssigkeitspiegel in allen sechs Zellen gilt.
Diese Batterien im Mercedes besitzen noch kein integriertes Überfüllschutzsystem. Zum Nachfüllen – nur mit destilliertem Wasser – schraubt man die Verschlüsse heraus und gießt in die einzelnen Zellenöffnungen so viel hinein, bis die Füllung die obere Markierung erreicht hat. Auf völlige Reinheit der Nachfüllung ist zu achten. Leider bekommt man an einigen Tankstellen nicht immer ganz sauberes destilliertes Wasser, weil es offen aufbewahrt wird. Deshalb kauft man sich besser selbst welches. Es ist für wenig Geld in der Drogerie zu bekommen, viel zu teuer sind die kleinen Plastikflaschen mit destilliertem Wasser, die manche Tankstellen anbieten.
Es gibt auch noch Batterien mit undurchsichtigem Gehäuse oder mit Verschlußleisten über allen Zellen. Bei ersteren, langsam aus der Mode kommenden Akkus, zieht man zur Kontrolle die sechs Stopfen gleichzeitig ab (oder die für mehrere Zellenöffnungen zugleich vorgesehenen Verschlußleisten). In den Batteriezellen muß der Säurestand etwa 1 cm über den Batterieplatten sichtbar sein. Man kann den Säurestand auch mit einem Streifen Karton nachmessen (wegen Kurzschlußgefahr kein Metall verwenden). Wenn der Säurespiegel schon so weit abgesunken ist, daß die Oberkante der Platten frei von Flüssigkeit ist, wird es zum Ergänzen des Inhalts höchste Zeit.

Ladezustand prüfen

Der Ladezustand einer Batterie hängt nicht unbedingt mit ihrem Säurestand zusammen. Auch eine Batterie, deren Säurestand (Niveau) in Ordnung ist, kann entladen sein. Das könnte folgende Gründe haben: 1. Sie mußte zu viele Verbraucher speisen, was ihre Kapazität übermäßig beanspruchte; 2. Lichtmaschine oder Spannungsregler arbeiten nicht richtig; 3. die Batterie war über geraume Zeit ungenutzt, wodurch sich ihr Ladezustand verschlechterte; 4. ein Kurzschluß hat ihre Energie verbraucht.
Allgemein sollte man eine Batterie – auch wenn sie in ständigem Gebrauch ist – nach etwa zwei Jahren auf ihren Zustand (Kapazität und Belastbarkeit) überprüfen.

Bei jeder einzelnen Batteriezelle sollte man den Ladezustand prüfen. Die zuverlässigste Messung erhält man in der Werkstatt oder beim Autoelektrikdienst, wo man die Batterie auch gleich richtig laden kann (Heimladegeräte schaffen das nicht immer). Dort mißt man mit einem Säuredichtemesser (Säureheber), und die Meßergebnisse bedeuten:

Batterie voll geladen **Batterie halb geladen** **Batterie entladen**	spez. Gewicht 1,285 kg/l spez. Gewicht 1,20 kg/l spez. Gewicht 1,12 kg/l	Anm.: Die Messung ist auf + 20° C bezogen. Je 14° C Temperaturunterschied ändern das spez. Gewicht um 0,01 kg/l.

Gleichmäßig niedrige Säuredichte in jeder der sechs Zellen läßt vermuten, daß es noch mit Nachladen getan sein kann, falls die Batterie nicht schon zu alt ist. Sollte nur eine Zelle entladen sein, muß die Fachwerkstatt prüfen, ob die Batterie noch eine Weile brauchbar ist. Reicht der Schlamm unten in der Batterie bis an die Bleiplatten heran, was Sie bei den durchsichtigen Kunststoffbatterien ganz gut erkennen können, stirbt die Batterie an innerem Kurzschluß.

Batterie sauber halten

Oxydationskristalle an den Batteriepolen und an den daran sitzenden Polklemmen schaden der Batterie wie auch allgemein jede Verschmutzung. Dadurch werden Kriechströme ermöglicht, die zur Selbstentladung führen (0,2–1 % der Nennkapazität pro Tag). Schmutzige Batterien zeugen überhaupt von Nachlässigkeit des Wagenhalters. Oxydationsschmutz läßt sich mit warmem Wasser und einer alten Bürste beseitigen. Säureschutzfett (z. B. »Ft 40 v 1« von Bosch), mit dem man die aufgesetzten Anschlußklemmen nach dem Trocknen einfettet, verhindert neue Oxydbildung. Oxydation kann die Kabelklemmen derart fest mit den Polköpfen verkleben, daß sie nur mit kochendheißem Wasser oder besser Sodalösung aus dieser »Verklemmung« zu lösen sind. Keinesfalls darf die Klemme mit Gewalt gelöst werden, sonst brechen das Batteriegehäuse oder die Polköpfe.

Den Ausbau der Batterie beginnt man stets mit dem Abschrauben des Minus-Kabels (gerader Ringschlüssel SW 13). So werden Kurzschlußfunken durch versehentliches Berühren des Plus-Kabels mit Metallteilen vermieden. Umgekehrt wird beim Einbau das Minuskabel zuletzt angeschlossen. Am Boden ist die Batterie durch zwei Halterungen befestigt, die sich am besten mit einem Rohr- oder Ringschlüssel SW 10 lösen lassen.

Den 13-mm-Schlüssel für die Polklemmen sollte man eigentlich immer griffbereit im Wagen halten. Bei Kurzschluß in der elektrischen Anlage oder bei einem Kabelbrand kann man dann sofort die Stromversorgung unterbrechen. In solchem Fall muß man kaltblütig das Minuskabel an der Batterie abschrauben. Das läßt sich aber nur bei sauberer Batterie im Handumdrehen vollbringen.

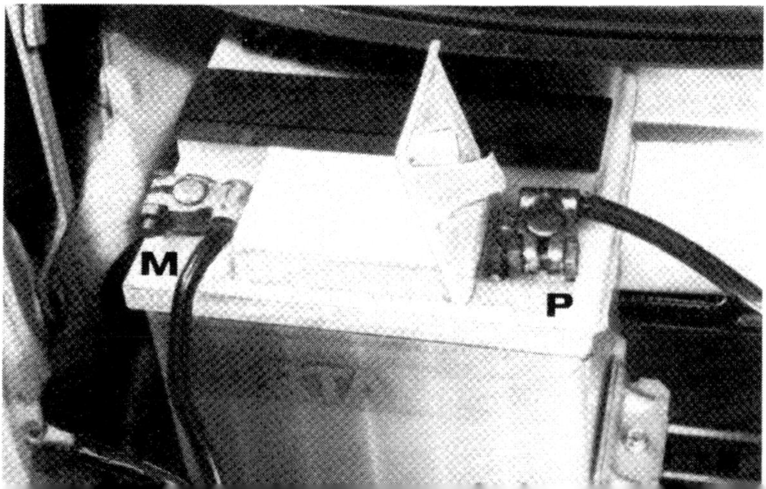

Zum Schutz gegen unachtsames Hantieren im Motorraum besitzt der Plus-Pol (P) der Batterie eine Abdekkung, im Bild ist diese hochgeklappt. M = Minus-Pol = Masse.

So wird geladen

Auch in unbenutzten Batterien findet eine allmähliche Entladung statt – im Winter etwas langsamer als im Sommer. Nach etwa hundert Tagen ist eine vorher vollgeladene Batterie leer (über die Selbstentladung wurde schon geschrieben). Wenn man sie nicht zu anderweitigem Gebrauch verleihen kann, lohnt es sich, sie einem Elektrodienst in Pension zu geben und dort an ein Frischhaltegerät mit schwachem Ladestrom anschließen zu lassen. Bei tiefer Entladung oder gründlicher Batterieüberholung ist sie zweckmäßig an ein leistungsstarkes Ladegerät anzuschließen, wie es Werkstätten besitzen. Aber auch die kleinen handelsüblichen Ladegeräte sind zum Laden geeignet.
Vor dem Laden – und das gilt grundsätzlich – darf destilliertes Wasser nur bis zur Bedeckung der Platten eingefüllt werden, damit die Säure bei der Aufladung nicht »überkocht«. Der Anfangs-Ladestrom soll nicht mehr als 10 Prozent der Ah-Kapazität einer Batterie betragen, bei der 55-Ah-Batterie demnach knapp 6 Ampere. Mit zunehmender Batteriespannung muß man die Ladestromstärke verringern, was automatische Ladegeräte gewöhnlich selbst regulieren, sonst wird die Batterie überladen und geschädigt. Eigentlich ist es richtig, wenn sie die Werkstatt zuvor völlig entlädt. Der Gesamtvorgang dauert 10–15 Stunden. Die Batterieflüssigkeit (»Elektrolyt«) darf nicht wärmer als + 55° C werden, andernfalls muß man den Ladevorgang unterbrechen.
Das während dieser Zeit sich bildende Gas muß entweichen können, deshalb sind die Verschlußstopfen der Batteriezellen zu öffnen. Es handelt sich dabei um Wasserstoff und Sauerstoff, und in der Nähe dieses gefährlichen Knallgases darf man nicht mit Feuer hantieren. Der von den Gasblasen verursachte Sprühnebel schlägt sich um die Batterie herum nieder. Beim Laden der eingebauten Batterie muß man deren Umgebung mit Plastikfolie oder alten Zeitungen abdecken.
Die Batterie ist aufgeladen, wenn eine Zellenspannung von 2,6 bis 2,7 Volt erreicht ist und wenn innerhalb von zwei Stunden die Säuredichte nicht mehr ansteigt. Abschließend muß noch einmal der Säurestand überprüft werden.
Mit einem Transformator für Modelleisenbahnen läßt sich die Batterie auch laden, aber es muß sich um einen wenigstens 1 Ampere liefernden Gleichstrom-Transformator handeln. Die rote Transformatorklemme wird mit dem Pluspol der Batterie und die blaue mit dem Minuspol durch üblichen isolierten Draht verbunden. Der Reglerknopf ist bis zur höchsten Stufe einzustellen.

Schadet die Schnelladung?

Manchmal reicht die Zeit nicht aus, stundenlang das Laden der Batterie abzuwarten. Schnelladen dauert statt dessen nur etwa eine halbe Stunde. Aber es ist eine Roßkur, die nur ganz gesunde Batterien ohne weiteres überstehen. Früher wurde dabei mit rund 40 Ampere geladen. Neuere Schnelladegeräte jedoch sind spannungsgeregelt, d. h. mit zunehmender Batteriespannung wird der Ladestrom kleiner.
Wenn sich eine einwandfreie Batterie beispielsweise über Nacht durch einen versehentlich eingeschalteten Stromverbraucher entladen hat, darf man sie ohne Bedenken an einem Schnelladegerät wieder aufputschen lassen, damit man mit seinem Auto weiterkommt. Aber das darf nicht die Regel sein.
Fabrikneue Batterien dürfen niemals an ein Schnelladegerät gehängt werden. Alle Batterienhersteller laden heute ihre Batterien trocken vor. Bei der Inbetriebnahme wird noch Säure eingefüllt und nach kurzer Wartezeit kann der Motor mit dieser Batterie gestartet werden. Allerdings muß sich sogleich eine längere Fahrt anschließen, damit die Lichtmaschine die neue Batterie aufladen kann. Wegen der Drehstrom-Lichtmaschine im Mercedes, die gegen Stromstöße äußerst empfindlich ist, und wegen des eventuell vorhandenen Radios mit Transistoren müssen vor der Schnelladung die Batteriekabel (bei abgestelltem Motor!)

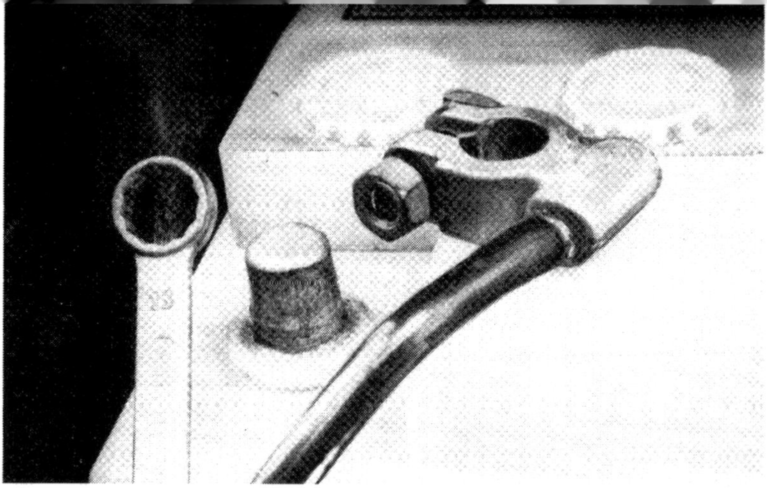

Bei allen Arbeiten an der elektrischen Anlage ist das Massekabel, das von der Batterie zur Karosserie führt, zu lösen und nur zu Kontrollzwecken aufzustecken. Auch bei Kurzschlüssen und eventuellen Kabelbränden soll man mit ruhiger Überlegung zuerst dieses Kabel abschrauben. Deshalb: Griffbereit einen Schraubenschlüssel SW 13 im Handschufach oder an einer anderen sofort zugänglichen Stelle halten! Umgekehrt wird beim Einbau der Batterie das Minus-Kabel zuletzt angeschlossen.

gelöst werden. Spannungsspitzen würden sonst die Dioden bzw. Transistoren zerstören. Weitere wichtige Hinweise über die Drehstrom-Lichtmaschine sind im Kapitel »Lichtmaschine und Anlasser« enthalten.

Fingerzeig: *Batteriesäure und auch die Oxydationskristalle zerfressen alle Textilien. Nur sofortiges Auswaschen der Spritzer mit Sodalösung rettet dann den Anzug. Noch besser ist dafür das Spezialmittel »Neutralon« von Varta, das es als Spraydose im Zubehörhandel gibt.*

Starten mit leerer Batterie

Das kommt beim besten Auto vor: Man will starten, doch die Batterie ist leer. Vermutlich war irgendein Stromverbraucher eingeschaltet, der von der Kapazität der Batterie zehrte – und dies hoffentlich nicht tagelang. Da der Mercedes nicht mit einer Andrehkurbel in Schwung gebracht werden kann, müssen Maßnahmen anderer Art getroffen werden. Wenn die Batterie an sich noch gesund ist, kommt man aber bestimmt vom Fleck.
Vielleicht haben Sie gerade Glück und können von einem Berg eine Straße herunterrollen, um bei einem solchen Anlauf den Motor in Gang zu setzen.
Die Batteriekabel an der entladenen Batterie dürfen nicht gelöst und es darf auch keinesfalls ohne Batterie der Versuch zum Starten gemacht werden. Falls die Batterie im Wagen defekt ist (bei Kurzschluß: sehr warmes Gehäuse ober übergekochte Batteriesäure, bei Bruch: ausgelaufene Batteriesäure), muß diese ausgebaut und gegen eine andere intakte ersetzt werden, auch wenn jene entladen ist. Die Drehstrom-Lichtmaschine würde sonst wegen der beim Starten auftretenden Stromstöße unweigerlich sofort Schaden nehmen.

Starthilfekabel

Als wertvolle Hilfe erweisen sich im Fall einer Batteriepanne sogenannte Starthilfekabel. Mit ihnen wird von der Batterie eines anderen Autos der Startstrom »geliehen«. Dazu braucht jene Batterie nicht ausgebaut zu werden, aber Voraussetzung ist es, daß auch sie eine Spannung von 12 Volt hat.
Solche Starthilfekabel dürfen nicht zu »billig« sein. Ihr Kabelquerschnitt muß wenigstens 10 oder besser 16 mm² betragen. Eine dicke Isolierschicht kann über einen zu schwachen Querschnitt der Kabel hinwegtäuschen.
Der Wagen, der den Strom spenden soll, fährt dicht an das startunwillige Auto heran, aber beide Fahrzeuge dürfen sich nicht berühren. Sodann werden zuerst die Pluspole (der Polschuh der Batterie trägt ein eingeprägtes +) mit einem Kabel verbunden. Achtung: Bei einigen ausländischen Fahrzeugen ist nicht der Minus-, sondern der Pluspol an Masse gelegt, in diesem Fall erfolgt das An-

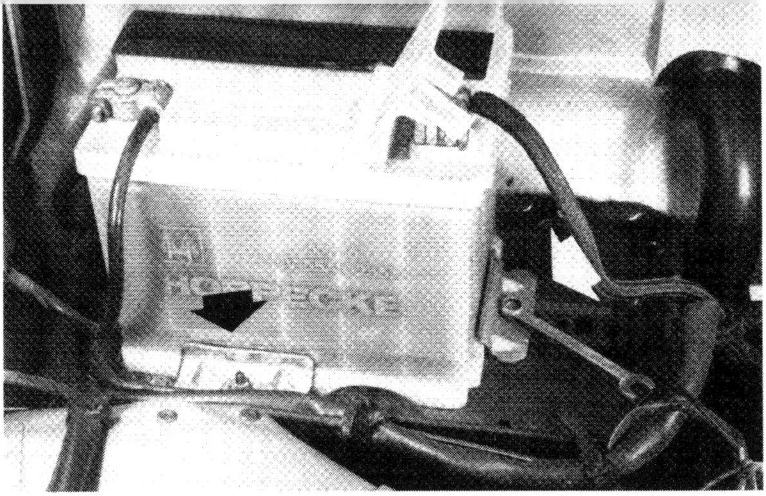

An ihrer Bodenplatte wird die Batterie von zwei Klemmblechen festgehalten. Die Befestigungsmuttern SW 10 lassen sich mit einem üblichen Schraubenschlüssel, besser noch mittels Rohrschlüssel lösen.

schließen natürlich umgekehrt. Als nächstes wird mit dem zweiten Kabel der Minuspol der Hilfsbatterie mit der Masse (z. B. gut leitendes, solides Karosserieteil im Motorraum) des zu startenden Fahrzeugs verbunden, nicht aber mit dem Minuspol der entladenen Batterie. (Diese manchem Praktiker etwas umständlich erscheinenden Handgriffe sollen jegliche eventuelle Explosionsgefahr durch Knallgasbildung ausschließen.)
Der Startvorgang wird wesentlich erleichtert, wenn man den Motor des »Hilfswagens« laufen läßt. Damit wird auch dessen Batterie geschont. Jetzt ist es möglich, den Wagen mit der entladenen Batterie in gewohnter Weise zu starten. Nachdem der Motor angesprungen ist, werden die Starthilfekabel in umgekehrter Reihenfolge des Anschließens abgeklemmt (Minuskabel also zuerst).

Anschleppen

Was hier gesagt wird, bezieht sich auf einen Mercedes mit üblichem Schaltgetriebe. Bei einem Wagen mit automatischem Getriebe sind die auf Seite 33 enthaltenen Hinweise zu beachten.
Gleich zu Anfang noch eine Warnung: Wenn Sie keinerlei Erfahrung im Abschleppen bzw. Geschlepptwerden haben, sollten Sie sich besser ein Paar Starthilfekabel besorgen – damit ist der Motorstart einfacher und sicherer.
Das Schleppseil wird am eigenen Auto und am Wagen des Helfers so befestigt, wie im Kapitel »Abschleppen und Ziehen« beschrieben.
Jetzt geht es ans Starten. Zündung einschalten, Kupplung treten, 2. Gang einlegen und Kupplung weiterhin niederdrücken. Während der Schleppwagen das Seil straffzieht und das Auto zu rollen beginnt, tritt man bei kaltem Motor auch einmal das Gaspedal, so als würde man den Motor wie üblich anlassen wollen. Bei genügender Fahrt – etwa ab doppelter Schrittgeschwindigkeit – läßt man das Kupplungspedal langsam zurück.
Man muß darauf gefaßt sein, daß der Motor plötzlich anspringt. Dann ist sofort die Kupplung zu treten und Gas zu geben und man muß die Feststellbremse bedienen. Letzteres erfordert eigentlich Übung, denn der Auslöseknopf der Bremse ist noch mit der linken Hand zu lösen, damit das Abbremsen weich reguliert werden kann. Man wird also nach dem Treten der Kupplung schnell den Gang herausnehmen, zugleich mit dem rechten Fuß Gas geben und ungewohnterweise mit dem linken Fuß das Feststellbremspedal – nicht zu hart! – niedertreten müssen. Manche Leute bedienen statt dessen Brems- und Gaspedal gleichzeitig mit Spitze und Ferse des rechten Fußes. Der Fahrer im Schleppwagen sollte bei dem Vorgang sein Fenster geöffnet haben, um das Anspringen des Motors hinter sich akustisch zu vernehmen, da der mit Händen und Füßen beschäf-

tigte Mercedes-Lenker nicht auch noch Hup- oder Blinkzeichen zum Anhalten geben kann.

Anschieben

Man kann den Mercedes zur Not auch mit Hilfe von zwei Leuten zum Laufen bringen, wenn diese kräftig schieben. Dazu muß allerdings die Zündanlage in guter Verfassung sein, sonst wird es schwierig. Weil man die notwendige Drehzahl durch Anschieben im 3. Gang – im allgemeinen auch nicht im 2. Gang – erreicht, wendet man einen Trick an: 1. Gang einlegen, Kupplung durchgetreten halten, Wagen anschieben lassen, bis er in Schwung ist, dann Kupplung schnell kommen lassen. Hierbei wird der Motor plötzlich schnell genug durchgedreht, was nötig ist, um in der Lichtmaschine ausreichend Strom für die Zündfunken zu erzeugen. Springt der Wagen an, sofort Kupplung treten und Gas geben. Wagen wie beschrieben anhalten.

Fahren ohne Batterie nicht möglich

Die schon genannte Empfindlichkeit der Drehstrom-Lichtmaschine läßt es nicht zu, ohne Batterie zu fahren. Bei Wagen mit herkömmlicher Lichtmaschine läßt sich das ohne weiteres unternehmen. Daher kann man sich auch nicht anschleppen lassen, wenn keine Batterie eingebaut und angeschlossen ist.
Ebenfalls darf keine defekte Batterie mit innerem Kurzschluß eingebaut werden. Die Lichtmaschine kann in ihr keinen Strom speichern. Die deshalb überlastete Lichtmaschine und der Spannungsregler schmoren in kürzester Zeit durch und die Stromversorgung bricht endgültig zusammen. Abschleppen lassen und teure Instandsetzungsarbeiten sind dann unausweichlich.

Kauf einer neuen Batterie

Häufige Müdigkeitserscheinungen beim Starten künden an, daß eine neue Batterie fällig ist. Früher war es nach vier Jahren so weit. Batteriehersteller rechnen heute mit einer Lebensdauer von 2–3 Jahren oder 250 Ladezyklen. An der dann notwendigen Geldausgabe kommt man leider nicht vorbei.
Bei der Entwicklungsarbeit an Autobatterien sind in den letzten Jahren einige Fortschritte erreicht worden. Allmählich verschwinden die dickwandigen Hartgummiumhüllungen und machen dem leichten Polypropylen Platz. In diesen Batterien sind die Platten und Separatoren zu einem festen Sitz verspannt. Somit ergeben sich neue DIN-Maße mit geringerer Höhe und Länge unter Beibehaltung der für die Bodenbefestigung genormten Breite. Eines konnte bislang nicht wesentlich verbessert werden, nämlich die begrenzte Lebensdauer der handelsüblichen Batterien. Eisen-Nickel-Batterien, die ein ganzes Autoleben mitmachen, sind viel zu schwer und ungefügig, um in einem normalen Wagen Platz zu finden.
Bisweilen angepriesene Aufputschmittel für Autobatterien taugen nichts. Chemisch defekte, also sulfatierte Batterien lassen sich unter Umständen jedoch mit »Cobalt-MG« wieder aufmuntern. In eine noch junge Batterie eingefüllt, kann das Präparat deren Lebensdauer erheblich verlängern. Wir gaben einmal dieses Mittel einer drei Jahre alten Gebrauchsbatterie bei und erst nach weiteren vier Jahren versagte sie ihren Dienst. Der Vertrieb erfolgt über die Firma BAC-electronic GmbH, Jahnstraße 13, 5810 Witten, von wo aus auch an Kaufhäuser und an den Fachhandel geliefert wird. »Cobalt-MG« darf nicht in ATSA-Batterien eingefüllt werden, die bereits mit Cobalt angereichert wurden.

Kraftmeier

Die Lichtmaschine im Auto soll nicht nur Licht wie ein Fahrraddynamo erzeugen, sie muß vor allem Zündstrom für die Zündfunken zur Verbrennung des Kraftstoff-Luft-Gemisches schaffen. Von ihrer ursprünglichen Aufgabe zeugt nur noch ihr Name. Wegen ihrer zusätzlichen Arbeit nennt man die Lichtmaschine aber heute meistens »Generator«. Sie muß für die Batterie Gleichstrom entwikkeln, weil diese keinen Wechselstrom speichern kann.
Die Lichtmaschine mit Spannungsregler und Ladekontrolle bildet zusammen mit der Batterie und dem Anlasser eine Gemeinschaft, die nicht auseinandergerissen werden darf und bei der auf jedes Mitglied Verlaß sein muß. Von der Batterie handelte das vorige Kapitel, hier geht es nun um die anderen Partner dieses Teams.

Die Lichtmaschine

Der »Drehstrom-Generator«, wie er in den Mercedes-Benz-Modellen eingebaut wird, zeichnet sich gegenüber den früher gebräuchlichen konventionellen Gleichstrom-Lichtmaschinen dadurch aus, daß er bereits bei Motorleerlauf Leistung abgibt. Deshalb muß man nicht mehr fürchten, etwa bei einer nächtlichen Verkehrsstauung – die sich in Urlaubszeiten über weite Strecken ziehen kann – von schwächer werdendem Scheinwerferlicht überrascht zu werden. Moderne Lichtmaschinen sorgen nahezu unter allen Betriebsbedingungen für genügende Ladung der Batterie.
Die Gleichrichtung des erzeugten Drehstroms zu Gleichstrom erfolgt durch Halbleiterdioden und nicht, wie bei der alten Lichtmaschine, über Kohlebürsten und Kollektor, die den dort erzeugten Wechselstrom gleichrichten. Die Kohlebürsten der Gleichstrom-Lichtmaschine nutzen sich auf dem geriffelten Kollektor relativ schnell ab, da zudem über sie der gesamte erzeugte Strom fließt. Anders bei der Drehstrom-Lichtmaschine. Hier laufen die Kohlen auf glatten Schleifringen, und über die Kohlen fließt nur der sehr geringe Erregerstrom. Dementsprechend halten die Schleifkohlen rund 100000 km durch.
Selbstverständlich muß die Leistung der Lichtmaschine auf die Menge und Größe der zu versorgenden Stromverbraucher abgestimmt sein. Der Generator wird jedoch allen Ansprüchen gerecht, auch bei Wagen mit elektrischen Zusatzgeräten aus dem Sonderprogramm. Die Motoren der Modelle 200 und 230 sind mit einer Bosch-Lichtmaschine vom Typ K 1–14 V 35 A 20 ausgerüstet. Diese Typenbezeichnung besagt nach der mit K 1 gegebenen Bauartkennzeichnung, daß der Generator in beiden Drehrichtungen (mit entsprechendem Lüfterrad) betrieben werden kann. Bei einer maximalen Spannung von 14 Volt liefert er 35 Ampere (= maximale Leistung: 490 Watt) und bei 2000 Umdrehungen pro Minute gibt er bereits zwei Drittel seiner Höchstleistung, etwa 23 Ampere = 325 Watt, ab. Der Motor im Modell 250 ist mit einer Bosch-Lichtmaschine des Typs K 1–14 V 55 A 20 versehen. Ihre maximale Leistung beläuft sich auf 770 Watt. Das Übersetzungsverhältnis zwischen Kurbelwelle und Lichtmaschine beträgt

1 : 1,95, was bedeutet, daß die Lichtmaschine nahezu doppelt so schnell wie der Motor dreht. Die eben erwähnten 2000/min der Lichtmaschine werden demnach bei 1025/min des Motors erreicht, ein Wert, der nur wenig über der vorgeschriebenen Leerlaufdrehzahl liegt. Zu laden beginnt die Lichtmaschine jedoch schon bei 700 Umdrehungen der Kurbelwelle.
Zur Gleichrichtung des Wechselstroms dienen dem Generator sogenannte Dioden. Das sind elektronische Halbleiter, mit einem Ventil vergleichbar, das nur in einer Richtung durchlässig ist. Bei umgekehrter Polarität – weil Strom in verschiedenen Schaltungen in der Lichtmaschine statt nur in eine Richtung auch in die andere fließt – darf an bestimmten Schaltpunkten für den Strom keine ungehinderte Durchlässigkeit vorhanden sein. Solche Dioden unterliegen zwar keinem mechanischen Verschleiß, aber sie sind gegen hochgespannte Stromstöße (und gegen Hitze) empfindlich. Sie können durch diese Spannungsspitzen, die sich beispielsweise beim Einschalten von Stromverbrauchern ergeben, zerstört werden. Deshalb hat bei der Drehstrom-Lichtmaschine die Batterie die Aufgabe, als Spannungsbegrenzer zu dienen, und daher ist sie mit der Lichtmaschine direkt durch Kabel verbunden.

Wichtige Vorsichtsmaßnahmen

Bei laufendem Motor dürfen die Kabelverbindungen zwischen der Drehstrom-Lichtmaschine und der Batterie niemals getrennt werden, was bei einer Gleichstrom-Lichtmaschine völlig harmlos ist. Batterie und Lichtmaschine (zusammen mit dem Spannungsregler) bilden, wie schon erwähnt, in diesem Fall eine fest zusammengehörende Einheit. Ebenso darf der Motor nicht gestartet (und demnach auch nicht angeschleppt) werden, ohne daß eine Batterie angeschlossen ist. Zu beachten ist weiter, daß die Anschlüsse von Batterie und Lichtmaschine keinesfalls verwechselt werden.
Wie schon im Kapitel über die Batterie vermerkt, ist es beim sogenannten Schnelladen derselben im Wagen unumgänglich, vorher beide Batterieklemmen – also Plus- und Minus-Anschluß – von der Batterie zu lösen.
Diese Hinweise sollten Sie im eigenen Interesse befolgen, um nicht Gefahr zu laufen, daß die Dioden plötzlich ausfallen. Der vorher angedeutete Vergleich zu einem Ventil, das eine Diode sinngemäß darstellt, läßt sich nämlich fortführen: Übersteigt die Kraft aus der Gegenrichtung die Schließfähigkeit der nur in dieser Richtung wirkenden Sicherung, wird das »Ventil« zerstört. Tritt in die Diode aus der falschen Richtung eine zu hohe Spannung, versagt sie meist schlagartig ihren Dienst.
Um einen derartigen Ausfall zu vermeiden, ist möglichst kein Masseschluß an den stromführenden Kabeln zur Lichtmaschine herzustellen. Wenn unsachlich gebastelt wird, ist das aber schnell der Fall. Das bezieht sich ebenso auf die Innereien der Lichtmaschine und es läßt sich in der Fachwerkstatt sogar feststellen, welcher Fehler dem ungeübten Handwerker unterlaufen ist. Dann wird jegliche Garantieleistung abgelehnt.

Wartung der Lichtmaschine

Von ihrer Anlage her ist die Drehstrom-Lichtmaschine wartungsfrei. Ärger hat man mit ihr kaum. Eventuell daran vorkommende Arbeiten sollte man einer Fachwerkstatt überlassen, denn dieser Stromerzeuger ist ein Aggregat mit empfindlichen Teilen. Bei der Kontrolle müssen die Schleifringe gereinigt werden; nach längerem Gebrauch verschmutzte oder beschädigte Schleifringe haben den Ausfall der Lichtmaschine zur Folge. Man muß auch prüfen, wie weit die Bürsten abgenutzt sind; gewöhnlich wird man sie bei dieser Gelegenheit zu ersetzen haben. Immerhin kann man mit einer Lebensdauer bis zu 100 000 km der Bürsten rechnen.

Ungeschickte Bastelübungen eines übereifrigen Heimwerkers nimmt die Drehstrom-Lichtmaschine übel. Ihre Lager sind nur mit entsprechenden Abziehvorrichtungen zu lösen und vor allem sind etliche Bauteile sehr empfindlich gegen Hitze (beim unvermeidlichen Löten), gegen Verdrehen, ungenauen Zusammenbau und gegen das Berühren mit nicht zusammengehörenden Kontakten. Da kann der eigene Instandsetzungsversuch teuer werden. Besser vertraut man die Drehstrom-Lichtmaschine einem Bosch-Dienst an.
Bevor man die Lichtmaschine abbaut: Batterie abklemmen! Sodann löst man die Befestigungen der an der Lichtmaschine angeschlossenen Kabel. Der Generator ist an einer Halterung durch Bolzen mit Muttern festgehalten. Nach Lösen dieser Befestigungen und nach Abheben des Keilriemens von der Riemenscheibe kann die Lichtmaschine abgenommen werden. Siehe auch den Abschnitt »Keilriemenspannung prüfen« in diesem Kapitel.

Der Spannungsregler

Je schneller die Lichtmaschine vom Motor angetrieben wird, um so mehr Strom liefert sie. Die Batterie als Stromsammler und die Stromverbraucher werden dagegen mit solchen schwankenden Leistungen nicht fertig. Besonders die Batterie muß gegen Überladen geschützt sein, und das Licht der Scheinwerfer wäre ja nach Geschwindigkeit einmal schwach und einmal hell. Drehstrom-Lichtmaschinen sind jedoch stromselbstbegrenzend und brauchen deshalb keinen Stromregler wie die Gleichstrom-Lichtmaschine. Auch der Rückstromschalter entfällt, da die Dioden den Strom nur für eine Richtung freigeben.
Zur Maßhaltung der Spannung ist ein elektronischer Spannungsregler an den Generator angeschlossen und in diesen eingebaut. Er läßt sich nur mit Werkstattgeräten prüfen.
Der Regler arbeitet kontaktlos und ist daher wartungs- und verschleißfrei. Seine sehr genaue elektronische Regelung der Ladespannung und besonders seine kontaktlose Arbeitsweise macht ihn über den herkömmlichen Kontaktregler überlegen. In seltenen Fällen allerdings zeigen sich auch Nachteile, wenn die Elektronik nicht völlig schließt, was bei den Kontakten nachgestellt werden konnte.

Was sagt das rote Ladekontrollicht?

Das beim Einschalten der Zündung aufleuchtende rote Licht soll nach dem Anlassen des Motors verlöschen. Damit wird angezeigt, daß die Lichtmaschine Strom erzeugt. Über den Ladezustand der Batterie sagt dieses Verlöschen nichts aus und ebensowenig darüber, ob die Leistung der Lichtmaschine im Leerlauf zum Laden der Batterie ausreicht, weil vielleicht eine ganze Reihe von Verbrauchern eingeschaltet ist, zu deren Versorgung die Batterie ihre eigene Kapazität einsetzen muß. Zur genauen Beurteilung einer solchen, freilich sehr selten eintretenden Situation verhilft nur die nachträgliche Installation eines Amperemeters mit Plus- und Minus-Anzeige.
Bei Überprüfung des Schaltplans (in der hinteren Buchklappe) läßt sich erkennen, daß die Ladekontrollampe einerseits Spannung erhält, wenn das Zündschloß eingeschaltet ist. Der andere Anschluß an der Lampe führt zur Klemme D + an der Lichtmaschine. Steht die Lichtmaschine oder dreht sie unterhalb der Einschaltdrehzahl des Spannungsreglers, dann hat dieses Plus-Kabel der Lichtmaschine keine oder wenig »Plus«-Spannung, ist praktisch also »Minus«. Somit brennt die rote Lampe, die von der Batterie über das Lenkschloß »Plus« erhält. Dreht die Lichtmaschine schneller, liefert sie genügend Spannung und an beiden Anschlüssen der Ladekontrolle liegt »Plus«, weshalb sie nicht mehr brennen kann.
Im Verein mit der Drehstrom-Lichtmaschine hat die Ladekontrolle jedoch eine

wichtigere Funktion. Beim Einschalten der Zündung muß sie durch Weiterleiten des Batteriestroms die Lichtmaschine vorerregen, damit diese bereits bei geringen Drehzahlen Strom abgeben kann. Bei ausgefallener Ladekontrolle schaltet die Drehstrom-Lichtmaschine erst etwa bei 1500/min anstelle sonst bei etwa 700/min ein. Deshalb muß auch stets die richtige Ladestrom-Kontrolllampe (12 V/3 W) eingesetzt sein, und ein durchgebranntes Lämpchen ist baldigst zu ersetzen.

Wenn das rote Licht aufleuchtet

Wenn unterwegs plötzlich die rote Ladekontrolleuchte zu brennen beginnt, halten Sie unbedingt sofort an! Öffnen Sie die Motorhaube und prüfen Sie,

- ob der Keilriemen überhaupt noch vorhanden ist (er kann zerrissen und weggeflogen sein) oder
- ob der Keilriemen eventuell zerfranst ist oder nur lose über die Riemenscheibe rutscht.

Die Lösung dieses Problems ist im Laufe dieses Kapitels beschrieben.
Sollte sich am Keilriemen kein Mangel feststellen lassen, prüfen Sie,

- ob die Kabelverbindungen zwischen Batterie, Anlasser und Lichtmaschine in Ordnung sind.
- Lichtmaschine oder eingebauter Regler können ausgefallen sein.

Sollte letzteres der Fall sein, ist es möglich, mit eigener Kraft bis zur nächsten Autoelektrik-Werkstatt weiterzufahren (siehe nächsten Abschnitt).

Fahren ohne Lichtmaschine

Der Strom für die Entzündung des Gemisches, den sonst die Lichtmaschine liefert, kann für eine begrenzte Zeit auch aus der Batterie geschöpft werden. Es ist also durchaus möglich, bei Ausfall der Lichtmaschine – angezeigt durch das Aufleuchten der roten Ladekontrolle bei laufendem Motor oberhalb der Leerlaufdrehzahl – ohne Stromerzeuger zu fahren. Jedoch nur bei Tage ist das ziemlich unproblematisch. Bei Dunkelheit und bei kühler oder regnerischer Witterung aber, wenn die Außenbeleuchtung eingeschaltet sein muß oder wenn Gebläse oder Scheibenwischer benötigt werden, ist der Fahrt ohne Lichtmaschine eine frühe Grenze gesetzt.
Ohne Mitwirkung der Lichtmaschine werden nämlich alle eingeschalteten Verbraucher ausschließlich von der Batterie versorgt. Das fängt schon beim Starten an: Der Strombedarf des Anlassers ist ganz erheblich und überhaupt weiß man nicht, wieviel Vorrat noch in der Batterie steckt. Deshalb ist eine Nachtfahrt nur mit der Batterie wie ein Lotteriespiel – mit viel Glück schafft sie es bis zum Ziel. Man sollte dann nur die allernotwendigsten Verbraucher einschalten.
Um sicherzugehen, daß ein eventuell vorhandener Kurzschluß innerhalb der Lichtmaschine nicht zusätzlich die Batterie entlädt, ist der Dreifachstecker an der Lichtmaschine bei stehendem Motor abzuziehen.
Selbstverständlich darf man nicht mit ausgebauter Lichtmaschine fahren. Der Keilriemen, der zu ihrem Betrieb dient, treibt zugleich die Wasserpumpe an. Die nicht funktionierende Lichtmaschine schadet dem Motor nichts, aber ohne den auf ihrer Riemenscheibe umlaufenden Keilriemen würde der Motor wegen aussetzender Kühlung in allerkürzester Zeit zerstört werden.

Keilriemen-Probleme

Die Motoren der Mercedes-Benz-Modelle 200, 230 und 250 können außer dem obligatorischen Antrieb von Lichtmaschine und Wasserpumpe durch einen Keilriemen als Sonderausstattung noch über eine Servo-Lenkung verfügen, bei der die Lenkhelfpumpe von einem zweiten Keilriemen angetrieben wird. Das Modell 230 C besitzt diese Servo-Lenkung bereits in der Grundausstattung. Bei der möglicherweise eingebauten Klimaanlage kommt auch noch ein dritter Keilrie-

Befestigung der Lichtmaschine. An der unteren Seite (im Bild verdeckt) ist die Lichtmaschine durch eine Befestigungsschraube mit Mutter an einem Träger angebracht. Die Mutter befindet sich in Fahrtrichtung hinten und muß ebenso wie die obere Mutter (2) gelokkert werden, wenn die Keilriemenspannung nachgestellt werden soll. Dazu ist dann die Spannschraube (1) zu drehen. Anschließend werden die Muttern wieder festgezogen. Zum Ausbau der Lichtmaschine zieht man Befestigungs- und Spannschraube ganz heraus, nachdem die Kabelanschlüsse (3) gelöst wurden.

men zum Einsatz. Hier soll nur über den Keilriemen gesprochen werden, der zum Antrieb von Lichtmaschine und Wasserpumpe dient, weil bei dessen Ausfall eine für den Motor äußerst bedrohliche Situation entsteht. Ohne die beiden anderen Keilriemen, die nur Hilfsaggregate antreiben, kann man dagegen immer noch weiterfahren.

Es muß nicht unbedingt zu hören sein, wenn der Keilriemen abfliegt. Aber man sieht es am Aufleuchten der Ladekontrolleuchte bei laufendem Motor sofort (weil die Lichtmaschine nicht mehr angetrieben wird). Wenn der Keilriemen durchrutscht, brennt oder flackert die Lampe nicht, weil die Lichtmaschine ja auch bei niedrigster Drehzahl Spannung liefert. Doch der Verdacht auf einen gerissenen oder nicht genügend stramm sitzenden Keilriemen besteht, wenn plötzlich der Zeiger des Fernthermometers in bedrohliche Höhe klettert, weil die Wasserpumpe nicht mehr für die Umwälzung des Kühlmittels sorgen kann.

Zögern Sie keineswegs anzuhalten, wenn die rote Ladekontrolle aufleuchtet und besonders, wenn die Temperatur auffällig steigt. Schäden durch unbedachte Weiterfahrt treten unausweichlich am Motor auf, wenn der Keilriemen nur noch wenig oder überhaupt nicht seine Aufgabe erfüllt. Wegen unterbrochenen Kühlwasserumlaufs und damit zusammenhängender Hitzeausdehnung im Motor kommt es zu Kolbenklemmern, die unreparierbare Zerstörung zur Folge haben können (z. B. Abreißen der Pleuel). Im günstigsten Fall, wenn der Keilriemen gerade noch »mitnimmt«, liefert die Lichtmaschine zuwenig Ladestrom.

Aber ein zu stramm gespannter Keilriemen beansprucht die Lager der Lichtmaschine zu sehr. Vorzeitiger Verschleiß der Lager, besonders des hinteren, ist die Folge. Im Prinzip ist eine richtige Keilriemenspannung deshalb wichtig, weil der Riemen die doppelte Leistung des Generators vom Motor übertragen muß.

Beschaffen Sie sich aus vorstehenden Gründen einen Ersatz-Keilriemen und verstecken Sie ihn so lange im Kofferraum, bis Sie ihn – vielleicht – einmal brauchen. Einen solchen Keilriemen bekommt man bei jedem Mercedes-Benz-Service, in den Autoabteilungen vieler Kaufhäuser und an mancher Tankstelle. Die Abmessungen der einzelnen Keilriemen sind auf Seite 223 angeführt.

Keilriemenspannung prüfen

Pflegearbeit Nr. 10

Die Bedeutung der richtigen Keilriemenspannung wurde eben erläutert. Man kann mit einem verhältnismäßig einfachen Handgriff kontrollieren, ob die Spannung ungefähr stimmt: Drücken Sie von oben den Daumen auf halbem Weg zwischen den beiden Riemenscheiben von Lichtmaschine und Wasserpumpe kräftig auf den Keilriemen. Er soll sich etwa 10 mm durchbiegen lassen, wobei ein Druck von 10 kg (kp) gegeben werden muß.

In der üblichen Ausführung der Vierzylindermotoren (ohne Klimaanlage) ist zum Nachstellen der Keilriemenspannung sowohl die Mutter SW 17 des oberen Bolzens an der Lichtmaschine zu lösen wie auch die untere Lagerung zu lockern. Dann setzt man den Ringschlüssel SW 17 vorn auf dem Bolzenkopf an, der sich oben am Spannbügel befindet, und dreht diesen im Uhrzeigersinn. Dadurch wird die Lichtmaschine nach außen versetzt und der Keilriemen spannt sich. Hervorgerufen wird diese Bewegung durch einen zahnradähnlichen Ansatz, der fest mit dem Bolzen verbunden ist und auf einer verzahnten Leiste am Träger der Lichtmaschine ablaufen kann. Nach erfolgter Einstellung der Riemenspannung muß die vorher gelöste Mutter wieder fest angezogen werden. Löst man die beiden Befestigungen zum Einstellen nicht und dreht nur am Spannbolzen, dann wird dessen Verzahnung zerstört.
Bei Vierzylindermotoren mit Klimaanlage, deren Kältekompressor sich direkt über der Lichtmaschine befindet, sind an der Rückseite der Lichtmaschine die obere Schraube und die hintere Mutter (direkt am Kurbelgehäuse) zu lösen. Diese Mutter sitzt auf der Spannschraube, die in gleicher Weise wie eben beschrieben bedient werden muß. Anschließend wieder Mutter und Schraube festziehen.
Am Motor des Modells 250 ohne Klimaanlage ist lediglich an der Rückseite der Lichtmaschine oben die Mutter zu lösen, die auf dem Gewinde des Spannbolzens sitzt. Dann kann dieser Spannbolzen gedreht werden und nach der Einstellung ist die Mutter wieder festzuziehen. Bei Wagen mit Klimaanlage sind die Schraube oben am Lichtmaschinenträger und die Mutter des in Motornähe liegenden Spannbolzens zur Einstellung zu lockern, um diese dann mittels Spannbolzen vornehmen zu können.
Zum Auswechseln des Keilriemens sind die erwähnten Befestigungsschrauben für die Lichtmaschine an ihrem Träger vollkommen herauszudrehen. Bei gelöster Lichtmaschine läßt sich der alte Keilriemen abnehmen und der neue auflegen. Danach werden die Schrauben wieder eingesetzt und bei richtiger Keilriemenspannung festgezogen.
Gleichzeitig mit der regelmäßigen Kontrolle der Keilriemenspannung ist der Zustand des Keilriemens zu überprüfen. Wenn die beiden Laufflächen und die nach außen gerichtete Seite des Riemens glatt und ohne Anrisse sind, ist er noch dienstbereit. Allerhöchste Zeit zum Wechseln wird es aber, wenn schon Teile des vulkanisierten Gummis oder des Gewebes abgelöst sind. Mit Fett oder Öl sind Keilriemen möglichst nicht in Berührung zu bringen.
Die vorstehenden Ausführungen über den Keilriemen für Lichtmaschine und Wasserpumpe treffen sinngemäß auch auf die Keilriemen für die Lenkhelfpumpe (siehe Seite 136) und für den Kältekompressor (siehe Seite 98) zu.

Befestigung der Lichtmaschine prüfen

Von der Nachstellung des Keilriemens für Lichtmaschine und Wasserpumpe werden auch die Haltebolzen für die Lichtmaschine berührt. Die Lichtmaschine ist an ihrem Halter mit zwei Schrauben befestigt und diese sollen mit 40 Nm (4 kpm) angezogen sein.
Gelegentlich überzeugt man sich von ihrem festen Sitz, indem man mit angesetztem Ringschlüssel SW 17 unter Anwendung mittlerer Kraft versucht, sie weiter anzuziehen. Sie sollen jedoch nicht übermäßig festgezogen sein.

Der Anlasser

Der zum Starten dienende Elektromotor, der Anlasser, sitzt im Mercedes rechts hinten am Motor und er leistet 1,4 PS.
Ein derart kräftiger Anlasser ist ohne weiteres in der Lage, das Auto notfalls von der Stelle zu bringen. Es ist nämlich schon vorgekommen, daß durch irgendei-

nen unglücklichen Umstand der Motor ausgerechnet auf dem Bahnübergang abstirbt und in der Ferne schon der Zug naht. Ruhig Blut, eingelegter kleiner Gang und betätigter Anlasser retten aus solcher Situation. Aber für eine weiterreichende Reise eignet sich der Anlasser natürlich nicht, denn in seinem Innern verschmoren bei anhaltender Belastung die Wicklungen aus Draht (die Betriebsanleitung erlaubt allenfalls eine ununterbrochene Anlasserbetätigung von 30 Sekunden, doch in der Not ist das keine Grenze).
Der Anlasser stammt von Bosch und er trägt die Bezeichnung GF 12 V 1 kW (1,4 PS). Dabei handelt es sich um Schubschraubtrieb-Anlasser mit Magnetschalter. Das bedeutet, daß solch ein Anlasser beim Schließen des Stromkreises sein Antriebsritzel (Zahnrad) auf den Zahnkranz des Motorschwungrades schiebt und dieses erst dann – rechts herum – zu drehen beginnt. Ein Freilauf am Ritzel verhindert Belastungen des Anlassers, wenn der schnell startende Motor das Ritzel noch nicht gleich freigegeben hat und auf dem Schwungrad noch mitdreht. Natürlich schiebt sich das Anlaßritzel selbsttätig zurück, sowie der Zündschlüssel aus der Stellung »Starten« zurückgedreht wird. Der Anlasser hat Dauerschmierung, Störungen kommen selten vor.

Anlasser-Wartung

Der Aufbau des Anlassers ist dem einer Gleichstrom-Lichtmaschine, die man nur noch in kleinen Autos antrifft, sehr ähnlich. Er stellt also kaum höhere Ansprüche, wird aber wegen der zum Überprüfen erforderlichen Demontage besser von der Werkstatt kontrolliert. Die Kohlebürsten und der Kollektor sind dem Verschleiß unterworfen und müßten eigentlich nach zwei bis drei Jahren einmal überprüft werden. Das tut aber selten jemand. Bei Bedarf müssen sie eben ersetzt oder nachgearbeitet werden. Nach langer Betriebszeit haben sich die Kohlebürsten derart abgeschliffen, daß ihre Metallsockel Rillen in den Kollektor graben und der Kollektor abgedreht werden muß. Auf einem unrund bearbeiteten Kollektor hüpfen die Bürsten, ohne den nötigen dauernden Kontakt zu haben. Diese Arbeit ist in einer Elektrowerkstatt billiger, als womöglich einen neuen Anlasser einbauen zu lassen. Aber Ihr Wagen steht dann ein paar Tage still. Zum Abschleifen des Kollektors muß die Ankerwelle in ein Backenfutter mit Kugellager in jeder Backe eingespannt werden, um sonst entstehende Unrundheit auszuschließen. Das Abdrehen kann nur bis zu einem bestimmten Mindestmaß des Kollektors erfolgen. Mittels Kollektorsäge und Ziehstahl sind dann die Segmente nachzuschneiden. Abschließend wird der Kollektor mit Polierleinen bearbeitet.
Wenn der Anlasser sich beim Startversuch nicht dreht, dann ist zuerst eine schwache Batterie zu vermuten. Auch die Kabelverbindungen muß man, bevor dem Anlasser zu Leibe gerückt wird, auf guten, korrosionsfreien Sitz überprüfen.
Sind diese möglichen Störungsursachen beseitigt, wird der immer noch nicht funktionierende Anlasser einen Kurzschluß in seinen »Eingeweiden« oder in dem oben darauf sitzenden Magnetschalter haben. Der Wagen muß angeschoben oder angeschleppt werden. Bisweilen hilft es auch – besonders bei heißgefahrenem Motor – gegen den Magnetschalter oben auf dem Anlasser zu klopfen. Durch Gegenklopfen kann der hängengebliebene Schalter gelöst werden.
Fehlende Zähne am Antriebsritzel und am Zahnkranz des Schwungrades machen sich durch krachende Geräusche und ruckweises Durchdrehen bemerkbar. Abhilfe ist nur durch Austausch der defekten Teile in einer Werkstatt möglich. Zu langsames Durchdrehen des Anlassers bei einwandfreier Batterie weist auf abgenutzte Kohlen oder verschmorte Drahtwicklungen hin, ebenso kann es sich dabei um korrodierte oder lose Kabelanschlüsse, um einen verschmierten Kollektor oder um einen defekten Anker handeln.

Störungsbeistand

Batterie und Lichtmaschine

Die Störung	– ihre Ursache	– ihre Abhilfe
A Rote Ladekontrollampe brennt nicht bei Motorstillstand und eingeschalteter Zündung	1 Anzeigelampe durchgebrannt	Neue Lampe einsetzen
	2 Batterie entladen	Mit Starthilfekabeln starten oder Wagen anschieben
	3 Batteriekabel gebrochen, Kabelklemmen lose oder oxydiert	Batteriekabel und -klemmen kontrollieren
	4 Zündschloß defekt	Behelfskabel zwischen Batterie und Zündspule ziehen
	5 Kabel zwischen Klemme D + der Lichtmaschine und Lampe unterbrochen	Leitung überprüfen und instand setzen
	6 Kurzschluß einer Plusdiode	Sofort Kabelstecker an Lichtmaschine abklemmen, sonst Entladung im Stand, mit Batteriestrom zur Werkstatt
	7 Schleifkohlen abgenutzt	Austauschen
	8 Oxydschicht auf Schleifringen, Unterbrechung der Läuferwicklung	Lichtmaschine instand setzen lassen
B Ladekontrollampe brennt nach Ausschaltung der Zündung weiter	Reglerschalter defekt oder Kurzschluß in der Lichtmaschine	Kabel an Lichtmaschine lösen und mit Batteriestrom zur Werkstatt
C Ladekontrollampe erlischt bei höherer Drehzahl nicht	1 Keilriemen gerissen	Erneuern
	2 Leitung D + hat Masseschluß	Leitung überprüfen und instand setzen
	3 Gleichrichter schadhaft, Schleifringe verschmutzt, Masseschluß in Leitung DF oder Läuferwicklung	Lichtmaschine instand setzen lassen
D Ladekontrollampe brennt im Stand richtig, aber glimmt bei Motorlauf	1 Übergangswiderstände im Ladestromkreis oder in der Leitung zur Anzeigelampe	Leitung ersetzen, Anschlüsse festziehen
	2 Lichtmaschinendiode defekt	Kabelstecker an Lichtmaschine sofort abziehen und mit Batteriestrom zur Werkstatt
E Ladekontrollampe flackert bei mittlerer und hoher Drehzahl	1 Klemmen gelockert oder Kabel defekt	Kabel und Anschlüsse zwischen Lichtmaschine und Batterie prüfen
	2 Batterie defekt	Gegenprobe mit zuverlässiger Batterie
	3 Kurzschluß in der Lichtmaschine	Instand setzen lassen
F Ladekontrollampe verlischt erst bei hoher Drehzahl	Lichtmaschine nicht in Ordnung	Prüfen lassen
G Ladekontrollampe erlischt, leuchtet aber wieder schwach auf	Oxydierte oder verschmutzte Kontakte bewirken Spannungsabfall	Kontakte der Kabel säubern
H Batterie wird überladen (Säurekristalle an der Batterieoberseite)	Spannungsregelung in Lichtmaschine oder Reglerschalter funktioniert nicht	In Fachwerkstatt prüfen lassen

Drahtzieher

Mit »Plus« und »Minus« werden die beiden Pole der Batterie bezeichnet, sie sind gewissermaßen Ausgang und Eingang für den elektrischen Strom. In den Plus-Leitungen fließt er zu den Verbrauchern, wobei natürlich jede Leuchte und jedes Gerät an eine gesonderte Zuleitung angeschlossen sein müssen. Das ist aber erst die Hälfte des Wegs, den der Strom durchlaufen muß. Wie er in diesem Kreislauf wieder zurückgelangt, kommt hier anschließend zur Sprache.

Die Masse-Leitung

Für den »Rückweg« des Stroms spart man sich im Gegensatz zu üblichen Gepflogenheiten im Auto die Leitung und verwendet gemeinsam leitende Metallteile – die Masse. Diese Methode trägt zur Vereinfachung und Kostenersparnis für den Hersteller in der elektrischen Anlage bei. Motor, Fahrwerksteile und Karosserie sind immer irgendwie miteinander verbunden und werden als Masseleiter benutzt. Daher sind auch im Mercedes eine Reihe von Verbrauchern, einige Schalter und z. B. die Kennzeichenleuchte nur mit dem stromführenden »Hinweg«-Kabel verbunden, während sie durch ihre Befestigung – zumeist Schrauben – oder durch ein kurzes Massekabel direkten Massekontakt besitzen.
Lockerung und Korrosion können dazu führen, daß die notwendigen Verbindungen zwischen den einzelnen Geräten und der Masse im Laufe der Zeit den rechten Kontakt verlieren. Aber auch Steckverbindungen der Kabel und Anschlußkontakte der Aggregate, also kurz die Kabelklemmen, lockern sich bei steigendem Wagenalter und oxydieren. Wenn der Strom solche Anschlüsse nicht mehr ungehindert passieren kann, kommt es zu Spannungsabfall in den Leitungen. Macht sich dieser Mangel anfangs in z. B. immer müder leuchtenden Lampen bemerkbar, so reagiert der Stromverbraucher eines Tages auf sein Einschalten überhaupt nicht mehr.
Dann sind Kabelklemmen und Anschlüsse mittels Feile, Sandpapier oder auch mit dem Taschenmesser blank zu schaben. Auch die Umgebung der Klemme ist zu reinigen. Isolierspray, das man auf die Kontaktstellen sprüht, schützt diese blanken Stellen vor bald erneut einsetzender Korrosion und verhütet außerdem Kriechströme durch Feuchtigkeit. Die weißliche Schicht des im Winter angetrockneten Streusalzes ist ein böser Feind der Elektrik, denn diese Salzrückstände sind elektrisch leitend.
Bei Verdacht auf oxydierte Schalterkontakte, die im Schaltergehäuse nicht zugänglich sind, überbrückt man zur Probe den Stromeingang und -ausgang am Schalter mit einem kurzen Stück Draht. Zeigt sich beim Antippen der beiden Schalterklemmen mit dem Hilfsdraht eine verbesserte Leistung des dabei eingeschalteten Verbrauchers, liegt der Fehler eindeutig im korrodierten Schalter.
Im Interesse der Funktionssicherheit werden von Daimler-Benz einige Verbraucher mit separaten Massekabeln verbunden. Sie sind meistens an ihrer braunen Isolation erkenntlich. Diese Massekabel haben den Vorzug, daß der vorher beschriebene Spannungsschwund nahezu ausgeschlossen ist.

Normung der Anschlüsse

Eine nicht zu unterschätzende Hilfeleistung wird innerhalb der elektrischen Anlage des Mercedes geboten: Damit man die Kabel im Auto zuverlässig verfolgen kann, sind sie von farbigen Isolierschichten umhüllt. Dabei kommen gewissen Farben wegweisende Bedeutungen zu. So hängt »weiß« mit dem Fernlicht zusammen, »gelb« mit dem Abblendlicht und »grau« mit dem Standlicht (siehe Schaltplan).

Zudem sitzen die meisten Kabel an numerierten Anschlüssen. Bei der Bezifferung folgt man einer in Deutschland und in verschiedenen europäischen Ländern gültigen Norm, die bei ausländischen Autos oft nicht so ausführlich praktiziert wird. Beispielsweise tragen stets stromführende Kabel, die also mit der Batterie ständig in Verbindung stehen, die Klemmenbezeichnung »30«. Die Isolierung dieser Leitungen ist rot. Die Zahl »15« sagt, daß durch das angeschlossene Kabel nur Strom bei eingeschalteter Zündung fließt, und hier ist schwarze Farbe wenigstens anteilig an der Isolierung vorhanden.

Wie der Strom ausgenutzt werden kann, hängt schließlich von dem Querschnitt und der Länge eines Kabels ab. Zur Scheinwerferlampe mit 45 Watt oder 60 Watt Leistungsaufnahme läuft ein Kabel mit größerem Querschnitt als zur 5-Watt-Handschuhkastenleuchte. Wo der Strom am anderen Ende wirklich etwas leisten soll, darf er sich nicht durch ein zu dünnes Kabel zwängen müssen. Sonst tritt Spannungsabfall ein und statt der planmäßigen 12 Volt kommen nur 11 oder gar 10 Volt an. Ein zu schwaches Kabel heizt sich außerdem auf und es kann zu einem Kabelbrand kommen. Nach deutschen Norm-Vorschriften soll für 4,5 bis 5,5 Ampere Dauerstrom ein Querschnitt von je 1 mm² vorhanden sein.

Einziehen neuer Kabel

Elektrische Leitungen im Auto dürfen unter keinen Umständen durch Kabel, wie sie im Haushalt üblich sind, hergestellt werden. Autokabel besitzen eine benzin- und ölfeste Isolation, die zudem scheuer- und hitzebeständig ist. Solche Kabel kauft man in der Autoelektrik-Werkstatt oder im Zubehörhandel und man verlangt gleich die vorgegebene Farbe und Stärke.

Die dazu passenden Flachstecker und Kabelschuhe erhält man dort auch. Die von der Isolierung befreiten Kabelenden sind in die entsprechenden Verbindungsstücke zu führen, wo man sie mehrmals kurz hintereinander festklemmt. Dafür gibt es im Zubehörhandel preiswerte Quetschzangen, aber auch mit dem Schneideteil einer Kombizange lassen sich solche Verbindungen vorsichtig zusammenquetschen, ohne sie zu zertrennen. Zuverlässiger ist es natürlich, die Endstücke an die Kabel festzulöten.

Bevor man irgendeine Arbeit an der elektrischen Anlage beginnt, ist das Masse-(Minus-)Kabel der Batterie zu lösen, um Kurzschlüsse zu vermeiden. Das neue

Die im Motorraum links hinten untergebrachte Sicherungsdose wird von einem Deckel mit zwei Schrauben mit Rändelgriff verschlossen. Die 14 zur Grundausstattung gehörenden Sicherungen sind numeriert, wobei die obere Reihe die ungeraden und die untere Reihe die geraden Sicherungs-Nummern enthält. Nach Ausbrechen der beiden seitlichen Abdeckungen kann beim Einbau von Sonderausstattungen eine Erweiterung um zweimal 2 Zusatzsicherungen vorgenommen werden. In der Dose befindet sich auch Platz für Ersatzsicherungen.

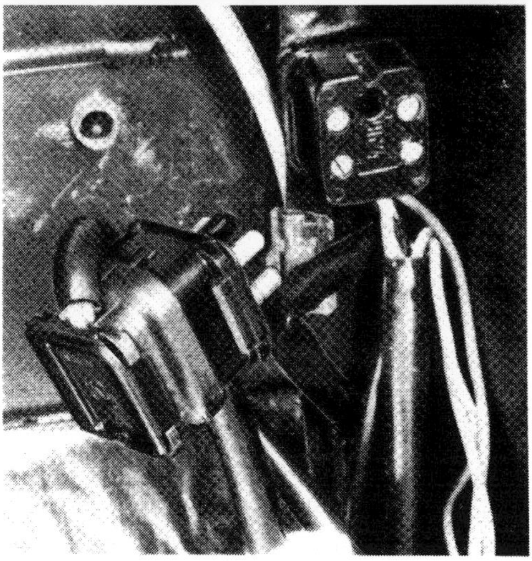

Bei den T-Modellen erfolgt die Stromzuführung an die rechte Heckleuchte und von dort weiter an die linke über einen vierpoligen Stecker. Diese Steckverbindung ist nicht störanfällig.

Kabel soll auf möglichst kurzem Weg verlegt werden (Spannungsabfall bei übermäßigen Längen), jedoch darf man es auch nicht zu straff ziehen, damit es bei Vibrationen nicht abreißt. Kabel dürfen nicht lose herumhängen, sondern sie sind mit Isolierband oder Tesafilm an schon vorhandenen Kabelsträngen zu befestigen.

Die Bedeutung der Kabelstärke wurde im vorangegangenen Abschnitt bereits erwähnt. Zu ergänzen ist noch, daß die Leitfähigkeit der Kabel von ihrem Material abhängt und Kupfer in dieser Beziehung die besten Voraussetzungen dazu bietet. Andere Metalle sind zu weich oder spröde (Blei, Aluminium) oder zu teuer (Silber, Wolfram). Es hat demnach seinen guten Grund, wenn in Autos ausschließlich Kupferkabel verwendet werden sollen.

Die Sicherungen

Zum Schutz vor Überlastung eines Stromverbrauchers und vor möglicherweise bösen Folgen durch Kurzschluß laufen nahezu alle Stromkreise im Mercedes über Sicherungen. Solche Sicherungen besitzen dünne Metallstreifen, die dann schmelzen, wenn sie von einer zu hohen Stromstärke durchflossen werden. Man sieht es einer Sicherung sofort an, wenn sie keinen Strom mehr hindurchläßt: Ihre Metallbrücke ist dann unterbrochen.

Der Sicherungskasten befindet sich im Motorraum links an der Trennwand. Er wird von einem Deckel mit zwei Rändelschrauben verschlossen. Die Sicherungen sind numeriert und diese Bezifferung ist nahe der Sicherung vermerkt, wobei die obere Reihe mit ungeraden Zahlen und die untere Reihe mit geraden Zahlen versehen ist. Zu den serienmäßigen 14 Sicherungen können noch bis zu vier zusätzliche Absicherungen für Verbraucher der Sonderausstattung hinzukommen, die mit den Buchstaben a bis d bezeichnet sind. Diese Zusatzsicherungen können nach Ausbrechen der beiden seitlichen Abdeckungen auf besonderen Halterungen eingesetzt werden. In dem Deckel der Sicherungsdose sind die geschützten Stromkreise zu den einzelnen Sicherungen vermerkt. Am Ende dieses Kapitels finden Sie eine Sicherungstabelle für alle in den hier beschriebenen Mercedes-Modellen mögliche Stromverbraucher.

Die Schaltungen zwischen Batterie, Lichtmaschine, Anlasser und Zündschloß sind nicht durch Sicherungen überwacht. Springt der Motor nicht an, ist das Suchen nach einer durchgebrannten Sicherung zwecklos.

Sicherungen im Auto sind so ausgelegt, daß sie eine Stunde lang das $1^1/_2$fache an Belastung des ihnen bestimmten Amperewertes verkraften können. Sollte eine Sicherung durchbrennen, muß das als Warnzeichen gelten, denn offensichtlich liegt ein Masseschluß vor. Dann hat es meist keinen Sinn, eine neue Si-

cherung einzusetzen, ohne nach der Ursache des Ausfalls geforscht zu haben. Mit einer Prüflampe läßt sich feststellen, ob vor der Sicherung und nach der Sicherung Spannung anliegt und ob diese bis zum Verbraucher gelangt.
Entweder ist ein an der betreffenden Sicherung angeschlossener Stromverbraucher defekt oder das Kabel ist beschädigt. Eine Überlastung der Sicherung ist nur möglich, wenn daran ein zusätzlicher, vom Werk nicht vorgesehener Verbraucher angeschlossen wurde. Für solche eventuell nachträglich eingebaute Verbraucher soll eine zusätzliche Sicherung verwendet werden.
Durch vorläufiges Abklemmen des in der beschriebenen Weise eingekreisten Störenfrieds kann man die Arbeit der übrigen an die betreffende Sicherung angeschlossenen Verbraucher aufrechterhalten. Die gefundene Fehlerursache muß aber baldigst behoben werden.
Derartige Störungen lassen sich mit einem Amperemeter aufspüren. Das Instrument wird statt der Sicherung an deren Kontaktklemmen angelegt und die an dieser Leitung hängenden Verbraucher schaltet man einzeln ein. Dabei wird abgelesen, wieviel Ampere jeweils beansprucht werden, und der Übeltäter läßt sich lokalisieren. Ein während der Fahrt durch Wackelkontakt eingetretener Kurzschluß ist auf diese Weise allerdings nicht zu erkennen.
Für alle Fälle muß man einige 8- und 16-Ampere-Sicherungen, wie sie im Mercedes verwendet werden, im Wagen als Ersatz mitführen. Die Störung soll man nicht – auch nicht provisorisch – versuchen mit einer stärkeren Sicherung zu überbrücken, da sich sonst die für die ursprüngliche Sicherung ausgelegten Kabel mit entsprechendem Querschnitt aufheizen könnten, wodurch ein Kabelbrand droht. Und statt der Sicherung einen Nagel oder eine Büroklammer einzusetzen ist sträflicher Leichtsinn. Die Versicherung zahlt keinen Pfennig, wenn sie das wegen Kurzschluß verbrannte Wagenwrack untersuchen läßt und die Schadensursache herausfindet.

Sicherungstabelle

Die in unserer Liste angegebenen Sicherungsnummern sind mit der Numerierung im Sicherungskasten identisch. Die größere Anzahl von Sicherungen gegenüber früheren Modellen ergibt sich aus der im Automobilbau üblichen, stets umfangreicher werdenden elektrischen Anlage mit immer mehr Stromverbrauchern. Deshalb war es nötig, die Sicherungen in zwei Reihen unterzubringen, wobei die schon erwähnte Einteilung der Nummernfolge zu beachten ist: oben ungerade Zahlen, unten gerade Zahlen.
Beim Erneuern einer Sicherung bei Dunkelheit muß man eine Taschenlampe zu Hilfe nehmen oder unter eine Laterne fahren, auch das Aufsetzen des Sicherungskastendeckels bereitet ohne ausreichende Beleuchtung Schwierigkeiten.

Sicherung Nummer	Ampere	Klemme	angeschlossene Stromverbraucher
1	8	58 R	Standlicht rechts, Schlußleuchte rechts, Kennzeichenbeleuchtung, Instrumentenbeleuchtung, Warnblinkschalter, Bedienungsanlage für Heizung und Lüftung, *Scheinwerferreinigungsanlage,* *Ganganzeige*
2	8	30	Zeituhr, Deckenleuchte, Kofferraumbeleuchtung, Warnblinkanlage, *Relais II der Fensterheber,* *Fensterheber Klemme 86/87,* *automatische Antenne*

Sicherung Nummer	Ampere	Klemme	angeschlossene Stromverbraucher
3	8	58 L	Standlicht links, Schlußleuchte links
4	8 *16*	30	Zigarrenanzünder, Handschuhkastenleuchte, *Radio,* *Sitzheizung vorn*
5	8	58 N	Nebelscheinwerfer, Nebelschlußleuchte
6	16	15 R	Scheibenwischer, Scheibenwascher, Lichthupe, *Relais Scheinwerferreinigungsanlage Klemme 86*
7	8	56 a	Fernlicht rechts, Fernlichtkontrolle
8	16 25	15 R	*Heizbare Heckscheibe,* *Sitzheizung hinten*
9	8	56 a	Fernlicht links
10	16	15	Gebläsemotor
11	8	56 b	Abblendlicht rechts
12	8	15	Bremsleuchten, Blinkleuchten, Kombiinstrument (siehe Schaltplan: 4 b—f), Leerlaufstabilisierung Relais II, *Relais Zusatzlüfter Klemme 86,* *Kältekompressor,* *Fensterheber Klemme 87 a,* *Geschwindigkeitsregelanlage*
13	8	56 b	Abblendlicht links
14	8	15	Rückfahrlicht, Horn, Vergaserheizung, Leerlaufabschaltventil, *Fanfaren,* *Automatisches Getriebe (Kick-down-Schalter, Magnetventil)*
a	*16*	*15/30*	*Fensterheber vorn rechts und hinten links*
b	*16*	*15/30*	*Fensterheber vorn links und hinten rechts*
c	*16* *(25)*	*15*	*Zusatzlüfter,* *Zusatzheizung*
d	*16*	*15*	*Elektrisches Schiebedach*

Kursivschrift: Sonderausstattung

Funkfeuer

Die elektrischen Vorgänge im Auto erscheinen dem Uneingeweihten recht undurchsichtig, daher bringen Störungen an der Zündanlage oft Verdruß mit sich. Aber schon nach kurzer Beschäftigung mit dieser Materie wird man erkennen, daß da keine geheimen Kräfte wirken. Auf den folgenden Seiten soll versucht werden, eventuell noch vorhandene Unklarheiten zu beseitigen und mit Hilfe der Erläuterungen ist es möglich, auftretende Defekte – die bei jedem Auto vorkommen können – selbst zu beseitigen.

Etwas Theorie

Alle Autos mit Ottomotor besitzen für die Entzündung des vom Vergaser produzierten Kraftstoff-Luft-Gemisches eine prinzipiell gleichartige elektrische Anlage. Damit diese Verbrennung möglichst vollständig vor sich geht, wird sie für jeden Zylinder – sekundenbruchteilgenau – so gesteuert, daß der Kraftstoff optimal verwertet wird und die sich entfaltende Kraft am wirkungsvollsten ausgenutzt werden kann. Die Zündung muß in dem Augenblick erfolgen, bei dem sich der auf und ab gehende Kolben gerade in der für die Arbeitsaufnahme günstigsten oberen Stellung befindet.

Für die Entflammung des Gemischs sorgen die Zündkerzen. An ihren Elektroden (Drahtstiften) springt der Funke über. Beim Start werden die Funken von der Batterie und während der Fahrt werden sie von der Lichtmaschine geliefert. Die 12 Volt der Batterie reichen aber bei weitem nicht aus, um gegen den Druck des im Zylinder zusammengepreßten Gemischs einen genügend kräftigen Zündfunken überspringen zu lassen. Für die erforderliche Hochspannung sorgt die Zündspule mit mehr als 10000 Volt. Diese Spannung hat schlagartig und zur rechten Zeit an jeder einzelnen Zündkerze vorhanden zu sein, wofür der Zündverteiler sorgt.

Wie entsteht der Zündfunke?

Elektrischer Strom kann nur in einem geschlossenen Stromkreis fließen. Im Auto führt dieser Weg vom Plus-Pol der Batterie (oder von der Lichtmaschine) zum Stromverbraucher und durch diesen zur »Masse« (siehe Seite 181), von wo er zurück zum Minus-Pol der Batterie gelangt.
Bei der Batteriezündung, wie man diese Anlage auch nennt, gibt es einen doppelten Stromkreis, zwei Stromkreise sind gewissermaßen ineinander verschlungen. Im ersten, dem Primärstromkreis, fließen 12 Volt von Batterie oder Lichtmaschine und im zweiten, dem Sekundärstromkreis, der hochgespannte Strom für den kräftigen Zündfunken. Im Primärstromkreis kommt der Strom vom Pluspol der Batterie über das Zündschloß zur Zündspule, dann durch eine Wicklung aus dickem Draht – die Primärwicklung – weiter zum »Untergeschoß« des Zündverteilers. Dort wird der Primärstrom über den Unterbrecher, solange dieser geschlossen ist, wieder an »Masse« geleitet. Somit ist der Primärstromkreis geschlossen. In der dicken Drahtwicklung der Zündspule entsteht dabei ein magnetisches Feld, das durch einen Eisenkern in der Mitte noch verstärkt wird.

Der öffnende Unterbrecher des Zündverteilers unterbricht den Primärstromkreis und das Magnetfeld um die Primärwicklung der Zündspule fällt schlagartig zusammen. Dabei entsteht in der zweiten Drahtwicklung der Zündspule, in der Sekundärwicklung, die aus vielen Lagen dünnen Drahts gewickelt ist, ein plötzlicher Stromstoß bis zu 15 000 Volt für den Zündfunken. Diese Erzeugung elektrischer Spannung heißt Induktion = Entwicklung elektrischer Spannung durch Änderung des Magnetfeldes.
Der hohe Stromstoß gelangt über eine Zündleitung in das »Obergeschoß« des Verteilers, wo der sich drehende Verteilerläufer die vier Kontakte in der Verteilerkappe und somit die Zündkabel zu den Zündkerzen versorgt: Der Zündstrom springt an den Kerzenelektroden über und das Gemisch im Brennraum wird entzündet. Weil der Funke wieder an Masse – an die Masse-Elektrode – springt, schließt sich dabei auch der Sekundärstromkreis. Der Verlauf des Stromwegs läßt sich im Schaltplan verfolgen.
Die meisten Stromverbraucher funktionieren nur bei eingeschalteter Zündung – der Zünd-Anlaß-Schalter gibt sozusagen den »Befehl«, den Strom fließen zu lassen. Wegen seines geschlossenen Gehäuses läßt sich das Zündschloß nicht reparieren, bei einem Defekt muß es ausgetauscht werden.

Die Zündspule

Die Zündspule ist links im Motorraum am Innenblech des Radlaufs befestigt. Das dicke mittlere Kabel (Klemme 4) führt hochgespannten Strom zur Mittelbuchse des Zündverteilers. Die Klemme 1 steht über das grüne Kabel mit dem Untergeschoß des Zündverteilers in Verbindung und die anderen beiden Kabel führen zur Diagnose-Steckdose. Die Klemme 15 der Zündspule hat über das rot-violettfarbene Kabel eine Verbindung zur Anlasserklemme 16, an der unterwegs ein Abzweig zum Vorwiderstand und weiter zur Diagnose-Steckdose besteht. Der Vorwiderstand hat seinerseits Verbindung mit der Klemme 15 am Zündschloß (über die nicht abgesicherte Seite an Sicherung Nr. 12).
An einer Zündspule gibt es nichts zu warten und nichts zu reparieren. Ist sie defekt, so muß sie ausgetauscht werden. Man sollte sie jedoch sauber und trocken halten, damit Kriechströme und überspringende Funken vermieden werden.

Der Vorwiderstand

Zum Schutz gegen die Bordnetzspannung von 11 bis 14 Volt muß die Zündspule mit einem Vorwiderstand betrieben werden. Dieser Widerstand von 1,8 Ohm besteht aus Drahtwicklungen, die in einem kleinen Keramikblock eingebettet sind. Der Vorwiderstand ermöglicht es, daß die Primärwicklung der Zündspule mit weniger Windungen gebaut werden kann. Dadurch steigt bei Betrieb der Zündspule in den Unterbrecher-Intervallen der Primärstrom schneller auf seine volle

Die Kappe (1) schützt die Anschlüsse der Zündspule (2) vor Feuchtigkeit und somit vor Störungen durch äußere Einflüsse. Deshalb sollte die Kappe immer über der Zündspule angebracht sein. Sie läßt sich abnehmen, wenn man ihre beiden Druckknöpfe mit einem breiten Schraubenzieher auseinanderdrückt. 3 – Vorwiderstand.

Höhe an, dementsprechend kann die Zündspule auch bei hohen Drehzahlen (und entsprechend kurzen Unterbrecher-Intervallen) eine hohe Sekundärspannung für den Zündfunken abgeben – die Zündfunken werden also besonders kräftig. Andererseits würde die für solch hohe Zündspannung notwendige Hochleistungsspule durch ihren eigenen geringeren Widerstand die Unterbrecherkontakte zu stark belasten (höherer Abbrand oder Verschmoren der Kontakte) und sich selbst zu stark erhitzen.

Der Vorwiderstand hilft also die Unterbrecherkontakte zu schonen und verhindert durch den gewissermaßen aus der Zündspule herausverlegten Widerstand, daß sich die Zündspule selbst überhitzen kann. Das ist vor allem wichtig, wenn die Zündung versehentlich eingeschaltet wurde (der Motor läuft nicht und die Unterbrecherkontakte sind zufällig geschlossen), denn in diesem Fall kann eine Zündspule ohne Vorwiderstand durch Überhitzung beschädigt werden. Um beim Starten des Motors die volle Betriebsspannung der Batterie, die durch den Stromverbrauch des Anlassers schon auf etwa 8–10 Volt herabgesetzt wird, an die Zündspule zu bringen und diese schon beim Drehen des Anlassers zu einem besonders kräftigen Zündfunken zu veranlassen, wird der Vorschaltwiderstand während des Startvorgangs durch einen Schaltungstrick umgangen.

Die Klemme 16 des Magnetschalters auf dem Anlasser ist durch das rot-violette Kabel direkt mit der Ausgangsklemme 16 des Vorwiderstands verbunden. Wenn die Klemme 50 am Magnetschalter des Anlassers von Klemme 50 des Zündschlosses den Startbefehl für den Anlasser erhält, bekommt auch die benachbarte Klemme 16 diesen Strom und kann ihn direkt an die Zündspule weiterleiten, unter Umgehung des Zündspulenvorwiderstands.

Zündspule prüfen

Gealterte Zündspulen können in der Sekundärwicklung durch spröde gewordenes Isoliermaterial einen Teil des hochgespannten Stroms selbst verbrauchen. Dann erhalten die Zündkerzen zur Erzeugung wirkungsvoller Zündfunken eine zu geringe Spannung. Die genaue Prüfung, ob in der Zündspule ein solcher Fehler vorliegt, ist nur auf dem Prüfstand möglich. Deshalb ist die Prüfmethode mit einer einfachen Prüflampe auch nicht restlos zuverlässig. Immerhin gewinnt man mit der folgenden provisorischen Prüfung einige Anhaltspunkte (nur zutreffend bei konventionellem Zündverteiler):

Aus der Mittelbuchse des Zündverteilerdeckels das Hauptzündkabel herausziehen und Deckel abnehmen. Dritten oder vierten Gang einlegen und Wagen schieben, bis die Unterbrecherkontakte geschlossen sind. Zündung einschalten, ohne zu starten. Zündkabelende mit einer Hand in etwa 10 mm Abstand gegen den Zylinderblock halten. Mit der anderen Hand die Unterbrecherkontakte öffnen, indem man die Kontaktfeder mit einem isolierten Schraubenzieher oder anderem Gegenstand aus nichtleitendem Material abhebt; benutzt man einen Schraubenzieher, darf man dessen Klinge nicht mit Masse in Berührung bringen. Mehrmals abheben, bei jedem Abheben muß zwischen Hauptzündkabelende und Masse ein Funke überspringen.

War diese Hochspannungsprüfung unbefriedigend, müssen Sie feststellen, ob an den Kontakten der Zündspule und des Vorwiderstands überhaupt Strom anliegt. Dazu eignet sich am besten eine aus einer alten Scheinwerferbirne selbstgebastelte Behelfsprüflampe (zwei ausreichend lange Kabel andrillen oder festlöten, daß ein Lichtfaden brennt). Der Eigenverbrauch der Scheinwerferbirne von mindestens 40 Watt gibt durch unterschiedlich helles Leuchten den Hinweis, ob Vorwiderstand und Zündspulenwiderstand richtig funktionieren oder durch Kurzschluß überbrückt sind. Noch genauer ist ein parallel zur Behelfsprüflampe geschaltetes Voltmeter. Weniger geeignet ist eine gewöhnliche Elektrik-Prüflampe, denn deren geringer Eigenverbrauch zeigt nur, ob Strom da ist, sagt aber nichts über die Widerstandswirkung.

■ Grünes Kabel an Klemme 1 der Zündspule zum Unterbrecher lösen, damit der Stromweg über die Unterbrecherkontakte unterbrochen ist und durch die Prüflampe fließen muß.

■ Zündung einschalten: Ladekontrolle muß brennen.

■ Ein Ende des Prüflampenkabels (und Plus-Klemme des Voltmeters) an das vom Zündschloß zum Vorwiderstand führende Kabel drücken, das andere Kabel (und Minus-Klemme des Voltmeters) an Masse: Die Lampe muß hell brennen, das Voltmeter zeigt etwa 11,5 V. Gleiche Prüfung an Klemme 15 der Zündspule: Die Lampe brennt etwas trüber, das Voltmeter zeigt etwa 8,5 V. Brennt nichts, ist der Vorwiderstand unterbrochen; brennt es so hell wie am Kontakt vor dem Vorwiderstand, so ist dieser durch Kurzschluß überbrückt.

■ Prüfung an Klemme 1 der Zündspule: Die Behelfsprüflampe brennt sehr trübe (Voltmeter zeigt etwa 5 V). Brennt nichts, ist die Primärwicklung der Zündspule unterbrochen. Brennt sie recht hell, liegt Kurzschlußüberbrückung in der Zündspule vor. In beiden Fällen Zündspule ersetzen.

■ Sind die Leucht-(und Meß-)Ergebnisse gut, gibt es aber trotzdem keinen guten Zündfunken, kann die Sekundär-(Hochspannungs-)Wicklung der Zündspule defekt sein. Oder es liegt am Kondensator (siehe übernächsten Abschnitt).

Bei notwendigem Ersatz sollte man den gleichen Zündspulentyp wie vorher eingebaut besorgen (Bezeichnung auf dem Schild an der Spule beachten). Falls eine Mercedes-Werkstatt nicht in der Nähe ist, können jeder Bosch-Dienst und meistens auch Werkstätten für andere Automarken aus der Verlegenheit helfen. Ausländische Zündspulen sind aber weniger empfehlenswert, weil diese oft nicht so gut für die notwendige Entstörung wie Bosch-Spulen abgeschirmt sind.

Der Zündverteiler

Innerhalb der Baureihe 123 wird neben der klassischen Spulenzündung mit Unterbrecherkontakt auch die inzwischen zur Serienreife entwickelte kontaktlose Transistor-Spulenzündung verwendet. Letztere kann bei allen Modellen eingebaut sein; sie ist ab Seite 197 besprochen. Hier folgen zunächst Beschreibung und Wartungsanweisungen der seit Jahrzehnten bewährten Zündanlage mit Unterbrecher im Zündverteiler.

Kurz »Verteiler« genannt, besteht dieses Gerät eigentlich nur aus dem Verteilerläufer und dem Verteilerdeckel. Dennoch bezeichnet man das ganze Aggregat, also den Unterbrecher mit Unterdruck- und Fliehkraftversteller, als Verteiler. Sein Antrieb erfolgt über eine Welle mit Zahnrad, das mit einem Gegenrad der antreibenden Nebenwelle in Eingriff steht. Auf dem oberen Ende der Welle sitzt der Verteilerläufer, dessen Metallzunge in geringem Abstand an den vier bzw. sechs Kontakten der Hochspannungsanschlüsse im Verteilerdeckel vorbeidreht. Der Läufer hat somit die Aufgabe, den im richtigen Zündzeitpunkt produzierten hochgespannten Stromstoß an die Zündkerzen weiterzuleiten. Dieser Stromstoß kommt von der Zündspule über den Mittelanschluß im Verteilerdekkel.

Weil jeder Zylinder auf zwei Kurbelwellenumdrehungen nur einen Arbeitstakt leistet, entfallen auf zwei Kurbelwellenumdrehungen vier Zündungen, eine für jeden der vier Zylinder. Daraus geht hervor, daß die Drehzahl der Verteilerwelle und der sie antreibenden Nebenwelle gleich der halben Drehzahl der Kurbelwelle ist.

Das obere Ende der Verteilerwelle trägt in seiner Öffnung einen Schmierfilz, der nicht mehr geölt zu werden braucht, wie das bei anderen Autos noch nötig ist. Die Deckelinnenseiten müssen sauber und trocken sein. Wenn man darin Krat-

zer oder gar Risse entdeckt, muß der Deckel ausgewechselt werden. Die Kohle, die aus der Mittelbuchse durch Federkraft gegen den Verteilerläufer gedrückt wird, soll in ihrer Führung leichtgängig sitzen.
Daimler-Benz umhüllt den Zündverteiler mit einer Schutzkappe, die von dem sonst empfindlich reagierenden Gerät nahezu alle Feuchtigkeit abhält. Dennoch sollte man bei einer Motorwäsche, zumal wenn der Motor noch warm ist, mit dem Wasserstrahl nicht zu leichtfertig umgehen, da der sich entwickelnde Wasserdampf durch alle Ritzen dringt und dann Zündstörungen verursacht. Die Schutzkappe besitzt zwei Druckknöpfe, mit denen die beiden seitlichen Ränder zusammengehalten werden. Man löst die Knöpfe mittels Schraubenzieher.

Der Kondensator

An dem Bosch-Zündverteiler sitzt der Kondensator außen am Gehäuse, er hat die Form einer Kleinbildfilmspule. Er hat die Aufgabe, Strom zu speichern, um unkontrollierte Funkenbildung an den Unterbrecherkontakten zu unterdrücken. Dadurch wird der Abbrand der Unterbrecherkontakte gehemmt und zugleich das schlagartige Zusammenbrechen des Magnetfeldes in der Zündspule gefördert. (Je schneller das Magnetfeld zusammenfällt, um so höher wird die Spannung im Sekundärstromkreis und der Zündfunke ist um so besser.)
Ein schwacher Zündfunke, dessen Ursache man zunächst als Fehler in der Zündspule vermutet, kann auch an einem defekten Kondensator liegen. Dieser ist mit der Klemme 1 der Zündspule verbunden. Eine genaue Prüfung des Kondensators auf »Durchschlag«, also Kurzschluß, Isolationsverlust und ausreichende Kapazität ist nur bei einem Autoelektrikdienst möglich. Wenn der Kondensator allerdings total ausgefallen ist, läßt sich dies eventuell bei abgenommenem Verteilerkopf an überspringenden starken Funken zwischen den Unterbrecherkontakten erkennen. Dabei muß ein Helfer den Motor mit dem Zündschlüssel starten.
Auch völliger Kurzschluß der Masse ist bei voll geöffneten Unterbrecherkontakten mittels Prüflampe erkennbar, die zwischen Klemme 1 der Zündspule und dem davon abgezogenen Kabel geschaltet wird. Da die Unterbrecherkontakte geöffnet sind, besteht bei eingeschalteter Zündung kein legaler Weg des Batteriestroms zur Masse und die Prüflampe darf nicht aufleuchten. Fließt der Strom jedoch über einen Kurzschluß im Kondensator zur Masse, leuchtet die Prüflampe auf. Auch bei stark verschmorten Unterbrecherkontakten, die noch nicht lange im Betrieb sind, muß man einen defekten Kondensator vermuten. Langes Prüfen rentiert sich indessen meist nicht, zumal der Preis des Kondensators nur bei 5 Mark liegt.

Fingerzeig: *Oft ist es praktischer, Kontrollen der Zündspule, des Kondensators und des Verteilers einer guten Fachwerkstatt zu überlassen. Dort besitzt man Apparaturen, mit deren Hilfe überraschend schnell zu erkennen ist, wo sich der Schaden verbirgt und welcher Art er ist. Mit den bescheidenen Mitteln daheim oder unterwegs sucht man vielleicht vergeblich danach.*

Der Unterbrecher

Im Zündverteiler dreht sich die Verteilerwelle und auf ihr die Unterbrechernokken. Sie heben den Unterbrecherhebel ab. Der Unterbrecher bestimmt den Zündzeitpunkt, indem er den Primärstrom in der Zündanlage unterbricht, damit in der Sekundärwicklung der Zündspule (durch »Induzieren«) hohe Spannungen entstehen. Die Leistung des Motors ist vom Überspringen des Zündfunkens im richtigen Augenblick – vom Zündzeitpunkt – abhängig.
Wenn der Druck des brennenden Benzin-Luft-Gemisches unmittelbar bei Beginn der Abwärtsbewegung des Kolbens am größten ist, hat der Motor die beste

Leistung. Zum vollen Entflammen des Gemisches wird stets eine gleichbleibende Zeit benötigt, die zwar nur rund 1/3000 Sekunde beträgt, wegen der hohen Geschwindigkeit des Kolbens aber um einen bestimmten Zeitpunkt eher einsetzen muß.
Bei zu früh gelegtem Zündzeitpunkt schlägt das bereits entflammte Kraftstoff-Luft-Gemisch dem noch aufwärts strebenden Kolben entgegen: Der Motor klopft. Gibt man zuwenig Frühzündung, wird die Energie des Kraftstoffs nicht vollständig ausgenutzt und der Motor hat nur eine ungenügende Leistung. Wechselnde Geschwindigkeiten und Motorbelastung verlangen nach automatischer Zündverstellung.

Die Zündverstellung

Bei steigender Motordrehzahl muß der Zündfunke früher überspringen, weil zur Verbrennung des Gemisches weniger Zeit bleibt. Die Verstellung des Zündzeitpunkts wird durch einen Fliehkraftregler besorgt, der mit der Verteilerwelle verbunden ist. Diese Fliehkraftverstellung wird über einen sehr großen Drehzahlbereich besorgt. Eine zusätzliche Zündverstellung für Teillast findet mit Hilfe von Unterdruck statt.

Fliehkraftverstellung

Durch ihr Eigengewicht verschieben sich bei zunehmender Drehzahl die Fliehgewichte auf der Scheibe der Fliehkraft-Zündverstellung entgegen der Spannkraft ihrer Haltefedern nach außen. Bei dieser Ausdehnung wird durch eine kleine Übersetzung die Verteilernockenwelle in ihrer Umlaufrichtung (rechtsdrehend) vorgestellt. Verteilernockenwelle und Verteilerantriebswelle sind nicht starr verbunden, sondern gegeneinander drehbar gelagert. Die Werte der Verstellung sind je nach Motortyp und Zündverteilertyp unterschiedlich.
Somit werden die Unterbrecherkontakte mit steigender Drehzahl früher geöffnet, was zunehmende Frühzündung bewirkt. Bei abnehmender Drehzahl vermindern die Federn die Frühzündung wieder. Fliehgewichte und Rückholfedern sind genau aufeinander abgestimmt. Eine fehlerhafte Veränderung oder eine Störung an ihnen kann nur die Fachwerkstatt feststellen. Man kann eine Störung vermuten, wenn der Motor bei sonst einwandfreier Zündanlage in höheren Drehzahlbereichen nicht auf Leistung kommt, obwohl im Leerlauf der Zündzeitpunkt stimmt.

Unterdruckverstellung

Die seitlich am Zündverteiler angebrachte Blechdose regelt die Unterdruckverstellung. Diese Unterdruckdose ist durch einen dünnen Schlauch mit der Ansaugleitung des Motors unter der Drosselklappe im Vergaser verbunden. Wenn die Drosselklappe im Leerlauf vollkommen geschlossen oder bei Vollgas geöff-

Der Läufer (1), auch Verteilerfinger genannt, sitzt auf der Verteilerwelle und läßt sich nach oben abziehen. Er paßt nur in einer Stellung auf die Welle. Ein herausgenommener Läufer schützt vor Diebstahl des Autos. Nach Abziehen des Läufers kann auch die ringförmige Schutzkappe abgehoben werden, und danach erhält man einen Blick auf die Innereien des Zündverteilers – siehe Seite 193.
Im Betrieb dreht die Elektrode des Läufers an den Elektroden im Verteilerdeckel vorbei.

net ist, herrscht an dieser Stelle kein nennenswerter Unterdruck. Ist jedoch bei halb durchgetretenem Gaspedal die Drosselklappe nur teilweise geöffnet, entsteht im Ansaugrohr ein mehr oder weniger kräftiger Unterdruck, der über die Saugleitung in der Unterdruckdose eine Membrane anzieht. Diese betätigt eine Zugstange zum Verteiler und zieht dort die drehbare Unterbrecherplatte an. Dabei wird letztere entgegen der Drehrichtung des Verteilernockens bewegt, so daß die Unterbrecherkontakte früher geöffnet werden. Auch der Bereich der Unterdruckverstellung hängt von Zündverteiler und Motortyp ab.
Die Unterdruckdose kann durch äußere Einwirkung oder Korrosion undicht geworden sein, es ist aber auch möglich, daß die Membrane bei einer Fehlzündung durch Rückschlag in den Vergaser gerissen ist. Dann muß die Unterdruckdose ersetzt werden, da sich sonst der Kraftstoffverbrauch erhöht und die Leistung des Motors im Teillastbereich abfällt. Eine Reparatur der Unterdruckdose ist nicht möglich. Die Schlauchanschlüsse müssen fest sitzen.

Die Unterbrecherkontakte

Die Kontakte des Unterbrechers besitzen eine sehr dünne Auflage von Wolfram-Metall. Das ständige Öffnen und Schließen des Stromkreises hat einen unvermeidbaren Verschleiß durch Abbrand, Verschmoren oder Metallwanderung zur Folge, obgleich gerade Wolfram sehr widerstandsfähig ist. Durch den Abbrand (bei kleiner Drehzahl am größten) entsteht aus der punktförmigen Berührungsstelle zwischen Hammer- und Amboßkontakt bereits nach 1000 km Laufstrecke eine breitere Berührungsfläche, wobei sich die ursprünglich ebene Kontaktseite vom Hammer der Wölbung des Amboßkontaktes anpaßt. Der entstandene Kontaktquerschnitt ermöglicht einen besseren Durchfluß des notwendigen Maximalstroms von 5 Ampere.
Im Lauf des Betriebs bilden sich weitere Krater und Höcker, die eine genaue Messung des Kontaktabstands mit der Fühlerlehre unmöglich machen. Anstatt den Wolfram-Belag, der äußerst dünn ist, glattzufeilen, tauscht man nach Verschleiß die Kontakte einfach aus. Sie kosten nur wenige Mark. Im Schnitt rechnet man für ihre Lebensdauer 15 000–25 000 km bei intakter Zündanlage.

Unterbrecherkontakte erneuern

Pflegearbeit Nr. 15

Im Wartungsplan ist vorgesehen, daß die Unterbrecherkontakte nach 15 000 km einfach erneuert werden, ohne ihren Zustand zu untersuchen. Damit entfällt auch das zwischenzeitliche Prüfen des Kontaktabstands. Die damit verbundenen Arbeiten wären teurer als die neuen Kontakte.
Man ist aber nicht gezwungen, die Kontakte grundsätzlich nach 15 000 km auf den Schrott zu werfen. Bei einwandfreier Zündanlage müssen die Kontakte etwa doppelt so lange einsatzbereit sein, aber man kommt dann als Eigenpfleger nicht daran vorbei, zwischendurch den Kontaktabstand zu prüfen.
Einen Satz neuer Unterbrecherkontakte erhält man unter Angabe des Fahrzeugmodells beim Mercedes-Service, beim Bosch-Dienst, im Zubehörhandel und auch in größeren Tankstellen. Für den Austausch sind folgende Handgriffe nötig: Schutzkappe über dem Zündverteiler abnehmen (seitliche Druckknöpfe öffnen), beide seitlichen Klammern zum Halt des Verteilerdeckels abdrücken, Verteilerdeckel abnehmen, Verteilerläufer von der Welle nach oben abziehen (er kann wegen der Aussparung auf der Welle nicht verkehrt herum wieder aufgesteckt werden), ringförmigen Kunststoffdeckel abheben.
Es sind beide Teile, also Hammer und Amboß, zu ersetzen. Das mit den Kontakten verbundene Kabelstück ist innen am Rand des Verteilergehäuses zu lösen. Die Schlitzschraube, die auch zum Einstellen des Kontaktabstandes gelockert werden muß, wird herausgedreht. Danach lassen sich Hammer und Amboß von der Drehachse nach oben abziehen.

Vor dem Einbau der neuen Kontakte wird das Gleitstück, das in eingebautem Zustand an der Nockenbahn der Verteilerwelle anliegt, mit Bosch-Fett Ft 1 v4 eingestrichen. Auch das Lager des Unterbrecherhebels ist sparsam einzufetten. Alte Fettreste im Verteiler sind zu entfernen, wozu sich ein in Tetrachlorkohlenstoff getränktes, faserfreies Stück Tuch eignet. Kontakte einsetzen und provisorisch befestigen.
Bosch liefert seit 1976 Unterbrecherkontakte mit einem Gleitstück aus Polyimid. Dieser Kunststoff zeichnet sich vor allem durch höhere Abriebfestigkeit und bessere Notlaufeigenschaften aus. Er besitzt eine unverlierbare Befestigungsschraube anstelle der zum Verteiler gehörenden Befestigungsschraube.
Nach dem Einsetzen der Unterbrecherkontakte sind der Kontaktabstand, der Schließwinkel und der Zündzeitpunkt einzustellen. Diese Arbeiten sind im weiteren Verlauf beschrieben.

Zustand der Unterbrecherkontakte

Aus dem Zustand der Unterbrecherkontakte kann man Rückschlüsse auf den Zustand der Zündanlage ziehen. Diese Beobachtung läßt sich an den ausgebauten Kontakten vornehmen, aber auch zur Kontrolle an den eingebauten Kontakten. Dazu drückt man mit einem kleinen Werkzeug den Unterbrecherhebel etwas zur Seite, um einen Blick auf die Kontaktflächen zu gewinnen.
Das Aussehen der Kontakte hat verschiedene Bedeutungen:

- Kontakte silberartig, wie hell poliert: Zündanlage in Ordnung.
- Kontakte sauber, aber starke Höcker- und Kraterbildung: Kontakte normal abgenutzt, ersetzen.
- Grauer Überzug auf den Kontaktflächen: Oxidation durch zu geringen Kontaktabstand, zu schwache Feder oder klemmenden Unterbrecherhebel.
- Kontaktflächen blau angelaufen: Zündspule oder Kondensator nicht einwandfrei.
- Materialablagerungen oder schwarze Verkrustungen auf den Kontakten: Öl, Fett oder Schmutz auf die Kontakte geraten.

Sind die Kontakte verkrustet oder verschmutzt, mit einem scharfkantigen Schraubenzieher oder Taschenmesser den Schmutz abschaben (keine Feile oder Schmirgelleinen dazu verwenden!). Anschließend ein Läppchen um einen dünnen Holzstab wickeln und mit Tetrachlorkohlenstoff tränken. Damit die Kontakte abwischen.

Unterbrecherkontakte einstellen

Als Heimwerker oder unterwegs mißt man den Abstand mit einer Fühlerblattlehre, die auch zum Prüfen des Ventilspiels gebraucht wird. Zwischen den Kontakten soll bei voller Öffnung durch den Nocken ein Abstand von 0,4 mm bestehen.

Zündverteiler ohne Läufer und Kondensschutzkappe. 1 – Kondensator, 2 – Unterbrecherkontakte, 3 – Stellschraube zum Verändern des Kontaktabstandes, 4 – Unterbrecherhebel, 5 – Schmierfilz, 6 – Antriebswelle mit Unterbrechernocken, 7 – Unterdruckdose, 8 – Hebel der Unterdruckverstellung.

Zum Messen wird der Wagen bei eingelegtem 3. oder 4. Gang und bei geöffnetem Verteiler langsam so geschoben, bis der Verteilernocken die Kontakte auf größte Öffnung gedrückt hat. Jetzt schiebt man die 0,4-mm-Blattlehre dazwischen. Sie soll die Kontakte nicht auseinanderdrücken oder Spiel haben.
Bei fehlerhaftem Abstand muß die Schlitzschraube, die den Unterbrecheramboß festhält, ein wenig gelockert werden. Dann verschiebt man den Amboßhalter vorsichtig mit dem Schraubenzieher an der dafür vorgesehenen Kerbe auf der Grundplatte so weit, bis der Kontaktabstand stimmt. Schraube festziehen und erneut messen, eventuell muß die Einstellung nochmals verbessert werden.

Schließwinkel einstellen

Pflegearbeit Nr. 16

Die eben beschriebene Methode, den Kontaktabstand mit der Fühlerblattlehre zu messen und danach einzustellen, ist veraltet und kann nur als Notbehelf angesehen werden. In Daimler-Benz- und Autoelektrik-Werkstätten stellt man stattdessen den Schließwinkel ein. Unebene Kontakte, die das Messen mit der Fühlerblattlehre negativ beeinflussen, stören dabei nicht. Der Schließwinkel besagt, um wieviel Winkelgrad sich die Verteilerwelle vom Schließen der Unterbrecherkontakte bis zu ihrem Öffnen weiterdreht. Je näher man die Kontakte aneinanderbringt, um so größer muß der Schließwinkel werden, weil die dicht beieinanderliegenden Kontakte länger geschlossen bleiben. Dagegen ist der Schließwinkel bei größerem Kontaktabstand kleiner. Andererseits ist der Kontaktverschleiß bei zu kleinem Kontaktabstand größer und Energie wird verschenkt.
In Kaufhäusern und Autozubehörgeschäften kann man kleine handliche Schließwinkelmeßgeräte für den Hausgebrauch kaufen. Ihnen liegen Bedienungsanleitungen bei, die es dem Heimwerker gestatten, den Schließwinkel in eigener Regie zu ermitteln. Der Schließwinkelwert beträgt bei den Modellen 200 und 230 mit normaler Spulenzündung 46°–53° (51–59 %) und mit Transistorzündung 47°–53° (52–59 %) Umdrehung der Verteilerwelle, beim Modell 250 (nur mit normaler Spulenzündung) 34°–41° (57–68 %), jeweils bei vorgeschriebener Leerlaufdrehzahl gemessen.
Der Abbrand der Unterbrecherkontakte hat eine Verringerung des Schließwinkels zur Folge, und der Zündzeitpunkt (siehe übernächsten Abschnitt) wird dadurch früher gelegt. Umgekehrt läßt die Abnutzung des Gleitstückes am Unterbrecher den Schließwinkel größer werden und führt zu späterem Zündzeitpunkt. Nur ganz selten gleicht sich der Verschleiß von Kontakten und Gleitstücken aus. Speziell zur Messung von Schließwinkel und nachfolgend beschriebenem Zündzeitpunkt dient die links im Motorraum befestigte Prüfsteckdose (siehe Bild ganz rechts unten). Dort werden beim Mercedes-Service entsprechende Instrumente zur Diagnose angeschlossen. Hier ist also für die Werkstatt eine Wartungserleichterung geschaffen.

Zündzeitpunkt prüfen und einstellen

Pflegearbeit Nr. 17

Mehr als 15 000 km sollte man nicht verstreichen lassen, um den Zündzeitpunkt zu überprüfen. Eventuell muß er neu eingestellt werden. Das muß selbstverständlich auch beim Neueinstellen oder Auswechseln der Unterbrecherkontakte, nach dem Zusammenbau des Motors oder nach Wiedereinbau des Zündverteilers geschehen.
Man kann die Zündeinstellung selbst prüfen und nachstellen. Gebraucht wird dazu eine kleine 12-Volt-Prüflampe. Das Einstellverfahren erfolgt dabei am stehenden Motor. Man darf auf diese Weise aber keine präzisen Ergebnisse erwarten, es bleibt ein Notbehelf.
Eine genaue Zündeinstellung ist für die optimale Motorleistung aber wichtig. Durch ihre Überwachung behütet man den Motor vor Schäden. Zuviel Frühzündung läßt den Motor zu heiß werden, läßt ihn klingeln (siehe Seite 15) und führt in

krassen Fällen sogar zu Lagerschäden. Zu späte Zündeinstellung vermindert die Leistung und erhöht den Benzinverbrauch, außerdem wird der Motor auch zu heiß. Zu dieser exakten Einstellung (bei laufendem Motor) verwendet man in der Werkstatt eine Stroboskoplampe.

Einstellen mit der Prüflampe

War der Zündverteiler ausgebaut, so muß sichergestellt sein, daß der Kolben des 1. Zylinders sich in Kompressionsstellung befindet. Dazu schraubt man die Zylinderkopfhaube ab, wie auf Seite 83 beschrieben, und schiebt den Meredes bei eingelegtem großen Gang so weit, bis beide Ventile des 1. Zylinders geschlossen haben. Genausogut können Sie die Kurbelwelle vorn mit einer Stecknuß und Ratsche drehen.

Unten am Motor, direkt hinter dem Kühler, befindet sich die Auswuchtscheibe der Kurbelwelle, worauf eine Skala in 5°-Abständen eingeprägt ist. Die Mitte der Skala ist durch »00« gekennzeichnet, was den oberen Totpunkt (OT) des 1. Zylinders anzeigt. Wenn sich die OT-Markierung gerade unter der Spitze des Zeigers befindet, steht der Kolben im 1. Zylinder (das ist der vorderste) ganz oben. In diesem Punkt geht der Kolben von der Aufwärts- in die Abwärtsbewegung über. Von vorn gesehen kennzeichnet die rechte Hälfte der Skala die Einstellung für Frühzündung.

Durch vorsichtiges Vorwärtsschieben des Wagens oder Rechtsherumdrehen der Kurbelwelle ist die 5°-Marke für Frühzündung mit dem Zeiger in Deckung zu bringen. Wurde durch ruckartiges Nachgeben des Motors die Übereinstimmung verfehlt, schiebt man das Auto ein gutes Stück zurück und beginnt vorsichtig von vorn. Damit schaltet man das stets vorhandene Spiel im Verteilerantrieb aus. Die Kurbelwelle darf jedoch nur in einer Richtung weitergedreht werden.

In der gefundenen Stellung ist die Zündung einzuschalten und bei abgenommenem Verteilerdeckel wird der eine Pol der 12-Volt-Prüflampe an die Klemme 1 der Zündspule oder des Verteilers angeschlossen und den anderen Pol legt man an Masse (blankes Metall im Motorraum) an.

Die Lampe muß aufleuchten. Tut sie es nicht, dann ist der Halteflansch am Fuß des Zündverteilers durch Lockern der Befestigungsschraube (Innensechskant SW5) ein wenig zu lösen. Der Verteiler kann dann gedreht werden, was man nur ganz langsam tun soll. Drehen im Uhrzeigersinn bedeutet = Zündung später, Drehen entgegen dem Uhrzeigersinn = Zündung früher. Man dreht beim Einstellen aber zuerst im Uhrzeigersinn, dann links herum. Sobald die Lampe aufzuleuchten beginnt (wenn der Unterbrecherhammer abhebt), ist die Befestigungsschraube in der ermittelten Stellung des Verteilers festzuziehen.

Noch sicherer ist es, die Kerzen herauszuschrauben (damit wird die hemmende

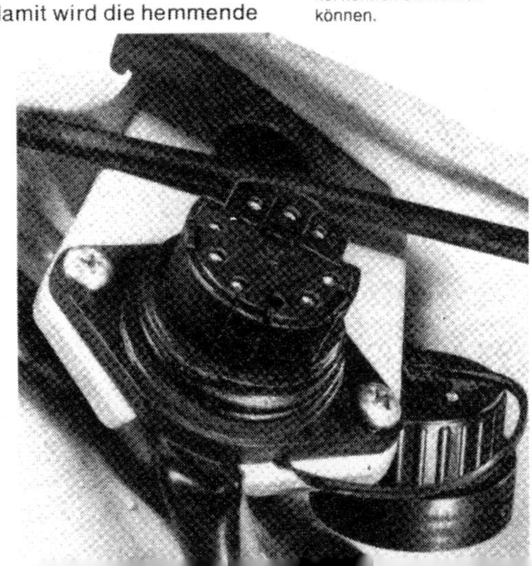

Links: Auswuchtscheibe der Kurbelwelle mit OT-Markierung bzw. Gradeinteilung.
Schwarzer Pfeil – Zeiger für Gradeinteilung, weißer Pfeil – Kontakt mit Anschluß zur nebenstehend abgebildeten Prüfsteckdose.
Rechts: Am Innenblech des Motorraums links ist eine Prüfsteckdose angebracht, über die in der Werkstatt mit entsprechenden Geräten (z. B. Bosch-Motortester MOT 001.03) der Zündzeitpunkt und der Schließwinkel kontrolliert werden können.

Der Zündzeitpunkt kann verändert werden, indem man mit einem Schlüssel für Innensechskantschrauben SW 5 die Sockelschraube (2) am Verteiler leicht lockert. Die Krokodilklemme der Prüflampe (3) ist an das blanke Ende des angeschlossenen, von der Zündspule kommenden dünnen Kabels oder an dessen Befestigungsmutter anzuklemmen (1). Dann wird die Prüflampennadel gegen »Masse« gedrückt. Nun ist der Verteiler, wie auf der vorausgegangenen Seite beschrieben, zu verstellen.

Kompression ausgeschaltet) und den Wagen mit eingelegtem Gang, bei eingeschalteter Zündung und angeschlossener Prüflampe ganz langsam vorwärts zu schieben. Sowie die Prüflampe aufleuchtet, sofort anhalten. Die Markierungen müssen dann genau übereinstimmen.

Die hier vorstehend beschriebenen Arbeiten können stets nur eine provisorische Maßnahme darstellen. Sie sollen im Notfall dazu dienen, mit dem Wagen wieder vom Fleck zu kommen. Eine genaue Einstellung sollte anschließend mit der Stroboskoplampe erfolgen.

Einstellen mit Stroboskoplampe

Diese Arbeit kann nur wirklich sinnvoll sein, wenn der Schließwinkel stimmt. In den Werkstätten von Daimler-Benz wird bei 4500/min drehendem Motor eingestellt. Die Stroboskoplampe – eine solche ist z. B. auch in den Auto-Abteilungen der Kaufhäuser erhältlich – ist eine Blitzlampe, die zwischen das Zündkabel zum 1. Zylinder geschaltet wird und auf die Gradeinteilung auf der Auswuchtscheibe der Kurbelwelle gerichtet wird. Bei jedem Zündfunken für den 1. Zylinder leuchtet sie auf und beleuchtet die Gradmarkierung unter dem Zeiger, wobei die Markierung bei richtiger Einstellung zu stehen scheint. Andernfalls wird das Zündverteilergehäuse unten an seiner Innensechskant-Klemmschraube gelockert und der ganze Zündverteiler etwas verdreht, bis die entsprechende Markierung genau unter dem Zeiger steht.

Bei 4500/min und vom Zündverteiler abgezogenem Unterdruckschlauch werden der 200 und der 230 auf 40° vor OT und der 250 auf 32° vor OT eingestellt. Bei 800–900/min (Leerlaufdrehzahl: Daimler-Benz spricht hier auch von »Anlaß-

Wenn der Motor nicht anspringen will, ist dies die erste Prüfung: Liefert das Hauptzündkabel Zündstrom an den Verteiler? Dazu Hauptzündkabel aus der Mittelbuchse des Verteilers ziehen (anderes Kabelende muß fest in der Mittelbuchse der Zündspule sitzen) und blankes Kabelende (Gummi-Regenschutzkappe zurückstreifen) auf etwa 10 mm Abstand gegen Motorblock oder an eine Befestigungsschraube für den Ventilkammerdeckel halten. Durch Helfer Motor – ohne Gasgeben – starten lassen. Bei jedem Abheben der Unterbrecherkontakte (kann man bei abgenommenem Verteilerkopf beobachten) muß ein kräftiger Funke zwischen Kabelende und Motorblock überspringen. Kein Zündfunke bedeutet: Zündspule oder Unterbrecher defekt.

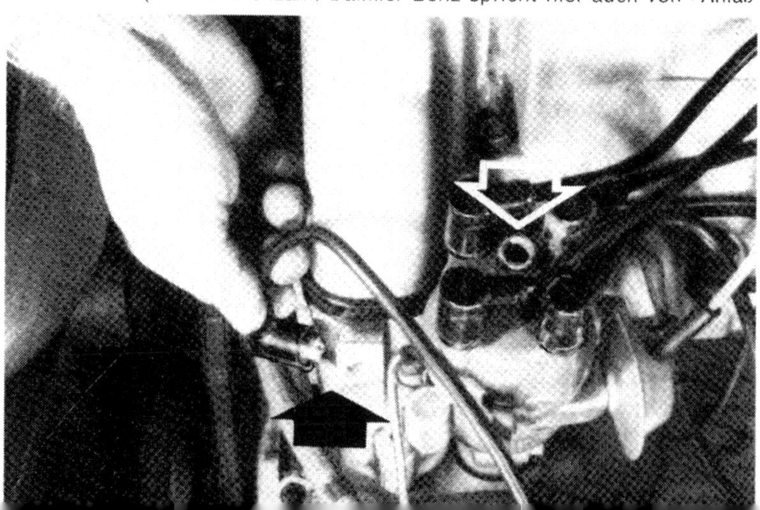

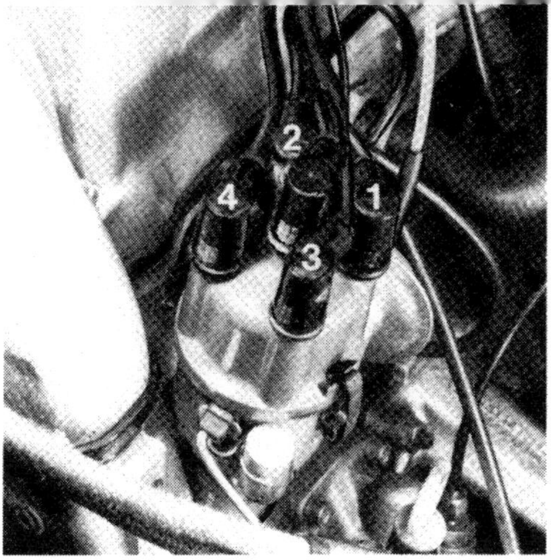

Die Ziffern 1 bis 4 bezeichnen die Zündfolge (Drehrichtung im Uhrzeigersinn), beginnend bei Zylinder 1 (vorn). Die Zündkabel dürfen nicht verwechselt bzw. in den Buchsen des Verteilerdeckels untereinander vertauscht eingesteckt werden.

drehzahl«) liegt der Zündzeitpunkt der Modelle 200 und 230 mit Zündverteiler 0 231 170 138 oder 0 231 170 237 bei 14° vor OT oder mit den Zündverteilern mit den Endzahlen 190, 208 und 238 bei 10° vor OT. Bei gleicher Drehzahl liegt der Zündzeitpunkt des Modells 250 allgemein bei 8° vor OT.

Die kontaktlose Zündanlage

Die vorangegangenen Beschreibungen machen die Nachteile der klassischen Spulenzündung deutlich: Sie muß regelmäßig gewartet werden. Der mechanische Unterbrecherkontakt läßt nur Ströme von 4 bis 5 A zu und er unterliegt dem Verschleiß. Somit verändert sich mit der Zeit die Einstellung dieser Anlage.
Bosch liefert eine kontaktlose Zündanlage, mit der die Mercedes-Modelle ausgerüstet sein können (anfangs nur die Vierzylindermotoren, inzwischen ist auch der 250 in deren Genuß gekommen). Diese Transistor-Zündanlage bietet eine Reihe von Vorteilen:

- Wartungsfrei, da kein Kontaktverschleiß und deswegen praktisch konstanter Zündzeitpunkt während der Lebensdauer des Wagens.
- Bis zu 40 % mehr Zündspannung über den gesamten Drehzahlbereich.
- Verbessertes Zünden auch bei verrußten Zündkerzen (Flammengeschwindigkeit und -energie sind wegen höherer Spannung größer).
- Besseres, batterieschonendes Startverhalten bei extremen Temperaturen.
- Geringerer Kraftstoffverbrauch.
- Weniger umweltschädliche Abgase.

Zu der Anlage gehören im wesentlichen eine spezielle Zündspule mit zwei Vorwiderständen, ein elektronisches Schaltgerät und anstelle der Unterbrecherkontakte eine Induktionswicklung, ein Rotor mit Stator und Magnet, die im Gehäuse des Zündverteilers untergebracht sind. Dieser Zündimpulsgeber hat die Aufgabe, Steuerimpulse ohne Zuhilfenahme mechanischer Kontakte, also »kontaktlos«, zu erzeugen. Die Steuerimpulse werden dem elektronischen Schaltgerät zugeleitet, in dem unter anderem auch eine Steuerung des Schließwinkels stattfindet. Auch wird dort die Versorgungsspannung relativ konstant gehalten.

Umgang mit der Transistor-Spulenzündung

Das im Motorraum sofort ins Blickfeld geratende Schild mit der Aufschrift »Achtung! Leistungsgesteigertes Zündsystem, gefährliche Hoch- und Niederspannung« weist eindringlich darauf hin, daß bei Arbeiten an der Anlage Unfallgefahr besteht. Grundsätzlich sollen bei laufendem Motor keinerlei Handgriffe an der Zündanlage vorgenommen werden. Auch bei eingeschalteter Zündung treten gefährliche Spannungen auf, besonders im Bereich der Klemmen 1, 4 und 16 am Kabelbaum, am Diagnosestecker, am Anschluß des möglicherweise vorhande-

Die kontaktlose Zündanlage besteht im wesentlichen aus diesen Teilen:
1 – Steuergerät,
2 – Zündspule, 3 – Vorwiderstände, dazu gehört der im unteren Bild gezeigte Zündverteiler. Bei laufendem Motor darf man wegen gefährlicher Spannungen nicht mit Teilen und Anschlüssen dieser Anlage in Berührung kommen. Das gilt auch bei eingeschalteter Zündung.

nen Drehzahlmessers sowie an den Zündkerzen. Die Zündung ist auszuschalten oder die Batterie ist abzuklemmen, wenn Teile der Zündanlage (auch die Zündkerzen gehören dazu!) ausgewechselt werden sollen.
Bei Reparaturen ist darüber hinaus zu beachten, daß einzelne Kabelanschlüsse, die über keinen Formstecker verfügen, nicht verwechselt werden. Beispielsweise hat ein verpolter Anschluß der Geberleitung beim Vierzylindermotor zur Folge, daß er wegen starker Verschiebung des Zündzeitpunktes in Richtung »früh« nicht anspringt. Der Sechszylindermotor dagegen könnte doch anspringen, aber wegen zu viel Frühzündung nimmt er dann Schaden.
Bei falschem Anschluß der Batterie besteht die Gefahr, daß die Elektronik im Schaltgerät zerstört wird, wenn der Irrtum nicht innerhalb weniger Sekunden entdeckt und rückgängig gemacht wird. Wenn die Klemme 16 am Schaltgerät oder die Klemme 1 der Zündspule versehentlich mit Masse in Berührung kommen, ist kein Zündbetrieb möglich, weil dann durch die Zündspule ein zu starker Primärstrom fließt, allerdings ohne Beschädigung der Spule.
Erfahrungsgemäß kann es durch oben in der Verteilerkappe hängen gebliebenen Kohlestift zu Störungen im Motorlauf, auch zum Startversagen, kommen. Bis die Verteilerkappe ersetzt werden kann, macht man den Kohlestift durch Hin- und Herziehen wieder gängig.

Zündanlage auf Zustand prüfen

Pflegearbeit Nr. 18

Unter dieser Arbeit versteht man bei Daimler-Benz eine lückenlose Beurteilung der Funktionsbereitschaft der Zündanlage, unter Zuhilfenahme eines Oszillographen. Dieser läßt auf einem Bildschirm charakteristische Kurven und Linien

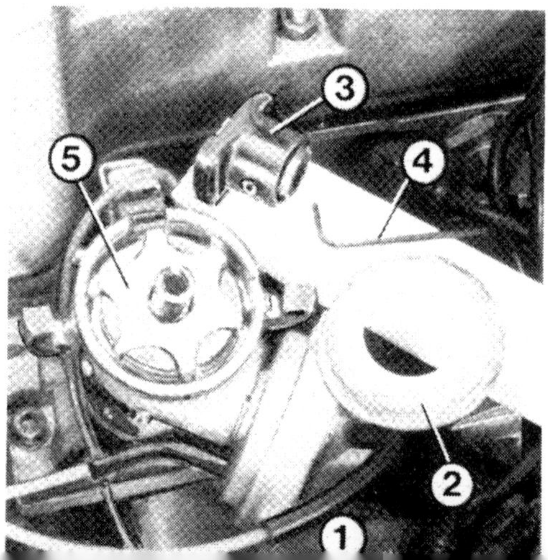

Die Kappe (1) wird in konventioneller Art von zwei Klammern auf dem Zündverteiler mit Induktionsgeber festgehalten. Nach Lockern der Innensechskantschraube mittels Inbusschlüssel SW 2,5 (4) läßt sich der Verteilerläufer (3) von der Welle abziehen, was immerhin als zusätzlicher Diebstahlschutz einmal ratsam sein kann. Schraube nicht völlig herausdrehen, weil sie sich wegen der Beweglichkeit ihres Sitzes, der zugleich als Führung für die Verteilerwelle dient, nur schwer wieder befestigen läßt. Unter dem Läufer sitzt noch die – hier ebenfalls entnommene – Kappe (2), die als Staub- und Feuchtigkeitsschutz über dem Impulsgeberrad (5) liegt, das auch Induktionsgeber genannt wird. Das Bild zeigt den Verteiler für das Sechszylindermodell 250.

erscheinen, die über die Arbeitsweise und den Zustand der Zündspule, des Kondensators, der Unterbrecherkontakte, der Entstörstecker, der Zündkerzen, der Zündkabel, kurz gesagt aller Bauteile einschließlich der Lichtmaschine Aufschluß geben. Für zahlreiche mögliche Störungen liegen den Werkstätten Oszillographenbilder zum Vergleich vor, die ein rasches Erkennen fehlerhafter Funktionen erlauben. Die Aussagekraft solcher in kurzer Zeit erstellbarer Anzeigen sind anderweitig nur durch langwierige Prüfungen der einzelnen Aggregate zu ersetzen, die selbstverständlich zu höherem Rechnungsbetrag führen.
Es handelt sich also um Diagnosen, die in Eigenpflege nicht vorgenommen werden können. Außer dem Mercedes-Service verfügen auch Bosch-Dienste über entsprechende Prüfgeräte. Sollte in einer Werkstatt, die in Anspruch genommen werden muß, kein Oszillograph und daran geschultes Personal zur Verfügung stehen, können die Widerstände der einzelnen Zündkreise ersatzweise mittels Ohmmeter geprüft werden. Als Prüfwerte gelten dann: Zündverteiler – Läufer: 5 kΩ (Kilo-Ohm), Entstörstecker – Zündverteiler 1 kΩ, Entstörtstecker – Zündkerzen 5 kΩ.
In eigener Regie kann man den hier angesprochenen Wartungspunkt aber doch in etwa erfüllen, indem man sich bemüht, die Zündanlage durch Einhaltung der in den hier vorstehend genannten Wartungsarbeiten in guter Funktion zu halten. Damit ist schon sehr viel gewonnen. Trotzdem auftretende Unstimmigkeiten, die man mit ein wenig Aufmerksamkeit und nach einer gewissen »Erfahrung« mit dem Fahrzeug vielleicht im Motorlauf entdeckt und die auf Fehler in der Zündanlage schließen lassen, können in der Werkstatt beseitigt werden. Dazu ist es hilfreich, wenn man die gemachten Beobachtungen der Werkstatt klar mitteilt.

Die Zündkabel

Zündkabel mit einer dicken Kupferlitze erfüllen ihre Aufgabe am besten. Wegen der vorgeschriebenen Funkentstörung haben sich aber manche Autohersteller Zündkabel mit einer Nylonseele anstelle von vernünftigen Metallfäden einfallen lassen. Solche in gewissem Maße störanfällige Widerstands-Zündleitungen mit graphitierten Nylonfäden findet man im Mercedes nicht.

Die Zündkerzen

Normalerweise hat man mit den Zündkerzen kaum Ärger, obwohl sie innerhalb der Zündanlage am meisten aushalten müssen. Aber eine fehlerhafte Zündkerze stellt jede noch so gute Funktion der Zündanlage in Frage, auch dann, wenn sie den richtigen Wärmewert besitzt. Aus Gründen der Vorsorge empfiehlt daher Daimler-Benz, die Zündkerzen alle 15 000 km zu wechseln. In einer gut gewarteten Zündanlage können Zündkerzen freilich zumindest das Doppelte dieser Laufzeit anstandslos arbeiten und es reicht dabei aus, gelegentlich ihren Elektrodenabstand zu prüfen, der bei allen Motoren 0,6 mm betragen soll.

Zündkerzen erneuern

Pflegearbeit Nr. 13

In der Werkstatt werden Zündkerzen ohne Auftrag nach Inspektionsplan gewechselt. Sollte man vorher selbst neue Kerzen eingesetzt haben, muß man das unbedingt vermerken lassen. Im Kaufhaus sind Zündkerzen überdies etwas billiger. Die Werkstatt berechnet zudem auch noch das Auswechseln.
Man schraubt die Zündkerzen mit einem Kerzenschlüssel SW 21 aus dem Motor. Beim Einschrauben sollen sie eigentlich mit einem bestimmten Anzugsmoment festgedreht werden, doch kann man den dazu nötigen Drehmomentschlüssel durch Einhalten folgender Empfehlungen entbehren: Kerze von Hand so weit in das Gewindeloch schrauben, bis sie sich nicht mehr weiterdrehen läßt (und der Dichtring anliegt). Dann mit dem Kerzenschlüssel eine Vierteldrehung anziehen, was etwa dem vorgeschriebenen Drehmoment von 25–30 Nm (2,5–3,0 kpm) entspricht.

Fingerzeig: *Bei heißem Motorblock niemals kalte Zündkerzen zu fest einschrauben. Nach Erwärmung der Zündkerzen sitzt diese wie eingenietet fest. Das Zündkerzengewinde darf vor dem Einbau keinesfalls geölt werden, um es besser gängig zu machen. Öl würde verkohlen und die Zündkerze im Gewinde festbacken. Statt dessen mit einem Bleistift Graphit auf das Gewinde schaben.*

Richtiger Zündkerzentyp

Die Modelle 200 und 230 werden serienmäßig mit den Kerzen Beru D 200/14/3A (entsprechend RS 35) und Bosch W 200 T 30 (entsprechend W 7 DC) ausgerüstet, das Modell 250 nur mit den Kerzen Beru D 200/14/3A und Bosch W 200 T 30. Alle diese Kerzen haben das Gewinde M 14x1,25 und eine Einschraublänge von 19 mm.

Sollte der Mercedes hauptsächlich im Stadtbetrieb oder Kurzstreckenverkehr (etwa auf Baustellen oder an Wintersportplätzen) eingesetzt werden, empfiehlt Daimler-Benz die »Stadtkerzen« W 145 T 30 (entsprechend W 8 D). Sie sind nach bisheriger Kundendienstmeinung allerdings nur für Geschwindigkeiten bis höchstens 140 km/h einsatzbereit.

Die richtige Pflichterfüllung einer Zündkerze hängt in erster Linie von ihrem Wärmewert ab. Da die verschiedenen Kraftfahrzeugmotoren sehr unterschiedliche Temperaturen in ihren Verbrennungsräumen entwickeln (Motoren mit hoher Verdichtung und hoher Leistung erzeugen mehr Hitze als gemütliche Durchschnittsmotoren), kann man nicht jede Zündkerze in jeden Motor einsetzen. Sie muß auf die vom Motor erzeugte Hitze abgestimmt sein. Diese Eigenschaft wird durch den Wärmewert gekennzeichnet, der bei den Standard-Zündkerzen von Beru und Bosch einheitlich angegeben wird, z. B. mit 200 oder 225. Je höher diese Zahl ist, um so mehr Hitze kann die Zündkerze ableiten, um selbst nicht zu heiß zu werden. Bei »kälter« arbeitenden Motoren darf man aber auch keinen zu hohen Wärmewert wählen, denn dann wird von der Zündkerze zuviel Wärme abgeleitet und sie hat nicht ihre günstige Betriebstemperatur, die zur sogenannten »Selbstreinigung« von Verbrennungsrückständen notwendig ist und an den Elektroden bei 800° C liegt. Aber nicht bei allen Zündkerzen ist dieser Wärmewert so offensichtlich angegeben.

Zündkerzen prüfen

Das Reinigen der Zündkerzen mit Stahl- oder Messingbürsten und Kratzen mit scharfen Gegenständen hat keinen Reinigungswert, sondern schadet der Zündkerze. Am besten wird die Kerze gar nicht gereinigt. Zündkerzen können auch in einem speziellen Gerät gereinigt werden. Dabei werden feine Glasperlen oder Sand gegen den Isolator und die Elektroden gestrahlt. Außerdem kann die Kerze noch unter hohem Druck geprüft werden, was etwa den Verhältnissen bei Kompression im Zylinder entspricht. Eine herausgeschraubte, mit dem Kerzenstekker verbundene und bei Motorleerlauf gegen Masse gehaltene Zündkerze sagt nichts darüber aus, ob sie den dabei gezeigten Funkenüberschlag auch im Brennraum zustande bringt. Im freien Raum ist die Funkenbildung einfacher. Doch das Reinigen und Prüfen lohnt sich nur bei neuwertigen Kerzen, andernfalls kommt die Arbeitszeit in der Werkstatt teurer als ein Satz vielleicht ohnehin fälliger neuer Zündkerzen.

Mit einer Zündkerzenlehre (beispielsweise von Champion) kann man den Elektrodenabstand sehr genau nachmessen. Die keilförmige, sich verdickende Kante der Lehre wird zwischen die Elektroden der Kerzen geschoben und an der Stelle, wo sie sich nicht weiter verschieben läßt, ist das Maß abzulesen, Bei Abweichungen wird die hakenförmige äußere Elektrode entsprechend nachgebogen (zu enger Abstand: vorsichtig mit Schraubenzieher oder Taschenmesser abwinkeln; zu weiter Abstand: den Griff dieses Werkzeugs leicht gegenklopfen).

Das Zündkerzengesicht

Aussehen und Färbung der Kerzenelektroden lassen Rückschlüsse auf Zünd- und Vergasereinstellung, Wärmewert der verwendeten Kerze sowie Einsatzbedingungen des Wagens (Fahrweise) zu. Das »Kerzengesicht« sagt aus:

- Mittelbraun bis mittelgrau: Gute Vergasereinstellung, Zündkerzen und Motor arbeiten richtig.
- Schwarz: Vergaser zu fett eingestellt oder Zündkerze durch überwiegenden Kurzstreckenbetrieb zu kalt. Evtl. »Mehrbereichs-Wärmewert«-Zündkerzen probieren, wenn Vergasereinstellung stimmt. Falls nur bei einem Zylinder, mangelhafte Kompression.
- Silbrig: Zündkerze wird zu heiß durch zuviel Frühzündung oder scharfe Langstreckenfahrten. Evtl. Zündkerzen mit niedrigerem Wärmewert nehmen.
- Hellgrau: Vergaser zu mager eingestellt.
- Verölt: Zündkerze setzt aus. Evtl. Kolbenringe undicht; wenn bei allen Zündkerzen, Fehler in der Zündanlage.

Radio-Störungen

Die in den Mercedes-Modellen ab Werk zum Einbau gelangenden Radios bieten durch umfangreiche Maßnahmen einen entstörten Empfang. Bei nachträglichem Einbau eines anderen Radios muß der Daimler-Benz-Kundendienst ermitteln, ob für das neue Gerät weitere oder andere Entstörmittel notwendig werden. Auskünfte erteilen auch die Blaupunkt-Werke GmbH, Robert-Bosch-Straße 200, 3200 Hildesheim, und die Kundendienstabteilung der Robert Bosch GmbH, Robert-Bosch-Platz 1, 7016 Gerlingen-Schillerhöhe.

Einen Störenfried, der den Radioempfang behindert, kann zuverlässig nur eine Fachwerkstatt herausfinden. Dort prüft man die der Entstörung dienenden Bauteile der Reihe nach durch provisorischen Einbau von Neuteilen. Das geht schneller als die Teile auf Defekt zu untersuchen. Alle Entstörmittel müssen einen guten Massekontakt besitzen. Auch die Antenne muß zwischen ihrer Anlagefläche und der Karosserie tadellosen Kontakt haben; bei einer Reparatur ist die eventuell verrostete Anlagefläche nach dem Anbau der Antenne wieder gegen Rostbefall zu schützen.

Auch als Laie kann man zur guten Funktion des Autoradios beitragen. Wesentlichen Einfluß auf den Empfang haben Einbaustelle, Gestalt und Qualität der Antenne. Sie soll auf der von Zündspule und Verteiler abgewendeten Seite der Karosserie angebracht und das Antennenkabel muß zwecks Entstörung zuverlässig abgeschirmt sein. Wenn man die Antenne nicht richtig bis zum Anschlag herausgezogen hat, macht das Radio wenig Freude.

Manche Leute klagen über störende Geräusche beim Abspielen schon älterer Kassetten. Zunächst sollte man die Kassetten nicht lose im Wagen herumliegen lassen, sondern vor Staub und Zigarettenrauch geschützt unterbringen. Gelegentlich muß aber trotzdem der Tonkopf des Gerätes gesäubert werden. Dazu bietet die Industrie besondere Reinigungsbänder an, die man ablaufen läßt. Da diese den Staub jedoch auch an die Seiten des Tonkopfes verschieben und dort »stapeln«, erfüllt ein in Spiritus getauchter Tupfer die Reinigungsaufgabe noch besser.

Schutz vor Diebstahl

Eine einfache, aber wirkungsvolle Sicherung ist es, den Verteilerläufer abzuziehen und mitzunehmen. Man kann auch statt des Hauptzündkabels ein ähnlich aussehendes Kabel in die Buchse der Zündspule stecken und das andere Drahtende an Masse legen. Eine weitere Überlistung besteht in einem zusätzlichen Kabel an Verteilerklemme 1, das man über einen an geheimer Stelle angebrachten Kippschalter und von dort an Masse führt; in Stellung »Aus« des Schalters läßt sich der Motor starten.

Voraussicht

Im Interesse der Sicherheit muß man im Straßenverkehr – zumal bei Dunkelheit – sehen können und gesehen werden. Der Autofahrer ist für alle Leuchten am Wagen selbst verantwortlich. Man kann sich aber auf die stets richtige Funktion der Beleuchtungsanlage nicht grundsätzlich verlassen, weil Glühlampen eine begrenzte Lebensdauer haben.
Ein entsprechender Defekt läßt sich meist mit nur wenigen Handgriffen beheben. Wie im Kapitel »Elektrische Leitungen und Sicherungen« beschrieben, können daneben auch andere Ursachen zum Ausfall einer Leuchte führen.

Sicherheit durch Licht

Eine defekte Leuchte macht das Auto zur Gefahrenquelle, gleichgültig, ob es sich dabei um Standlicht oder Bremslicht oder um eine der anderen Beleuchtungseinrichtungen handelt. Wer mit nur einem brennenden Scheinwerfer daherkommt, dessen Auto wirkt auf den Gegenverkehr wie ein Motorrad. Das gleiche gilt für die Rückleuchten. Bedrohlich wird es, wenn das Licht vorne links am Wagen erloschen ist. Sollte man in diesem Fall wirklich keine Reservelampe zur Verfügung haben, dann setzt man wenigstens die noch intakte Birne von der rechten ausgebauten Lichtquelle in die linke. So ist – bei unserem Rechtsverkehr – zumindest die der Fahrbahnmitte zugewendete Seite des Wagens für den Gegenverkehr gesichert. Aber dann muß man wirklich zur nächsten Werkstatt oder Tankstelle fahren.
Sollte unterwegs wegen einer nicht funktionierenden Leuchte die Polizei zum Anhalten auffordern, wird man nur dann ohne Strafmandat davonkommen, wenn die Ersatzbirne griffbereit ist. Ein so vorsorglicher Autofahrer ist nach der Rechtssprechung glaubwürdig, wenn er behauptet, die Lampe müsse »gerade eben« durchgebrannt sein. Dafür kann er nicht verantwortlich gemacht werden.
Die Lichtstärke kann bei ungünstiger Witterung durch verschmutzte Streuscheiben bis zur Hälfte der ursprünglichen Helligkeit abfallen. Wenn der Merce-

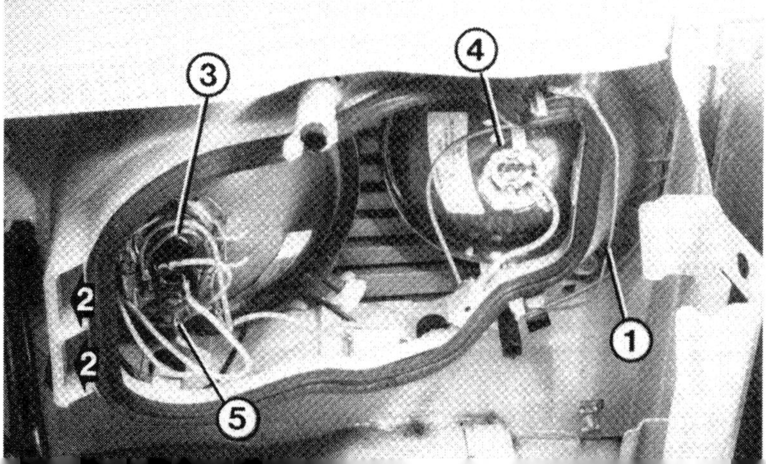

Scheinwerfer-Einheit links ohne Abdeckung. Die Abdeckung wird entnommen, indem man den Verschlußbügel (1) nach innen schwenkt und danach die Abdeckung aus der Halterung (2) herauszieht. 3 – Abblendlicht- und Fernlichtscheinwerfer, 4 – Nebelscheinwerfer, 5 – Standleuchte.

des nicht mit einer Scheinwerfer-Reinigungsanlage ausgestattet ist, muß man immer für saubere Scheinwerfergläser sorgen. Das gleiche gilt für die anderen Außenleuchten am Wagen und bei den Rückleuchten soll man sich nicht völlig auf ihre speziell profilierten Deckgläser verlassen, deren mit Sicken versehene Oberflächen am Heck gegen Verschmutzung wenig empfindlich sind.
Schließlich behindern noch beschlagene Reflektoren und geschwärzte Glaskolben der Glühlampen eine optimale Lichtausbeute. Halogen-Lampen bekommen manchmal einen weißlichen Kolben; eine solche Lampe hat Luft gezogen und das mindert ebenfalls die Lichtstärke. Weiterhin führen oxydierte Kabelverbindungen zu Spannungsabfall.

Ersatzlampen-Vorrat

Praktische Lampenkästchen von Osram und Philips, die vorsortierte Ersatzlampen als Vorrat enthalten, bekommt man beim Zubehörhandel oder in Kaufhäusern. Tankstellen bieten oft weniger preiswerten Einkauf. Wir lassen eine Aufstellung der Lampen aller äußeren Beleuchtungseinrichtungen folgen, die für alle hier beschriebenen Modelle gültig ist. Selbstverständlich handelt es sich dabei um Lampen mit 12 Volt Spannung.

Hauptscheinwerfer		
Konventionelle Scheinwerfer:	Zweifadenkugellampe	45/40 Watt
Halogen-Scheinwerfer:	H 4-Lampe	60/55 Watt
Nebelscheinwerfer		
Konventionelle Scheinwerfer:	Kugellampe	35 Watt
Halogen-Scheinwerfer:	H 3-Lampe	55 Watt
Standleuchten	Kugellampe	4 Watt
Blinkleuchten vorn	Kugellampe	21 Watt
Blinkleuchten hinten	Kugellampe	21 Watt
Schlußleuchten	Kugellampe	10 Watt
Bremsleuchten	Kugellampe	21 Watt
Rückfahrleuchten	Kugellampe	21 Watt
Nebelschlußleuchte	Kugellampe	21 Watt
Kennzeichenleuchte	Sofittenlampe	5 Watt

Die Innenraumleuchten und die Kofferraumleuchte sind mit 10-Watt-Soffittenlampen bestückt, in der Handschuhkastenleuchte sitzt eine Soffitte mit 5 Watt.

Funktion aller Leuchten prüfen

Teil der Pflegearbeit Nr. 43

Ohne fremde Hilfe kann man die einzelnen Lampen der Außenbeleuchtung vor einer Wand prüfen und kontrollieren, ob zwei Lichtflecke nebeneinander vorhanden sind. Wenn ja, brennen beide Scheinwerfer, und durch Auf- und Abblenden erhält man zugleich Gewißheit über die Funktion von Fern- und Abblendlicht. Diese Methode kann man auch bei den vorderen Blinkern anwenden. Wenn man den Wagen dann wendet und rückwärts dicht an die gleiche Wand heranfährt, hat man mit Hilfe des Innenspiegels in gleicher Weise die Möglichkeit, das Aufleuchten aller hinteren Leuchten (auch des Bremslichtes) zu beobachten. Beim Einlegen des Rückwärtsganges müssen die Rückfahrleuchten brennen.
Die Lampe einer ausgefallenen Leuchte muß nicht unbedingt defekt sein, manchmal ist auch trotz intakter Sicherung die Stromzufuhr irgendwo gestört. Dann brennt vielleicht auch die neue Birne nicht, weil Lampenfassung oder Kabelverbindungen keinen Strom weiterleiten. Das kann bei einem schon älteren Wagen vorkommen.
Abhilfe: Birne bei eingeschaltetem Schalter leicht hin- und herdrehen; flackert sie auf, Strom ausschalten und Lampenfassung und inwendige Kontaktzungen mit Taschenmesser vorsichtig blank schaben. Gleiches Verfahren bei der entsprechenden Schmelzsicherung (welche zuständig ist, kann im Kapitel »Elektrische Leitungen und Sicherungen« nachgesehen werden). Bleiben beide Versuche erfolglos, kann nur eine Kabelverbindung lose oder oxydiert sein. Beim Verfolgen der Kabel sind die Schaltpläne hinten in diesem Buch behilflich.

Bei dieser Gelegenheit kann man gleich die Kontrollampen im Kombiinstrument nachprüfen. Beim Einschalten des Standlichts, des Fernlichts, der Blinker, der Warnlichtanlage, der Zündung, der heizbaren Heckscheibe und beim Treten der Feststellbremse müssen die entsprechenden Kontrollichter aufleuchten.
Das Auswechseln von Glühbirnen, von einer Werkstatt vorgenommen, wird von dieser auch – neben dem Glühlampen-Neupreis – berechnet.

Scheinwerfereinstellung überprüfen

Für die Einstellung sind einige Vorbereitungen zu treffen: Der Luftdruck der Reifen ist zu prüfen und gegebenenfalls richtigzustellen. Der Wagen muß mit einer Person oder 70 kg auf dem Rücksitz belastet werden, der Tank ist zu füllen und Reserverad, Werkzeug und die sonst im Betrieb auch mitgeführten Ausrüstungsteile sind im Wagen unterzubringen. Danach rollt man das Auto langsam auf den Einstellungsplatz und betätigt die Feststellbremse möglichst nicht, um keine Änderung der Federeinstellung hervorzurufen. Bei Fahrzeugen mit Niveau-Regulierung läßt man den Motor ca. 30 Sekunden mit mittlerer Drehzahl laufen und rollt dann den Wagen aus. Bei den bis 1979 gebauten Wagen muß die Scheinwerfer-Höhenverstellung auf »normal« eingestellt sein (Bild Seite 205). Die danach gebauten Modelle haben pneumatische Leuchtweitenregulierung: Der Regulierschalter in der Mittelkonsole muß in Grundstellung »0« stehen, und statt auf dem Rücksitz muß eine Person auf dem Fahrersitz Platz nehmen.
Für eine genaue Einstellung benötigt man eine senkrechte glatte Wand, beispielsweise in der Garage. Man rollt den Wagen bis dicht vor die Wand und kennzeichnet auf dieser die Mittelpunkte der Scheinwerfer. Werden die Punkte durch eine Linie verbunden, muß dieselbe waagerecht sein. Danach ist der Mercedes um 10 m auf gleicher waagerechten Ebene zurückzuschieben.
Wenn das Abblendlicht (äußere Scheinwerfer) eingeschaltet wird, müssen die durch das asymmetrische Licht erzeugten Knickpunkte 10 cm unterhalb der vorher eingezeichneten Markierungspunkte erscheinen. Der von den beiden Mittelpunkten nach rechts ansteigende Lichtwinkel hat etwa 15° zu betragen. Stimmen die Lichtgrenzen nicht, ist die Stellung der Scheinwerfer entsprechend zu verändern. Da Abblend- und Fernlicht von demselben Scheinwerfer ausgestrahlt werden, bezieht sich diese Einstellung zugleich auf das Fernlicht.
Das Einstellen geschieht mittels der im Motorraum zugänglichen Sechskantschrauben, die im Bild unten gezeigt sind. Grundsätzlich dient die obere Stellschraube für die Höheneinstellung der Einheit Abblend-Fernlicht-Scheinwerfer und Nebelscheinwerfer, die beiden unteren, seitlich der Einheit angeordneten Stellschrauben gehören jeweils zu ihrem besonderen Scheinwerfer und sind für die Seiteneinstellung derselben da.

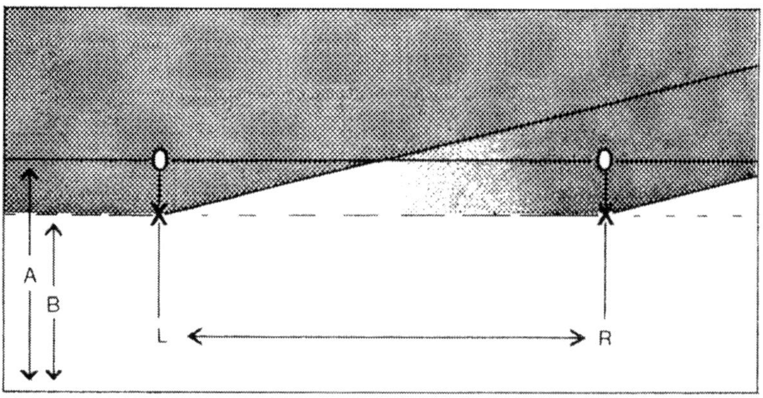

Von der Wand, auf der Sie die im Text beschriebenen Markierungen zum Einstellen der Scheinwerfer anbringen, müssen Sie etwas über 13 m ebene Fläche haben, damit auch die Hinterräder des Wagens noch darauf stehen, wenn das Auto 10 m zurückgerollt wird. Die beiden senkrechten Linien L und R zeigen die Entfernung der beiden Scheinwerfer voneinander, die bei O in einer Waagerechten in der Höhe A zu markieren sind. Danach rollt man das Auto 10 m von dieser Wand zurück, wo jetzt das Abblendlicht in der Höhe B (= 10 cm unter der Höhe A) erscheinen soll. An den Knickpunkten X verläuft die Hell-Dunkel-Grenze des asymmetrischen Lichtes.

Daraus ergibt sich, daß jeweils eine Scheinwerfereinheit so eingestellt werden muß, daß die beiden Leuchten in einem Arbeitsgang überprüft werden. Nach der Einstellung des Abblendlichts wird das Nebellicht eingestellt und anschließend muß das Licht des ersteren nochmals überprüft und eventuell korrigiert werden. Auch beim Nebellicht muß in 10 m Entfernung die Mitte des Lichtbündels 10 cm unterhalb der markierten Mitte des Nebelscheinwerfers erscheinen.

Höhenverstellung bei Belastung

Die Scheinwerfer lassen sich bis 1979 unabhängig von der Grundeinstellung in zwei Positionen einstellen, die man nach dem Belastungszustand des Wagens wählt. Bei stark belastetem Auto senkt sich das Hinterteil der Karosserie derart, daß der Lichtschein des Abblendlichts nicht mehr im vorgeschriebenen Winkel auf die Straße fällt. An den im Motorraum zugänglichen Scheinwerfern sitzen die Hebel für die Korrektureinstellung auf den Schrauben der Höheneinstellung. Somit wirkt sich die Einstellung sowohl auf die Hauptscheinwerfer mit Abblend- und Fernlicht wie auch auf die Nebelscheinwerfer aus. Unterhalb des Handverstellhebels, auf der Scheinwerferabdeckung, sind die Worte »Normal« und »Bei Hecklast« als Markierung zum Ausrichten für die Leuchtweitenregulierung aufgeprägt.
Von August 1979 an sind alle Modelle mit einer pneumatischen Leuchtweitenregulierung ausgestattet. Sie wird über den Regulierschalter in der Mittelkonsole betätigt. Bei Limousinen und Coupés ohne Niveauregulierung kann die Leuchtweite in 3 Stufen nach unten korrigiert werden, bei Wagen mit Niveauregulierung und bei den T-Modellen ist dazu noch eine zusätzliche Verstellmöglichkeit nach oben (bei voll besetzter Fondsitzbank) gegeben.

Scheinwerfergläser

Durch Steinschlag oder Unfall können die Scheinwerfergläser zerstört werden. Ein defektes Glas sollte umgehend ersetzt werden, solange die Reflektoren durch Witterungseinflüsse noch nicht Schaden genommen haben.
Beim Kauf eines neuen Scheinwerferglases ist der Hersteller der Scheinwerfereinheit (Bosch oder Hella) anzugeben und zu berücksichtigen, ob es sich um konventionelles oder Halogen-Licht handelt. Die Gläser haben entsprechend unterschiedliche Ersatzteilnummern.
Zum Auswechseln des Glases ist zunächst die Blinkleuchte, danach die Scheinwerfer-Leuchteinheit auszubauen. Die Befestigungsklammern für das Scheinwerferglas lassen sich mit einem schmalen Schraubenzieher abdrücken und können nach Einsetzen des neuen Glases wieder verwendet werden.
Bei Reisen in Ländern mit Linksverkehr blendet das für Rechtsverkehr eingerichtete asymmetrische Abblendlicht den Gegenverkehr. Beim Grenzübertritt müssen deshalb die Prismensektoren auf den Scheinwerfergläsern mit in entsprechender Form ausgeschnittenen Klebestreifen abgedeckt werden.

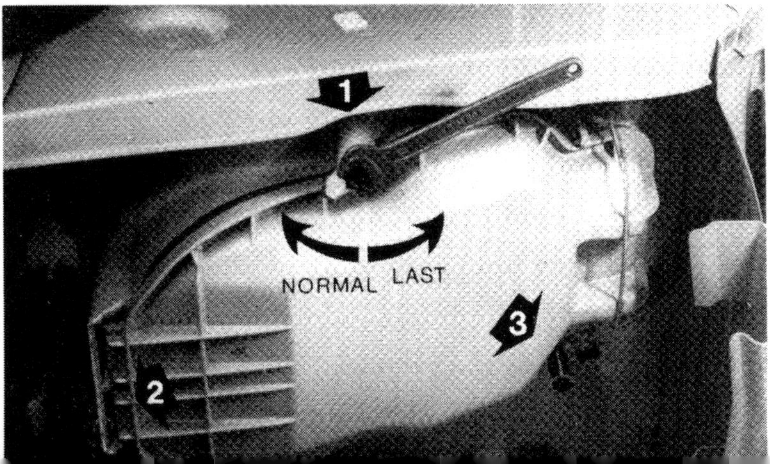

Einstellschrauben der linken Scheinwerfer-Einheit: 1 – Schraube für Scheinwerfer-Höhenverstellung, 2 – Schraube für Scheinwerfer-Seitenverstellung, 3 – Schraube für Nebelscheinwerfer. Die Schrauben sind mittels Schlüssel SW 11 zu bedienen. Oben, an der Schraube – 1 –, befindet sich bis 1979 auch der Hebel für die Leuchtweitenregulierung. Bei stark beladenem Wagen soll der Hebel in Richtung Last gedreht werden.

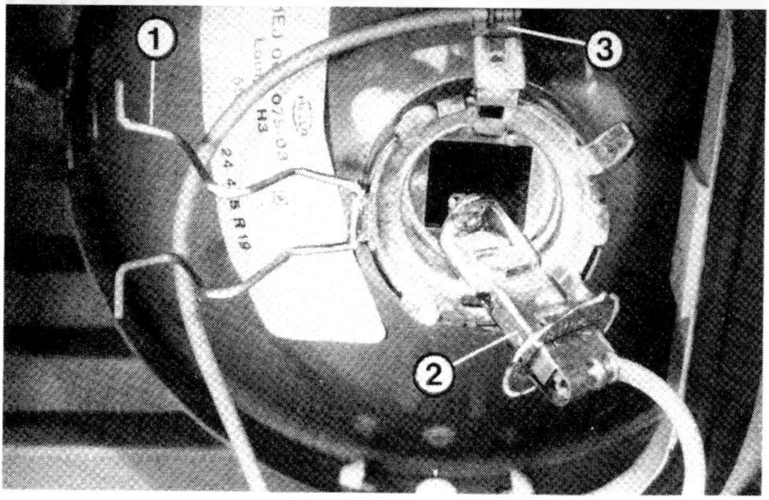

Das Auswechseln der Halogen-Lampe des Nebelscheinwerfers geschieht ähnlich wie beim Hauptscheinwerfer: Klammer (1) aushaken und Lampe (2) entnehmen. Diese H-3-Lampe ist direkt mit einem Kabel verbunden, dessen Ende aus dem Steckkontakt gezogen werden muß. Das Massekabel (3) besitzt eine gleichartige Steckverbindung.

Lampenwechsel

Scheinwerfer: Abblend- und Fernlicht, Standlicht, Nebellicht

In der Grundausstattung besitzen alle Modelle bis Frühjahr 1977 Scheinwerfer für konventionelle Lampen (Kugellampen). Auf Wunsch gab es die Wagen auch mit Halogen-Scheinwerfern, die für jene Art von Lampen mit höherer Lichtleistung eingerichtet sind und auch über Streuscheiben mit anderer Riffelung verfügen. Ab dem genannten Datum sind alle Modelle mit Halogen-Scheinwerfern ausgerüstet. Diese Unterscheidung von »konventionell« und »Halogen« bezieht sich auf die komplette Scheinwerfereinheit mit Abblend-, Fern- und Nebellicht. In der einen wie in der anderen Version werden Abblendlicht und Fernlicht von einer einzigen Lampe mit zwei getrennten Glühfäden ausgestrahlt. Falls nur ein Faden einer solchen Zweifaden- oder »Bilux«-Lampe ausgefallen ist, also nur Fernlicht oder Abblendlicht brennt, muß die Lampe ersetzt werden. Denn der Defekt wird kaum an der Stromzufuhr liegen. Brennen beide Fäden nicht: Kein Massekontakt oder Ansteuerung defekt oder Lampe völlig geschädigt.

Die Lampen der Scheinwerfer sind zugänglich, wenn man im Motorraum den an der Innenseite der Scheinwerferabdeckung eingerasteten Verschlußbügel in Richtung Kühler drückt. Dann läßt sich die Abdeckung aus ihrem Sitz schwenken und am äußeren Rand aus der Halterung nehmen.

Die Abblend- und Fernlichtlampe in konventioneller Art wird entnommen, indem man den Kabelstecker vom Lampensockel abzieht, den Lampenhalter etwas andrückt, nach links dreht und aus dem Sitz ausrastet. Beim Einsetzen der neuen Lampe achte man auf die am Rand des Lampensockels angebrachten Aussparungen, die – wie ein Schlüssel in sein Schloß – nur in einer Richtung in die Fassung passen. Dabei befindet sich die mittlere Kontaktzunge des Lampen-

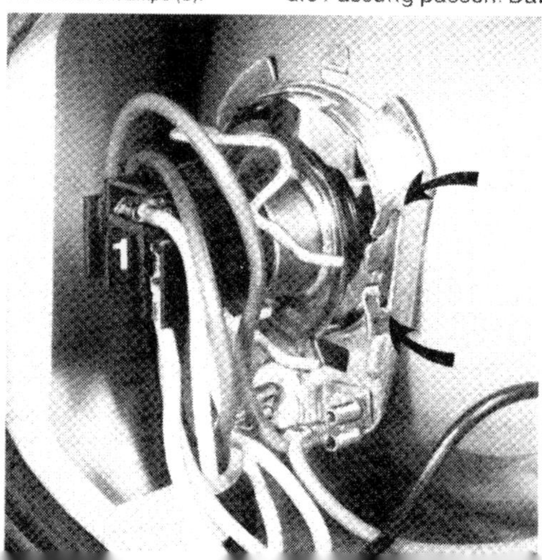

Zum Auswechseln der Lampe für Abblend- und Fernlicht zunächst den Stecker (1) vom Lampensockel abziehen. Dann die federnden Klammern aushängen (Pfeile) und zur Seite schwenken. Lampe (2) entnehmen. Glaskolben der neuen Lampe nicht berühren! Unterhalb der Fassung für diese Lampe sitzt in einer besonderen Halterung die Standlichtlampe (3).

Zum Erneuern einer vorderen Blinklichtlampe wird im Motorraum die Rändelmutter (schwarzer Pfeil im Bild links) abgeschraubt. Am Gewindestift (schwarzer Pfeil im Bild rechts) drückt man das Gehäuse nach außen, Unterlegscheibe nicht verlieren! Der Lampenhalter ist aus der Fassung zu drehen, danach die Lampe entnehmen. Beim Einsetzen des Gehäuses sind die Zapfen (durchbrochene Pfeile) richtig in die Führungen einzubringen.

sockels oben. Ähnlich verhält es sich bei Halogen-Licht: die H 3-Lampe für Nebellicht wird von einem federnden Bügel gehalten, der sich aushängen läßt.
Die Lampe für Standlicht (und für Parklicht) sitzt unterhalb der eben erwähnten Abblend- und Fernlichtlampe im gleichen Reflektor. Bei konventionellen Scheinwerfern sitzt die Lampe in einem Halter, der in den Sitz eingerastet ist, bei Halogen-Scheinwerfern wird die Lampe nach Herausziehen ihres Halters in diesen hineingedrückt und gedreht und läßt sich dann entnehmen.
Die Nebellichtlampe in konventionellen Scheinwerfern wird von einer Haltefeder fixiert. Nach Lösen derselben nimmt man den Lampenhalter von seinem Sitz, drückt die Glühlampe darin nieder und kann sie nach Linksdrehen entnehmen. Die Halogen-Lampe dagegen besitzt ein mit dem Lampensockel fest verbundenes Kabelstück mit Steckkontakt am anderen Kabelende. Diese Verbindung trennen, den Haltebügel aushängen und die Lampe entnehmen.

Vorderes Blinklicht

Zum Lampenwechsel muß das Blinklichtgehäuse nach außen abgenommen werden. Dazu ist im Motorraum die seitlich am Innenblech befindliche Rändelmutter loszudrehen. Das Gehäuse wird nach vorn aus dem Karosserieumfang gedrückt und dadurch aus dem Halt von zwei Laschen befreit.
Das Blinklichtgehäuse kann zweierlei Bauarten von Lampenhaltern aufweisen: Entweder ist der Halter eingesteckt, dann zieht man ihn an der breiten Nase heraus. Oder er verfügt über eine Art Bajonettverschluß, der durch Drehen links herum gelöst wird. Nach Entnahme des Halters mit Lampe wird letztere in ihren Sitz gedrückt, nach links gedreht und herausgenommen.

Die rechte Heckleuchteneinheit der T-Modelle. Zum Lampenwechsel sind von innen zwei Hutmuttern (1) mittels Schraubenzieher abzuschrauben, dann läßt sich das Gehäuse (2) nach außen abziehen. Die Fassung (3) mit den drei Lampen ist zu entnehmen, wenn man gegen die Nase (4) oben am Sitz der Fassung drückt. Bei der linken Leuchte das Reserverad herausnehmen, anstelle der Hutmutter sind zwei Muttern SW 10 abzuschrauben.

Um eine der Lampen der Rückleuchten zu erneuern, sind im Kofferraum zwei Rändelmuttern abzuschrauben. Aus dem danach abgenommenen Lampenträger können die Lampen dann ohne weiteres entnommen werden. Die Kabelverbindung ist mit zwei Haken am Rand des Lampenträgers arretiert und jedes Kabel ist außerdem mit einer Schraube mit seinem Lampenkabel verbunden; normalerweise braucht man diese Verbindungen aber nicht zu trennen.

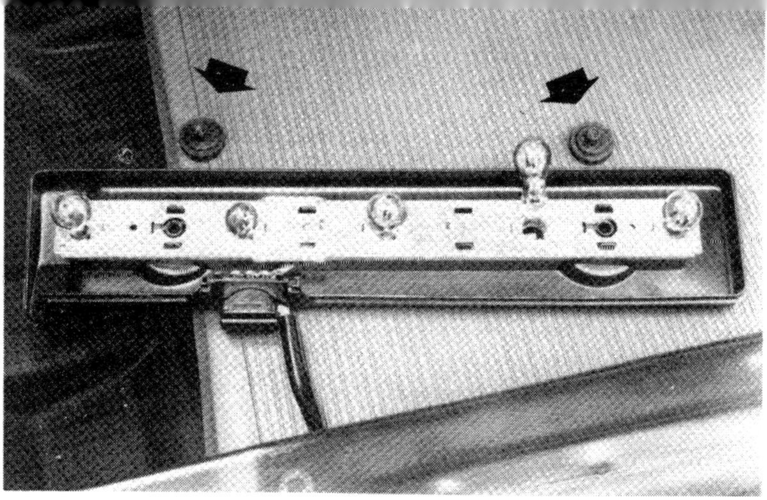

Bei abgebautem Blinklichtgehäuse ist zu beachten, daß die gezähnte Federscheibe auf dem Gewindestift für die Rändelmutter nicht verlorengeht. Sie sitzt zwischen Blinkleuchte und Gehäuse und darf mit der Rändelmutter nicht in Berührung kommen, da sich diese sonst nicht mehr lösen läßt. Wenn das Gehäuse wieder angebaut wird, sind die beiden Führungshaken an der Flachseite in die rechteckigen Halterungen einzubringen. Das Gehäuse muß von außen gut in die Karosserieaussparung gedrückt werden, zugleich schraubt man im Motorraum die Rändelmutter fest.

Rückleuchten

Die Heckleuchteneinheit bei Limousine und Coupé verfügt – von außen nach innen aufgezählt – über Blinkleuchte, Schlußleuchte (Parkleuchte), Bremsleuchte und Rückfahrleuchte, in der linken Einheit zudem noch über eine Nebelschlußleuchte. Zum Lampenwechseln Kofferraum öffnen. Dort werden zwei Rändelmuttern abgeschraubt, wonach sich der Lampenträger für alle Rückleuchten abnehmen läßt. Der Kabelverbinder braucht dabei nicht vom Lampenträger gelöst zu werden. Die Lampen sitzen auf einer gemeinsamen Platte und sie haben einen Bajonettverschluß: hineindrücken und nach links drehen, dann entnehmen.
Eine Rückleuchte der T-Modelle ist im Bild Seite 207 unten gezeigt.

Kennzeichenleuchten

Zur Beleuchtung des hinteren Kennzeichens dienen zwei Leuchten, die am Rand der Kofferraumhaube befestigt sind. Soll eine Lampe ersetzt werden, ist der Kofferraumdeckel zu öffnen. Zwei Kreuzschlitzschrauben zur Befestigung der

Die Kennzeichenleuchten sind am Rand des Kofferraumdeckels von unten angeschraubt. Nach Herausdrehen der beiden Schrauben zieht man die Lichtscheibe mit dem Gehäuse aus dessen Sitz. Die Soffittenlampe ist nur in den beiden Kontaktzungen eingeklemmt; vor dem Einsetzen einer solchen Lampe drückt man die Kontaktzungen etwas gegeneinander.

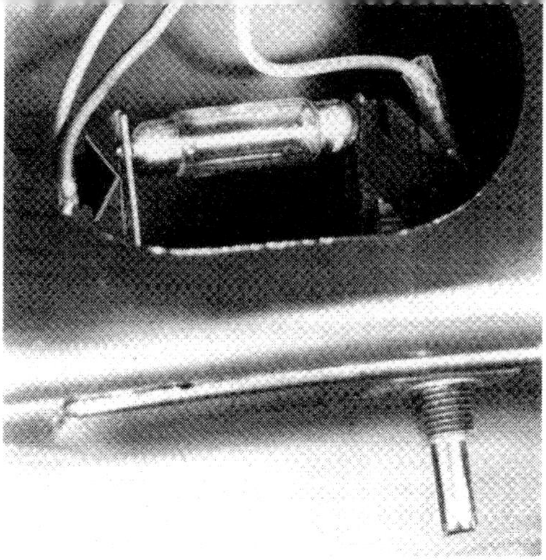

Die Kofferraumleuchte wird beim Öffnen des Kofferraumdeckels über den sich dann nachschiebenden Schalterstift eingeschaltet. Diese Soffittenlampe wird nur von der in Pfeilrichtung drückenden Kontaktzunge festgehalten. Wenn deren Klemmwirkung nachläßt, besteht die Möglichkeit, daß der Kontakt zur Lampe unterbrochen ist. Abhilfe: Lampe entnehmen, Kontaktzunge in Pfeilrichtung drücken und Lampe wieder einsetzen.

Leuchten werden herausgedreht, danach läßt sie sich an der Aussparung im Karosserieblech herausnehmen. Die Kabel bleiben angeschlossen.
Die Soffittenlampe ist zwischen zwei Kontaktzungen eingeklemmt. Vor dem Einsetzen der neuen Lampe biegt man die beiden Kontaktzungen etwas zueinander, damit die Lampe von ihnen stramm gehalten wird und zugleich eine gute Stromaufnahme gesichert ist. Sollten beide Lampen gleichzeitig ausgefallen sein und die zuständige Sicherung ist in Ordnung, besteht der Verdacht, daß der gemeinsame Masseanschluß – wahrscheinlich zur Lampe rechts – unterbrochen ist.

Innenleuchten

Die Innenleuchte ist in der Aussparung des »Himmels« nur festgeklemmt. Wenn man sie dort etwas nach links drückt und am rechten Rand mittels Schraubenzieher oder Taschenmesser von dem Sitz abhebt, kann man sie nach rechts herausziehen. Der Austausch der Lampe ist problemlos.
Wenn die Innenbeleuchtung nicht funktioniert, ist womöglich der Türkontaktschalter der Übeltäter. Jede Vordertür besitzt einen eigenen Schalter im Türholm, der die Leuchte einschaltet. Ein solcher Schalter ist nur im Blech eingesteckt. Mit einem Schraubenzieher läßt er sich herausdrücken. Kabelanschlüsse und Leichtgängigkeit des Kontaktstiftes prüfen und eventuell vorhandene Verschmutzung entfernen. Ein defekter Schalter muß ausgetauscht werden. Natürlich kann man die Lampe auch direkt einschalten.
Als Sonderausstattung gibt es auch eine Deckenleuchte hinten mit dazugehörenden Kontaktschaltern an den Hintertüren.

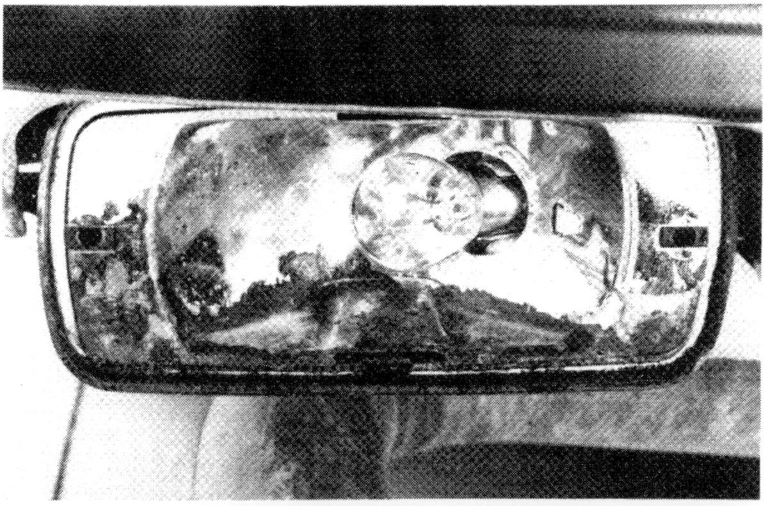

Bei den T-Modellen sitzt die Nebelschlußleuchte links und der Rückfahrscheinwerfer rechts unterhalb der Stoßstange. Diese von den Heckleuchteneinheiten getrennten Lampen besitzen eine rote bzw. farblose Lichtscheibe, die mit zwei Schrauben befestigt ist. Wie das Bild zeigt, kann der Reflektor durch eingedrungene Feuchtigkeit verrosten, falls die Lichtscheibe nicht gut angeschraubt wurde oder die Dichtung zwischen Lichtscheibe und Gehäuse brüchig, gerissen oder geknickt ist.

Zeichen der Zeit

Im vorhergehenden Kapitel wurde beschrieben, wie man auf einfache Weise feststellt, ob Blinker und Bremsleuchten beim Einschalten auch wirklich brennen. Auch der Lampenwechsel wurde dort erklärt. Hier schließt sich die Beschreibung der elektrischen Anlagen an, die der Verständigung mit anderen Verkehrsteilnehmern dienen.

Die Blinkanlage

Blinkerschalter (links an der Lenksäule als Kombischalter), Blinkerrelais (zugleich Warnblinkrelais), je zwei vordere und hintere Blinkleuchten sowie zwei Blinklichtkontrollampen (für linke und rechte Wagenseite) sind die Bestandteile der Blinkanlage. Sie erhält Strom über die Sicherung Nr. 12, wo unter der Klemmenbezeichnung 15 dieser Strom bei eingeschalteter Zündung zum elektronischen Warnblinkschalter fließt, der zugleich die Funktion der Blinker auslöst. Bei Betätigung des Kombischalters zum Blinken links oder rechts wird im Schalter ein entsprechender Kontakt zwischen Klemme L oder R zur Klemme 49 a im Relais hergestellt. Ab Kombischalter verlaufen zu den Blinkleuchten jeder Wagenseite getrennte Kabel.

Eine Hilfe bei eventueller Fehlersuche an der Blinkanlage ist die Kenntnis der Kabelfarben. Zu den Blinkern der rechten Seite führen schwarz-grüne Kabel, die der linken Wagenseite sind mit schwarz-weißen Kabeln verbunden.

Das Aussetzen einer vorderen oder hinteren Blinkleuchte macht sich durch wesentlich schnelleres Aufleuchten des Kontrollichts als üblich bemerkbar, oder die Kontrolleuchte blitzt nur einmal auf und bleibt dann dunkel. Eine ausgefallene Blinkerlampe muß baldmöglichst ersetzt werden. Es kann jedoch sein, daß die betreffende Lampe nur locker in ihrer Fassung sitzt, einen oxydierten Sockel hat oder daß korrodierte Kabelanschlüsse den Strom hemmen. Von der vorgeschriebenen Wattzahl der Birnen hängt auch der richtige Schaltrhythmus des Blinkgebers ab. Schalten alle Blinkerlampen auf »Dauerlicht«, so liegt der Defekt wahrscheinlich im Blinkerrelais.

Dieses elektronische Relais, das zugleich als Warnblinkschalter ausgebildet ist, sitzt in der Konsole zwischen den Vordersitzen.

Die Warnblinkanlage

Nach der Zulassungsordnung muß eine Warnblinkanlage installiert sein. Im Mercedes wird sie durch Schaltbetätigung der soeben erwähnten Blinker- und Warnblinkeinrichtung auf der Mittelkonsole in Funktion versetzt. Auch bei ausgeschalteter Zündung muß die Warnblinkanlage einschaltbar sein, deshalb ist sie mit der an der stets stromführenden Klemme 30 angeschlossenen Sicherung Nr. 2 verbunden.

Der Warnblinkschalter trägt die DB-Nummer 123 820 00 05. An seinen Schmalseiten besitzt er federnde Klemmen, die ihn in der Aussparung der Konsole festhalten. Er läßt sich nach oben herausziehen. Sollte er zu stramm sitzen, kann man beim Schalthebel die Gummihülle am unteren Rand lösen und nach oben

stülpen, wonach es möglich ist, durch die entstandene Öffnung zu greifen und von unten den Warnblinkschalter herauszudrücken. Ein Siebenfach-Stecker stellt die Verbindung mit dem Kabelsatz her.
An der Unterseite des Schalters ist die Lampenfassung zugänglich. Zum Lampenwechsel werden die beiden Platikhebelchen zusammengedrückt und die Fassung mit der Glassockellampe läßt sich herausziehen. Diese Lampe in der Taste leuchtet beim Einschalten der Warnlichtanlage im Blinkrhythmus auf. Sie brennt aber auch schwach bei eingeschaltetem Standlicht, weil sie dann über Klemme 58 am Reglerwiderstand der Instrumentenbeleuchtung Strom erhält.
Wenn das Auto nachträglich für Anhängerbetrieb ausgerüstet wird, muß der Warnblinkschalter gegen einen anderen mit zusätzlichem Kontakt für die Anhängerkupplung ausgetauscht werden (Nr. 123 820 01 05 kZ).

Das Bremslicht

Ein Kabel am Bremslichtschalter ist mit der Sicherung Nr. 12 verbunden. Das andere Kabel an dem Schalter führt zunächst zum Anschluß der linken Bremsleuchte, sodann zur rechten Bremsleuchte.
Falls die betreffende Sicherung verschmort ist, kann auch einer der anderen dort angeschlossenen Verbraucher den Defekt ausgelöst haben. An der Sicherung liegt Spannung nur bei eingeschalteter Zündung (Klemme 15). Falls Sie einmal abgeschleppt werden, müssen Sie daher das Zündschloß in Stellung »2« bringen, damit der nachfolgende Verkehr sehen kann, wenn Sie bremsen.
Da die Leuchten über einen gemeinsamen Anschluß am Bremslichtschalter verfügen, muß man beim Aufleuchten nur einer Lampe vermuten, daß die andere durchgebrannt ist. Eventuell hat sie aber nur mangelhaften Massekontakt oder ihre Fassung hat sich gelockert. Wenn beide Bremsleuchten beim Tritt auf die Bremse nicht ansprechen und die Sicherung ist in Ordnung, kontrolliert man zunächst mit einer Prüflampe, ob bei eingeschalteter Zündung an einer Klemme des Bremslichtschalters Spannung vorhanden ist. Die andere Klemme führt nur bei getretenem Bremspedal Strom. Man kann die beiden Klemmen am Schalter auch einfach mit einem Stück Draht überbrücken, um herauszufinden, ob der Fehler im Schalter oder in den Kontakten oder Leitungen liegt. Dabei ist die Anordnung der Kabel an den Schalteranschlüssen gleichgültig; Massekontakt benötigt der Schalter nicht. Fett macht einen schwergängigen Schalterstift wieder beweglicher.
Der Zugang zu dem Bremslichtschalter, der über dem Hebel des Bremspedals angebracht ist, wird von der Verkleidung über den Pedalen verdeckt. Diese zweiteilige Verkleidung läßt sich abnehmen, wenn man an ihrem oberen Teil zu beiden Seiten unten je eine Kreuzschlitzschraube herausdreht. Dann werden oben

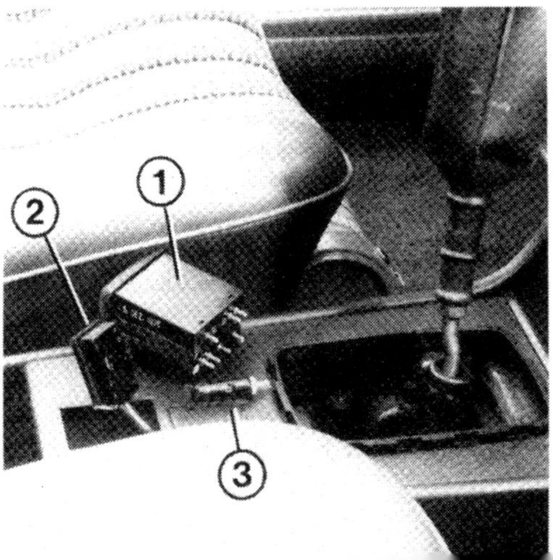

Der Warnblinkschalter (1) ist in der Mittelkonsole eingeklipst, läßt sich gewöhnlich mittels Schraubenzieher aus seinem Sitz hebeln. Sollte das nicht möglich sein, muß die Gummihülle des Schalthebels gelöst werden und man kann durch die entstehende Öffnung den Schalter nach oben drücken. Er ist mit dem Kabelstecker (2) verbunden. An der Unterseite des Schalters ist die Lampenfassung (3) erreichbar. Sie läßt sich herausziehen, wenn man beide Plastikhebelchen zusammengedrückt hat. Die neue Lampe muß beim Einsetzen bis zum Anschlag eingeschoben werden.

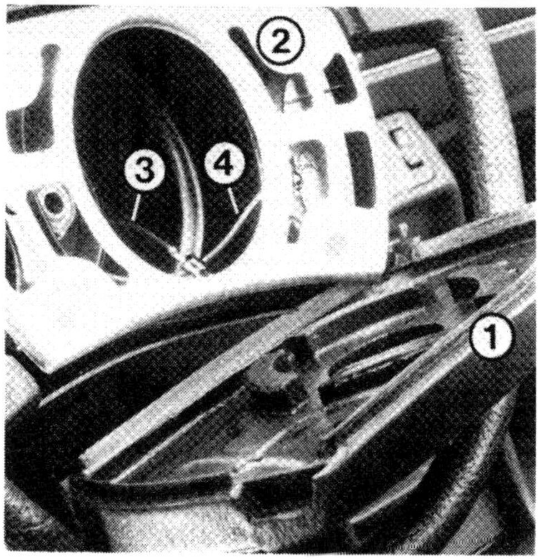

Links: Die Hupe ist unter dem Vorbau des Wagens mit einer Mutter (2) befestigt. Die Kabel sind über zwei Steckverbindungen (1) an der Hupe angeschlossen. Rechts: Die elastische Abdeckung (1) sitzt auf der Hupenplatte (2). An dieser ist das schwarze, bei eingeschalteter Zündung stromführende Kabel (3) angeschlossen, und der Stromkreis wird beim Niederdrücken der Hupenplatte über das braune Massekabel (4) geschlossen.

drei Klammern ausgehängt. Beide abgenommenen Verkleidungsteile sind durch drei Plastikhaken verbunden.

Den Austausch des Bremslichtschalters nimmt man folgendermaßen vor: Nachdem man beide Kabel abgezogen hat, löst man die Muttern SW 17 beiderseits der Befestigungsplatte mit einem Gabelschlüssel und schraubt die untere ab. Jetzt läßt sich der Schalter nach oben herausziehen.

Beim Einbau wird der Schalter probeweise mit angeschlossenen Kabeln und bei eingeschalteter Zündung in die Bohrung der Halteplatte eingeführt, währenddessen ein Helfer das Aufleuchten und Verlöschen der Bremslichter beobachtet. Der Schalterstift muß durch den Hebel des in Ruhestellung befindlichen Pedals in den Schalter gedrückt werden und soll nach etwa 1 cm Pedalweg – an Pedalmitte gemessen – die Bremsleuchten in Funktion setzen. Die obere Mutter dient zum Justieren des Schalters, die untere Mutter wird nach gefundener Einstellung festgezogen.

Das Signalhorn

Die Hupe ist hinter dem Vorbau links angebracht und dort weitgehend gegen Verschmutzung geschützt. In Selbsthilfe ist sie am besten zugänglich, wenn man den Wagen links hochbockt, sichert und das linke Vorderrad abnimmt.

Eine tonlose oder krächzende Hupe tauscht man aus. Versuche, sie wieder normal zum Tönen zu bringen, sind meistens zwecklos.

Über eine direkte Verbindung (schwarz-gelbes Kabel) ist das Signalhorn an die Sicherung Nr. 14 angeschlossen. Diese ist, da es sich wie beim Bremslicht um einen Klemme-15-Anschluß handelt, nur bei eingeschaltetem Lenkschloßschalter stromführend. Das muß man beachten, sollte man einmal abgeschleppt werden und dem Zugfahrer sollen akustische Zeichen gegeben werden.

Der andere Anschluß am Signalhorn ist über das schwarz-gelb-rosa Kabel mit der Hupenplatte im Lenkrad verbunden. Beim Niederdrücken der Platte schließt ein Kontakt zu einem an Masse angeschlossenem braunen Kabel. Der einfache Aufbau innerhalb der Hupenplatte ist zu erkennen, wenn man deren Abdeckung aus Weichplastik ringsherum von der Platte aushängt.

Die Lichthupe

Mit Betätigung der Lichthupe werden vorhandene Teile der Beleuchtungsanlage benutzt. Während jedoch für den üblichen Gebrauch das Fernlicht links durch die Sicherung Nr. 9 und rechts durch Nr. 7 geschützt ist und über den Lichtdrehschalter eingeschaltet wird, erfolgt die Einschaltung der Lichthupe über den Kontaktschalter und diese Leitung ist durch die Sicherung Nr. 6 geschützt.

Treue Diener

Ohne Anzeigegeräte und Kontrolleuchten wäre es während der Fahrt nicht möglich, Aufschluß über Zustand und Funktion des Motors und seiner angeschlossenen Aggregate zu erhalten. Die Instrumente dienen also auch der Sicherheit. Dem hilfsbereiten Mitarbeiterstab gehören aber auch noch einige andere Geräte an (z. B. Scheibenwischer, heizbare Heckscheibe), auf die man sich ebenfalls verlassen muß.

Das Kombi-Instrument

Die Anzeigeinstrumente sowie die Kontroll- und Warnlampen sind in einem gemeinsamen Gehäuse untergebracht, daher die Bezeichnung »Kombi-Instrument«.
In dem linken Ziffernblatt sind gleich drei Instrumente vertreten: Kühlmitteltemperatur-Anzeige, Kraftstoffvorrats-Anzeige mit Warnleuchte und Öldruckmesser. In der Mitte sitzt das Tachometer mit Gesamt- und einstellbarem Tageskilometerzähler. Rechts davon befindet sich die Zeituhr. Oberhalb zwischen diesen drei runden Anzeigen sind die Blinkerkontrolleuchten untergebracht. Über den ganzen unteren Rand der Kombi-Instrumente verläuft eine Leiste, die auf der linken Seite die Fernlichtkontrolleuchte, die Ladekontrolleuchte, die Warnleuchte für Bremsbelagverschleiß und die Warnleuchte für die getretene Feststellbremse sowie gleichzeitig für zu geringen Stand der Bremsflüssigkeit. Es folgen nach rechts der Knopf für Instrumentenbeleuchtung und Tageskilometer, dann der Verstellknopf für die Zeituhr. Bei Wagen mit automatischem Getriebe und Lenkradschaltung befindet sich in der Mitte unter dem Tachometer zusätzlich die Anzeige der Wählhebelstellungen.

Kombi-Instrument ausbauen

Wie man das Instrumentengehäuse aus seinem Sitz herauslöst, muß man besonders dann wissen, wenn eine durchgebrannte Kontrolleuchte ersetzt werden muß. Andere Arbeiten an den Instrumenten sind im Do-it-yourself-Verfahren so gut wie nicht durchführbar – gewöhnlich wird das betreffende der drei Geräte im Kombi-Instrument bei einem Schaden daran ausgebaut, ausgetauscht und neu in das Kombi-Instrument eingesetzt.
Zunächst muß man die Verkleidung über den Pedalen herauslösen; diese Arbeit wurde im Abschnitt »Das Bremslicht«, im vorangegangenen Kapitel bereits beschrieben.
Von unten her ertastet man danach den Anschluß der Tachowelle am Tachometer, um die Rändelmutter dieser Verbindung loszudrehen. Sollte das nicht möglich sein, muß die Tachowelle etwas aus der Trennwand gezogen werden, um dadurch von hinten das Kombi-Instrument in Richtung Lenkrad drücken zu können. (In der Werkstatt zieht man das Instrumentengehäuse an dessen seitlichen Aussparungen mit zwei Haken aus seinem Sitz.) Wenn das Gehäuse weit genug abgehoben ist, kann man die Rändelmutter seitlich von oben ergreifen und lösen.

Rechts und links am Gehäuse des Kombi-Instrumentes befinden sich Aussparungen, in die man einen Haken einrasten kann, um das Gehäuse herauszuziehen. Andernfalls ist so vorzugehen, wie in dem betreffenden Abschnitt beschrieben. An der Rückseite des Kombi-Instrumentes sind diese Anschlüsse zu entfernen: 1 – Mehrfachstecker, 2 – Einfachstecker (für Zeituhr), 3 – Tachowelle, 4 – Öldruckleitung.

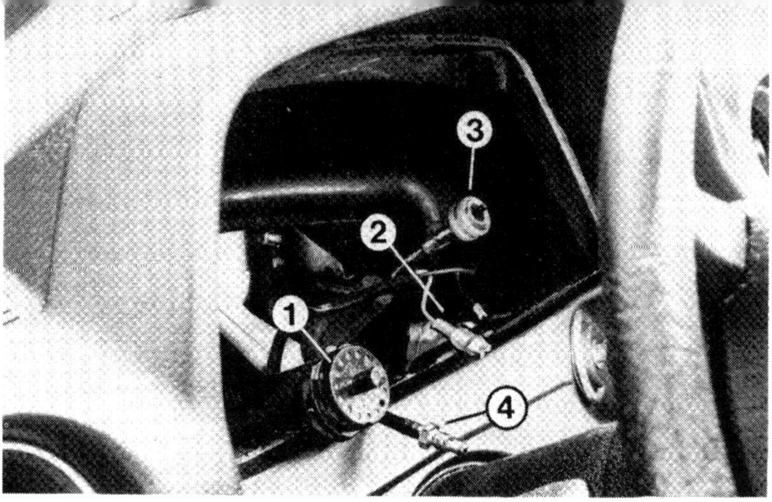

Jetzt läßt sich das Kombi-Instrument noch um ein weiteres Stück aus der Hutze im Armaturenbrett herausziehen. Der runde Mehrfachstecker und der kleine Einfachstecker des rot-gelben Kabels für die Zeituhr werden abgezogen. Mit einem Gabelschlüssel SW 10 ist die Mutter der Öldruckleitung am Öldruckmesser loszuschrauben. Dann ist das Kombi-Instrument frei und kann herausgenommen werden.

Leuchten des Kombi-Instruments wechseln

Das Auswechseln der Kontroll-, Warn- und Beleuchtungslampen ist nach dem erfolgten Ausbau der Instrumententafel problemlos. Diese sogenannten Glassockellampen sitzen in herausnehmbaren Fassungen, die in der Rückseite des Gehäuses eingesteckt sind. Dabei handelt es sich um 6 kleine Lämpchen mit viereckigem und 3 größere Lämpchen mit rundem Sockelgriff.
Bei dem erforderlichen Lampentausch ist auf die Leistungsangabe der Lampen zu achten (0,4, 1,2 und 3 Watt, siehe auch Seite 176).
Beim Einbau des Instrumentengehäuses muß man darauf achten, daß die Kabelstecker fest in ihren Anschluß gedrückt werden. Sofort danach kontrolliert man durch Einschalten der Zündung, der Scheinwerfer und der Blinker die Funktion der Anzeigen, um nicht eventuell die Prozedur des Ausbaus wiederholen zu müssen. Erst im Anschluß daran die Öldruckleitung festschrauben. Das Gehäuse wird in seinen Sitz gedrückt und von unten greift man nach rechts neben dem Lenkschloß hindurch, um zuletzt die Tachowelle einzuführen und die Verschlußschraube festzudrehen. Die Tachowelle ist so weit wie möglich wieder durch die Spritzwand zurückzudrücken (rechts neben der Lenksäule).

Rückseite des ausgebauten Kombi-Instrumentes. 1 – Anschluß für Mehrfachstecker, 2 – Anschluß des Einfachsteckers an der Zeituhr, 3 – Gewinde für die Rändelmutter der Tachowelle, 4 – Anschluß für die Öldruckleitung der Öldruckanzeige, 5 – aus ihrem Sitz entnommene Kontrollampe mit Fassung.

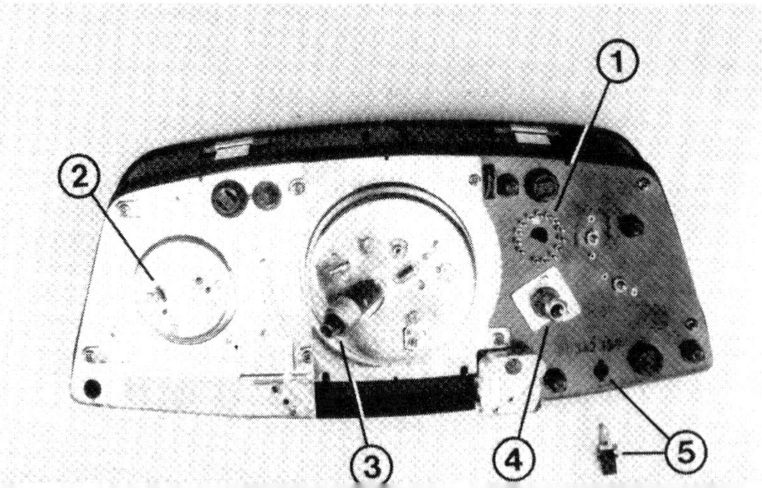

Die Öldruckanzeige

Bei dem Mercedes wird der im Motor herrschende Öldruck traditionsgemäß durch eine direkte Rohrleitung auf das Anzeigeinstrument, das Öldruckmanometer, übertragen. Dadurch ergibt sich eine genauere Kontrollmöglichkeit als bei den in anderen Autos meist üblichen elektrischen Anzeigegeräten.
Die Schmierstellen im Motor müssen ständig mit Öl versorgt werden. Je nach Motordrehzahl ist der Druck, mit dem das Öl herangeführt wird, unterschiedlich hoch. Bei kaltem Motor und daher zähem Öl ist der Öldruck höher als nach strammer Autofahrt. Fällt der Öldruck unterwegs plötzlich, sollte man schnellstens anhalten und den Ölstand im Motor kontrollieren – immerhin ist es schon vorgekommen, daß sich eine nachlässig eingedrehte Ölablaßschraube in der Ölwanne lockerte und der für den Motor lebenswichtige Schmierstoff auslief. Ebenso ist es nicht ganz unwahrscheinlich, daß der Anschluß der Druckleitung am Manometer nicht sicher befestigt wurde. In diesem Fall würde das Öl von der Rückseite des Kombi-Instruments hinter die Verkleidung über den Pedalen tropfen.
Sollte der Verdacht bestehen, daß die Öldruckanzeige nicht funktioniert, muß das Kombi-Instrument einem Mercedes-Service oder einer VDO-Vertretung zur Überprüfung gegeben werden. Zu diesem Zweck kann man es selbst ausbauen, wie es vorher beschrieben wurde.

Die Kraftstoffanzeige

Die Kraftstoffanzeige besteht aus dem Geber im Tank und der Anzeige im Kombi-Instrument. Parallel dazu, vom Tank zur Reserve-Warnleuchte, verläuft ein zweites Kabel. Beide erhalten bei eingeschaltetem Zündschloß Strom über die Sicherung Nr. 12 über ein schwarz-blaues Kabel.
Im Geber der Kraftstoffanzeige (»Tauchrohrgeber«) befinden sich elektrische Widerstände und ein Schwimmer mit Schleifkontakten. Da dieser Tauchrohrgeber genau senkrecht in dem Tank hängt, bewegt sich der Schwimmer mit der Veränderung des Kraftstoffniveaus ebenso in senkrechter Richtung und wandert dabei an zwei Widerstandsdrähten und an einem Massedraht entlang. Bei vollem Tank ist der Widerstand gering und wenn das Niveau im Tank absinkt, erhöht sich der Widerstand entsprechend. Die auf diese Weise vom Schwimmer freigegebene Spannung wird an das Anzeigeinstrument weitergeleitet.
Sehr kleine Belüftungslöcher am Tauchrohrgeber bewirken, daß der Schwimmer nicht ruckartig auf und ab pendelt, wenn während der Fahrt der Tankinhalt umherplätschert.
Unten im Geber dient ein Kontakt zum Aufleuchten der Warnlampe, den der Schwimmer erreicht und schließt, wenn noch ca. 10 Liter Kraftstoff im Tank sind.

Falsche Kraftstoffanzeige

Mit ziemlicher Sicherheit kann man nur bei leerem oder vollem Tank am Zigerausschlag erkennen, ob Benzinstandsanzeige und Geber richtig arbeiten. Im Zwischenbereich ist die Menge des Kraftstoffvorrats auch recht genau abzulesen. Wenn jedoch die Angabe bei leerem oder vollem Tank nicht stimmt oder die Meßuhr zeigt gar nichts an, so kann der Fehler sowohl im Anzeigegerät wie auch im Geber stecken. Man sollte dann auch die Kabelverbindungen überprüfen. Ist nichts daran zu entdecken, müßten Instrumententafel oder Geber ausgebaut werden, wie es auf Seite 99 beschrieben wird.

Die Kühlwasseranzeige

Der Motor besitzt einen Wärmefühler zum Registrieren der Kühlwassertemperatur. Er befindet sich an der linken Motorseite zwischen der 2. und 3. Zündkerze. Dieser Temperaturfühler gibt seine Meldung über ein grünes Kabel dem Anzeigeinstrument weiter. Über seinen Gewindesitz hat das Gerät Masseanschluß. Wenn die Anzeige nicht funktioniert und die zuständige Sicherung Nr. 12 ist in

Ordnung, können der Fühler, die Kabelanschlüsse oder das Gerät der Temperaturanzeige defekt sein.
Zeigt das Kühlmittel-Fernthermometer falsche Werte an, läßt es sich mit Heimwerkermitteln nicht prüfen, woran der Fehler liegt. Ein neuer, auch als Geber bezeichneter Fühler, darf nur mit einem neuen Dichtungsring eingebaut werden, damit kein Wasserverlust eintritt; Dichtungsmasse dort nicht verwenden.

Das Tachometer

Im Tachometer sind Geschwindigkeitsmesser und Kilometerzähler vereinigt. Das Gerät wird zwar nicht elektrisch betrieben, doch beruht die Wirkung des Geschwindigkeitsmessers auf den erzeugten Wirbelströmen eines ringförmigen Magneten, von der Tachowelle angetrieben, die ihrerseits die Tachonadel mit sich zu ziehen versuchen.
Die Tachowelle kann durch äußere Einwirkung brechen. Macht sie durch eine zitternde Tachonadel darauf aufmerksam, daß sie bereits einen Knick hat und bald brechen wird (Ursache für die zitternde Tachonadel kann aber auch eine verschlissene Antriebsschnecke am Getriebe sein), muß die Welle baldmöglichst ausgetauscht werden. Das sollte man der Werkstatt überlassen, denn bei ungeübtem Einbau wird sie leicht geknickt, was bereits der Anfang zum erneuten Bruch ist. Sie darf nicht gezerrt oder in zu engem Bogen verlegt werden.
Fällt außer der Tachonadel auch der Kilometerzähler aus, liegt die Schuld sicher an der Tachowelle. Es ist dann zu kontrollieren, ob der Anschluß der Welle am Instrument richtig eingerastet ist, ob die Befestigungsmutter der Welle am Tachometer gelockert ist oder ob sich eventuell die Welle am Getriebe gelöst hat.
Die Kilometerangabe im Tacho wird beim Verkauf des Wagens als Dokument gewertet und soll über die zurückliegende Beanspruchung des Wagens aussagen. Deshalb darf man natürlich nicht mit gelöster Tachowelle fahren. Auch den Umtausch eines eventuell defekten Tachometers läßt man sich mit den entsprechenden Kilometerangaben von der Werkstatt bestätigen. Plombiert ist die Welle im Mercedes nicht.

Die Zeituhr

Die elektronisch arbeitende Quarz-Zeituhr wird von der stets stromführenden Sicherung Nr. 2 mit Strom versorgt. Daher muß ihre Anzeige reguliert werden, wenn einmal die Batterie abgeklemmt war. Ihr Ausfall kann natürlich auch bei einem Sicherungsdefekt den Schaden an den dort angeschlossenen Stromverbrauchern anzeigen.

Der Drehzahlmesser

Ab Juli 1977 konnte von Daimler-Benz ein Drehzahlmesser nachträglich eingebaut werden, der anstelle der Zeituhr montiert wurde. Inzwischen sind auch Drehzahlmesser ab Werk lieferbar, und bei diesen ist die Uhr im Instrument integriert. Seine Impulse erhält der Tourenzähler vom Zündverteiler.
Auf den Seiten 14 und 80 bis 81 wurde dargelegt, weshalb es ratsam sein kann, die Motordrehzahl zu überwachen.

Der Scheibenwischer

Teil der Pflegearbeit Nr. 41

Durch Alterung verhärtete Wischerblätter können nur noch schlecht für einwandfreie Sicht sorgen. Ebenso unangenehm macht sich eine verschmierte Windschutzscheibe bemerkbar, die mit einem verfetteten Fensterleder bearbeitet wurde. Silikonhaltige Lackpflegemittel hinterlassen auf dem Glas die vor allem bei Dunkelheit störenden Schlieren, die das Licht brechen. Eine solche Scheibe kann man mit dem Messingputzmittel Sidol reinigen, brüchige Wischerblätter müssen erneuert werden.
Die Wischerblätter sind auch regelmäßig von Qualm- und Insektenrückständen zu befreien. Man reibt die Wischerblätter am besten mit einer festen Nylonbürste

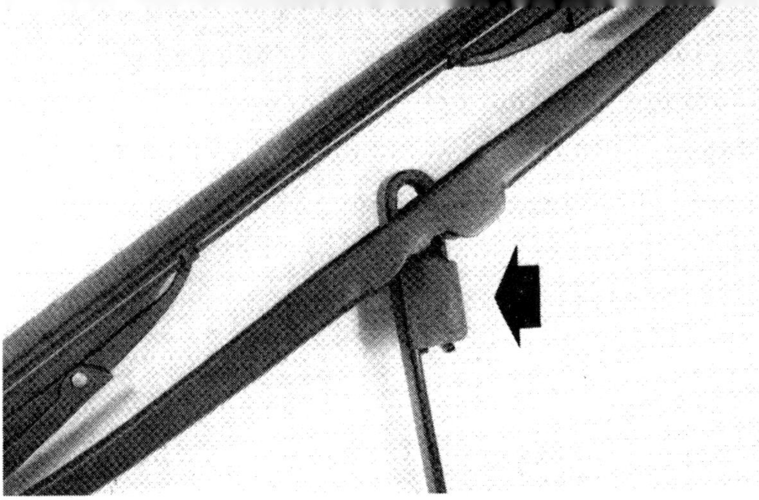

Zum Auswechseln der Wischerblätter diese zusammen mit dem Wischerarm von der Windschutzscheibe abklappen, die Arretierungsfeder des Wischerblattes aus dem Ausschnitt des Wischerarmes drücken und das Wischerblatt in Richtung auf die Scheibenwischerwelle aus dem Wischerarm aushängen. Der Einbau des neuen Wischerblattes erfolgt sinngemäß umgekehrt.

(Nagelbürste) und einer starken Waschmittellösung oder auch Brennspiritus ab. Dazu müssen sie von ihrem Arm ausgehängt werden. Wenn der Gummi der Wischerblätter brüchig geworden ist, wird es höchste Zeit zur Erneuerung. Man kann dann neue Wischergummis einziehen. Es ist also nicht nötig, komplette Wischerblätter anzuschaffen. Der Austausch der Wischergummis sollte wenigstens einmal im Jahr stattfinden.

Der Scheibenwischermotor wird über die 16-Ampere-Sicherung Nr. 6 bei eingeschalteter Zündung mit Strom versorgt. Im Schaltplan läßt sich verfolgen, welche Kabel für die Scheibenwischer-/Scheibenwaschanlage zuständig sind. Die Anlage hat eine Dreistufen-Schaltung, die einmal den Intervallbetrieb und zweitens den Dauerbetrieb in zwei Geschwindigkeiten ermöglicht. Nach dem Ausschalten des Wischermotors wird bewirkt, daß die Wischerblätter nicht sofort stehenbleiben, sondern in ihre Ausgangsstellung zurücklaufen. Auf der Welle des Wischermotors sitzen Nocken für den Befehl zum Rücklauf, auf denen Schleifkontakte ablaufen. Im Wischermotor liegt bei eingeschalteter Zündung dauernd Spannung an. Zusätzlich ist noch eine Nachwisch-Elektronik vorhanden und das Relais zu dieser Anlage sitzt unter dem Armaturenbrett links (siehe Bild Seite 221).

Bleiben jedoch die Wischerblätter, etwa bei Schneetreiben, außerhalb ihrer Ruhestellung stehen, während die Zündung eingeschaltet ist, verschmort womöglich die Ankerwicklung des Wischermotors, auch wenn der Wischerschalter ausgeschaltet wurde. Denn durch den Endstellungs-Schalteffekt bleibt der Wischermotor trotzdem unter Strom, kann sich aber nicht drehen. Abhilfe: Wischerblätter sofort von der Windschutzscheibe abheben, damit sie in Ruhestellung laufen können.

Der Scheibenwischermotor befindet sich unter dem Abdeckblech vor der Windschutzscheibe. Von ihm führt das Wischergestänge zu den Lagern der Wischerarme. Wenn man gerade einmal ein Ölkännchen zur Hand hat, kann man den – an und für sich wartungsfreien – Lagern zwischen Wischerkurbel und -gestänge einen Tropfen Öl gönnen.

Der Ausbau des Wischermotors ist einfach. Beim Einbau jedoch muß die Wischeranlage eingestellt werden. Dazu läßt man den befestigten Motor ohne Kurbel in die Endstellung laufen. Dann wird die Kurbel mit den beiden Wischergestängen in eine Flucht gebracht. Dabei muß die Kurbel vom Wischermotor wegzeigen. Motor erneut ein- und ausschalten, damit er wieder in die Endstellung läuft. Schließlich wird das vorher abgenommene Abdeckblech wieder befestigt und die Wischerarme können festgeschraubt werden.

Die Scheinwerferwischer, kombiniert mit der Waschanlage (Wascherdüsen auf dem Stoßfänger), sorgen bei schlechter Witterung für beste Lichtausbeute. Diese Anlage läßt sich als Sonderausstattung auch nachträglich einbauen.

Die Scheibenwaschanlage

Teil der Pflegearbeit Nr. 43

Im Kapitel »Winterschutz« wird die Füllung der Scheibenwaschanlage behandelt. Diese Anlage besteht aus der elektrischen Wasserpumpe, dem Wasserbehälter, den Verbindungsschläuchen und den Spritzdüsen. Zur Verbindung zwischen Scheibenwaschschalterkontakt und Pumpe dient das grün-schwarze Kabel; Masseanschluß zur Pumpe gelangt über das braune Kabel.
Die Scheibenwaschdüsen können durch Verschmutzung von außen oder durch unreine Waschfüllung verstopfen. Man reinigt sie durch Einführen einer passenden Nadel oder besser mit einem Stück dünnen Drahtes; ihre Bohrung darf dabei nicht vergrößert werden. Wenn die Pumpe Schmutz ansaugt, ist deren Schädigung möglich, daher muß stets auf reine Waschfüllung geachtet werden.

Die Scheinwerfer-Reinigungsanlage

Das vorstehend Gesagte trifft sinngemäß auch auf die als Sonderausstattung mögliche Reinigungsanlage für die Scheinwerfer zu. Sie wird zugleich mit dem Betätigen der serienmäßigen Scheibenwaschanlage bei eingeschaltetem Licht in Betrieb gesetzt.
Zu jedem Scheinwerfer gehört ein Wischermotor mit Arm und Wischerblatt, eine Wascherpumpe und Spritzdüsen unterhalb der Scheinwerfergläser. Die Stromaufnahme über Sicherung Nr. 6 bewirkt, daß die Reinigungsanlage nur bei eingeschaltetem Licht und nicht unnötig arbeitet. Von der Sicherung führt ein grau-rotes Kabel zu dem besonderen Relais dieser Anlage. Dieses Relais sitzt in einem auf dem linken Radlauf im Motorraum angeschraubten Halter unter einer Kunststoffhaube. Am Leitungsstrang trägt es die Kennzahl 13.

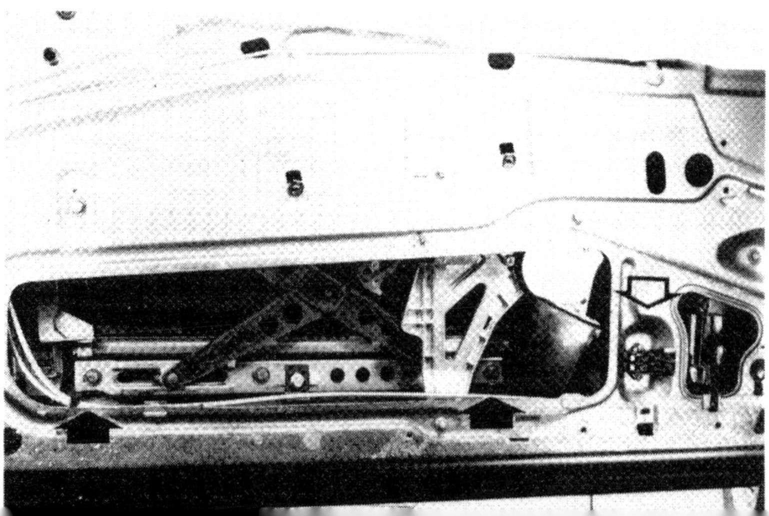

Sollte ein elektrischer Fensterheber ausfallen, muß die Türverkleidung abgebaut werden (siehe Seite 38). Dann löst man die Fensterhebeschiene (schwarze Pfeile) und das Fenster läßt sich mit den Händen nach oben schieben. Weißer Pfeil: Kabelanschlüsse zu dem Fensterhebermotor.

Die heizbare Heckscheibe

Die auf Wunsch eingebaute heizbare Heckscheibe ist durch ein schwarzes Kabel direkt mit Klemme 87 an ihrem Relais verbunden. Der Heizdraht der Scheibe hat Massekontakt. An der Klemme 15 R erhält das Relais über das schwarz-rote Kabel von der 16-Ampere-Sicherung Nr. 8 Strom. Das Relais ist links unter dem Armaturenbrett befestigt, steht mit dem Schalter für die Heckscheibe über je ein blaues und schwarzes Kabel in Verbindung und an Klemme 31 liegt jeweils Masse an. Der Schalter steht mit der erwähnten Sicherung ebenfalls über ein schwarz-rotes Kabel in Verbindung.

Da die Heizscheibe viel Strom verbraucht (230–250 Watt), sollte sie nur so lange eingeschaltet bleiben, wie sie tatsächlich benötigt wird. Sicherheitshalber wird die Beheizung nach spätestens 30 Minuten automatisch abgeschaltet. Das bewirkt ein elektronischer Schalteffekt im Relais.

Es kann vorkommen, daß der Anschluß zu einem Heizfaden am Rand der Heckscheibe beschädigt wird und somit der Stromkreis an dieser Stelle unterbrochen wird. Solche Schäden lassen sich mit Leitsilberlack z. B. von der Fa. DODUCO, Postfach 480, 7530 Pforzheim reparieren.

Elektrische Fensterheber

Im Kapitel »Karosserieteile« sind die Türen mit den von Hand zu bedienenden Fensterhebern beschrieben. Als Sonderausstattung steht eine elektrische Bedienungseinrichtung für die Fenster zur Verfügung.

Die Anlage besitzt für jedes Türfenster einen Motor. In der Mittelkonsole zwischen den Vordersitzen sind – zu jedem Motor gehörend – vier Wippschalter eingebaut, die über die Stellungen »öffnen« und »schließen« verfügen. Mit einem dort noch vorhandenen Sicherheitsschalter (nur links, rechts: Attrappe) kann der Stromkreis zwischen den für die Rückfenster bestimmten Schaltern zu den zwei zusätzlichen Fensterschaltern an den hinteren Türen freigegeben werden.

Jeder der vier vorn untergebrachten Fensterbetätigungsschalter erhält über ein separates Kabel bei eingeschalteter Zündung Strom, und zwar die Schalter für die Fenster vorn rechts und hinten links von der Sicherung a, die Schalter für die Fenster vorn links und hinten rechts von Sicherung b. Daneben sind die beiden Relais dieser Anlage noch über die Sicherung Nr. 2 geschützt. Das eine Relais sorgt bei ausgeschalteter Zündung dafür, daß die Betätigung über den zusätzlichen Schalter erfolgen kann: Damit die Fenster auch bei abgezogenem Schlüssel (oder in Zündschloßstellung »0« oder »1«) betätigt werden können, ist zwischen der ständig stromführenden Sicherung Nr. 2 und dem Relais II noch ein Schalter eingefügt. Er schaltet, wie ein üblicher Türkontaktschalter arbeitend, beim Öffnen der Fahrertür ein, womit gesagt ist, daß er im vorderen Türholm links (direkt über dem Kontaktschalter für die Innenbeleuchtung) eingesetzt ist.
Wenn ein im Augenblick nicht auffindbarer Schaden die Betätigung behindert, kann eventuell ein geöffnetes Fenster geschlossen werden, indem man bei eingeschalteter Zündung und betreffendem Fensterheberschalter das Fenster mit der Hand hochschiebt. Dazu beiderseits gegen die Scheibe drücken und sie hochziehen. Sollte das nicht gelingen, muß man die Türverkleidung ausbauen (siehe Seite 38), die beiden Sechskantschrauben SW 10 an der Fensterhebeschiene herausdrehen und dann das Fenster nach oben drücken. Die Scheibe bleibt in der geschlossenen Stellung, wenn man zwischen Glas und unterem Fensterausschnitt einen Keil (Holzkeil; keilförmig zugeschnittener Radiergummi) klemmt.

Schalter und Relais

Im Abschnitt »Die Masse-Leitung« auf Seite 181 wurde beschrieben, wie man die Funktion eines Schalters überprüfen kann, wenn man seiner Wirkungsweise

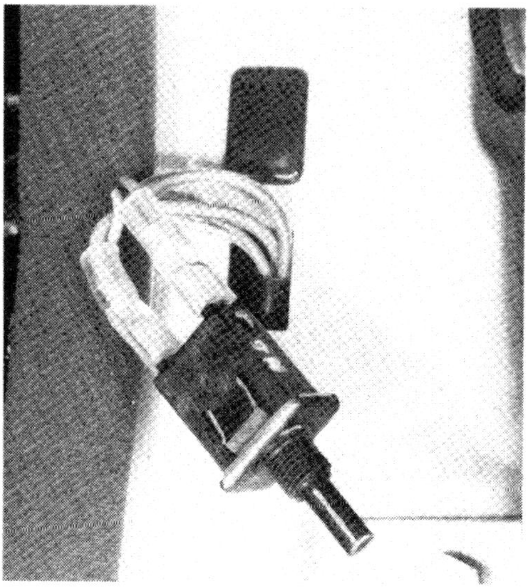

Die Türkontaktschalter werden von seitlichen Klammern an ihrem Gehäuse in der Aussparung der Karosserie festgehalten, mittels Schraubenzieher lassen sie sich heraushebeln. Ebenso läßt sich die Innenraumleuchte aus ihrem Sitz hebeln. Wie z. B. die Kofferraumleuchte verfügt sie über eine Soffittenlampe.

nicht mehr sicher ist. Man muß aber unterscheiden zwischen der Einsatzbereitschaft eines Stromverbrauchers und des für ihn zuständigen Schalters. Allerdings ist es nicht schwer, sich von der Arbeit der Schalter zu vergewissern: Bei seiner Betätigung muß unmittelbar damit die entsprechende Reaktion eintreten. Übliche Schalter besitzen einen oft einfachen und überschaubaren Aufbau. Entweder sind sie direkt an das zu schaltende Gerät angeschlossen oder sie dienen zur Weiterleitung des Stroms über Kabel mit geringem Querschnitt.

Ein Relais ist ein elektromagnetisch arbeitender Schalter für Verbraucher mit großer Leistungsaufnahme. Sein Steuerstrom ist sehr gering, deshalb ist es möglich, an die Relais-Wicklung ein schwach bemessenes und langes Kabel zu führen. Das Relais läßt sich aus diesem Grund besser in Verbrauchernähe unterbringen.

Die Relais für heizbare Heckscheibe, Intervall-Nachwisch-Elektronik der Scheibenwischer und für die Fensterheber (I und II) sind – in dieser Reihenfolge von links nach rechts – unter dem Armaturenbrett befestigt.

Weitere Relais können auf dem Halter vor der Sicherungsdose sitzen. Sie können für die Scheinwerferreinigungsanlage, für den Zusatzlüfter und (als Relais I und II) für die Klimaanlage bestimmt sein.

Ein zu der übrigen Sonderausstattung gehörendes Relais ist im Motorraum

Die Abdeckung über der Mittelkonsole wird folgendermaßen ausgebaut: Aschenbecher entnehmen, 2 Kreuzschlitzschrauben der Ascherhalterung herausdrehen, Kabelstecker (1) von der Ascherhalterung abziehen, 2 Kreuzschlitzschrauben zur Befestigung der Abdeckung (2) herausdrehen, Abdekkung nach rückwärts aus dem hinteren Zapfenloch schieben und ablegen (3). Auf diese Weise wird der Schalter für die Rückfahrleuchten (4) zugänglich. Er läßt sich mittels Maulschlüssel SW 22 herausdrehen.

links, unter der Abdeckung auf besonderem Halter, zu suchen. Eine bei den Mercedes allgemeingültige Kennzeichnung der Relais-Funktionen erleichtert die Identifikation eines dieser Relais, die auf dem Halter nur eingesteckt sind: Am Leitungsstrang in Relaisnähe ist ein Klebeband mit Kennziffer angebracht. Hier die möglichen Relais-Kennzeichnungen:

Kennziffer	Relais-Funktion
6	Relais Zusatzlüfter
9	Relais Fensterheber (Trennung Klemme 30 von Klemme 15)
10	Relais Fensterheber (Hauptrelais)
12	Relais Klimaanlage
13	Relais Scheinwerfer-Reinigungsanlage
20	Relais Zusatzheizung

Der Tempomat

Das Modell 250 in Verbindung mit einem automatischen Getriebe kann als Sonderausstattung über einen Tempomat verfügen. Diese Einrichtung ermöglicht das Einhalten einer konstanten Geschwindigkeit über 40 km/h und ist etwa mit der Handgas-Einstellung bei früheren Automobilen zu vergleichen. Jene war jedoch nur eine mechanische Fixierung des Gasgestänges in gewünschter Stellung, hier handelt es sich um eine elektronisch gesteuerte Anlage mit verschiedenen Möglichkeiten der Aufgabenstellung. Sie erlaubt unabhängig von ihrer Einschaltung eine Geschwindigkeitserhöhung über das Gaspedal und schaltet sich selbsttätig aus, wenn man bremsen muß oder wenn die Geschwindigkeit an Steigungen um mehr als 20 Prozent des eingestellten Tempos abfällt. Ferner kann eine vorher eingestellte Geschwindigkeit nach Ausschaltung wieder eingeschaltet werden – sie wird gespeichert –, aber die zuletzt gespeicherte Geschwindigkeit wird in Zündschloß-Stellung »0« grundsätzlich gelöscht.
Die Anlage besteht im wesentlichen aus dem Schalter an der Lenksäule oberhalb des üblichen Kombi-Schalters, aus dem Regelgerät, dem Steuergerät und dem Geber. Aus dem zum 250 gehörenden Schaltplan ist der Verlauf der Kabel zu dieser Anlage zu erkennen. Für Störungen im Funktionsablauf des Tempomats ist allein die Werkstatt zuständig.
Bei der Leerlaufprüfung ist auch sein Drahtzug (Bowdenzug) zu kontrollieren. Dabei soll der Drahtzug so am Regulierhebel anliegen, daß er nicht gespannt ist. Eine Einstellmutter unterhalb der Halterung für diesen Drahtzug ermöglicht seine spannungsfreie Einstellung. Der Motor soll bei dieser Einstellung aber laufen.

Links: Auf dem rechten Radlauf kann ein Relaisträger (3) angeschraubt werden, der Platz für 6 Wechselkontaktrelais bietet. Ein Relais (2) wird in die vorgesehenen Öffnungen des Trägers eingesetzt. Am Leitungsstrang zum Relais ist die entsprechende Kennzahl angebracht (Pfeil). Die Kunststoffhaube (1) verfügt an ihrem Rand über Halteklammern. Rechts: Die Relais für die heizbare Heckscheibe (1), für die Intervall-Nachwisch-Elektronik (2) und für die elektrischen Fensterheber (3 und 4) befinden sich unter dem Armaturenbrett links.

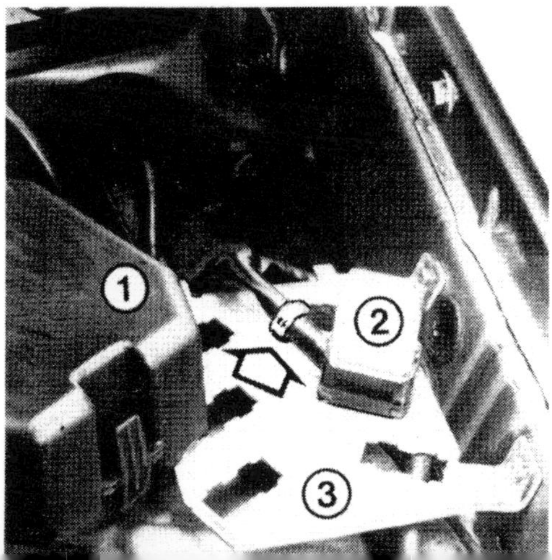

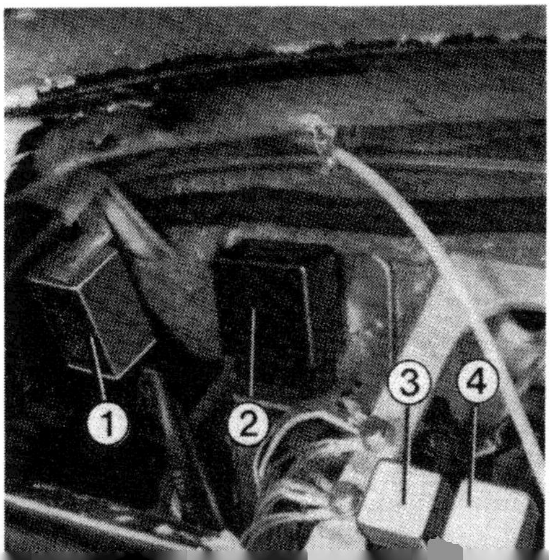

Zählwerk

Bei den »Technischen Daten« handelt es sich um Werte in international gültigen Maßeinheiten, die von Kurzbeschreibungen für Teile des Motors, des Fahrwerks und der Karosserie ergänzt werden. Diese Zahlen sind zugleich Bestandteil der Allgemeinen Betriebserlaubnis (ABE) und entsprechende Veränderungen am Wagen sind nicht oder nur unter besonderen Bedingungen erlaubt. Die Daten geben Aufschluß über den Charakter der in diesem Buch beschriebenen Modelle und bieten einen Vergleich zu anderen Automobilen. (Abweichungen der auf den nachstehenden Seiten gemachten Angaben auf Grund von werksseitigen Änderungen vorbehalten.)

Werksinterne Typ-Bezeichnungen:

Mercedes-Benz 200 = 123.020
Mercedes-Benz 230 = 123.023
Mercedes-Benz 230 C = 123.043
Mercedes-Benz 230 T = 123.083
Mercedes-Benz 250 = 123.026
Mercedes-Benz 250 lang = 123.028
Mercedes-Benz 250 T = 123.086

		200	230	250 (in Klammern: ab 1979)
Motor				
Bezeichnung		115.938	115.954	123.920
Kurzbezeichnung		115	115	123
Bauart		Reihenmotor mit obenliegender Nockenwelle		
Arbeitsverfahren		Viertakt-Ottomotor mit Vergaser		
Zylinderzahl		4	4	6
Zylinderanordnung		stehend in Reihe		
Hubraum effektiv	cm³	1988	2307	2525
Bohrung	mm	87,0	93,75	86,0
Hub	mm	83,6	83,6	72,45
Leistung	PS	94	109	129 (140)
	kW	69	80	95 (103)
bei 1/min		4800	4800	5500
Höchstdrehzahl	1/min	6000	6000	6000
Leerlaufdrehzahl	1/min	800—900	800—900	800—900
Höchstdrehmoment	Nm/bei 1/min	158/3000	186/3000	196/3500 (200/3500)
Mittlerer Arbeitsdruck max. bar Überdruck		10,0	10,1	9,8
Verdichtungsverhältnis		9:1	9:1	8,7:1 (9:1)
Mittlere Kolbengeschwindigkeit bei Höchstleistung	m/s	13,4	13,4	13,3
Kurbelwellenlager		5	5	4
Ventiltrieb		1 Nockenwelle, obenliegend, Doppelrollenkette		dito, Einfachrollenkette
Ventilanordnung		hängend	hängend	hängend
Ventilsteuerzeiten (hinter Schrägstrich: ab Nov. 1978)				
Einlaß öffnet nach OT		14°	14°	15°/15°
Einlaß schließt nach UT		20°	27°	21°/24°
Auslaß öffnet vor UT		22°	36,5°	21°/23°
Auslaß schließt vor OT		12°	18,5°	11°/12°
Ventilspiel (kalt)				
Einlaß	mm	0,10	0,10	0,10
Auslaß	mm	0,20	0,20	0,20
Ventilspiel (warm)				
Einlaß	mm	0,15	0,15	0,15
Auslaß	mm	0,25	0,25	0,25
Ventilkegelwinkel		45°	45°	45°

		200	230/230 C/230 T	250/250 T (in Klammern: ab 1979)
Schmierung		Öldruckumlaufschmierung durch Zahnradpumpe		
Öldruck				
im Leerlauf	bar	0,5	0,5	0,5
bei 3000/min	bar	3	3	3
Ölfilter		Hauptstromfilter	Hauptstromfilter	Hauptstromfilter
Kühlung		Wasserumlaufkühlung durch Flügelradpumpe, thermostatisch geregelt, mit Kurzschlußleitung		
Lüfter		starr	starr	Visco-Lüfter mit Magnetkupplung
Kühlmitteltemperatur bis maximal	°C	126	126	126

Kraftstoffanlage

Kraftstoffart		Super-Benzin	Super-Benzin	Super-Benzin
Kraftstoff-Klopffestigkeit	ROZ/MOZ	98/88	98/88	98/88
Kraftstoffpumpe		Mechanische Membranpumpe, Antrieb durch Nebenwelle		
Luftfilter		Trockenluftfilter mit Papierpatrone		
Vergaser-Bauart		Flachstrom-Vergaser	Flachstrom-Vergaser	Fallstrom-Doppelregister-Vergaser
Vergaser-Bezeichnung		Stromberg 175 CDTU	Stromberg 175 CDTU	Solex 4 A 1
Düsennadel		MB	MB	B 4 (C3)
Hauptdüse		—	—	X 97,5
Leerlaufdüse	mm	—	—	120
Leerlaufkraftstoffdüse	mm	—	—	45
Kraftstoffdüse		100	100	—
Schwimmerstand	mm	16—17	16—17	+ 2 ± 2 (7)
Kraftstoffpumpendruck	bar	0,25—0,38	0,25—0,36	0,25—0,38
Leerlaufabgaswert	% CO	1,0—2,0	1,0—2,0	0,5—1,5

Normverbrauch nach DIN 70030

gültig bis Mai 1979:				
Mechanisches Getriebe	l/100 km	11,1	11,7	12,2
Automatisches Getriebe	l/100 km	9,0–15,0	9,5–15,5	10,5–17,0
gültig ab Mai 1979 (Stadtzyklus/90 km/120 km):				
Mechanisches Getriebe	l/100 km	15,1/9,4/12,5	14,7/9,4/12,5	16,4/9,8/12,1
Automatisches Getriebe	l/100 km	14,6/10,0/13,2	15,3/10,2/12,8	16,0/10,1/12,9
Motoröl maximal	l/100 km	0,25	0,25	0,25

Elektrische Anlage

Netzspannung	V	12	12	12
Batteriekapazität	Ah	44	55	55
Anlasser, Typ		Bosch GF 12 V 1,5 kW	Bosch GF 12 V 1,5 kW	Bosch GF 12 V 1,5 kW
Leistung	PS	1,4	1,4	1,4
Drehstrom-Generator, Typ		Bosch K 1 (RL) 14 V 55 A	Bosch K 1 (RL) 14 V 55 A	Bosch K 1 – 14 V 55 A 20
Leistung	W	770	770	770
Ladebeginn bei 1/min		700	700	700
Regler, Typ		Bosch 0 192 052 004 EE 14 V 3	Bosch 0 192 052 004 EE 14 V 3	Bosch 0 192 052 008 EE 14 V 3
Zündanlage		Spulenzündung	Spulenzündung	Spulenzündung
Zündverteiler, Typ		Bosch 0 231 170 138	Bosch 0 231 170 138	Bosch 0 231 187 004
Unterbrecher-Kontaktabstand	mm	0,4	0,4	0,4
Schließwinkel		47°—53°	47°—53°	35°—41°
Zündzeitpunkt bei 4500/min		40° vor OT	40° vor OT	32° vor OT
Zündverstellung				
mit Fliehkraft ohne Unterdruck bei 3000/min		30°—36°	30°—36°	30°—34°
mit Fliehkraft und Unterdruck bei 4500/min		54°—60°	54°—60°	45°—49°
Zündfolge		1–3–4–2	1–3–4–2	1–5–3–6–2–4
Zündkerzen		siehe Seite 200		
Elektrodenabstand	mm	0,6	0,6	0,6
Glühlampen		siehe Seite 203		
Keilriemen-Abmessungen				
Lüfter-Lichtmaschine	mm	9,5 x 940	9,5 x 940	9,5 x 930
Servolenkung	mm	12,5 x 750	12,5 x 750	12,5 x 825 (818)
Klimaanlage	mm	12,5 x 1375	12,5 x 1375	12,5 x 1275 (1285)

		200	230/230 C/230 T	250/250T (in Klammern: ab 1979)
Kraftübertragung				
Art		Antrieb auf Hinterräder über geteilte Kardanwelle		
Kupplung		Einscheiben-Trockenkupplung		
Betätigung		hydraulisch		
Schaltgetriebe		mechanisches Viergang-Synchron-Getriebe mit Mittelschaltung		
Übersetzungsverhältnisse			230 C ab Mai 77:	ab Mai 77:
1. Gang		3,90	3,90/3,90 3,98	3,90 3,98
2. Gang		2,30	2,30/2,30 2,29	2,30 2,29
3. Gang		1,41	1,41/1,41 1,45	1,41 1,45
4. Gang		1,00	1,00/1,00 1,00	1,00 1,00
Rückwärtsgang		3,66	3,66/3,66 3,74	3,66 3,74
Automatisches Getriebe		automatisches Viergang-Getriebe mit Wandler, Mittelschaltung oder Lenkradschaltung		
Übersetzungsverhältnisse				
1. Gang		3,98	3,98	3,98
2. Gang		2,39	2,39	2,39
3. Gang		1,46	1,46	1,46
4. Gang		1,00	1,00	1,00
Rückwärtsgang		5,47	5,47	5,47
Hinterachse		hypoidverzahntes Ausgleichsgetriebe		
Hinterachsübersetzung		3,92	3,69	3,69
Motordrehzahl bei 100 km/h im 4. Gang	1/min	3470	3275	3275
Fahrwerk				
Vorderachse		Einzelradaufhängung, Doppel-Querlenker, Schraubenfedern, Gasdruck-Stoßdämpfer, Drehstabstabilisator		
Lenkung		Kugelumlauflenkung mit Lenkungsdämpfer		
Servolenkung		auf Wunsch	auf Wunsch/serienmäßig	auf Wunsch/serienmäßig
Wendekreis	m	11,25	11,25/11,25/11,29	11,25/11,29
Radeinschlag				
innen bis		43°	43°	43°
außen bis		33°	33°	33°
Vorspur		0° 25′ ± 10′ = 3 ± 1 mm		
Sturz		0° ± 10′		
Nachlauf		8° 45′ ± 30′		
Spurdifferenzwinkel		— 1° 10′ ± 40′		
Hinterachse		Diagonal-Pendelachse, Schräglenker, Schraubenfedern, Gasdruck-Stoßdämpfer, Drehstabstabilisator		
Niveauregulierung		auf Wunsch	auf Wunsch/auf Wunsch/ serienmäßig	auf Wunsch/serienmäßig
Vorspur		0° 35′ ± 15′ = 3,5 ± 1,5 mm (ab Mai 1977)		
Sturz		0° 15′ ± 30′ (ab Mai 1977)		
Bremsanlage		hydraulische Zweikreisbremse mit Unterdruckverstärker		
Bremsscheiben-Durchmesser				
vorn	mm	278 ± 0,2	278 ± 0,2 278 ± 0,2	278 ± 0,2
hinten	mm	279 ± 0,2	279 ± 0,2 279 ± 0,2	279 ± 0,2
Feststellbremse		Fußfeststellbremse, mechanisch auf Hinterräder wirkend		
Felgengröße serienmäßig		5½ J x 14 H 2	5½ J x 14 H 2/6 J x 14 H 2/ 6 J x 14 H 2	5½ J x 14 H 2/6 J x 14 H 2
Sonderausrüstung		6 J x 14 H 2/–	6 J x 14 H 2/—/—	6 J x 14 H 2/–
Reifengröße serienmäßig		175 HR 14, 195/70 HR 14	175 SR 14/195/70 HR 14 oder 195/70 SR 14/195/70 SR 14	175 HR 14, 195/70 HR 14 (175 HR 14 88 H)
Sonderausrüstung		195/70 SR 14 M+S/185 HR 15	195/70 SR 14 M+S/185 HR 15	195/70 SR 14 M+S/185 HR 15 (195/70 HR 14 89 H)
Reifendruck für mittlere Geschwindigkeit				
vorn	bar	2,0	2,0	2,0
hinten	bar	2,2	2,2	2,2
Reifendruck für maximale Geschwindigkeit				
vorn	bar	2,3	2,3	2,3
hinten	bar	2,5	2,5	2,5
Reifendruck für Winterreifen				
vorn	bar	2,0	2,0	2,0
hinten	bar	2,2	2,2	2,2
Maße und Gewichte				
Radstand	mm	2795	2795/2795/2795	2795/2795
Spurweite				
vorn	mm	1488	1488/1488/1488	1488/1488
hinten	mm	1446	1446/1446/1553	1446/1453
Länge	mm	4725	4725/4725/4725	4725/4725
Breite	mm	1786	1786/1786/1786	1786/1786
Höhe unbelastet	mm	1438	1438/1395/1425	1438/1425
mit Dachreling	mm		– / – /1470	– /1470
Bodenfreiheit belastet	mm	164	164/ 164/ 150	164/ 150

		200	230/230 C/230 T	250/250 T (in Klammern: ab 1979)
Überhangwinkel				
vorn		24°	24°	24°
hinten		16°	16°	16°
Überhang				
vorn	mm	795	795/ 795/ 795	795/ 795
hinten	mm	1135	1135/1135/1135	1135/1135
Sitztiefe				
vorn	mm	495	495/ / 495	495/ 495
hinten	mm	501	501/ / 490	501/ 490
Kopffreiheit				
vorn	mm	973	973/ / 975	973/ 975
hinten	mm	948	948/ / 952	948/ 952
Sitzbreite				
vorn	mm	1476	1476/ /1476	1476/1476
hinten	mm	1480	1480/ /1480	1480/1480
Laderaum				
Breite	mm	–	– / – /1410	– /1410
Höhe	mm	–	– / – / 800	– / 800
Tiefe normal	mm	–	– / – /1232	– /1232
Tiefe bei umgeklappter Rücklehne	mm	–	– / – /1784	– /1784
Leergewicht, fahrfertig	kg	1340	1350/1375/1450	1360/1460 (1460)
bei erhöhter Zuladung	kg		/1465	/1475
Zulässiges Gesamtgewicht	kg	1860	1870/1895/2010	1880/2020 (1895)
bei erhöhter Zuladung	kg		/2165	/2175
Zulässige Achslast				
vorn	kg	880	890/ 905/	900/1000 (760)
hinten	kg	980	980/ 990/	980/1020 (700)
Zulässige Dachlast	kg	80	80	80
Zulässiges Anhängegewicht				
gebremst	kg	1200	1200/1200/	1200 (1500)
ungebremst	kg	705	710/ 725/	715 (725)

Füllmengen

		200	230/230 C/230 T	250/250 T
Tankinhalt	l	65	65	65
Reserve	l	9,5	9,5	9,5
Kühlsystem mit Heizung	ca. l	10	10	10
Motor				
Neubefüllung	ca. l	6,0	6,0	7,0
bei Öl- und Filterwechsel	ca. l	5,5	5,5	6,5
Ölfilter	l	0,5	0,5	0,6
Ölwanne bis zu den Ölmeßstabmarkierungen				
Maximum	l	5	5	6
Minimum	l	3,5	3,5	4,5
Ölkühler	l	–	–	–
Mechanisches Getriebe	ca. l	1,6	1,6	1,6
Automatisches Getriebe				
Neubefüllung	ca. l	6,1	6,1	6,6
Ölwechsel	l	4,8	4,8	5,3
Hinterachse	ca. l	1,0	1,0	1,0
Mechanische Lenkung	ca. l	0,4	0,4	0,4
Servolenkung	ca. l	1,4	1,4	1,4
Bremsanlage und Kupplungsbetätigung	ca. l	0,5	0,5	0,5
Niveauregulierung	l	3,5	3,5	3,5
Scheibenwaschanlage	ca. l	3	3	3
mit Scheinwerfer-Reinigungsanlage	ca. l	5	5	5

Fahrwerte (Werksangaben)

		200	230/230 C/230 T	250/250 T
Höchstgeschwindigkeit in der Ebene (ca.)				
Mechanisches Getriebe	km/h	160	170/170/170	180/180 (185)
Automatisches Getriebe	km/h	155	165/165/165	175/175 (180)
Höchstgeschwindigkeit in den einzelnen Gängen				
Mechanisches Getriebe				
1. Gang	km/h	45	48	48/48 (50)
2. Gang	km/h	75	80	80/80 (88)
3. Gang	km/h	125	134	134/134 (138)
4. Gang	km/h	160	170	180/185 (185)
Automatisches Getriebe				
1. Gang	km/h	38	43	40/40 (45)
2. Gang	km/h	75	80	80/80 (85)
3. Gang	km/h	125	134	134/134 (135)
4. Gang	km/h	155	165	175/180 (180)

Steigfähigkeit		200	230/230 C/230 T	250/250 T (in Klammern: ab 1979)
Mechanisches Getriebe				
1. Gang (Rutschgrenze)	%	43	43	43 (44)
2. Gang	%	27	30	42 (29)
3. Gang	%	15	16	17 (16)
4. Gang	%	9	10	10,5 (10)
Automatisches Getriebe				
1. Gang (Rutschgrenze)	%	43	43	43 (44)
2. Gang	%	38	43	43 (44)
3. Gang	%	21	25	29 (26)
4. Gang	%	9,5	11	12 (11)
Beschleunigung mit Durchschalten 0—100 km/h				
Mechanisches Getriebe	s	15,2	13,7	11,5 (11,9)
Automatisches Getriebe	s	16,3	13,9	12,4 (12,9)

Änderungen in der Baureihe

Reifezeit

Auch während der Serienherstellung werden Änderungen vorgenommen, die in der laufenden technischen Entwicklung begründet sind. An dieser Stelle folgt – in Ergänzung des vorangegangenen Kapitels – eine chronologische Übersicht solcher Verbesserungen. Sie ist für Gebrauchtwagenkäufer und -händler gleichermaßen wertvoll und sie enthält wichtige Anhaltspunkte für professionelle und private Handwerker.

1968

Januar: Einführung der »Neuen Generation« mit den Modellen 200 mit dem seit 1965 gebauten 95-PS-Motor und 220 mit 105 PS. Die frühere Eingelenk-Pendelachse wurde von einer Schräglenker-Konstruktion abgelöst.

1973

August: Neuer Typ 230 mit Vierzylindermotor und 110 PS ersetzt den bisherigen Typ 220, laufender Typ 200 überarbeitet. Die Motoren mit der Bezeichnung W 115 gleichen den in diesem Buch besprochenen Triebwerken. Äußere Merkmale: Fehlende vordere Ausstellfenster, breiterer Kühlergrill.

1976

Januar: Präsentation der neuen Baureihe W 123. Zu ihr gehören die Modelle 200 bis 280 E (die Modelle 200, 230 und 250 sind in diesem Buch behandelt) und die Diesel-Modelle 200 D, 220 D, 240 D und 300 D, für die der Band Nr. 70 dieser Buchreihe bestimmt ist.
Neue Karosserie mit erhöhter Steifigkeit, Doppelscheinwerfer (innen Nebelleuchten) mit Leuchtweitenregelung. Automatiksicherheitsgurte am Sitzbeschlag angebracht, dadurch konstanter Gurtwinkel bei allen Sitzstellungen. Rundinstrumente unter gemeinsamer Abdeckscheibe. Kombischalter zugleich für elektrische Scheibenwaschanlage.
Neue Vorderachse ohne Achsträger, Achsteile über elastische Lager mit Rahmenbodenanlage bzw. Aufbau verbunden. Kugelumlauflenkung. 230 C mit Servolenkung (sonst auf Wunsch). Hydraulische Zweikreisbremse mit Bremsbelagverschleißanzeige. Fußfeststellbremse mit um 30 % höherer Bremswirkung bei gleicher Fußkraft gegenüber Vorgängermodellen, Übertragung vom Auslöseknopf zur Sperreinrichtung durch Kette.
Vierzylindermotoren aus dem bestehenden Programm übernommen. Neuerungen: Ölwechsel mittels Absaugung durch Ölmeßstab-Führungsrohr; Diagnosesteckdose zur Messung von Drehzahl, Schließwinkel und Zündzeitpunkt; Auspuffanlage mit verlängerter Haltbarkeitsdauer, Rohrende um 30° nach unten geneigt. Dazu neuer 2,5-Liter-Sechszylindermotor mit 129 PS; Kurbelwelle mit 9 Gegengewichten und 4fach gelagert; obenliegende Nockenwelle mit Einfachrollenketten-Antrieb; Doppelregistervergaser Solex 4 A 1.
Juli: Anbringung der vorderen Abschleppöse geändert.

1977

Februar: Alle Modelle serienmäßig mit Halogen-Scheinwerfern (vorher auf Wunsch), Sitzhöhenverstellung des Fahrersitzes.
März: Vorstellung der Coupé-Versionen 230 C, 280 C, 280 CE auf dem Genfer Autosalon. Servolenkung serienmäßig.
Juli: Verstärkte Lichtmaschine für 200 und 230.
August: Auslieferungsbeginn des Modells 250 (sowie 240 D und 300 D) mit langem Radstand; 4 Türen, 8 Sitzplätze.
Dezember: Produktionsende der seit 1968 gebauten Modellreihe.

1978

Januar: Leichtmetallräder der Größen 5½ J × 14 und G J × 14 zugelassen (siehe Seite 159).
April: Im Werk Bremen Produktionsbeginn der T-Reihe innerhalb der Baureihe 123: Modelle 230 T und 250 T (auch 280 TE, 240 TD und 300 TD) als fünftüriger Kombiwagen mit zusätzlichen Sonderausstattungen, Niveauregulierung serienmäßig.
August: Servolenkung bei den Modellen 250 und 250 T sowie Dachreling bei den T-Modellen serienmäßig.
November: Typ 250 mit anderer Nockenwelle, dadurch andere Steuerzeiten.

1979

Juli: 1 000 000 Wagen der Baureihe 123 fertiggestellt, darunter 530 000 Fahrzeuge mit Dieselmotor.
August: Motor des Typs 250 modifiziert, jetzt mit 140 PS, Zweirohrauspuffanlage. Änderungen am Vergaser.
Alle Modelle mit pneumatischer Leuchtweitenregelung der Scheinwerfer um 10 mm, kleineres Lenkrad, dickere Bremsklötze an der Vorderachse.

1980

März: Verbesserte Lackiertechnik bietet erhöhten Korrosionsschutz.
Mai: Produktionsende der Modelle 200, 230 C und 230 T; dafür 200 und 200 T mit neuem, stärkerem Motor sowie 230 E, 230 CE und 230 TE mit Einspritzanlage.
August: Verbesserte Heizung/Lüftung, Klimaanlage mit elektronischer Temperaturregelung. Drehzahlmesser auf Wunsch.
Oktober: Auslieferung mit Anti-Blockier-System möglich. Neues Getriebe (Typ GL 68/20) mit synchronisiertem Rückwärtsgang.

1982

September: Für die gesamte Modellreihe Rechteckscheinwerfer sowie diverse Ausstattungsverbesserungen.

Wegweiser

Erläuterung zum nebenstehenden Schaltplan

Elektrischer Schaltplan Typ 250 (123.026)

1 — Leuchteinheit, links
 a Fernlicht
 b Abblendlicht
 c Standlicht/Parklicht
 d Nebellicht
 e Blinklicht
2 — Schalter Bremsflüssigkeitskontrolle
3 — Kontaktfühler Bremsbeläge, vorn links
4 — Beleuchtung Schaltkulisse *
5 — Kombi-Instrument
 a Blinkerkontrolle, links
 b Kontrolle Bremsbelagverschleißanzeige
 c Kontrolle Bremsflüssigkeit und Feststellbremse
 d Kraftstoffreserve-Warnung
 e Kraftstoffanzeige-Instrument
 f Temperaturanzeige Kühlmittel
 g Instrumentenbeleuchtung
 h Regelwiderstand Instrumentenbeleuchtung
 i Ladekontrolle
 j Fernlichtkontrolle
 k Blinkerkontrolle, rechts
 l Elektronische Uhr
6 — Zigarrenanzünder mit Ascherbeleuchtung
7 — Radio *
8 — Leuchteinheit, rechts
 a Fernlicht
 b Abblendlicht
 c Standlicht/Parklicht
 d Nebellicht
 e Blinklicht
9 — Heizspirale Starterdeckel
10 — Leerlaufabschaltventil II
11 — Automatische Antenne *
12 — Schalter Feststellbremskontrolle
13 — Temperaturfühler Kühlmittelanzeige
14 — Kontaktfühler Bremsbeläge, vorn rechts
15 — Deckenleuchte, vorn, mit Schalter
16 — Türkontaktschalter, links
17 — Türkontaktschalter, rechts
18 — Signalhorn
19 — Geber Tempomat *
20 — Steuergerät Tempomat *
21 — Regelgerät *
22 — Warnblinkschalter/Elektronik
23 — Schalter Handschuhkastenleuchte
24 — Handschuhkastenleuchte
25 — Sicherungsdose
26 — Leerlaufabschaltventil I
27 — Relais I Fensterheber *
28 — Relais II Fensterheber *
29 — Türkontaktschalter Fensterheber *
30 — Signalkontakt
31 — Kombi-Schalter
 a Blinkerschalter
 b Lichthupenschalter
 c Abblendschalter
 d Wascherschalter
 e Schalter Wischgeschwindigkeit
  I Intervallwischen
  II Langsames Wischen
  III Schnelles Wischen
32 — Tastschalter Tempomat *
 A Ausschalten
 V Verzögern/Fixieren
 SP Speicher
 B Beschleunigen/Fixieren
33 — Wischermotor
34 — Intervall-Nachwisch-Elektronik
35 — Zündanlaßschalter
36 — Lichtdrehschalter
37 — Schiebedachmotor *
38 — Schalter elektrisches Schiebedach *
39 — Magnetventil automatisches Getriebe *
40 — Kick-down-Schalter *
41 — Anlaßsperr- und Rückfahrlichtschalter *
42 — Relais Klimaanlage II *
43 — Relais Klimaanlage I *
44 — Gebläseschalter mit Beleuchtung
45 — Bremslichtschalter
46 — Wascherpumpe
47 — Wischermotor Scheinwerfer, links *
48 — Wischermotor Scheinwerfer, rechts *
49 — Relais Scheinwerferreinigungsanlage *
50 — Wascherpumpe Scheinwerfer *
51 — Zündverteiler
52 — Zündkerzen
53 — Zündspule
54 — Beleuchtung
 a Luftweichenbedienung
 b Heizungsregulierung
 c Schalter *
55 — Temperaturschalter 62° C Flüssigkeitsbehälter Klimaanlage *
56 — Temperaturschalter 100° C*
57 — Fensterhebermotor, hinten links *
58 — Schalter Fenster, hinten links *
59 — Schaltergruppe Fensterheber *
 a Schalter Fenster, hinten links *
 b Sicherheitsschalter
 c Schalter Fenster, vorn links *
 d Schalter Fenster, vorn rechts
 e Schalter Fenster, hinten rechts
60 — Gebläsemotor
61 — Vorwiderstand Gebläsemotor
62 — Temperaturregler mit Beleuchtung Klimaanlage *
63a — Elektromagnetische Kupplung Kältekompressor *
63b — Druckschalter Kältekompressor *
 Ein 2,6 bar, Aus 2,0 bar
64 — Zusatzlüfter *
65 — Relais Zusatzlüfter *
66 — Schalter heizbare Heckscheibe *
67 — Zeitrelais heizbare Heckscheibe *
68 — Vorwiderstand 1,8 Ω
69 — Fensterhebermotor, vorn links *
70 — Fensterhebermotor, vorn rechts *
71 — Steckdose (Diagnose)
72 — OT-Geber
73 — Kofferraumleuchte
74 — Steckverbindung Schlußlampenleitungssatz
75 — Schalter Fenster, hinten rechts *
76 — Fensterhebermotor, hinten rechts *
77 — Geber Kraftstoffanzeige
78 — Deckenleuchte, hinten *
79 — Türkontaktschalter, hinten links *
80 — Schalter Deckenleuchte, hinten *
81 — Türkontaktschalter, hinten rechts *
82 — Drehstromlichtmaschine mit elektronischem Regler
83 — Batterie
84 — Anlasser
85 — Schlußleuchte, rechts
 a Blinklicht
 b Schlußlicht/Parklicht
 c Rückfahrlicht
 d Bremslicht
86 — Heizbare Heckscheibe *
87 — Kennzeichenleuchte
88 — Schlußleuchte, links
 a Blinklicht
 b Schlußlicht/Parklicht
 c Rückfahrlicht
 d Bremslicht
 e Nebelschlußlicht

* — Sonderausstattung

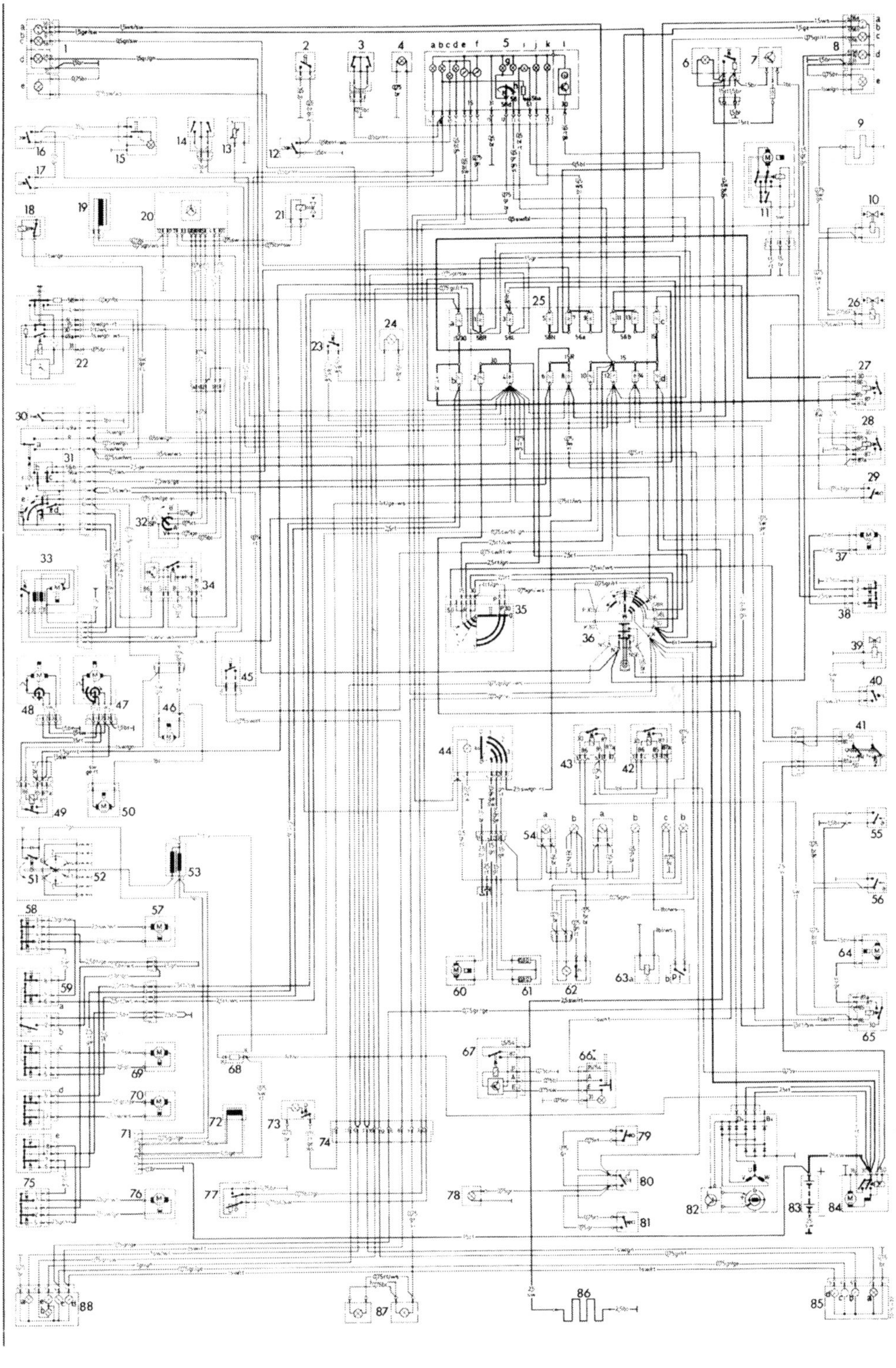

1
2
3
4
5
6
7
8
9
10
11
12
13
14
15
16
17
18
19
20
21
22
23
24
25
26
27
28
29
30
31
32
33
34
35
36
37
38
39
40
41
42
43
44
45
46
47
48
49
50
51
52
53
54
55
56
57
58
59
60
61
62
63
64
65
66
67
68
69
70
71
72
73
74
75
76
77
78
79
80
81
82
83
84
85
86
87
88

Erläuterung zum Schaltplan in der hinteren Buchklappe

Kabelfarben

bl = blau	gn = grün	rt = rot
br = braun	gr = grau	sw = schwarz
el = elfenbein	nf = naturfarben	vi = violett
ge = gelb	rs = rosa	ws = weiß

Beispiel:
Leitungsbezeichnung 1,5 gr/rt
Grundfarbe gr = grau
Kennfarbe rt = rot
Leiterquerschnitt 1,5 = 1,5 mm^2

Elektrischer Schaltplan Typ 200 (123.020), 230 (123.023)

1 — Leuchteinheit, links
- a Fernlicht
- b Abblendlicht
- c Standlicht/Parklicht
- d Nebellicht
- e Blinklicht

2 a — Kontaktfühler Bremsbeläge, vorn rechts
2 b — Kontaktfühler Bremsbeläge, vorn links
3 — Beleuchtung Schaltkulisse *
4 — Kombi-Instrument
- a Blinkerkontrolle, links
- b Kontrolle Bremsbelagverschleißanzeige
- c Kontrolle Bremsflüssigkeit und Feststellbremse
- d Kraftstoffreserve Warnung
- e Kraftstoffanzeige-Instrument
- f Temperaturanzeige Kühlmittel
- g Instrumentenbeleuchtung
- h Regelwiderstand Instrumentenbeleuchtung
- i Ladekontrolle
- j Fernlichtkontrolle
- k Blinkerkontrolle, rechts
- l Elektronische Uhr

5 — Zigarrenanzünder mit Ascherbeleuchtung
6 — Radio *
7 — Leuchteinheit, rechts
- a Fernlicht
- b Abblendlicht
- c Standlicht/Parklicht
- d Nebellicht
- e Blinklicht

8 — Automatische Antenne *
9 — Leerlaufabschaltventil
10 — Schalter Feststellbremskontrolle
11 — Schalter Bremsflüssigkeitskontrolle
12 — Temperaturfühler Kühlmittelanzeige
13 — Deckenleuchte, vorn, mit Schalter
14 — Türkontaktschalter, links
15 — Türkontaktschalter, rechts
16 — Signalhorn
17 — Warnblinkschalter/Elektronik
18 — Signalkontakt
19 — Kombi-Schalter
- a Blinkerschalter
- b Lichthupenschalter
- c Abblendschalter
- d Wascherschalter
- e Schalter Wischgeschwindigkeit
  - I Intervallwischen
  - II Langsames Wischen
  - III Schnelles Wischen

20 — Schalter Handschuhkastenleuchte
21 — Handschuhkastenleuchte
22 — Sicherungsdose
23 — Heizspirale Starterdeckel
24 — Relais I Fensterheber *
25 — Relais II Fensterheber *
26 — Türkontaktschalter Fensterheber *
27 — Schiebedachmotor *
28 — Schalter elektrisches Schiebedach *
29 — Magnetventil automatisches Getriebe
30 — Kick-down-Schalter *
31 — Lichtdrehschalter
32 — Zündanlaßschalter
33 — Intervall-Nachwisch-Elektronik
34 — Wischermotor
35 — Wischermotor Scheinwerfer, rechts *
36 — Wischermotor Scheinwerfer, links *
37 — Wascherpumpe
38 — Bremslichtschalter
39 — Relais Scheinwerferreinigungsanlage *
40 — Wascherpumpe Scheinwerfer *
41 — Zündspule
42 — Gebläseschalter mit Beleuchtung
43 — Relais Klimaanlage I *
44 — Relais Klimaanlage II *
45 — Anlaßsperr- und Rückfahrlichtschalter *
46 — Temperaturschalter 62° C Flüssigkeitsbehälter Klimaanlage
47 — Temperaturschalter 100° C
48 — Beleuchtung
- a Luftweichenbedienung
- b Heizungsregulierung
- c Schalter *

49 — Zündkerzen
50 — Zündverteiler
51 — Schalter Fenster, hinten links *
52 — Fensterhebermotor, hinten links *
53 — Schaltergruppe Fensterheber *
- a Schalter Fenster, hinten links *
- b Sicherheitsschalter
- c Schalter Fenster, vorn links
- d Schalter Fenster, vorn rechts
- e Schalter Fenster, hinten rechts

54 — Gebläsemotor
55 — Vorwiderstand Gebläsemotor
56 — Temperaturregler mit Beleuchtung Klimaanlage *
57 — Elektromagnetische Kupplung Kältekompressor *
58 — Druckschalter Kältekompressor * Ein 2,6 bar, Aus 2,0 bar
59 — Zusatzlüfter *
60 — Relais Zusatzlüfter *
61 — Schalter heizbare Heckscheibe *
62 — Zeitrelais heizbare Heckscheibe *
63 — Steckverbindung Schlußlampenleitungssatz
64 — Kofferraumleuchte
65 — OT-Geber
66 — Vorwiderstand 1,8 Ω
67 — Fensterhebermotor, vorn links *
68 — Fensterhebermotor, vorn rechts *
69 — Steckdose (Diagnose)
70 — Schalter Fenster, hinten rechts *
71 — Fensterhebermotor, hinten rechts *
72 — Geber Kraftstoffanzeige
73 — Deckenleuchte, hinten *
74 — Türkontaktschalter, hinten links *
75 — Schalter Deckenleuchte, hinten *
76 — Türkontaktschalter, hinten rechts *
77 — Drehstromlichtmaschine mit elektronischem Regler
78 — Batterie
79 — Anlasser
80 — Schlußleuchte, rechts
- a Blinklicht
- b Schlußlicht/Parklicht
- c Rückfahrlicht
- d Bremslicht

81 — Heizbare Heckscheibe *
82 — Kennzeichenleuchte
83 — Schlußleuchte, links
- a Blinklicht
- b Schlußlicht/Parklicht
- c Rückfahrlicht
- d Bremslicht
- e Nebelschlußlicht

* — Sonderausstattung

Erläuterungen zum Schaltplan Seite 230

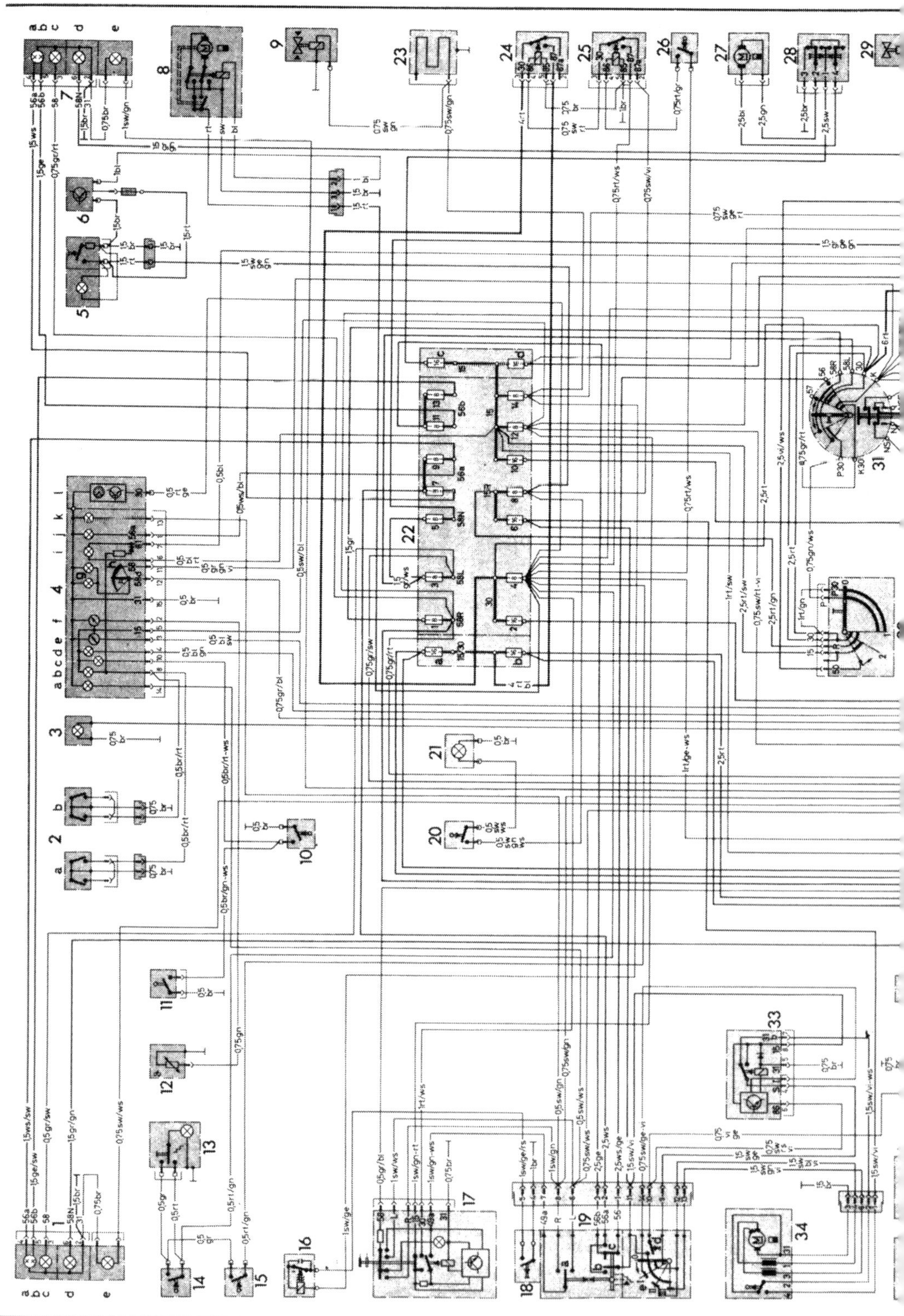

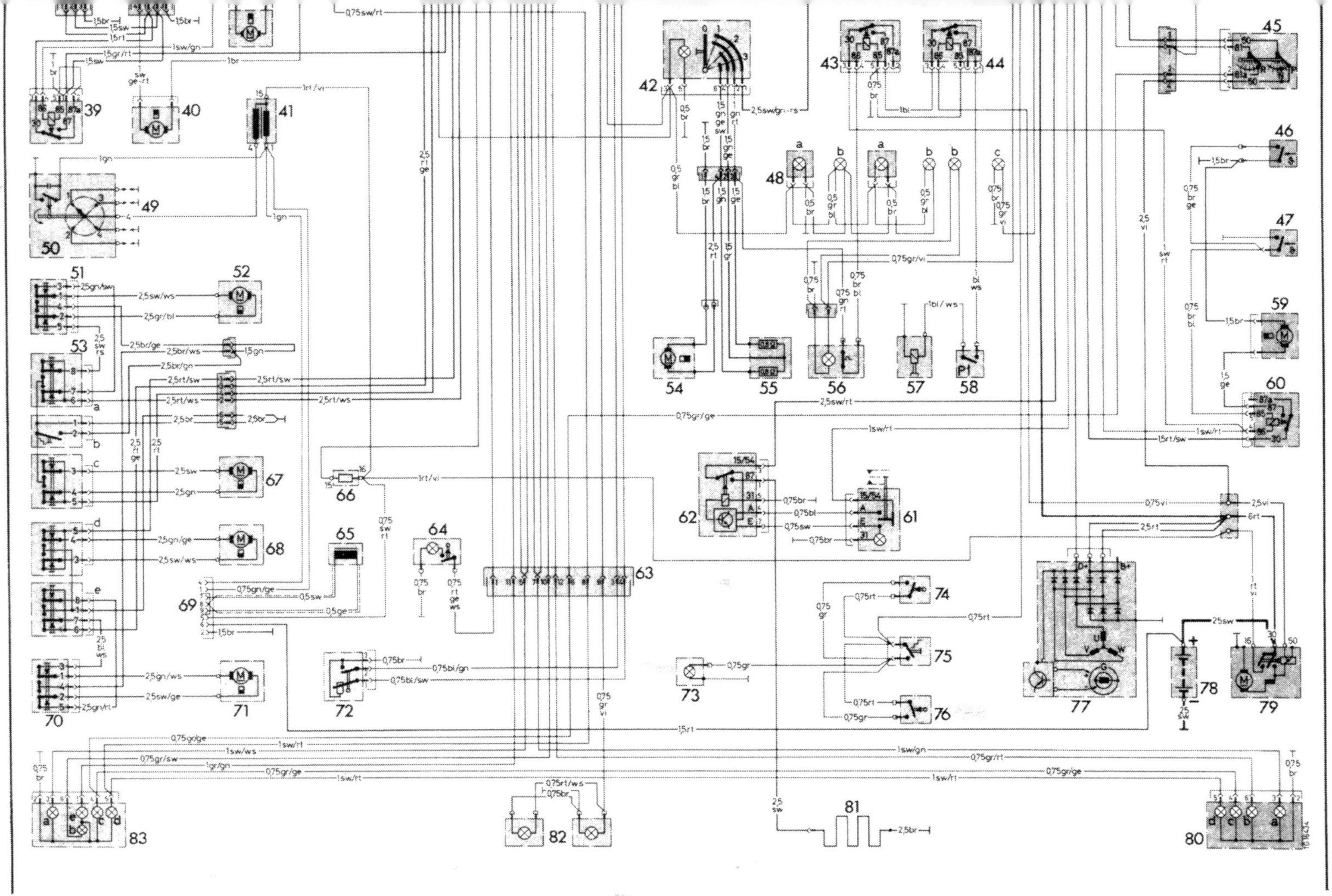
39
40
41
42
43
44
45
46
47
48
49
50
51
52
53
54
55
56
57
58
59
60
61
62
63
64
65
66
67
68
69
70
71
72
73
74
75
76
77
78
79
80
81
82
83
a
b
c
d
e

Kolibri 360 GmbH
Ferdinand-Jühlke-Straße 7
99095 Erfurt, Deutschland
produktsicherheit@kolibri360.de